国家林业和草原局研究生教育"十三五"规划教材

水土流失综合治理理论与实践

王克勤　黎建强　主编

中国林业出版社

图书在版编目(CIP)数据

水土流失综合治理理论与实践 / 王克勤，黎建强主编. —北京：中国林业出版社，2021.8
国家林业和草原局研究生教育“十三五”规划教材
ISBN 978-7-5219-1221-0

Ⅰ.①水… Ⅱ.①王… ②黎… Ⅲ.①水土流失-综合治理-研究生-教材 Ⅳ.①S157.1

中国版本图书馆 CIP 数据核字(2021)第 117848 号

国家林业和草原局研究生教育“十三五”规划教材

中国林业出版社·教育分社
策划编辑：杨长峰 杜 娟
责任编辑：范立鹏 **责任校对**：苏 梅
电 话：(010)83143626 **传 真**：(010)83143516

出版发行 中国林业出版社(100009 北京市西城区德内大街刘海胡同 7 号)
E-mail:jiaocaipublic@163.com
http://www.forestry.gov.cn/lycb.html
经 销 新华书店
印 刷 北京中科印刷有限公司
版 次 2021 年 8 月第 1 版
印 次 2021 年 8 月第 1 次印刷
开 本 850mm×1168mm 1/16
印 张 16.25
字 数 375 千字
定 价 56.00 元

未经许可，不得以任何方式复制或抄袭本书之部分或全部内容。
版权所有 侵权必究

《水土流失综合治理理论与实践》编写人员

主　　编　王克勤　黎建强

副 主 编　陈奇伯　宋维峰

编写人员　（按姓氏拼音排序）

陈奇伯（西南林业大学）
程金花（北京林业大学）
黄新会（西南林业大学）
黎建强（西南林业大学）
李　凤（南昌工程学院）
李小英（西南林业大学）
李艳梅（西南林业大学）
刘　霞（南京林业大学）
卢炜丽（西南林业大学）
马建刚（西南林业大学）
史冬梅（西　南　大　学）
宋维峰（西南林业大学）
脱云飞（西南林业大学）
王克勤（西南林业大学）
王　妍（西南林业大学）
王治国（水利部水利水电规划设计总院）
杨钙仁（广　西　大　学）
赵洋毅（西南林业大学）

前　言

水土资源具有生产食物、孕育生命、提供原材料、消纳废物、净化环境、服务生态等多种功能，是人类社会可持续发展的重要基础性资源。随着现代化进程的加快，人口、资源、环境之间的矛盾日益尖锐，水土流失已成为我国重大的生态与环境问题。严重的水土流失导致资源破坏，生态环境恶化，加剧自然灾害和贫困，危及国家国土和生态安全。水土保持是有效保护和合理利用水土资源、有效保护和改善生态环境的重要手段，是维护国家国土和生态安全的重要保证。

新的历史时期，科学发展观、生态文明理念以及乡村振兴战略的提出，党和国家的高度重视，都为水土保持学科发展提供了新的动力，同时大面积的水土流失亟待治理、人为水土流失尚未有效遏制以及人们对生态环境要求的普遍提高，又对水土保持学科建设提出了更为紧迫和更高的要求。随着水土保持社会需求的不断变化，水土保持的内涵与外延不断丰富和扩展，在理论、技术和管理等方面都正在发生着深刻的变化。因此亟须完善水土保持高等教育教材和课程体系，以适应教材和课程建设要求，这对于培养适应时代需求的水土保持人才具有重要意义。

自水土保持与荒漠化防治专业创立以来，一代代水土保持教育和科研工作者在教学、科研和社会实践中不断丰富水土保持理论，出版了一批经典的用于水土保持相关专业本科教学的教材。然而，对于水土保持研究生教育而言，课程体系仍然不够完善，特别是服务于水土保持研究生教育的教材较为缺乏。为此，在国家林业和草原局研究生教育“十三五”规划教材建设的契机之下，我们联合具有丰富水土保持专业办学经验的北京林业大学、西南大学、南京林业大学、广西大学、南昌工学院等院校的专家学者，共同完成了《水土流失综合治理理论与实践》研究生教材的编写。

本教材主要内容包括：绪论、土壤侵蚀基本原理、小流域综合治理、石漠化综合治理、城市水土保持、坡耕地水土保育、河道近自然治理、边坡治理、矿区水土流失治理和中国梯田。本教材集水土流失综合治理的理论和实践于一体，在系统阐述水土流失综合治理基本理论的同时，还以专题形式系统阐述了小流域水土流失综合治理、石漠化综合治理、坡耕地水土流失综合治理、城市水土保持、河道近自然治理以及生产建设项目造成的废弃地和边坡治理的技术。

本教材是全体编写人员集体智慧的结晶，由王克勤、黎建强担任主编，陈奇伯、宋维峰担任副主编。编写人员具体分工如下：第 1 章由王克勤、黎建强编写；第 2 章由卢炜丽、程金花编写；第 3 章由赵洋毅、刘霞编写；第 4 章由王妍、杨钙仁编写；第 5 章由李艳梅、黄新会编写；第 6 章由赵洋毅、王克勤、史冬梅、李凤编写；第 7 章由李小英、脱云飞编写；第 8 章由马建刚、宋维峰编写；第 9 章由陈奇伯、王治国、黎建强编写；第 10 章由宋维峰、马建刚编写。本教材最后由王克勤、黎建强统稿和定稿。

本教材在编写过程中得到了西南林业大学研究生院和中国林业出版社的大力支持，在此表示衷心感谢！本教材参考和引用了众多专家学者的珍贵资料和研究成果，在此向有关作者致敬并表示衷心感谢！

由于作者水平有限，疏漏、甚至是谬误在所难免，敬请各位读者批评指正！

编　者

2020 年 12 月

目　录

第1章 绪论

水土资源具有生产食物、孕育生命、提供原材料、消纳废物、净化环境、服务生态等多种功能，是人类社会可持续发展的重要基础性资源。严重的水土流失导致资源破坏、生态环境恶化，加剧自然灾害和贫困，危及国家国土和生态安全，严重制约经济社会的可持续发展。进行水土保持，防治水土流失，是保护和合理利用水土资源、维护和改善生态环境不可或缺的有效手段，是经济社会可持续发展的重要保障。本章介绍了我国水土流失的现状与危害，概述了我国水土保持的发展历程与水土流失综合治理的成效，分析了水土流失综合治理与生态安全的关系。

1.1 水土流失现状与危害

我国地域辽阔，自然环境类型多样复杂，区域差异明显。地形地貌类型复杂、气候特征多样、人口分布不均等现状对我国水土流失的发生发展都产生重要影响。由于特殊的自然地理和社会经济条件，我国是水土流失最严重和水土流失类型多样的国家之一。

1.1.1 水土流失概念和分类

(1)水土流失的定义

水土流失(soil and water loss)指在水力、重力、风力等外营力的作用下，水土资源和土地生产力遭受的破坏和损失，包括土地表层侵蚀及水的损失，亦称水土损失(王礼先，2004)。土壤侵蚀是指在水力、风力、冻融、重力以及其他外营力的作用下，土壤、土壤母质及岩屑、松软岩层被破坏、剥蚀、转运和沉积的全过程。水的损失是指植物截留损失、地面及水面蒸发损失、植物蒸腾损失、深层渗漏损失、坡面径流损失。在我国，水的损失主要指坡地径流损失。在农业生产上，水土流失通常是与养分元素的流失相依相伴的，因此，土壤养分的损失亦被纳入水土流失的范畴。

地球表面形态的形成是内营力(主要指地壳运动)和外营力(指地球表面接收太阳能和重力而产生的各种作用)相互制约和相互促进的综合发展过程。内营力形成地面的隆起(uplift)和下降(downlift)，而外营力则将隆起部分的物质剥离(denudation)、运搬(transportation)和堆积(sedimentation)。在相对低洼的地方，外营力作用也常称为夷平作用(planation)，这种作用是在地球上生物出现之前，贯穿地球发展过程的自然现象。地球上出现了生物之后，为人类的生存和发展提供了条件，但当内营力和外营力对人类的生产和生活形成不利影响，即对土地资源和土地生产力造成损失和破坏时，则称之为水土流失。

水土流失是在地球表面的重力场(gravitational field)中发生的。在太阳能的作用下，水、风(空气的流动)和温度都能造成水土流失。水力和风力是表现最为明显的外力。其中水在自然条件下可以呈液态(雨、径流、土壤水和地下水等)、固态(雪、冰、结晶水等)和气态(水蒸气等)形式存在；水除具有力学(雨滴击溅、冲刷、颓雪、冰川移动等)性质外，其在液态时，以其具有广谱溶媒的化学特性而与温度相结合就将进一步发挥胀缩、冻融等物理特性，就是以重力作用为主的水土流失，土壤水分含量和状态，也常起关键作用。风力则属于空气流动，但沙地水分和空气湿度也是风沙区水土流失的决定性条件。

(2)水土流失的类型

水土流失分类(classification)的标准多种多样，例如，根据侵蚀营力(erosive agents)和形式、搬运强度(intensity of removal)、侵蚀现象的发展(erosion phenomena of development)，或按不同地类上的侵蚀土壤(eroded soil)、侵蚀残余物(erosion remains)、沉积物质(sediments)及侵蚀土地(eroded land)都可以进行分类。在我国，水土流失的发生范围很大，各地自然条件不同，水土流失的形式复杂多样，而且还需将水的损失和土壤营养物质损失也包括在内。以主要侵蚀营力(外力)和典型的水土流失形式相结合作为水土流失分类的基础，将水土流失划分为：水的损失、土壤营养物质损失和土体损失。

水土资源是人类赖以生存和发展的自然资源。在水分循环过程中，陆地上的水主要来自大气降水。水的损失主要是指大气降水落到地表之后，由于地表蒸发和植物蒸腾、地面径流和土体内渗流，以及向土壤深层渗漏而造成的水损失。

肥力侵蚀是指土壤中营养物质的损失，包括两个方面：一方面是土壤中的营养元素随水分在土体垂直上下移动；另一方面是土壤中的营养元素随地表径流和土壤侵蚀流失。土体内水分的运动包括土体水分下渗和土体水分蒸发，两种水分运动均伴随可溶性矿物和微细粒子在土体垂直上下移动。在土壤的形成过程中可形成提高土壤肥力有利的一面，但在一定条件下，也常出现土地生产力下降，破坏土壤的结果。裸露的地面在降雨的过程中反复受到击溅、震荡且互相涮洗，加之水是溶剂，可溶性营养物质溶解于地表径流之中随地表径流流失，而且固定在土壤颗粒中的营养元素亦随土壤侵蚀流失，就形成了土壤养分的损失。

土体损失即土壤侵蚀。土壤侵蚀主要是在水力、风力、冻融和重力等外营力作用下，发生的包括土壤及其母质和其他地面组成物质被破坏、剥蚀、搬运和沉积的全过程。实际上，土壤侵蚀的发生除受到外用力的影响之外，还受到人类不合理活动等的影响。依据土壤侵蚀产生的主要外营力类型，土壤侵蚀可以划分为水力侵蚀、风力侵蚀、重力侵蚀、冻融侵蚀、冰川侵蚀、化学侵蚀、混合侵蚀和植物侵蚀。

1.1.2 水土流失成因与危害

1.1.2.1 水土流失成因

水土流失的产生是自然与人为因素共同作用的结果，然而不同类型水土流失的产生原因也存在差异。总体来讲，造成我国水土流失的原因主要有自然因素和人为因素两大类。

(1)自然因素

影响水土流失的自然因素包括地形地貌、土壤及其母质、气候和植被。

①地形地貌。地形地貌是影响水土流失最重要的因素之一，其中地貌类型，特别是地势起伏程度对水土流失影响显著。我国是一个多山国家，据统计，山地面积约占全国陆地面积的33%，丘陵占10%，高原占26%，盆地占19%，平原占12 %。若把高山、中山、低山、丘陵和崎岖不平的高原都包括在内，我国2/3以上的地区为山区。我国耕地总面积中，坡度大于15°的耕地占14.1%，其中西部地区坡度大于15°的耕地占35.7%。这种地形和耕地条件易使降水形成地表径流，随着坡度和坡长的增大，水的能量增大，对土壤的侵蚀随之增强，而山麓地带多是优良耕地区域，土壤质地松散，遇降水容易发生土壤侵蚀。

②土壤及其母质。土壤性状、土壤类型、土体结构及土壤的空间分布规律，对水土流失强度有着显著的影响，它们通过对各种侵蚀力的抗性来实现对土壤侵蚀的增减作用。如我国东北地区的黑土，表层松散、底土黏重，加之犁底层透水性差，遇降水容易发生水土流失。黄土和黄土状岩石在我国分布广泛，除集中分布于黄土高原外，还包括新疆、青海、河西走廊、黄河下游及松辽平原等地区，是较为常见的一种成土母质。风成黄土具有垂直节理，孔隙度大、湿陷性强、抗蚀性弱的特性，极易遭受流水侵蚀和风力侵蚀。在原生黄土和由原生黄土经残积、坡积、流水冲积等形成的次生黄土上发育的土壤，由于黏粒和腐殖质含量低，也容易遭受侵蚀。我国北方土石山区或石质山区经过多年耕垦和不合理利用，形成大面积土层瘠薄、抗蚀能力差的粗骨土、砂砾土。这些地区土壤土层浅薄、涵蓄水源能力低下，遇降水极易形成较大的地表径流，发生水土流失。我国南方红壤区的土壤，主要是由花岗岩、紫色页岩、第四纪红黏土及石灰岩等风化后形成。这些岩石风化程度高、抗蚀性差，加之该地区气温高、辐射量大、雨量大，导致这些母质和基岩的物理风化、化学风化和生物风化活动十分强烈，极易遭受侵蚀而发生水土流失。

③气候。水土流失的气候环境因素主要包括气候类型、气候特征及气候的空间分布规律。气候环境直接或间接影响水土流失。降水及其形成的径流是造成水土流失的主要动力条件之一，对土壤侵蚀的影响最大。我国位于世界上最显著的季风区，冬季风受大陆西伯利亚冷高压控制，形成偏北气流，寒冷而干燥；夏季风则分别源自太平洋副热带高气压带和印度洋洋面，温暖湿润。受季风的影响，我国大部分地区降水季节分配不均，夏季降水集中，降水量大，多暴雨，正常年份夏季降水量占全年的40%~75%；春季大部地区多干旱，土质疏松，土壤更易发生风蚀，遇到夏季的集中降水常造成严重的水土流失。

④植被。植被是控制水土流失的主要因素之一，包括植被盖度、群落组成和植被结构。植被通过改变地表粗糙度、地表水环境和各种动力场的时空变化来减弱水土流失动力强度，从而起到控制水土流失的作用。植被枝叶对雨滴的拦截、分散可以减小雨滴动能，植物根系固结土壤，都能有效减轻土壤侵蚀；长期有植被覆盖的土壤，有机质含量高，土壤动物密度高，疏松多孔，有利于水分快速下渗，延缓产流，减轻土

壤侵蚀。森林被砍伐和草原被开垦后，植被的固土防蚀能力降低甚至丧失，极易发生水土流失。如我国东北黑土地区，森林面积减少、林缘线后退、砍伐林地开荒种植等都造成了较严重的土壤侵蚀；北方土石山区的坡地多种植经济林，由于不合理的经营，林下地表裸露，水土流失严重；西北黄土高原地区，由于植被遭受严重破坏，森林边界线退缩，林区范围缩小，出现严重的土壤侵蚀；长江中上游地区，受到木材生产和以柴为薪的影响，森林面积大幅减少，土壤侵蚀发生严重；南方红壤地区虽然近年来加大了植树造林力度，但由于该地区存在森林质量不高、森林资源结构较差(生态公益林比例小，用材林、经济林和能源林比例较高)和林龄结构不合理等问题，有些表面看上去很茂密的森林，林下地表裸露，存在严重的土壤侵蚀，“林下流”现象严重。

(2)人为因素

不合理的土地利用和开发，以及城市发展和工程建设是影响水土流失的重要人为因素。

①不合理的土地利用和开发。我国人多地少，耕地资源尤其是优质耕地资源稀缺。近年来，由于城市化的快速发展，大量的优质耕地被非农建设占用，使得人多地少的矛盾更加突出。特别是20世纪50年代以来，大规模开荒等人类活动是造成我国严重水土流失的主导因素。乱砍滥伐使森林遭到破坏失去蓄水保土作用，并使地面裸露，直接遭受雨滴的击溅、流水冲刷和风力的侵蚀。陡坡开荒不仅破坏了地表植被，而且翻松了土壤，形成了发生严重土壤侵蚀的条件；过度放牧使山坡和草原植被遭到破坏；在坡地广种薄收、撂荒轮垦，使土壤性状恶化，作物覆盖率降低，加剧了水土流失。

②城市发展和工程建设。随着城市化和工矿业的发展，地表扰动、植被破坏，产生了新的水土流失源。我国每年都有大量的基本建设工程，如公路、铁路建设以及大规模的民用建筑施工等。某些工程在建设中由于缺乏水土保持措施，原有的少量植被又遭破坏，弃土、弃渣随处可见，加剧了水土流失，特别是位于边远地区的一些非法个体工矿企业，对当地生态环境的破坏更为严重。

1.1.2.2 水土流失危害

严重的水土流失，给国民经济的发展和人民群众的生产、生活带来多方面的危害。

(1)破坏土地，影响农业生产

土地资源是农牧产品生产的物质基础，水力侵蚀加剧土层剥蚀和侵蚀沟发育，导致土层变薄、石漠化加剧、养分流失、土地破碎化；风蚀导致土地退化沙化，掩埋农田和水利设施，造成耕地减少，草场退化，严重影响农牧业生产。

(2)恶化生态，影响可持续发展

水土资源是生态系统良性演替的基本要素和物质基础，水土流失和生态恶化互为因果。不合理的土地利用毁坏林地草地，导致水土流失，植被生境恶化，反过来又加剧了水土流失。

(3)泥沙淤积，影响防洪安全

地表径流携带大量的泥沙进入河道，抬高河床，影响行洪；淤塞湖泊，降低调蓄能力；淤积塘库，缩短使用寿命，降低综合效益。土地风蚀沙化，沙丘移动，风沙直接吹入河道，影响行洪。

（4）加剧面源污染，影响饮用水水源地水质安全

径流和泥沙是面源污染的载体，农药、化肥的大量使用使水土流失造成的面源污染对江河湖库水质的影响越来越大，特别是对饮用水水源地水质安全构成了严重威胁。

1.1.3　水土流失现状及特点

1.1.3.1　水土流失现状

《中国水土保持公报（2018 年）》显示，全国水土流失发生面积 $273.69\times10^4km^2$，占我国陆地面积的 28.6%，严重的水土流失导致水土资源破坏、生态环境恶化、自然灾害加剧，威胁国家生态安全、防洪安全、饮水安全和粮食安全，是我国经济社会可持续发展的重要制约因素。全国水土流失发生面积中，水力侵蚀（water erosion）面积 $115.09\times10^4km^2$，占水土流失发生面积的 42.05%；风力侵蚀面积 $158.60\times10^4km^2$，占水土流失发生面积的 57.95%。按侵蚀强度分为轻度、中度、强烈、极强烈、剧烈侵蚀，面积分别为 $168.25\times10^4km^2$、$46.99\times10^4km^2$、$21.03\times10^4km^2$、$16.74\times10^4km^2$、$20.68\times10^4km^2$，分别占水土流失面积的 61.48%、17.17%、7.68%、6.11%、7.56%。

从侵蚀强度来看，我国发生的水土流失以轻中度侵蚀为主，其中轻中度水力侵蚀面积占水力侵蚀总面积的 78%。我国的水力侵蚀分布范围较广，主要分布在四川、云南、内蒙古、新疆、甘肃、黑龙江、陕西、山西、西藏、贵州等 31 个省份；风力侵蚀主要分布于新疆、内蒙古、青海、甘肃、西藏、吉林、黑龙江、四川、宁夏、河北、辽宁、陕西和山西等省份；冻融侵蚀主要发生在西藏、青海、新疆、四川、内蒙古、黑龙江、甘肃和云南等省份。与第一次全国水利普查（2011 年）相比（图 1-1），全国水土流失发生面积减少了 $21.23\times10^4km^2$，减幅 7.20%。

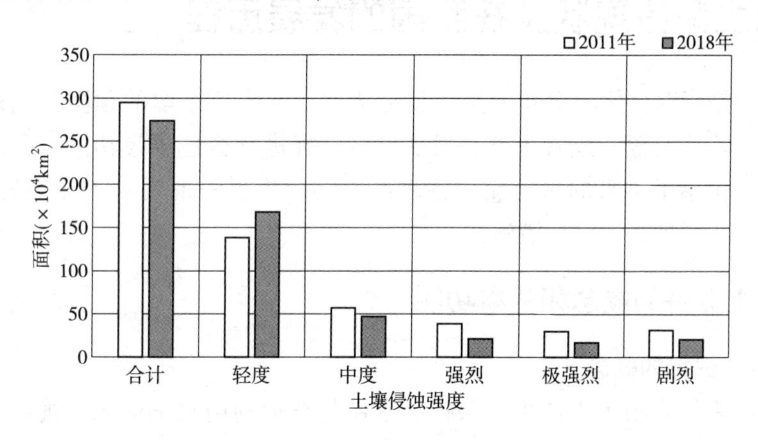

图 1-1　全国水土流失面积变化图

1.1.3.2　水土流失特点

我国是世界上水土流失最严重的国家之一，由于特殊的自然地理和社会经济条件，我国的水土流失具有以下特点。

（1）分布范围广、面积大

全国水土流失发生总面积为 $273.69\times10^4km^2$，占国土总面积的 28.5%，除上海、香港和澳门外，其他省份均存在不同程度的水土流失。

(2)侵蚀形式多样，类型复杂

水力侵蚀、风力侵蚀、冻融侵蚀及滑坡、泥石流等重力侵蚀特点各异，相互交错，成因复杂。西北黄土高原区、东北黑土漫岗区、南方红壤丘陵区、北方土石山区、南方石质山区以水力侵蚀为主，伴随有大量的重力侵蚀；青藏高原以冻融侵蚀为主；西部干旱地区、风沙区和草原区风蚀非常严重；西北半干旱农牧交错带则是风蚀水蚀共同作用区。

(3)土壤流失严重

中国每年土壤流失总量约为50×10^8t，其中长江流域最多，为23.50×10^8t；黄河流域次之，为15.81×10^8t。水蚀区平均侵蚀强度约为3800t/(km^2·a)，黄土高原的侵蚀强度最高达15000~23000t/(km^2·a)，侵蚀强度远远高于土壤容许流失量。从全世界范围看，我国多年平均土壤流失量约占全世界土壤流失量的19.2%，土壤流失十分严重。

(4)水土流失主要来源于坡耕地

我国水土流失量主要来自坡耕地水力侵蚀和沟道重力侵蚀，并由此导致水土资源破坏，降低土地生产力。据统计，三峡库区的年土壤流失量达到15.7×10^8t，其中年土壤流失量的46.2%来源于坡耕地。

(5)开发建设加剧水土流失

随着我国工业化和城市化进程的加快，大量基础设施建设项目破坏原始地貌和植被，产生大量弃土、弃渣，导致水土流失加剧。

1.2 水土保持现状及在我国的发展历程

水土保持是指对自然因素和人类活动造成水土流失所采取的预防和治理措施，具有保护资源、培育资源、改善生态、发展经济、促进社会进步等功能。我国在长期的历史实践中，积累了丰富的水土流失治理经验，形成了一系列水土保持思想及观点，创造、发展了一系列水土保持措施。

1.2.1 水土保持的概念和基本功能

1.2.1.1 水土保持的概念

水土保持是指防治水土流失，保护、改良与合理利用水土资源，维护和提高土地生产力，以利于充分发挥水土资源的经济效益和社会效益，减轻水旱灾害，建立良好生态环境，支撑可持续发展的社会公益事业(王礼先，2004)。

以上定义包含以下几方面涵义：一是水土保持是对水和土壤两种自然资源的保护、改良与合理利用，而不仅仅限于土壤资源，水土保持不等同于土壤保持；二是保持的含义不仅限于保护，而是保护、改良和合理利用，水土保持不能单纯地理解为水土保护、土壤保护，更不能等同于土壤侵蚀控制；三是水土保持的目的在于充分发挥水土资源的生态效益、经济效益和社会效益，改善生态环境，为发展生产，整治国土，治理江河，减少水、旱、风沙灾害等服务。

1.2.1.2 水土保持的基本功能

水土保持在实践中形成了独特的优势，具有保护资源、培育资源、改善生态、发展经济、促进社会进步五种功能。

(1)防灾减灾，保护资源

一是小流域综合治理开发体系中各种高标准、高质量的水保工程，能够层层拦蓄径流，发挥缓洪削洪的作用，为防洪安全创造了条件。二是坡面治理开发体系的保土蓄水作用好，增强了抗旱和防洪的能力。坡面工程措施体系能有效拦蓄暴雨径流和减少地表径流的汇集，植物体系能起到固结土壤、截蓄雨水、消减暴雨击溅强度的作用，大大降低了土壤侵蚀模数和输沙量。由于坡面水系工程延长了汇流时间，对下游水库、塘坝调洪错峰起到了重要作用。三是沟道治理开发体系的拦沙缓洪作用显著。在具有完整的沟道治理体系的小流域中，可消减洪峰流量的60%~80%。

(2)开发利用，培育资源

一是增加可利用的水资源量。通过修建蓄水工程，增加径流拦蓄能力，调节和重新分配径流，提高径流和降雨的利用率。二是增加可利用的土地资源。结合综合治理，提高耕地的开发程度，充分挖掘荒山、荒坡、荒沟、荒滩等资源潜力，增加梯田、坝地、水田等高产稳产基本农田面积。三是植被建设得到加强。通过调整土地利用结构，改变农林牧用地不合理的状况，增加林草地比重，封山育林育草，达到改善生态环境的目的。

(3)恢复调节，改善生态

通常来讲，一个良性循环的生态系统在受到一定外来干扰时，能够通过系统本身的自我调节，恢复到比较稳定的状态，实现系统的动态平衡。但当生态系统受到的干扰超出系统承载能力，自我调节机制就不再发挥作用，系统的结构和功能就会遭到破坏。这时，就必须采取人工辅助措施帮助恢复。开展水土保持的过程，就是对生态系统的重建和维护过程。当不合理的经济活动导致严重水土流失，生态系统遭到严重破坏且难以自我修复时，水土保持措施就可以助其重建和恢复。当生态系统的结构恢复到一定程度，形成自我修复能力时，则可以通过封禁保护，减少干扰，实现其自我良性发展。水土保持的生态调节功能是开展水土保持人工治理或生态自我修复的基本理论依据。

(4)优势互补，发展经济

结合流域或地区的生产布局，科学配置各项治理开发措施，使工程措施体系成为保护和利用资源的基础，使植物措施体系成为培育资源和开发利用资源的条件。坡面治理开发与沟道治理开发相结合，按不同层次、不同部位合理配置治理开发措施，实行立体开发；植物措施体系与工程措施体系相结合，发挥开发利用资源的互补效应；种植林草与封禁治理相结合，增加持续利用的再生资源；田间工程措施体系与农业耕作措施体系相结合，发展优质高效农业，最终变水土流失区为经济小区和商品生产基地，促进农村经济发展。

(5)改善生存环境，推动社会进步

水土保持建设不仅能够改善了山区农业生产条件，而且能够极大改善群众的生活条件，提高群众的生活质量，促进水土流失区与外界的沟通，加快社会进步。经过水土流失综合治理，全国许多封闭、落后、荒凉的山村，发展成了开放、富裕、文明、优美的社会主义新山村。

1.2.2 水土保持在我国的发展历程

我国是历史悠久的农业大国，也是世界上水土流失最严重的国家之一。在长期的历史实践中，我国劳动人民积累了丰富的水土流失治理经验。从西周到晚清，广大劳动人民针对水土流失现象，形成了一系列水土保持思想及观点，创造、发展了一系列水土保持措施。当代的水土保持理论方法，很多都是我国历史上水土流失防治实践的延续与发展。从近现代开始，受西方科学传入的影响，国内一批科学工作者相继投身于治理水土流失、改变人民贫困生活的行动中，他们做了大量科学研究工作，并提出设立“水土保持”学科，水土保持也从自发阶段进入到自觉阶段。新中国成立以后，在党和政府的重视和关怀下，我国的水土保持事业进入到一个全新的历史时期，从1950年开始，水土保持经历了示范推广、小流域综合治理、依法防治、全面发展等阶段，取得了举世瞩目的巨大成就。

(1)古代水土保持

在长期的生产生活实践中，古人对地形地貌特征、土地冲蚀等现象已经有了一定的认识，特别是从因森林植被破坏而引起的河水变浊、山川易色等现象中观察和意识到水土流失的巨大危害。伴随着农业发展的需要，在长期生产实践以及对自然现象的观察中，提出了诸如“平治水土”“沟洫治水治田”“任地待役”“法自然”等水土保持思想。这些重要的思想及保持水土的发明创造，是留给人类的宝贵财富。

(2)萌芽起步阶段

1840年以后，国内政局动荡、战事频繁、民不聊生，毁林开荒使一些地区的森林草原资源遭到很大破坏，黄河水患频发，水土流失加剧。在一些有识之士的奔走呼吁下，水土保持逐渐被提上议事日程，设立了相对专职的机构，并结合西方科学技术，开展了科学实验工作，使水土保持学科最终得以确立。虽然一些有远见的主张受历史条件所限未能付诸实施，所开展的工作成效也相当有限，但这些具有开创性的工作对新中国成立以后的水土保持事业具有启蒙和奠基作用。

(3)示范推广阶段(20世纪50~70年代)

新中国成立后，百废待兴，百业待兴。围绕发展山区生产和治理江河等需要，党和政府很快就将水土保持作为一项重要工作来抓，大力号召开展水土保持工作。在经过一段时间的试验试办及推广后，伴随着农业合作化的高潮，水土保持工作迎来一段全面推广发展的黄金时期，并迎来了水土保持发展的高潮。1958—1962年间，水土保持转入调整、恢复阶段，以基本农田建设为主成为此后相当长一个时期内水土保持工作的主要内容。20世纪60年代中后期至70年代中期，水土保持工作一度陷入瘫痪状态，在广大水土保持工作者的努力下，水土保持工作在曲折中缓慢发展。总体上来讲，50~70年代，水土保持事业伴随着新中国社会主义建设不断成长发展，虽有停顿反复，但总体上仍取得了巨大成就，并为80年代以后更好地开展水土保持工作奠定了基础。

(4)小流域综合治理阶段(20世纪80年代)

20世纪80年代，随着国家将经济建设作为工作重点并实行改革开放政策，水土保持工作得以恢复并加强，同时由基本农田建设为主转入以小流域为单元进行综合治理的轨道。八片国家水土流失重点治理工程、长江上游水土保持重点防治工程等重点工程的实施，推动了水土流失严重地区和面上的水土保持工作；家庭联产承包责任制在农村普遍实行，促进了户包治理小流域的发生发展，调动了千家万户治理水土流失的积极性；80年代后期在晋陕蒙接壤地区首先开展的水土保持监督执法工作，则为《中华人民共和国水土保持法》(以下简称《水土保持法》)的制定颁布做了必要的前期探索和实践。

(5)依法防治阶段(20世纪90年代)

1991年，《水土保持法》正式颁布实施，水土保持工作由此走上依法防治的轨道。各级水土保持部门认真履行《水土保持法》赋予的神圣职责，依法开展水土保持各项工作，法律法规体系逐步完善，预防监督工作逐步开展；水土保持重点工程得到加强，治理范围覆盖全国主要流域，水土流失治理速度大大加快；水土保持改革深入进行，促进了小流域经济的发展，调动了社会力量治理水土流失的积极性。

(6)全面发展阶段(1997年之后)

1997年后，随着“再造秀美山川”的提出，以及1998年长江流域和嫩江流域大洪水给人们的警示，水土保持生态环境建设工作受到国家前所未有的重视以及全社会的广泛关注。党中央、国务院审时度势，从我国社会经济可持续发展的高度，从国家生态安全的高度，从中华民族生存与发展的高度，把水土保持生态建设摆在突出的位置，并作出一系列重要决定，大力加强生态环境的建设与保护。各级水利水保部门抓住难得的发展机遇，加快治理步伐，强化监督管理，水土保持事业大力发展。

新的历史时期，水土保持既有大好的发展机遇，也面临着新的挑战。在党和国家的高度重视下，科学发展观、生态文明理念的提出以及新农村建设等都为水土保持提供了新的发展动力。同时，大面积的水土流失亟待治理、人为水土流失尚未得到有效遏制，以及人们对生态环境要求的普遍提高，又对水土保持提出了更为紧迫和更高的要求，水土保持需要在新的历史时期做出新的回应。水土保持工作应主动顺应时代变化，牢固树立绿水青山就是金山银山的发展理念，积极践行人与自然和谐共生的生态文明建设基本方略，全面营造用最严格的制度保护水土资源的法治环境，为人民提供更加优质的水土保持生态产品，创造更加适宜的生产生活条件，为加快建设生态文明、建设美丽中国、推动经济社会持续健康发展提供重要保障和支撑。

1.2.3　我国的水土保持成效

水土资源是发展农业生产的基础，也是一个国家国民经济持续发展的基础。保持水土，趋利避害，是我国劳动人民的伟大创造。在新中国成立之后，为了搞好水土保持，中央自上而下建立了水土保持机构，实施了水土保持重点治理工程，加强了水土保持监督管理，推广应用了水土保持科技，以小流域为单元的水土流失综合防治取得了辉煌。

(1)水土保持法律法规体系建设

1957年，国务院发布我国第一部水土保持法规《中华人民共和国水土保持暂行纲要》。1982年国务院发布了《水土保持工作条例》，1991年第七届全国人大常委会第二十次会议审议通过《水土保持法》，标志着我国水土保持工作步入法治化轨道。1993年，国务院颁布《中华人民共和国水土保持法实施条例》(以下简称《水土保持法实施条例》)。2010年第十一届全国人大常委会第十八次会议审议通过修订后的《水土保持法》，进一步强化了政府的水土保持责任、规划的法律地位、水土保持方案制度、补偿制度和水土保持法律责任。全国31个省份相继颁布了水土保持法实施办法或条例，形成了自上而下、系统完备的法律法规体系。

(2)水土流失综合治理

新中国成立70多年来，我国的水土流失治理逐步由单一措施、分散治理、零星开展的群众自发行为，步入国家重点治理与全社会广泛参与相结合的规模治理轨道。1983年，我国第一个国家水土保持重点工程——八片国家水土流失重点治理工程启动实施。之后国家先后启动实施了黄河中游、长江上游、黄土高原淤地坝、京津风沙源、东北黑土区和岩溶地区石漠化治理等一大批水土保持重点工程，治理范围从传统的黄河、长江上中游地区扩展到全国主要流域，基本覆盖了水土流失严重的贫困地区。国家逐步加大水土保持投入力度，相关部门陆续实施“三北”防护林、退耕还林还草、天然林资源保护、草原保护建设、国土整治、沙化和石漠化土地治理、山水林田湖草生态保护修复等一系列重大工程。同时，通过政策机制鼓励和引导社会力量参与水土流失治理，形成了全社会共同治理水土流失的局面。截至2018年底，全国累计治理水土流失面积$131\times10^4\text{km}^2$，水土保持措施年均可保持土壤$16\times10^8\text{t}$，治理区生产生活条件显著提升，粮食产量增加，农民增收显著，乡村面貌焕然一新。进入21世纪以来，水利部进一步拓展工作领域，围绕新农村建设和乡村振兴战略，逐步推动生态清洁小流域建设，为改善农村面貌、防治面源污染积累了宝贵经验。

(3)水土保持生态修复

进入21世纪以来，我国在加大水土流失综合治理力度的同时，充分发挥自然力量，依靠生态自我修复能力，促进大面积植被恢复，保护和改善受损生态系统的结构和功能，加快了水土流失防治步伐。水利部先后启动实施了两批水土保持生态修复试点工程，并在青海省三江源区安排专项资金开展了大面积封育保护。国家实施了天然林资源保护、退耕还林还草等重大生态修复工程。全国有27个省份的136个地市和近1200个县级行政区实施了封山禁牧，国家水土保持重点工程区全面实施了封育保护，各地总结出以草定畜、以建促修、以改促修、以移促修和能源替代等许多经验，生态自然修复技术路线逐步成熟，取得了很好的生态修复效果，坚持预防为主、保护优先、充分发挥大自然自我修复能力来防治水土流失。

(4)水土保持监管

20世纪80年代，我国经济快速发展，生产建设活动造成的人为水土流失日益严重，开展水土保持监管成为经济社会发展的必然要求。1988年，国家计委、水利部联合发布的《开发建设晋陕蒙接壤地区水土保持规定》，开启了水土保持监督执法试点。1991年《水土保持法》颁布之后，我国的水土保持工作逐步走上了依法防治轨道，“三同时"制度得到深入贯彻落实。水利部相继在水土保持方案审批、水土保持设施验收、水土流失防治费和水土保持设施补偿费征收等方面制定并出台了一系列配套法规和政策，与环保、铁路、交通、国土、电力、有色金属、煤炭等部门联合制定和出台了关于生产建设项目水土保持方面的一系列规章制度，全面加强了人为水土流失的监管。进入新时代，在国家简政放权、加强事中事后监管的新要求下，各级水行政主管部门认真履行生产建设项目水土保持监督管理职责，强化了对生产建设活动造成的人为水土流失监管。依法履行水土保持方案审批职责，强化源头控制，严把审批关，对不符合生态保护和水土保持要求的生产建设项目，坚决不予审批。切实加强水土保持方案实施情况跟踪检查，建立健全水行政主管部门依法履职逐级督查制度，加强事中事后监管，依法严格查处违法行为。同时，充分应用卫星遥感影像和无人机等信息化手段，创新监管方式，提高监管效能。《水土保持法》颁布实施以来，全国共有 54 万多个生产建设项目实施了水土保持方案，落实了水土保持措施，减少因开发建设可能产生的人为水土流失面积 $22\times10^4km^2$。

(5)水土保持监测和信息化应用

近 70 多年来，水土保持监测工作逐步强化，信息化进程明显加快。1955 年，水利部首次组织了全国范围的水力侵蚀人工调查，之后在 1985 年、1999 年和 2011 年先后开展了 3 次全国水土流失遥感普查(调查)，基本摸清了全国水土流失情况和动态趋势。实施了全国水土保持监测网络和信息系统二期工程建设，建成了 175 个监测分站和 738 个监测点，初步形成了覆盖全国主要水土流失类型区的监测网络系统，水土流失监测预报能力显著增强。水利部从 2003 年起连续 16 年发布了《全国水土保持公报》，在社会上产生了重要影响。2008 年，开始定期对水土流失重点预防区、治理区等重点区域实施水土流失动态监测，首次实现了全国(未含香港、澳门特别行政区和台湾地区)水土流失动态监测全覆盖，定量掌握了具体到县级行政区及国家关注重点区域的水土流失状况和动态变化。开发全国水土保持信息管理系统，初步构建了全国水土保持信息管理平台。党的十八大以来，适应信息化发展新形势，不断加大信息化手段在监督管理、综合治理、监测评价中的全面应用。2018 年，在晋陕蒙接壤地区等 4 个重点区域、8 个省份的全域范围及其他 23 个省份的 23 个地市开展了区域遥感监管试点，覆盖区域达到 $218\times10^4km^2$。对 394 个生产建设项目和 774 个国家水土保持重点工程采取无人机手段监管，有效提升了水土保持管理水平和管理效率。

(6)水土保持规划、标准和科技创新

水土保持经过 70 多年发展，规划体系逐步建立，科技水平稳步提升，标准体系基本形成。1993 年国务院批复《全国水土保持规划纲要(1991—2000 年)》；1998 年，国务院批复《全国生态环境建设规划(1998—2050 年)》；2015 年，国务院批复《全国水土保持规划(2015—2030 年)》，31 个省级水土保持规划已全部由省级人民政府或其授权的部门批复。东北黑土区侵蚀沟综合治理、坡耕地水土流失综合治理等专项规划陆续编制批复，水土保持顶层设计日趋完善。建成了一批水土保持科学研究试验站、国家级水土保持试验区和土壤侵蚀国家重点实验室，水土保持科学研究取得重大进展。开展了一大批水土保持重大科技攻关项目，与中国科学院、中国工程院联合开展了中国水土流失与生态安全综合科学考察，建成了 130 个国家水土保持科技示范园，总结推广了以坡改梯、坡面水系、雨水利用为主的水土保持实用技术，科技对水土保持工作的贡献率不断提升。建立了涵盖综合、建设、管理三大标准类别、14个功能序列的水土保持标准体系，现行有效水土保持标准达60项，基本构建了符合我国国情和水土保持工作需要的技术标准体系，为水土流失的预防、治理和监督工作提供了基础支撑。经过70多年的不断发展，我国水土保持机构队伍逐步完善，宣传教育深入开展，国际交流与合作领域不断拓展，影响力显著提升，在生态文明建设中发挥了重要作用。

1.3 水土流失综合治理与生态安全的关系

国家生态安全是指国家生态和发展所需的生存环境处于不受破坏和威胁的状态。生态安全一旦遭到破坏，不仅影响经济和社会的发展，而且会直接威胁人类的生存。事实表明，生态破坏将使人类丧失大量适于生存的空间，严重影响经济社会可持续发展。水土流失既涉及资源，又涉及环境，是重大的生态与环境问题，严重的水土流失导致资源破坏、生态环境恶化，加剧自然灾害和贫困，危及国家国土和生态安全，严重制约经济社会的可持续发展。随着现代化进程的加快，人口、资源、环境之间矛盾的日益尖锐，水土保持在我国经济社会发展中的地位和作用越来越突出。搞好水土保持，防治水土流失，是保护和合理利用水土资源、维护和改善生态环境不可或缺的有效手段，是维护生态安全的重要保障。

1.3.1 水土资源与生态环境概述

1.3.1.1 水土资源概念及内涵

水是生命之源，土是万物之本。水和土是人类生存发展不可缺少的重要物质。水土保持是为应对水土流失而形成的一门科学。从水土保持角度看，“土”指的是土壤及其母质而不是土地；从自然属性看，土地具有位置的固定性、面积的恒定性，土地不可能流失，流失的只能是构成土地的水、土壤及其母质等物质，流失的结果是土地结构和功能的变化(对农业而言，就是土地生产力的下降或丧失)，土地的面积和位置不会发生任何变化。广义的水土是指地球上一切形态和不同性质的水体和土体的总称，这里的“土”不仅包括自然状态下的土壤及其母质，而且也包括各种因生产建设活动产生的回填土、污染土、废弃固体物等；狭义的水土，则指陆地上一切形态的淡水和土壤的总称。

依照自然资源的定义，结合水土的概念，我们认为水土资源的定义应有广义与狭义之分。广义的水土资源是指在一定的技术经济条件下和时间范围内，可为人类利用或待利用的一切形态和不同性质的水体与土体按不同的结合方式(匹配)形成的综合自然资源；狭义的水土资源是指在现有的技术经济条件下，可为人类利用的淡水资源和土壤资源按不同的结合方式(匹配)形成的自然综合体。

水土资源具有生产食物、孕育生命、提供原材料、消纳废物、净化环境、服务生态等多种功能，是人类社会可持续发展的重要基础性资源。水土资源对农业、工业和国民经济社会具有重要的作用，水土资源的状况决定了经济社会可持续发展的规模和水平。

1.3.1.2 生态环境概念及特性

生态环境是指围绕一切生命体(包括人类)的全部空间及其一切可以影响生命体生存和发展的各种天然的与人工改造过的自然要素，以及特定生物与外界生物、非生物之间相互影响、相互依赖的各种要素的总称。

生态环境具有整体性、约束性、不可逆性和长期性的特征。整体性是指生态环境是相连相通的，任何一个局部环境的破坏都有可能引发全局性的灾难，甚至危及整个区域的生存条件，如上水、上风地区的水土流失对下水、下风地区有很大的影响。约束性特征表明，生态环境的优劣直接关系到经济社会的发展，恶劣的生态环境对经济发展会形成极大的制约。不可逆性特征是指生态环境的支撑能力有一定限度，一旦超过其承载能力的“阈值”，往往造成不可逆转的后果；动植物一旦灭绝，就永远消失了，人力无法使其恢复。长期性特征是指许多生态环境问题一旦形成，要想解决必须在时间和经济上付出很高的代价，如沙化的土地要恢复到原来的面貌，往往要数十年甚至几代人的努力，经济代价也十分高昂。

1.3.1.3 水土流失引发的生态危机

生态危机是人与自然矛盾尖锐化的表现。人口的增加，生态环境的承载压力急剧增加，局部地区已经出现了突破生态环境承载容量的现象，人类盲目的生产活动造成对自然资源掠夺式开发，结果是土地退化和沙尘暴、水灾旱灾等频发，而水土流失则是导致这些现象产生的重要诱因。

水土流失对生态灾害的影响可以从源头和末梢两个方面分析。在源头，即水土流失的产生地，由于水土流失使土壤结构变差，土壤调节水分的能力降低，土壤养分和腐殖质、土壤微生物减少，土壤体渗透率降低，植物生长状况变差。结果，一方面在遇到大雨或暴雨时，地表径流急速增大，十分容易形成山洪，并诱发滑坡、泥石流等灾害；另一方面，地表径流增大无疑使区域土壤和植物储藏的水分减少，一旦降水或地表水、地下水不能及时满足区域生态用水，就很有可能形成干旱灾害。在末梢，水土流失诱发生态灾害的末梢效应与水土流失的整体性特征有密切关系的。水土资源具有可移动的特性，因而导致水土流失具有整体性特征，即局部水土流失可能引发全局性的灾难，上水、上风地区的水土流失对下水、下风地区的自然生态具有很大的影响，局部地区的破坏会波及更多地区和更大范围，甚至危及整个区域的生存条件。水土流失发展的结果就是向下游地区输送大量的泥沙，导致下游江河湖库的淤积，给洪水的爆发创造条件。近年来，在我国境内爆发的大洪水几乎都可以寻到水土流失的根源。随着农药、化肥的大量使用，水土流失又成为面源污染的载体，对我国生态环境造成较大的损害。除此而外，水土流失为沙尘暴的爆发供给了大量沙尘，因而与沙尘暴的关系也十分密切，并且水土资源的可移动性使得局部地区的沙尘暴波及其他地区或国家而演化为全球的生态危机。

1.3.2 我国水土资源和生态环境面临的挑战

进入21世纪以来，人口、资源、环境与可持续发展问题，已经波及全球每一个角落、每一个民族、每一个国家和地区，成为影响人类社会现在和未来生存发展的重大现实问题。水土资源和生态环境作为经济社会可持续发展不可替代的基础性资源和重要先决条件，是我国实施可持续发展战略亟须破解的两大制约因素。水土流失已对水土资源可持续利用构成严重威胁，是生态恶化的集中反映。防治水土流失是我国一项重大而紧迫的战略任务。

1.3.2.1 我国水土资源面临的形势严峻

(1)水土资源总量大，人均占有量小

我国地域宽广，从水土资源的总量看，居世界前列。我国多年平均年降水总量 $62000\times10^8m^3$，除通过土壤水直接利用于天然生态系统与人工生态系统外，可通过水循环更新的地表水和地下水的多年平均水资源总量为 $28000\times10^8m^3$，仅次于巴西、俄罗斯、加拿大、美国和印度尼西亚，位居世界第六位。然而，我国人均水资源占有量 $2200m^3$，仅相当于世界人均水平的32%，接近国际公认的警戒线。在联合国公布人均水资源占有量的149 国家和地区中，我国排在第109位，属于世界上13个缺水国家之一。我国耕地、草地、林地、园地占用的土地总面积约为 $6.3\times10^8hm^2$，其中耕地、草地、林地的面积分别居世界的第四、第三和第八位，但由于我国人口众多，因此人均占有量很少，人均耕地占有量只有1.40亩①，不及世界人均水平的40%，这对我国的粮食安全是一个严重威胁。

(2)分布不均，匹配不合理

我国地域辽阔，国土面积居世界第三，但由于海陆位置和地形地貌的关系，水土资源在不同区域的分布存在很大差异，水资源和土壤资源在时间和空间上匹配不合理，很大程度上限制了水土资源的开发和有效利用。从总体看，我国北方缺水、南方缺土。北方地区耕地占到全国耕地总面积的60%以上，而水资源总量仅占全国的20%，南方地区耕地面积不到全国的40%，而水资源量却占全国的80%。南方地区耕地水资源平均占有量为 $28695m^3/hm^2$，而北方地区只有 $9465m^3/hm^2$，前者是后者的3倍。同时，由于我国大部分地区的降雨都集中在夏季，且多以暴雨形式出现，极易产生严重的水土流失。

(3)过度利用和消耗，破坏严重

由于历史原因和人口因素，长期以来过度开发利用土壤资源，广种薄收，并大量使用农药化肥，对淡水资源进行粗放式利用，这些无节制的行为对水土资源造成了难以承受的压力。我国是一个多山国家，山丘区面积比重大，高原、山地和丘陵面积占国土面积的69%。因此，山地多、平地少，土地资源呈典型的山丘主导型数量结构，土壤资源立地条件差，高低起伏，坡度大，土层较薄，在长期传统粗放的生产方式下，土壤资源特别是耕地土壤资源水土流失严重，由此导致大片良田被毁、山丘区耕地质量整体下降。土壤的大量流失，又加剧了面源污染，使得水体的富营养化现象严重。尽管我国水资源短缺状况较为明显，但是我国水资源利用效率呈现较低水平，水资源粗放利用的现象也较为突出，进一步加剧了水资源的短缺。

(4)后备资源不足，压力持续增加

人口持续增长和现代化进程的加快，不断加大对水土资源的压力，供需矛盾将会日益尖锐。从水土资源潜力看，无论是水资源还是土壤资源都十分有限，未来我国仍将面临更加严重的缺水危机。我国农耕文明历史悠久，绝大部分适宜耕作的土壤资源已被早已利用，全国目前耕地后备资源严重不足，且开发难度大、成本高。从未来发

① 1亩 $=1/15hm^2$，下同。

展趋势看，随着人们生活水平的提高，人们追求生活质量的过程必然驱动居民点用地、交通用地、各类工矿用地以及水利设施用地等各种非农用地需求的扩大，并将导致农业用地急剧减少。这是由于人类繁衍生存往往以质量较高的耕地资源周边为其生产、生活场所的优先选择，因而人类也会将其周边的土地生产力较高的优质耕地由农用转化为非农业用地来为自身谋求舒适、便捷的生活环境。为了维持基本的生存物质资源的生产量，加大土地资源的生产压力是不可回避的事实，但是，从目前的科学技术发展水平来看，还难以弥补耕地资源数量减少和质量下降对农业生产造成的损失。如此一来，必然会出现对耕地资源超常规加速利用，进一步加剧水土流失的现象，由此可能引发土地资源危机，最终导致土壤资源无法持续利用。

1.3.2.2 我国生态环境面临的巨大压力

(1)生态环境恶化趋势未能有效遏制

我国生态环境的基础比较脆弱，承载力十分有限。沙漠、戈壁、冰川、永久冻土，以及石山、裸地等生态环境脆弱区占国土总面积的28%。长期以来，我国在生态环境建设方面的欠账很大，特别是在过去几十年里，数量庞大的人口给生态环境带来了巨大而持久的压力。传统的粗放发展模式，以牺牲环境为代价，使本来就十分脆弱的生态环境更加不堪重负，经济发展与生态环境可持续维护之间的矛盾十分突出，人口的压力、强烈的社会经济活动对生态环境造成了很大的破坏。我国是世界上荒漠化面积较大、分布较广、危害严重的国家之一，荒漠化土地约占我国国土面积的27.5%，集中分布在西北干旱地区，内陆河上游水资源过度开发等导致荒漠植被和绿洲的生态退化严重。特别是严重的水土流失，已成为我国的头号环境问题。生态环境的破坏，导致生态环境各子系统的生态服务功能严重衰退，自我调节能力下降，稳定性变差，抗干扰能力下降，各种自然灾害频繁发生。

(2)开发建设活动加剧水土流失、生态环境恶化

在当前的经济社会活动中，重经济利益而忽视对生态环境的保护，以牺牲环境为代价换取一时经济利益，掠夺式开发利用资源和环境的现象仍然十分普遍。综合各地情况来看，当前我国人为因素导致的水土流失，主要是由公路铁路、城镇化、露天煤矿和水利水电等工程建设造成的。从地域来看，广东、湖南、福建、江西、广西、辽宁、四川、浙江、新疆、贵州等省份的开发建设项目较多，开发强度大，造成的水土流失较为严重。现代化进程中超强度、大规模的开发建设活动，将很可能超出生态环境对经济社会发展的支撑能力，生态环境面临巨大挑战。

1.3.3 水土保持在保障我国生态安全中的作用

水土保持与人类生存和发展有着十分密切的联系。从我国远古时期的“平治水土”到现在预防为主、综合防治，以及近些年来形成的人工治理与生态修复相结合，水土保持始终是人们长期同水土流失作斗争、有效保护和合理利用水土资源、有效保护和改善生态环境的重要手段。实践证明，水土保持所具有的防灾减灾，保护和培育资源，恢复、调节与改善生态，推动经济发展，促进社会进步等功能，使其在促进生态、经济与社会的可持续发展中具有独特优势和重要地位。

水土保持充分考虑自然、经济、社会等各方面因素，统筹协调各种力量，科学配

置各项措施，确保人口、资源、环境和经济的协调、持续发展。进入21世纪以来，将“水土资源可持续利用和生态环境可持续维护”即“两个可持续”作为我国水土保持的根本目标，既是基于当前国情的现实选择，又是由于水土保持在保护与培育资源、改善生态、发展经济、促进社会进步方面具有举足轻重的作用所决定的，也是贯彻落实生态文明理念所作出的重大抉择。

(1)恢复调节，改善水土资源的循环再生机制

恢复和改善水土资源的再生循环机制是水土保持促进“水土资源和生态环境的可持续”的微观机理。水土保持对于水土资源的再生循环机制的调节和改善作用体现在：一方面控制水土流失，减缓土壤与水分流失的趋势，为水土资源再生循环创造稳定的环境条件；另一方面，通过增加地表植被覆盖度，土壤表面枯枝落叶层大量增加，昆虫、动物数量增加且活动频繁，腐殖质增加，促进土壤的团粒结构形成，为提高土壤再生能力、改善土壤质量创造了基础条件。同时，土壤结构改善、植被覆盖度增加且结构优化，扩大了“土壤水库”的库容，土壤入渗率提高，既增加了水资源又为改善生态环境创造了条件。区域土壤调节水分的能力增强，对于区域水分微循环中降水的时空分布均匀性有一定的改善作用，促使区域水分循环向良性转化，即在洪水期河川径流量显著减少，在枯水期径流量明显增加，使流域内径流在年内分布趋于均匀。水土保持通过保水、保土和改善农业生产的土壤环境，使土壤涵养水源的能力大大提高，进而提高了农田抗御干旱能力，减少旱灾的发生概率，尤其是对于旱作农作物的生长十分有利。

(2)优化配置，综合防治，有效保护水土资源和生态环境

我国约有90%的陆地处于温带和亚热带，8%的陆地处于热带，尽管光热资源丰富，但是由于水土流失使水土资源南北分布不均、匹配失衡情况日趋严重，生态环境十分脆弱。水土保持坚持以大流域为骨架，以县为单位，以小流域为单元，山、水、田、林、路统一规划，因地制宜，因害设防，科学布设工程措施、培植植物措施、优选保土耕作措施，建立水土流失综合防治体系。通过节节控制、分段拦蓄，阻断了水土流失路径。一方面有效防止了水土资源和生态环境恶化趋势的继续扩展；另一方面对水土资源进行有效配置，提高了其生态学价值，促进生态环境的改善。从大范围来看，我国北方地区土壤资源相对丰富而水资源相对匮乏。水土保持综合治理，不仅有效控制水土流失的发生和发展，而且更为重要的是将宝贵的降水资源最大限度地拦截在当地，成为当地生态用水的重要水源。我国南方水资源丰沛，土壤资源十分稀缺。水土保持综合治理通过控制水土流失，使良好的光、热、水资源与弥足珍贵的土壤资源实现了优化配置，促进了这些地区生态环境的有效恢复和改善。如西南石灰岩地区采取的“封、造、建、拦、排、通”等综合防治措施，在控制水土流失、保护土壤资源方面发挥了显著作用。实践证明，水土保持建立的综合防治体系，在优化配置资源方面是任何单一措施都无法比拟的，是水土资源可持续利用和生态环境可持续维护的必要前提和坚实基础。

(3)合理开发，充分挖掘潜力，培育资源，改善生态环境

水土流失综合治理能够充分挖掘治理区的资源潜力，对于资源潜力的挖掘主要体现在两方面。一是充分挖掘资源的生物潜力，积极培育生物资源。通过合理开发荒山、

荒坡、荒沟、荒滩等劣质土地进行植树造林，有效利用梯田地埂以及害、塘、库、坝周边和渠道两旁的土壤培植植物带，可实现增加生态资源、改善生态环境的目的。二是充分挖掘生物资源的经济价值。水土保持统筹兼顾生态、经济和社会效益，实现资源生态价值与经济价值的有机结合，极大地调动广大水土流失地区群众保护和改善生态环境的积极性。

(4)集约经营，持续利用，促进生态环境良性循环

通过综合治理，增加了基本农田，配套了小型水利水保工程和生产道路，调整了土地利用结构和农村产业结构，改善了农业生产基本条件。农业综合生产能力的提高和农民温饱问题的解决，从根本上转变传统粗放式、广种薄收农业生产方式，扭转“越穷越垦、越垦越穷”的局面，实现高效集约化经营成为可能，进而为大面积陡坡退耕、恢复植被，增强区域生态环境各子系统的抗逆能力，减少灾害发生的频次，改善生态环境创造条件。特别是在生态环境脆弱区，修建水土保持拦蓄工程，实施植树造林、种草绿化等植被恢复措施，不仅有效地提高了抗御水旱、风沙等自然灾害和风险的能力，而且随着水土保持措施功能的逐渐显效，区域气候、生物等资源状况都得到有效改善，生态环境稳定性提高、健康指数升级。同时，生态环境的改善，不仅为人类提供了良好的生存环境，而且为野生动物提供了栖息之地，保护了生物多样性，真正实现水土资源的可持续利用和生态环境的保护与可持续发展。

综上所述，最大限度地减少水土流失，是保护和合理利用水土资源、维护和改善生态环境不可或缺的有效手段，是维护生态安全的重要保障。

1.4 水土流失综合治理相关学科

水土流失综合治理以水文、气象、土壤、地质、地貌、农业、林业、水利、环境、生态、经济和系统工程等学科为基础而形成的一门综合性很强的应用技术学科。因此，与一些基础性自然科学、应用科学和环境科学等均有紧密的联系。

(1)基础学科

①气象学、水文学。各种气候因素和不同气候类型对水土都有直接或间接的影响，并形成不同的水文特征。水土保持工作一方面要根据气象、气候对水土流失的影响以及径流、泥沙运行的规律采取相应的措施，抗御暴雨、洪水、干旱、大风的危害，并使其变害为利；另一方面通过综合治理，改变大气层下垫面性状，对局部地区的小气候及水文特征加以调节与改善。

②地质、地貌学。地形条件是影响水土流失的重要因素之一，而水蚀及风蚀等水土流失过程又对塑造地形起重要作用。地面上各种侵蚀地貌是影响水土流失的因素。水土流失与地质构造、岩石特性有很大关系。许多水土流失作用如滑坡、泥石流等均与地质条件有关，水土保持工程的设计与施工涉及地基、地下水等方面的问题，需要运用第四纪地质学、水文地质学及工程地质学的专门知识。

③土壤学。土壤是水蚀和风蚀的主要对象，不同的土壤具有不同的渗水、蓄水及抗蚀和抗冲能力。改良土壤性状，保持与提高土壤肥力是水土保持的重要内容。

(2) 农业科学

一方面水土保持工作通过对资源与环境进行有效的管理，即通过合理安排农、林、牧、副各业用地，科学地布设各项水土保持措施，能保护与改善农业生态环境，使水土等自然资源得到合理利用，从而保障了农牧业高产稳产，直接为农业生产服务；另一方面很多农业技术措施，如水土保持耕作措施与栽培技术等都具有保水、保土、保肥的作用。

(3) 林业科学

一方面森林植被是防治水土流失，改善生态环境的根本性措施；另一方面水土流失综合治理又可以改善森林培育条件，实现森林资源可持续经营，直接为林业服务的科学。

(4) 水利科学

通过实施水土流失综合治理综合措施，能改善河流水文状况，减少河流泥沙，减轻洪水灾害，改善水质，提高水利工程效益，有利于江河、湖泊的利用和整治，直接为水利事业服务。而揭示径流和泥沙的运动规律又必须依赖水文学、水力学和泥沙运动力学等有关水利学科的基本原理。此外，水土保持工程措施设计也与农田水利学和水利工程学密切相关。

(5) 环境科学

水土流失综合治理与环境科学关系密切。如土壤侵蚀对水体和微生物的具有污染作用和危害作用。同时，水土保持措施，特别是林业措施又具有净化水源和空气的作用。水土保持应吸收环境科学的理论与方法来解决水土流失问题。

(6) 社会科学

①经济学。水土保持生态效益具有生态资本特性，因此，水土保持及其生态效益可以从经济学方面进行阐释和理解。水土流失综合治理能产生巨大的调水保土效益，其社会经济效益评价、生态功能经济效益评价、水土保持经济效益评价等，涉及计量经济学、宏观经济学和微观经济学等门类。

②管理学。在水土流失治理过程中，如何合理配置人、财、物，使各要素充分发挥作用，如何正确处理水土保持工作中人与人之间的相互关系，以及如何使水土保持工作中的规章制度与社会的政治、经济、法律、道德等保持一致都涉及管理学的相关学科和门类。

③历史学。在浩瀚的中华文明历史进程中，人们从未停止对自然的认识与改造。因此，水土保持工作应当以马克思的唯物主义历史观为前提，客观认识我国水土保持的现状和历史，运用历史地理学、历史文献学的原理，总结水土保持工作中的规律，以史为鉴，开辟水土保持工作的新局面。

本章小结

水土流失是在水力、重力、风力等外营力的作用下，水土资源和土地生产力遭受的破坏和损失。由于特殊的自然地理和社会经济条件，我国是水土流失最严重和水土流失类型多样的国家之一。严重的水土流失，给国民经济的发展和人民群众的生产、生活带来多方面的危害，因此迫切需要开展水土保持，进行水土流失综合治理。水土保持具有保护资源、培育资源、改善生态、发展经济、促进社会进步等功能，我国在长期的历史实践中积累了丰富的水土流失治理经验，取得了辉煌成就。在新的历史时期，搞好水土保持，防治水土流失，是保护和合理利用水土资源、维护和改善生态环境不可或缺的有效手段，是维护生态安全的重要保证。

思考题

1. 简述水土流失和水土保持的概念。
2. 简述水土保持的基本功能。
3. 试述水土流失综合防治与保障生态安全的关系。

第2章 土壤侵蚀原理

《中国水利百科全书·水土保持分册》(王礼先，2004)将土壤侵蚀定义为：土壤或其他地面组成物质在水力、风力、冻融、重力等外营力作用下，被剥蚀、破坏、分离、搬运和沉积的过程。土壤侵蚀的对象不仅限于土壤，还包括土壤层下部的母质和浅层基岩。实际上，土壤侵蚀的发生除受到外营力影响之外，还受到人为不合理活动等的影响。

2.1 土壤侵蚀类型及分布

2.1.1 土壤侵蚀类型

根据土壤侵蚀研究和其防治的侧重点不同，土壤侵蚀类型(types of soil erosion)的划分方法也不一样。最常用的方法主要有3种：按导致土壤侵蚀的外营力种类来划分、按土壤侵蚀发生的时间划分和按土壤侵蚀发生的速率划分。

2.1.1.1 按导致土壤侵蚀的外营力种类划分

国内外关于土壤侵蚀的分类多以导致土壤侵蚀的主要外营力为依据进行分类。

一种土壤侵蚀类型的发生往往主要是由一种或两种外营力导致的，因此，这种分类方法就是依据引起土壤侵蚀的外营力种类划分出不同的土壤侵蚀类型。按导致土壤侵蚀的外营力种类进行土壤侵蚀类型的划分，是土壤侵蚀研究和土壤侵蚀防治等工作中最常用的一种方法。

在我国，引起土壤侵蚀的外营力种类主要有水力、风力、重力、水力和重力的综合作用力、温度作用力(冻融作用产生的作用力)、冰川作用力、化学作用力等。因此，土壤侵蚀可分为水力侵蚀(water erosion)、风力侵蚀(wind erosion)、重力侵蚀(gravitational erosion)、混合侵蚀(combining erosion)、冻融侵蚀(freeze-thaw erosion)、冰川侵蚀(glacier erosion)和化学侵蚀(chemical erosion)等。

另外，还有一类土壤侵蚀类型——生物侵蚀(biological erosion)，它是指动植物在生命过程中引起的土壤肥力降低和土壤颗粒迁移的一系列现象。一般植物在防蚀固土方面有着特殊的作用，但人为活动不当会发生植物侵蚀，如部分针叶纯林可恶化林地土壤的渗透性及其结构等物理性状。

2.1.1.2 按土壤侵蚀发生的时间划分

以人类在地球上出现的时间为分界点，可将土壤侵蚀划分为两大类：一类是人类出现在地球上以前所发生的侵蚀，称为古代侵蚀(ancient erosion)；另一类是人类出现在地球上之后所发生的侵蚀，称为现代侵蚀(modern erosion)。人类在地球上出现的时间从距今200万年之前的第四纪开始时算起。

古代侵蚀和现代侵蚀的概念最早由苏联学者科兹缅科提出。但由于各种原因，对其内涵的解读仍不十分明确。目前多数的观点认为：古代侵蚀是指人类出现在地球以前的地史时期内，在构造运动和海陆变迁所造成的地形基础上发生的一种侵蚀作用，实质上就是地质侵蚀。这些侵蚀有时较为激烈，足以对地表土地资源产生破坏；有时则较为轻微，不足以对土地资源造成危害。但是其发生、发展及其所造成的灾害与人类的活动无任何关系和影响。

现代侵蚀是指人类在地球上出现以后，由于受地球内营力和外营力的影响，并伴随着人们不合理的生产活动所发生的土壤侵蚀现象。这种侵蚀作用往往在一年内或几天之内侵蚀掉在自然条件下千百年才能形成的土壤层，因而给生产带来严重的后果，所以现代侵蚀也称为现代加速侵蚀，这是土壤侵蚀防治的主要对象。但是，不管是人类出现以前的古代侵蚀，还是人类出现以后的现代侵蚀，将不受人为直接或间接活动影响所发生的侵蚀，均称为地质侵蚀。

2.1.1.3 按土壤侵蚀发生的速率划分

依据土壤侵蚀发生的速率大小和是否对土资源造成破坏将土壤侵蚀划分为正常侵蚀(normal erosion)和加速侵蚀(accelerated erosion)。

正常侵蚀指的是在不受人类活动影响下的自然环境中，所发生的土壤侵蚀速率小于或等于土壤形成速率的那部分土壤侵蚀。正常侵蚀是自然因素引起的地表侵蚀过程这种侵蚀不易被人们所察觉，实际上也不至于对土地资源造成危害。

加速侵蚀是指由于人们不合理活动，如滥伐森林、陡坡开垦、过度放牧和过度樵采等，再加之自然因素的影响，使土壤侵蚀速率超过正常侵蚀(或称自然侵蚀)速率，导致土地资源的损失和破坏。一般情况下所称的土壤侵蚀是指发生在现代的加速土壤侵蚀部分(图2-1)。

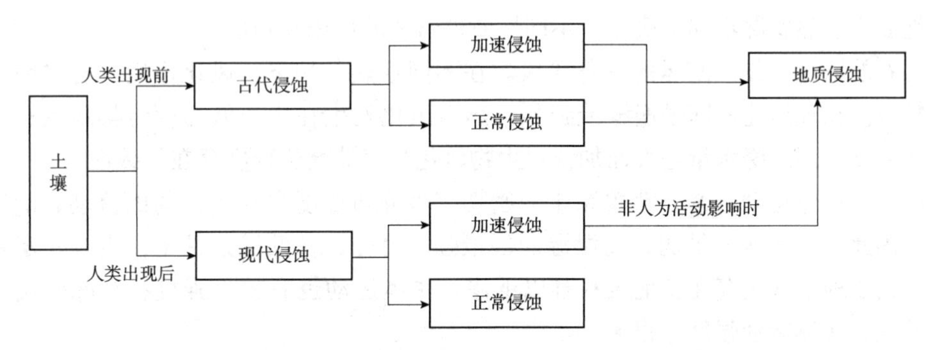

图2-1 按土壤侵蚀发生的时间和发生的速率划分的土壤侵蚀类型

(张洪江，2014)

陆地形成以后土壤侵蚀就不间断地进行着。这种在地质时期纯自然条件下发生和发展的侵蚀作用侵蚀速率缓慢。自从人类出现后，人类为了生存，不仅学会适应自然，更重要的是开始改造自然。有史以来（距今 5000 年），人类大规模的生产活动逐渐形成，改变和促进了自然侵蚀过程，这种加速侵蚀侵蚀速度快、破坏性大，所以影响深远。图 2-2 为古代正常侵蚀形成的洼地和现代加速侵蚀形成的侵蚀沟的剖面图。

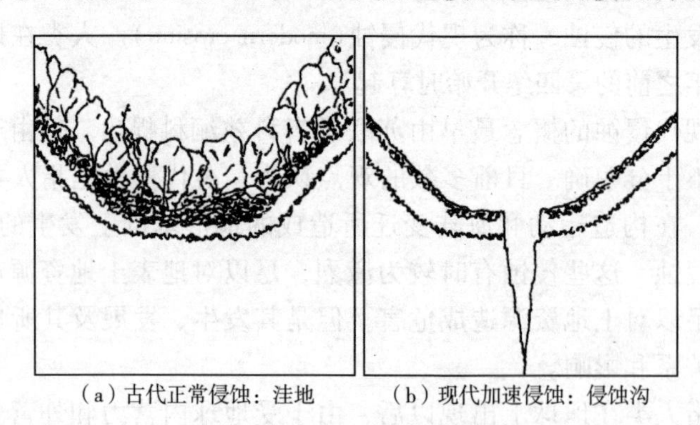

（a）古代正常侵蚀：洼地　（b）现代加速侵蚀：侵蚀沟

图 2-2 土壤自然侵蚀剖面

2.1.2 土壤侵蚀分布

2.1.2.1 全球土壤侵蚀分布

全球遭受土壤侵蚀的面积大约为 $1642\times10^4 km^2$，其中水力侵蚀面积 $1094\times10^4 km^2$，风力侵蚀面积 $578\times10^4 km^2$。水力侵蚀危害最严重的地区位于 N40°~S40°（干旱沙漠和赤道森林除外），特别是美国、俄罗斯、澳大利亚、中国、印度，以及南美洲、非洲北部的一些国家。风力侵蚀危害最大地区是美国大平原、非洲撒哈拉沙漠和卡拉哈里沙漠、我国西北部及澳大利亚中部。

土壤侵蚀的发生主要受到内营力和外营力的共同的作用。在这些力的作用下，土壤侵蚀的发生和形式有不同的规律。研究表明：土壤侵蚀形式主要受自然因素和社会因素的制约，包括气候、地貌、植被、地表物质组成和人为活动等因素，尤其是地表的水、热状况，对土壤侵蚀形式起着直接控制作用。随着这些因素的变化，土壤侵蚀形式在地域分布、时间分布及其组合上表现不同的规律性。

（1）地表水、热状况与外营力的关系

地表水、热状况不同，决定了不同性质外营力的作用及强度。

岩石的风化是侵蚀搬运的准备阶段。在不同水热条件下，风化作用具有鲜明的地带性特点。物理风化以冻融崩解最强烈；热力风化发生在中、低纬度干旱地区；化学风化随温度升高、降水量增大而加快；生物风化与植被繁茂程度存在一致性。

坡面上块体运动与水、热关系十分密切。水分与温度参与了岩屑的流动、滑动和蠕动，因此，干旱地区最弱，高温湿润区最强。另外，在低温条件下，当有一定降水量时，由于地下冻土存在，地表水难以下渗，块体运动也有较大强度；在冻融交替频繁的地区，块体运动强度也很大。

流水作用与水、热关系更明显。流水作用在干旱地区最弱，但并不是在降雨量最大的地带作用最强，因为那里植物非常茂密，阻碍了流水的侵蚀作用，所以流水作用最强烈的地方反而是降水量中等的地区。

风沙作用在干旱地区最强，在高温多雨地区最弱。

冰川、冻融等作用更是与水、热状况密不可分。冰川侵蚀只能发生在年平均气温在0℃以下，降雪量大于消融量的地区，没有一定的水分低温条件，冻融侵蚀是不能发生的。

将上述侵蚀形式与水、热状况叠置一起，由图 2-3 所示可以看出，不同气候下有不同的外营力组合，且在组合中各种侵蚀的相对重要性不同。左上角是高温少雨地区，风化作用以物理风化为主，风蚀最突出，流水侵蚀次之；右上角是高温多雨地区，化学风化居首位，块体运动由于水分多而活跃，水力侵蚀因植被茂密而较弱；左下角是低温少雨的干寒地区，只有风的作用；近左下角部分，虽寒冷但有一定的降水，若为冰川覆盖，则以冰川侵蚀为主；若无冰川覆盖，冻融风化突出，融冻泥流活跃。图 2-3 的中部是湿润地区，物理风化、化学风化同等重要，水力侵蚀最突出、最强烈，块体运动也具有一定强度。

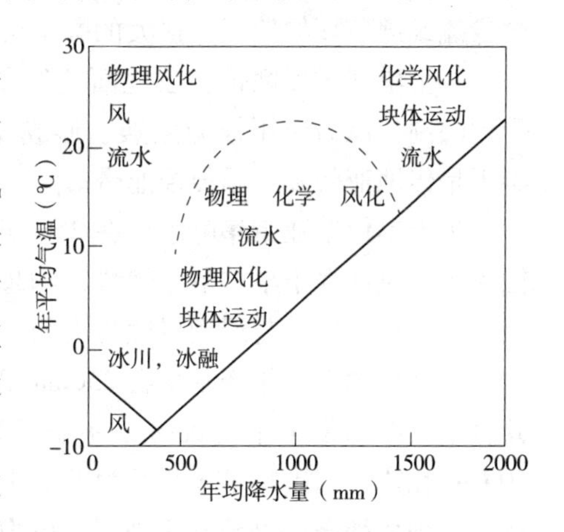

图 2-3 侵蚀形式与水、热关系
（吴发启，2017）

(2)侵蚀的地带性规律

温度和降水在地球表面上分布是有规律的。一般来看，温度从赤道向两极递减，亦随绝对高度而递减，前者称水平(纬度)地带性，后者称垂直(高度)地带性。影响降水的因素较为复杂，不完全取决于纬度和高度，还与大气环流和海陆分布有关，在局部地区取决于地形起伏。因此，可将地表划分出不同气候带，每一带内水、热状况不一，侵蚀营力、侵蚀强度及侵蚀营力组合不同。

从侵蚀来看，全球可划分为 3 个气候侵蚀带：冰原气候侵蚀带、湿润气候侵蚀带和干旱气候侵蚀带。

①冰原气候侵蚀带。本带的气候特点是降雪量大于消融量，形成冰川，或融水下渗结成冻土。它包含两个侵蚀亚带：极地和终年积雪的高山，为冰川侵蚀亚带；冰川外缘，在森林线以上的山地为冻融侵蚀亚带。在冰川侵蚀亚带中，年平均气温在0℃以下，降水量大于消融量和蒸发量，形成冰川。冰川的运动形成冰川侵蚀，以及冻融崩解及冰川融化形成的水力侵蚀。它分布在地球表面的两极高纬度地区和部分高山地区。冻融侵蚀亚带年平均气温变动在0℃上下，固体降水不足以补偿消融与蒸发，形成冻土。冻融交替过程的侵蚀成为主要侵蚀形式，其次为水蚀和风蚀。冰原气候侵蚀带分布在极地和亚极地，以及森林线以上亚高山降水少的地区。

②湿润气候侵蚀带。湿润气候侵蚀带又称常态侵蚀带，其气候特点是气温较高，降水量大于蒸发量，多余的水渗入地下成为潜水或地下径流，未渗入地下的水形成地表径流，因此以水力侵蚀为主。本带根据水、热差异和侵蚀形式又分为湿润气候侵蚀亚带和湿热气候侵蚀亚带。湿润气候侵蚀亚带年平均气温在10℃左右，年降水量在400~800mm，物理风化与化学风化同等重要，水力侵蚀最为活跃，尤其是植被遭到破坏的地区。除降水量外，降水强度的变化也产生强烈的影响。在水蚀的诱导下，重力侵蚀、混合侵蚀也十分严重。主要分布在南北纬40°到南、北回归线之间的中纬度地区。湿热气候侵蚀亚带气温常年在18℃以上，降水量在800mm以上，分布在赤道两侧

南北回归线之间的低纬度地区。区内化学风化十分强烈，由于植被作用，水力冲刷很弱，化学溶蚀占据优势，矿物质和有机质多呈分子溶液或胶体溶液随水流迁移。在植被稀疏或遭破坏的地区，强大的暴雨会造成严重的水蚀、重力侵蚀和混合侵蚀。

③干旱气候侵蚀带。在地面蒸发量大于降水量的地区，空气十分干燥，植被生长受到限制，风力作用极为强烈，形成风沙流，破坏地表。本带依据水热变化，可分为半干旱侵蚀亚带和干旱侵蚀亚带。

半干旱侵蚀亚带年降水量在250~400mm之间，年平均气温在10℃以下。以水力侵蚀为主，风蚀在干旱季节占优势，物理风化亦很强烈，尤其被开垦无植被的地区。它分布在干旱侵蚀带与湿润侵蚀带之间，在雨季该带相对缩窄，在干季相对展宽。

干旱侵蚀亚带年降水量在250mm以下，有的地区仅几毫米，蒸发超出降水几十倍、几百倍。在温带干旱侵蚀区，冬季酷寒，夏季炎热，年温差60~70℃，日温差35~50℃；在热带与副热带干旱侵蚀区，年温差相对小，而日温差很大。因此，植被极为稀少，地面裸露，物理分化剧烈，风力侵蚀突出，风蚀、搬运与堆积随处可见。此外，洪流侵蚀、重力侵蚀在山地也十分发育。

N·W·哈德逊从上述分带规律出发，研究了水蚀和风蚀两种主要外营力，在考虑了水、风活动情况之后，确定了全世界水蚀和风蚀的范围。

还应该说明，在地史时期，侵蚀的分带规律，随着气候的多次变化，侵蚀营力及其组合也发生相应的变化，这种侵蚀的变化性质称为多代性。因此，现代侵蚀是古代侵蚀多代性的又一表现，只是由于人为活动的影响，侵蚀强度远远超过古代侵蚀，并在时空分布上更加复杂化了。

2.1.2.2 我国土壤侵蚀分布

我国是世界土壤侵蚀最严重的国家之一，其范围遍及全国各地。土壤侵蚀的成因复杂、危害严重，主要侵蚀类型有水力侵蚀、风力侵蚀、重力侵蚀、冻融侵蚀和冰川侵蚀。

我国土壤侵蚀类型分布基本遵循地带性分布规律。干旱区(北纬38°以北)是以风力侵蚀为主的地区，包括新疆、青海、甘肃、内蒙古等省份，侵蚀方式是吹蚀，其形态表现为风蚀沙化和沙漠戈壁。半干旱区(北纬35°~北纬38°)风力侵蚀、水力侵蚀并存，为风蚀水蚀类型区，包括甘肃、内蒙古、宁夏、陕西、山西等省份，风蚀以吹蚀为主，反映在形态上是局部风蚀沙化和鳞片状的沙堆；主要侵蚀类型是水蚀，侵蚀方式为面蚀和沟蚀，形态表现为沟谷纵横、地面破碎，这一区域是我国的强烈侵蚀带。湿润地区(北纬35°以南)为水蚀类型区，主要侵蚀方式是面蚀，其次是沟蚀。我国一级地形台阶和二级地形台阶区的高山以及东北寒温带地区是冻融侵蚀类型区，主要表现形式为泥流蠕动。重力侵蚀类型散布各类型区中，主要分布在一二级地形台阶区的断裂构造带和地震活跃区，表现形式是滑坡、崩塌、泻溜等。

土壤侵蚀类型受降水、植被类型、盖度和活动构造带等因素的控制。年降水量400mm等值线以北的地区属风蚀类型区，为非季风影响区，区内降水少，起风日多，风速大，而且沙尘暴日数多，植被为干草原和荒漠草原；年降水量400~600mm等值线的区域是风蚀水蚀区，本区虽具有大陆性气候特征，冬春风沙频繁，但仍受季风的影响，夏季降雨集中，多暴雨，因而既有风蚀类型，又有水蚀类型；年降水量600mm等值线以南的地区为水蚀类型区；在高山、青藏高原以及寒温带地区以冻融侵蚀类型为主。以上侵蚀类型受地带性因素控制。重力侵蚀类型主要分布在我国西部地区地震活动带或断裂构造的地区，受非地带性因素控制。

我国自然条件因素复杂，因而各地区侵蚀强度差异极为显著，最大与最小可相差数倍。半干旱地区的侵蚀强度最大，干旱地区和高寒地区强度较小，湿润地区介于两者之间。这种地域分异是由自然因素和人为因素共同作用的结果，半干旱地区是我国的环境脆弱带。决定水蚀侵蚀力的年降水量一般都大于400mm，降水集中在7~9月，占年降水量的60%以上，且常集中在几场短历时的高强度暴雨。起抗蚀作用的植被稀少，一般为草原和森林草原，覆盖度为30%~50%(黄土地区小于30%)。地表组成物质受强烈风化影响，结构松散。半干旱地区同时存在的两个有利于侵蚀的因素，这在干旱地区或湿润地区都不可能同时存在(局部地区例外)。干旱地区虽然地表物质风化更强，结构更松散，植被覆盖度差，但降水量少，缺乏侵蚀营力。湿润地区年降水总量虽然较大，但季节分配均匀，地表物质风化较轻，植被覆盖度大，因其抗蚀能力较强而不太可能形成较强的侵蚀。

土壤侵蚀类型分区是根据土壤侵蚀成因及影响土壤侵蚀发生发展的主导因素的相似性和其差异性，对地理单元所进行的区域划分。我国的土壤侵蚀分区始于20世纪40年代。1947年，朱显谟等人在江西完成了第一张土壤侵蚀分区图；1955年，黄秉维完成了黄河中游流域土壤侵蚀分区图；1986年，中国科学院水土保持研究所完成了长江流域土壤侵蚀分区研究；1982年，辛树帜、蒋德麒提出了我国土壤侵蚀类型分区方案；1997年，水利部发布了《土壤侵蚀分类分级标准》(SL 190—1996)；2004年，唐克丽等综合了辛树帜、蒋德麒和水利部标准的特点，对我国土壤侵蚀类型分区进行更为系统的描述；2005年，景可等提出了我国土壤侵蚀分区的又一方案；2008年《土壤侵蚀分类分级标准》(SL 190—2008)重新修订后再次发布。

(1) *以水力侵蚀为主的类型区*

我国的土壤侵蚀分区范围见表2-1。

①西北黄土高原区。西北黄土高原区土壤侵蚀的环境背景包括以下4个方面。

a. 地质、地貌。黄土高原地区地质构造，大致以六盘山至青铜峡一线为界，西北属西域陆块，东部为华北陆块。本区为新构造运动活跃地区，六盘山以西地区的抬升量普遍大于以东地区。该区又是我国强烈地震活动频繁地区，因而激发强烈的重力侵蚀。黄土高原巨厚的黄土沉积物及其塬、梁、峁和沟谷纵横的地貌类型，系在第四纪前古地貌上发育形成的。在历时240万年的黄土沉积、成壤、侵蚀的旋回过程中，在倾斜低洼处以沟蚀为主，形成发展了沟谷，至今形成了被沟谷切割的高原沟壑区和梁茆丘陵沟壑区，沟谷密度多在3~5km/km^2。黄土台塬及丘陵地区的海拔高程多在500~1500m，周围土石山地海拔高程2000~3000m。黄土覆盖厚度一般50~100m，较厚处100~200m，沉积最深厚度达336m，见于兰州九州台。本区不仅沟谷密度大，且沟壑面积可占流域面积的40%以上。另外，地面坡度陡峻，除塬面、河谷阶地等地区地面坡度小于5°以外，大部分地区的坡度多大于5°，且以10°~20°占多数，梁峁坡面大于25°的坡面可占10%~20%，谷坡则以大于35°占多数。这些陡坡如果被林草植被所覆盖，一般不发生侵蚀或侵蚀轻微，一旦被滥垦、滥伐、滥牧即转化为强烈的人为加速

表 2-1 全国土壤侵蚀类型区划简表

一级类型区	二级类型区	范围与特点
Ⅰ水力侵蚀为主类型区	I_1西北黄土高原区	西界青海日月山，西北为贺兰山，北为阴山，东为太行山，南为秦岭，地处黄河中游。区内丘陵起伏，沟谷密度大，黄土层深厚，水蚀为主，兼风蚀、重力侵蚀。植被破坏，陡坡开垦严重，侵蚀模数多在5000~10000t/(km^2·a)及以上。黄河的高含沙量主要归因于黄土高原的水土流失
	I_2东北低山丘陵和漫岗丘陵区	南界为吉林省南部，东西北三面为大小兴安岭和长白山所围绕。以低丘、岗地黑土区坡耕地侵蚀为主，兼有沟蚀、风蚀和融雪侵蚀
	I_3北方山地丘陵区	东北漫岗丘陵以南，黄土高原以东，淮河以北，包括东北南部及河北、山西、内蒙古、河南、山东等山地、丘陵。植被覆盖差、土层浅薄，随同水土、砂石侵蚀，易患及海河、淮河的安危
	I_4南方山地丘陵区	以大别山为北屏，巴山、巫山为西障，西南以云贵高原为界，东南直抵海域并包括台湾、海南岛及南海诸岛。年降水量多在1000~2000mm，多暴雨，以紫色砂页岩及厚层花岗岩风化物上发生的面蚀、沟蚀为主，兼崩岗
	I_5四川盆地及周围山地丘陵区	北与黄土高原接界，南与红壤丘陵区相接。年降水量1000mm左右，土壤侵蚀发生在紫色砂页岩及花岗岩风化物，土少石多，陡坡耕垦，面蚀、沟蚀兼崩岗、滑坡、泥石流分布广泛，是长江上游泥沙主要来源区
	I_6云贵高原区	包括云南、贵州及湖南、广西的高原、山地、丘陵。热带雨林也在本区。滑坡、泥石流活动频繁，贵州石灰岩山地陡坡开垦形成的石漠化景观较突出
Ⅱ风力侵蚀为主类型区	II_1"三北"戈壁沙漠及土地沙漠化风蚀区	主要分布于西北、华北及东北的西部，包括新疆、青海、甘肃、陕西、宁夏、内蒙古部分地区。年降水量100~300mm，多大风、沙尘暴。除腾格里等大沙漠外，因受人为不合理耕垦及过牧影响的沙漠化土地为本区防治的重点
	II_2沿河环湖滨海平原风沙区	主要分布在山东黄泛平原、鄱阳湖滨湖沙丘及福建、海南滨海区，影响到土地荒漠化的扩展
Ⅲ冻融侵蚀为主类型区	III_1北方冻融侵蚀区	主要分布在东北大兴安岭山地及新疆的天山山地，属多年冻土区
	III_2青藏高原冰川冻融侵蚀区	分布在青藏高原。以冰川、冻融侵蚀为主，局部有冰川、泥石流发生

注：引自吴发启，2017。

侵蚀，陡坡地形即成为影响侵蚀的主要因素。黄土高原北部长城沿线一带为风沙地貌与流水侵蚀地貌交错分布，水蚀、风蚀全年交替进行，水、风两相侵蚀叠加，且相互促进，故侵蚀强度大。该地区不仅侵蚀强烈，而且是黄河下游河床粗泥沙的主要来源区，形成了特殊的侵蚀类型区——水蚀风蚀交错区，也是黄土高原的治理重点区。

b. 气候。本区属大陆性季风气候，年降水量200~700mm，由东南向西北递减，以400~500mm的降水量分布较广，该雨量分布区也是黄土高原土壤侵蚀最严重地区。长城沿线以北，包括陇中北部、宁陕北部、鄂尔多斯高原、河套及银川平原地区，年降水量多在400mm以下，以风力侵蚀为主。降水量分配不均匀，多集中在6~9月汛期，可占全年降水量的60%以上，且多暴雨，侵蚀输沙多集中在暴雨季节。黄土高原地区干旱多风，大风主要出现在春季，年均大风(≥8级风，风速1.2m/s)日数，由北向南递减。北部的鄂尔多斯高原中部一带大风日数多于40d，北部阴山山脉和长城沿线的大风日数20~40d，中部年大风日数10~20d，南部多少于10d。出现沙尘暴的日数往往与大风日数及风蚀的强弱相对应。

c. 土壤和植被。土壤和植被的分带特征如下：暖温性森林地带，温暖半湿润区，地带性土壤为褐色土；暖温性森林草原地带，温暖的半湿润-半干旱区，地带性土壤为黑垆土；暖温性典型草原地带，温暖半干旱区，地带性土壤为轻黑垆土和淡栗钙土；暖温性荒漠草原地带，温暖半干旱-干旱区，地带性土壤为灰钙土和棕钙土；暖温性草原化荒漠地带，暖温干旱区，地带性土壤为漠钙土。

d. 人文环境。该区人地系统的主要矛盾表现为原宜林区、宜牧区，因人口急剧发展而不合理开垦为农地；宜牧区多超载过牧，致使水土流失严重、土地荒漠化扩展，其发展过程和严重程度，直接影响土壤侵蚀区域分异特征。此外，人为不合理开矿、修路等工程建设破坏了地面稳定性，往往激发新的人为加速侵蚀而形成了特殊的侵蚀区域，如神府-东胜矿区。这一类型又可分为鄂尔多斯高原风蚀地区、黄土高原北部风蚀水蚀地区和黄土高原南部水蚀地区。

②东北低山丘陵和漫岗丘陵区。本类型区南界为吉林省南部，西、北、东三面为大、小兴安岭和长白山所围绕。在此范围内，除了三江平原外，其余地方都有不同程度的土壤侵蚀。这一类型区又可分大兴安岭区、小兴安岭区、低山丘陵区和漫岗丘陵区。

③北方山地丘陵区。本区是指东北漫岗丘陵以南，黄土高原以东，淮河以北，包括东北南部，河北、山西、内蒙古、河南、山东等省份范围内有土壤侵蚀现象的山地、丘陵。本区地形具有两个特点：一是山地丘陵都以居高临下之势环抱平原；二是高山—低山—丘陵(垄岗)—谷地(盆地)—平原呈梯级状分布。山地、丘陵土壤侵蚀发生的水土流失和泥石流，易使江河、湖泊淤积壅塞，呈现与平原河流水患之间的密切关系。太行山区水土流失与海河平原水患，辽东、辽西山地与辽河平原水患，豫西山区的水土流失与海河平原水患均密切相关。鉴于本区石质山地、土石山地及黄土丘陵多种侵蚀地貌、侵蚀方式及侵蚀产沙物质的差异，本区具有北方土石山地和黄土高原双重土壤侵蚀特征。据此，本区可以分为3个类型区，分别为：黄土覆盖的低山、丘陵区，石质和土石山地、丘陵区，坝上高原强度风蚀区。

④南方山地丘陵区。本类型区大致以大别山为北屏，巴山、巫山为西障，西南以云贵高原为界，东南直抵海域，包括台湾、海南岛以及南海诸岛。土壤侵蚀主要集中在长江和珠江中游，以及东南沿海的各河流的中、上游山地丘陵。南方山地丘陵区温暖多雨，有利于植被的恢复和生长，地面植被覆盖好，雨量丰沛，年降雨量达1000~2000mm，且多暴雨，最大日雨量超过150mm，1h最大雨量超过30mm，因而地面径流较大，年径流深在500mm以上，最大达1800mm，径流系数为40%~70%，侵蚀力强。

加之炎热高温风化作用强烈，地面花岗岩、紫色砂页岩及红土又极易破碎。因此，在植被遭到破坏的浅山、丘陵岗地，土壤侵蚀相当严重。由于土壤、母质及其他自然因素的不同，本区内又有不同类型。

⑤四川盆地及周围山地丘陵区。四川盆地大致在北以广元，南以叙永，西以雅安，东以奉节为4个顶点连成的一个菱形地区内，盆地西部为成都平原，其余部分为丘陵。盆地四周为大凉山、大巴山、巫山、大娄山等山脉所围绕。甘肃南部、陕西南部及湖北西部山区因与本区山体相连，特点相似，可附于本区。整个四川盆地，平坝地仅占7%，丘陵约占52%，低山约占41%。水土流失主要集中在丘陵区和低山坡面。岩层主要由侏罗系和白垩系紫色砂岩、泥页岩组成，其风化物及幼年紫色土为地面主要侵蚀物质，其侵蚀特性与南方山地丘陵区的紫色砂页岩风化物类同。据20世纪80年代后期全国土壤侵蚀遥感调查资料，四川全省轻度侵蚀以上面积为$24.88\times10^4km^2$，占全省总土地面积的43.98%，其中水蚀轻度以上面积$18.42\times10^4km^2$，占侵蚀总面积的74.04%。按平均侵蚀模数，东部大于西部，盆地腹心大于其他地区，以盆中丘陵区的遂宁市最为严重，侵蚀模数9831t/(km^2·a)；内江市稍次为8442t/(km^2·a)，均为极强度侵蚀。重庆及四川自贡、泸州、德阳、南充、乐山、宜宾、达川等10个市(区)为强度侵蚀区，土壤侵蚀模数多在5000t/(km^2·a)以上。重庆万州及四川广元、涪陵、雅安、甘孜、阿坝等市(州)为中度侵蚀区。攀枝花和凉山彝族自治州为轻度侵蚀区。根据自然分区土壤侵蚀的特点，本区的水土保持分别按5个区进行布局和配置，即四川盆地、盆周山地区、川西南山地区、川西高山峡谷区和川西北高原区。前2个区为强度和极强度侵蚀区，以坡耕地治理为重点，结合工程措施和植被建设。后3个区以封山育林，调整农林牧结构，加强植被建设为主，结合工程措施，防治滑坡、崩塌、泥石流灾害。

⑥云贵高原区。本区包括云南、贵州及湖南西部、广西西部的高原、山地和丘陵。西藏南部雅鲁藏布江河谷中、下游山区的自然状况和土壤侵蚀特点与本区相近，可附于本区内。

本区河流主要有长江上游的金沙江、雅砻江、乌江等支流，部分为珠江支流。河流水系处于剧烈下切阶段，形成高山、陡坡、深沟，地貌类型主要为高原、山地和丘陵。海拔高程1000~2000m，部分山脉高达3000~4000m。地质构造运动强烈，主要基岩地层有石灰岩及风化强烈的砂页岩、玄武岩、片麻岩。本区属亚热带东南季风区，年均气温13℃，年均降水量1080~1300mm，年际、年内分配不均匀，5~9月占全年降水量的80%左右，且多暴雨；部分地区年均降水量不足800mm。植被类型属亚热带常绿阔叶林、针阔混交林和亚热带森林。本区虽然地形陡峻，地面组成物质以风化强烈的碎屑岩石组成，但在自然生态平衡情况下，保持森林天然植被，一般不发生侵蚀。一旦森林被砍伐，陡坡地被开垦，在暴雨袭击下，薄层粗骨土及碎屑风化物极易遭受侵蚀，甚至可造成毁坏型寸草不生的裸岩地区。

(2)以风力侵蚀为主的类型区

我国风力侵蚀主要分布于西北、华北、东北西部，包括新疆、青海、甘肃、宁夏、内蒙古、陕西等11个省份的沙漠及沙漠周围地区。总面积$187.6\times10^4km^2$，约占全国总面积的19.0%。沙丘起伏的沙漠为$63.7\times10^4km^2$，砂砾及碎石戈壁$45.8\times10^4km^2$。我国中东部地区受季风影响，冬春季干旱风大，沿海地区及河流下游冲积平原沙质土地，在有风季节风沙化也十分显著。这类风沙化地区涉及辽宁、河北、山东、江西、福建、台湾、广东、海南等省份。

在风力侵蚀为主的类型区内，根据我国风蚀沙化区域特点，可划分为以下2个二级土壤侵蚀类型区。

①"三北"戈壁沙漠及土地沙漠化风蚀区。本区主要分布于西北、华北及东北的西部，包括新疆、青海、甘肃、陕西、宁夏、内蒙古等省份的沙漠戈壁和沙地。本区气候干燥，年降水量100~300mm，多大风及沙尘暴。植被稀少，主要流域为内陆河流域。

②沿河环湖滨海平原风沙区。主要分布于山东黄泛平原、鄱阳湖滨湖沙丘及福建省、海南省滨海区，属湿润或半湿润区。植被覆盖度高。本区风沙化土地主要分布于沿河环湖及海滨地区，主要特点为分布零星、范围不大、季节性明显，在干季常出现风沙吹扬及地面形成波状起伏风沙地貌。

(3)以冻融侵蚀为主的类型区

①北方冻融侵蚀区。主要分布在东北大兴安岭山地和新疆的天山山地，属多年冻土区。冻融侵蚀的发生主要受气候季节变化，土体或岩体因冷暖、干湿交替而反复冻结、融化。在重力或其他外力作用下，沿冻融界面发生滑动、崩落的现象，也可促使沟蚀的延伸和扩展。因冻融侵蚀而激发的滑坡、泥石流，有时可造成淹埋农田、村庄、冲毁道路、桥梁及堵塞江河等灾害。

②青藏高原冰川冻融侵蚀区。主要分布在青藏高原和高山雪线以上。平均海拔4500m以上，冰川活动十分活跃。青藏高原是世界上中低纬度地区最大的冰川作用中心。我国现代冰川面积约$5.64\times10^4km^2$，其中90%分布于青藏高原及其边缘山地，几乎全部呈山地冰川。巨大的冰川由于受重力和消融作用的影响，冰川体沿山谷冰床作缓慢的塑性流动和滑动，对地表产生巨大的侵蚀、搬运作用，形成各种特殊的冰蚀地貌和冰碛物。此外，冰雪融水也会对地表造成强烈的冲刷。这种冰水侵蚀作用在雪线附近尤为活跃。

2.2 水力侵蚀过程

水力侵蚀(water erosion)简称水蚀，是指在降雨雨滴击溅、地表径流冲刷和下渗水分作用下，土壤、土壤母质及其他地表组成物质被破坏、剥蚀、搬运和沉积的全部过程。水力侵蚀形式可划分为雨滴击溅侵蚀、面蚀、沟蚀、山洪侵蚀、洞穴侵蚀和海岸、湖岸及库岸波蚀等，它们主要是降雨打击力、径流冲刷力与土壤(含母质等)抗蚀力相互作用的结果。在侵蚀过程中，它们既受气候、水文、地质地貌、土壤和植被等自然因素的影响，同时也受到人类活动的干扰。

2.2.1 雨滴击溅侵蚀

2.2.1.1 雨滴的特性

雨滴特性包括雨滴形态、大小、雨滴分布、降落速度、接地时冲击力、降雨量、降雨强度和降雨历时等，直接影响侵蚀作用的大小。

(1)雨滴形状、大小及分布

一般情况下，小雨滴为圆形，大雨滴(>5.5mm)开始为纺锤形，在其下降过程中因受空气阻力作用而呈扁平形，两侧微向上弯曲。因此把雨滴直径≤5.5mm时，降落过程中比较稳定的雨滴称为稳定雨滴；当雨滴直径>5.5mm时，雨滴形状很不稳定，极易发生碎裂或变形，称暂时雨滴。对于直径<0.25mm的雨滴称为小雨滴。

降雨是由大小不同的雨滴组成的，不同直径雨滴所占的比例称为雨滴分布。小雨滴直径约为0.2mm，大雨滴直径约6.0mm以上，一次降雨的雨滴分布，用该次降雨雨滴累积体积百分曲线表示，其中累计体积为50%所对应的雨滴直径称为中数直径，用D_{50}表示。D_{50}表明该次降雨中大于这一直径的雨滴总体积等于小于该直径的雨滴的总体积，它与平均雨滴直径的含义是不同的。不同强度降雨雨滴分布不同，通常雨强越大，D_{50}越大，降雨强度变小，D_{50}也相应减小。

(2)雨滴速度与能量

雨滴降落时，因重力作用而逐渐加速，但由于周围空气的摩擦阻力产生向上的浮力也随之增加。当此二力趋于平衡时，雨滴即以固定速度下降，此时的速度即为终点速度(terminal velocity)。达到终点速度的雨滴下落距离，随雨滴直径增大而增加，大雨滴约需12m以上，终点速度的大小，主要取决于雨滴直径的大小和形状。雨滴的终点速度越大，其对地表的冲击力也越大，换言之对地表土壤的溅蚀能力也随之加大。

一般情况下，小雨滴呈球形，稍大的雨滴因其下降时受空气阻力作用而呈扁球形。小雨滴直径约为0.2mm，大雨滴直径约为7mm，其降落时的终点速度随雨滴直径增加而变大(表2-2)。

表2-2 静止空气中各种雨滴终点速度

直径(mm)	终点速度A(m/s)	终点速度B(m/s)	达95%终点速度的距离D(m)
0.25	1.00	—	—
0.50	2.00	2.0	—
1.00	4.00	4.1	2.2
2.00	5.58	6.3	5.0
3.00	8.06	7.5	7.2
4.00	8.85	8.5	7.8
5.00	9.15	8.8	7.6
6.00	9.20	9.0	7.2

(3)雨滴侵蚀力

雨滴击溅侵蚀是降雨和土壤相互作用的结果，任何一次降雨发生的雨滴击溅侵蚀都受到这两方面的制约。研究降雨溅蚀作用，需要首先研究雨滴的侵蚀力和土壤的可蚀性。

雨滴击溅侵蚀的侵蚀力是降雨引起土壤侵蚀的潜在能力。它是降雨物理特征的函数，降雨雨滴侵蚀力的大小完全取决于降雨性质，即该次降雨的雨量、雨强、雨滴大小等，而与土壤性质无关。

雨滴击溅侵蚀的侵蚀力计算，经过国内外许多学者研究，已取得很大进展。20 世纪 40 年代初，埃利森(W. D. Ellison)、比萨尔(E. Bisal)、罗斯(J. O. Lawx)等人的大量实验发现，降雨雨滴侵蚀力与能量有关，后来又被土壤流失资料所证实；威斯迈尔经过大量的寻优计算，找到了用一个复合参数(暴雨的功能与其最大 30min 强度的乘积作为判断土壤流失的指标)，这就是降雨侵蚀力指标 R，表达式如下。

$$R=EI_{30} \tag{2-1}$$

式中：E——该次降雨的总动能，J/(m^2 · mm)；

I_{30}——该次暴雨过程中出现的最大 30min 降雨强度，mm/h。

2.2.1.2 雨滴击溅侵蚀过程

降雨雨滴作用于地表土壤而做功，使土粒分散、溅起和增强地表薄层径流紊动等现象，称为雨滴溅蚀或击溅侵蚀。雨滴溅蚀可以破坏土壤结构，分散土体成土粒，造成土壤表层孔隙减少或者堵塞，形成“板结”，引起土壤渗透性下降，利于地表径流形成和流动；雨滴直接打击地面，产生土粒飞溅和沿坡面迁移；增强地表薄层径流的紊动强度，导致了侵蚀和输沙能力增大等后果。

溅蚀可分为 4 个阶段：降雨初，地表土壤含水分少，雨滴打击使干燥土粒溅起，为干土溅散阶段；接着表层土粒逐渐被水分饱和，溅起的是湿土粒，为湿土溅散阶段；在击溅的同时，土壤团粒和土体被粉碎和分散，随降雨的继续，地表出现泥浆，细颗粒出现移动或下渗，阻塞孔隙，促进地表径流产生，雨滴打击使泥浆溅散；降雨继续进行，上述过程的演变加上雨滴对地面打击的压实作用，导致表层土壤密实和微起伏变化，孔隙率减少，加快径流形成，形成地表结皮，又称板结(图 2-4)。

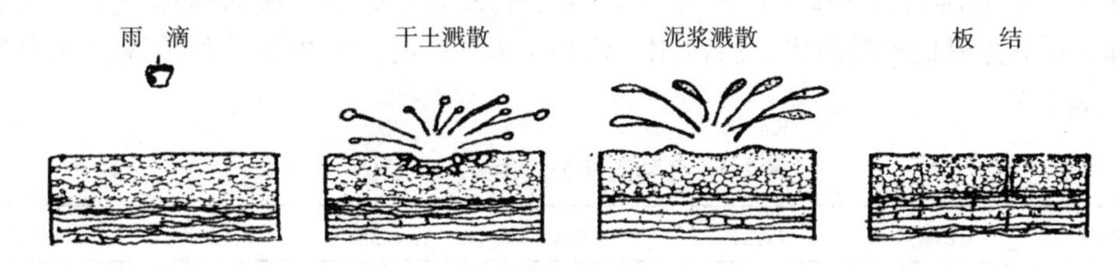

图 2-4 土壤溅蚀过程图

泥浆溅散阶段和地表板结阶段。雨滴击溅发生在平地上时，由于土体结构破坏，降雨后土地会产生板结，使土壤的保水保肥能力降低。雨滴溅蚀发生在斜坡上时，因泥浆顺坡流动，带走表层土壤，使土壤颗粒不断向坡面下方产生位移。由于降雨是全球性的，因此，溅蚀可以发生在全球范围的任何裸露地表。

2.2.1.3 溅蚀量

击溅侵蚀引起土粒下移的数量称为溅蚀量。在侵蚀力不变情况下，溅蚀量决定于影响土壤可蚀性的诸因子(包括内摩擦力、黏着力等)。对同一性质的土壤以及相同管理水平而言，则决定于坡面倾斜情况和雨滴打击方向。在平地上，垂直下降的雨滴溅蚀土粒向四周均匀散布，形成土粒交换，不会有溅蚀后果；但在坡地上或雨滴斜向打击下，则土粒会向坡下或风向相反方向移动。

溅蚀在风的作用下会改变打击角度，并推动雨滴增加打击能量，当作用于不同坡向、坡度上时，会形成复杂的溅蚀。若某地降雨期间风向不断变化，可能暴雨后的影响趋于平衡；但对整个降雨期间保持固定风向的一场降雨而言，会对土壤溅蚀产生很大影响。

2.2.2　坡面侵蚀

2.2.2.1　坡面流的速度及能量

当降雨强度大于土壤的下渗能力和界面以上土层含水量达到饱和后，多余的降水则形成地表径流。在坡面上，坡面流与土壤颗粒的相互作用则产生水土流失。这一过程实质上是能量的相互转化和传递的一个过程，这一过程与径流的流速、能量、挟沙能力等有关。

(1)坡面径流的速度

①坡面流流动。坡面流的流动情况十分复杂，沿程有下渗、蒸发和降水补给，再加上坡度的不均一，使流动总是非均匀的。为了使问题简化，不少学者在人工降雨条件下，研究了稳渗后的坡面水流，得到了各自的流速公式。但均可以归纳成如下形式：

$$V=K \cdot q^{n} \cdot J^{m} \tag{2-2}$$

式中：q——单宽流量，m^3/s；

J——坡度，°；

n，m——指数；

K——系数。

水力学中的流速公式用水深 h 作自变量，在这里 h 较小且坡面高低不平，几乎无法测量，q 单宽流量容易测出，所以用 q 代替了 h。目前，常用的几种流速公式中参数取值见表 2-3。

表 2-3　几种流速公式中 n、m 取值

类别	层流式	紊流式	谢才	徐在庸	Laws，Neal	江中善
n	2/3	2/3	1/2	1/2	1/2	1/2
m	1/3	0.3	1/2	1/3	1/3	0.35

②坡面流的冲刷流速。国外学者用实验方法研究坡面泥沙的冲刷流速，得到式(2-3)。

$$V_0=aD^2(\gamma_s-1)^{2/3} \tag{2-3}$$

式中：V_0——启动流速，cm/s；

D——泥沙粒直径，mm；

γ_s——泥沙粒密度，g/cm^3；

a——系数，Kreys 实验得 $a=28.5$。

由式(2-3)可以看出，泥沙冲刷流速对不同粒径、不同密度的颗粒是不同的，见表 2-4。

表 2-4 启动流速取值 单位：m/s

粒径(mm)	哈真(Hazen)	克末依(Kzey)	沃赛尔(Wauthier)
0.001	0.00015	—	—
0.005	0.0038	—	—
0.01	0.015	—	—
0.05	0.29	—	—
0.25	2.65	4.30	8.20
0.50	5.30	7.75	11.50
1.00	10.00	13.00	16.30

注："—"为未测定。

美国学者基特里奇(J. Kittridge)还研究了不同质地的坡面上许可冲刷速度的问题，得出下值。

细沙，疏松淤泥	0.15~0.30m/s
淤泥夹沙土，含15%黏土	0.36m/s
粉砂，含40%黏土	0.54~0.60m/s
粗砂粒	0.45~0.60m/s
疏松砾土	0.75m/s
粉砂，含65%黏土	0.90m/s
重粉砂	1.2~2.1m/s
黏土(致密)	1.8m/s
层状岩面	2.4m/s
坚硬岩面	3.9m/s

(2)坡面径流的能量

赫尔顿(R. E. Hartan)从摩擦阻力概念出发，提出在稳定流条件下，水流流过1m长、1m宽的坡面时，单位时间内克服摩擦阻力所做的功(W)等于水流重量和流速的乘积。

$$W=G_0\frac{h_x}{1000}V\sin\theta \tag{2-4}$$

式中：G_0——每立方米含沙水流的重量，kg/m^3；

h_x——距分水岭 x 处径流深，mm；

V——距分水岭 x 处的流速，m/s；

θ——坡度，°。

拉尔(R. Lal)依据径流能量 E 由位能转化而来并取决于流速及径流量，认为单位坡面上径流能量为：

$$E=\rho g\sin\theta\cdot Q\cdot L \tag{2-5}$$

式中：ρ——径流密度，kg/m^3；

g——重力加速度，m/s^2；

θ——坡度，°；

Q——单位面积上的径流量，m^3；

L——坡长，m。

赵晓光等(2002)以坡面降雨均匀为前提，产流方式为超渗产流地区(北方大部分地区，南方干旱季节)，一次降雨过程中均整坡面上的径流能量 E' 为：

$$E' = \frac{\rho g}{4} BL^2 \cdot \sin 2\theta \cdot P_h \tag{2-6}$$

考虑与降雨动能相一致，可将式(2-6)改写成单位面积上的平均径流能量。

$$E = E'/BL = \frac{\rho g}{4} L \sin 2\theta \cdot P_h \tag{2-7}$$

式中：E——单位面积上的径流能量，J/m^2；

B——宽度，m；

L——斜坡长度，m；

ρ——径流密度，kg/m^3；

g——重力加速度，m/s^2；

θ——坡度，°；

$P_h = \int_0^t (I-f)\,dt$——净雨量，其值等于坡面上形成的径流量 Q 的平均厚度，即径流深，mm。

李占斌(2002)认为，在理想状态下，水流到达坡面任意断面时的总能量为单宽径流在坡面顶端具有的势能与动能之和：

$$E_x = E_{势} + E_{动} = \rho q g L \sin\theta + \frac{1}{2}\rho q V^2 \tag{2-8}$$

应用时，可根据实测断面处水流的流速与该断面处的径流量来计算该断面的实际总能量，即：

$$E_x = q'\rho g(L-X)\sin\theta + \frac{1}{2}q'\rho V_x^2 \tag{2-9}$$

式中：E_x——总能量，J/m^2；

q'——该断面处的流量，m^3/s；

ρ——径流密度，kg/m^3；

g——重力加速度，m/s^2；

L——斜坡长度，m；

X——坡面上任意一点距坡顶的距离，m；

θ——坡度，°；

V_x——该断面处的流速，m/s。

2.2.2.2 坡面侵蚀过程

坡面水流形成初期，水层很薄，由于地形起伏的影响，往往处于分散状态，没有固定的流路，多呈层流，速度较慢。在缓坡地上，薄层水流的速度通常不会超过0.5m/s，最大为1~2m/s，因此能力不大，冲刷力微弱，只能较均匀地带走土壤表层中细小的呈悬浮状态的物质和一些松散物质，即形成层状侵蚀。但当地表径流沿坡面漫流时，径流汇集的面积不断增大，同时又继续接纳沿途降雨，因而流量和流速不断增加。到一定距离后，坡面水流的冲刷能力便大大增加，产生强烈的坡面冲刷，引起地面凹陷，随之径流相对集中，侵蚀力相对变强，在地表上会逐渐形成细小而密集的沟，称细沟侵蚀。最初出现的是斑状侵蚀或不连续的侵蚀点，以后互相串通成为连续细沟，这种细沟沟形很小，且位置和形状不固定，耕作后即可平复。细沟的出现，标志着面蚀的结束和沟道水流侵蚀的开始。

2.2.2.3 坡面侵蚀量

由上述侵蚀过程可知，坡面土壤侵蚀是由径流冲刷造成的，因此，水大沙大是必然的结果。

刘善建(1953)根据15%坡度的农地砂壤土的试验资料得出：

$$M=0.0125\,Q^{1.5} \tag{2-10}$$

式中：M——年冲刷量，kg；

Q——年径流量，m^3。

吴启发等(2001)在黄土高原南部淳化县缓坡耕地上10余年的试验观测后，发现径流与侵蚀量的关系为：

$$M_s=a+b\,M_w \tag{2-11}$$

式中：M_s——侵蚀模数，t/km^2；

M_w——径流模数，m^3/km^2；

a，b——待定系数。

2.2.3 沟蚀

一旦面蚀未被控制，由面蚀所产生的细沟或因地表径流的进一步汇流集中，或因地形条件有利于进一步发展，这些细沟向长、深、宽继续发展，终于不能被一般土壤耕作所平复，于是由面蚀发展成为沟蚀，由沟蚀形成的沟壑称为侵蚀沟。

沟蚀由面蚀发展而来，但沟蚀显著不同于面蚀。因为一旦形成侵蚀沟，土壤即遭到彻底破坏，而且由于侵蚀沟的不断扩展，耕地面积也就不断随之缩小，曾经是连片的土地被切割得支离破碎。但是侵蚀沟只是在一定宽度的带状土地上发生和发展，其涉及的土地面积远较面蚀为小。

2.2.3.1 侵蚀沟的形成

侵蚀沟是在水流不断下切、侧蚀，包括由切蚀引起的溯源侵蚀和沿程侵蚀，以及侵蚀物质随水流悬移、推移搬运作用下形成的。

坡面降水经过复杂的产流和汇流，顺坡面流动，水量增加、流速加大，出现水流的分异与兼并，形成许多切入坡面的线状水流，称为股流或沟槽流。水流的分异与兼并是地表非均匀性和水流能量由小变大，共同造成的。引起地表非均匀性的原因有：地表凹凸起伏差异；地表物质抗蚀性强弱、渗透强度、颗粒组成大小的差异；地表植被覆盖度不同。因此，在易侵蚀地方首先出现侵蚀沟谷，并逐渐演化为大型沟谷；难侵蚀的地方会推迟出现小沟谷。径流集中的过程还产生强沟谷兼并弱沟谷的现象。水流能量的差异除了降水、坡度、渗透消耗等影响外，在同一地区则主要是径流线的长度。因此，总是先出现细小沟谷，然后依次出现大型沟谷。一般侵蚀沟可分为沟顶，沟底，水道，沟沿，冲积圆锥及侵蚀沟岸地带等几个部分。

依据所发生的部位，侵蚀沟又可分为原生侵蚀沟和次生侵蚀沟(图2-5)，原生侵蚀沟是发生在斜坡坡面的侵蚀沟，次生侵蚀沟是再次下切水文网底部而形成的侵蚀沟。

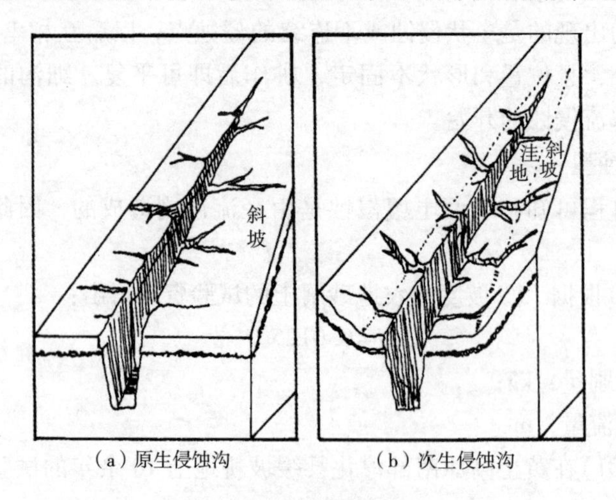

（a）原生侵蚀沟 （b）次生侵蚀沟

图2-5 侵蚀沟

2.2.3.2 侵蚀沟的发育阶段

侵蚀沟作为一个自然形成物，有其特有的发生、发展和衰退规律。侵蚀沟由小变大、由浅变深、由窄变宽、由发展到衰退的过程，也是侵蚀沟向长、深、宽的发展和停滞的过程。侵蚀猛烈发展的阶段，正是沟头前进、沟底下切和沟岸扩张的时段。它们是与沟蚀发展紧密不可分割的3个方面，只是在沟蚀发展的不同阶段其表现程度不同而已，依据侵蚀沟外形的某些指标判断侵蚀沟的发育程度和强度，侵蚀沟的发育分4个阶段。前3个阶段特征如图2-6所示。

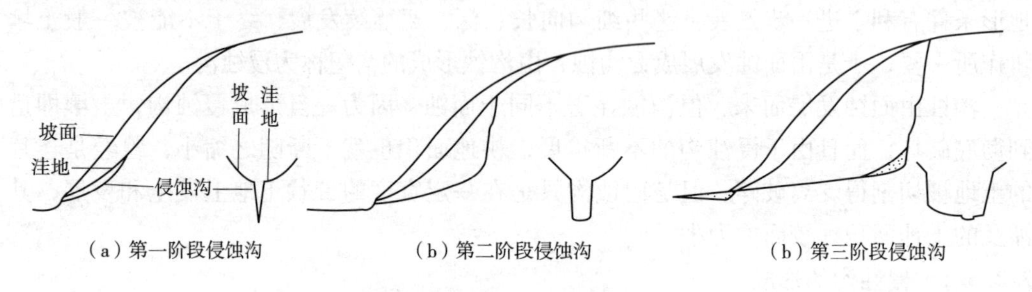

（a）第一阶段侵蚀沟 （b）第二阶段侵蚀沟 （b）第三阶段侵蚀沟

图2-6 侵蚀沟纵断面的发育阶段

(1)溯源侵蚀阶段

侵蚀沟的第一阶段以水平方向迅速发展为主，形成的水蚀穴和小沟通过一般耕作不能平复，此阶段向长发展为主，与汇流方向相反，称之为溯源侵蚀作用。其深度一般不超过0.5m，尚未形成明显的沟头和跌水，沟底的纵剖面线和当地地面坡度的斜坡的纵断面线相似。该阶段形成的沟壑，发展很快但规模较小，沟底狭窄而崎岖不平，横断面呈“V”字形。

侵蚀沟开始形成的阶段，向长发展最为迅速，这是因为股流沿坡面平行方向的分力大于土壤抵抗力的结果。由于在沟顶处坡度有时局部变陡，水流冲力加大，结果在沟顶处形成水蚀穴，水蚀穴继续加深扩大，沟顶逐渐形成跌水状，跌水一经形成，沟顶破坏和前进的速度愈加显著。此时沟顶的冲刷作用：一方面表现为股流对沟顶土体的直接冲刷破坏；另一方面表现为水流经过跌水下落而形成旋涡后有力地冲淘沟顶基部，从而引起沟顶土体的坍塌，促使沟顶溯源侵蚀的加速进行。当沟底由坚硬母质组成时，这一阶段可保持较长的时间，但当沟底母质疏松时，很快进入第二阶段。

(2)纵向侵蚀阶段

由于沟头继续前进，侵蚀沟出现分支现象，集水区的地表径流从主沟顶和几个支沟顶流入侵蚀沟内，因此，每一个沟顶集中的地表径流就减少了，逐渐减缓了溯源侵蚀作用，取而代之的是以向深发展为主的阶段，又称为纵向侵蚀阶段。

由于沟顶陡坡，侵蚀作用加剧，其结果在沟顶下部形成明显跌水，通常以沟顶跌水是否明显作为划分第一阶段和第二阶段的依据，侵蚀沟的横断面开始呈"U"形，但上部和下部的横断面有较大的差异，沟底与水路合一。其纵剖面与原来的地面线不相一致，沟底纵坡甚陡且不光滑。第二阶段是侵蚀沟发展最为激烈的阶段，也是防治最困难的时期。

由纵向侵蚀造成沟底下切深度有一定限度，其极限是不能深入其所流入的河床。将侵蚀沟纵断面的最低点(通常是沟系或河川的合流点)称为侵蚀基准点，通过侵蚀基准点的水平面则称之为侵蚀基准面。

(3)横向侵蚀阶段

发展到这一阶段由于受侵蚀基底的影响，不再激烈地向深冲刷，而两岸向宽发展却成为此阶段侵蚀沟的主要发展方向，此时的侵蚀沟已发展至第三阶段，又称为横向侵蚀阶段。此时的沟底纵坡虽然较大，但沟底下切作用已甚微，以沟岸局部扩张为主，其外形具有最严重的侵蚀形态。第三阶段侵蚀沟的横断面呈现复"U"形。在平面上支沟呈树枝状的侵蚀沟网，在纵断面上沟顶跌水不太明显，形成平滑的凹曲线，沟的上游水路没有明显的界线，沟的中游沟底和水路具有明显的界线，沟口开始有泥沙沉积，形成冲积扇。

(4)停止阶段

在这一阶段，沟顶接近分水岭，沟岸大致接近于自然倾角，因此，沟顶已停止溯源侵蚀，沟底不再下切，沟岸停止扩张。在沟底冲积土上开始生长草类或灌木，这一阶段的侵蚀沟转变为荒溪。

2.2.4 山洪侵蚀

山洪是发生在山区的洪水，但它不同于一般山区河流的洪水，而是发生在山区流域面积较小的溪沟或周期性流水的荒溪中，历时较短，暴涨暴落的地表径流。它的含沙量远大于一般洪水，容重可达 $1.3t/m^3$，但又小于泥石流的含沙量。山洪按成因可划分为暴雨山洪、冰雪山洪和溃水山洪 3 类，多发生在我国西南山区、西北山区、黄土高原、华北山区和东北辽西山地等地。

山洪主要是由气候(水源)、地质地貌、土壤植被以及人类活动共同作用所造成的。其中，暴雨是决定因素。山洪同暴雨两者的时空分布关系密切，在我国大部分地区，每年汛期既是暴雨发生的季节，也是山洪暴发的时期。暴雨与地形的组合也利于山洪的形成。因为，山的迎风坡由于地形的抬升作用，暴雨发生的频率高、强度大，更易于发生山洪。山洪只要具备陡峻的地形条件，有一定强度的暴雨出现，就能发生并造成灾害。降雨后产流和汇流都较快，形成急剧涨落的洪峰，所以山洪具有突出、水量集中、破坏力强的特点。

2.3 土壤侵蚀预测

土壤侵蚀预测技术是半个多世纪以来用于政策制定、侵蚀量调查、保护规划和工程设计方面的一项强有力的工具。土壤侵蚀预测技术一般通过土壤侵蚀模型实现，土壤侵蚀模型由多个数学方程构成，这些数学方程借助输入变量的值来计算侵蚀变量值，输入变量包括气候、土壤、地形和土地利用等。所谓的土壤侵蚀数学模型就是一整套数学方程。不同类型的侵蚀模型分别用来估算土壤流失量、堆积量、泥沙产量和描述被运移泥沙特征。

目前有许多侵蚀模型，每个模型都有各自的特点，都有特定的使用条件要求、易用性、优势及局限性。根据模型建立的途径和模拟过程，模型通常可以分为经验模型、物理过程模型和分布式模型。

2.3.1 经验模型

经验模型是在一定的条件下，以实际观测或实验数据为基础建立的，而不是理论推导而得的模型；所以，模型与相同或相似条件下的实际观测值较为吻合，模型的可靠性往往与实际经验有很大关系。这种模型有可能是一个粗略的关系式，也可能是一个复杂的多元回归方程。由于它们只是把输入的数据通过一定的算式转变为输出结果，而对于物质过程则无法模拟，有时也把这种模型称为黑箱模型。这种模型相对比较简单，运算所需的数据量也比较少。在土壤侵蚀研究和生产实践中，最常见也是应用最广泛的一种经验模型是美国通用土壤流失方程(universal soil loss equation，USLE)。此外，由USLE演变而成的其他经验模型还有RUSLE、SLEMSA和IDEROSI模型等。一般而言，经验模型由于缺乏足够的原理性描述，其模拟结果也较为粗略，一般不适宜用于有关土壤侵蚀机理、过程模拟等深层次的研究。

2.3.1.1 通用土壤流失方程

(1)美国通用土壤流失方程

美国通用土壤流失方程是由Wischmeier et al.(1958)提出的用以估算地表土壤流失量的方程。1957年，D. Smith和W. Wischmeier收集了美国8000多块试验小区的土壤侵蚀资料做了大量系统的土壤侵蚀影响因素分析工作后，于1958年提出的，该公式的表达式为：

$$A=R\cdot K\cdot L\cdot S\cdot C\cdot P \tag{2-12}$$

式中：A——任一坡耕地在特定的降雨、作物管理制度及所采用的水土保持措施下，单位面积年平均土壤流失量，t/hm^2；

R——降雨侵蚀力因子；

K——土壤可蚀性因子；

L——坡长因子；

S——坡度因子，等于其他条件相同时实际坡度与9%坡度相比土壤流失比值；

由于 L 和 S 因子经常影响土壤流失，因此，称 LS 为地形因子，以示其综合效应；

C——植被覆盖和经营管理因子，等于其他条件相同时，特定植被和经营管理地块上的土壤流失与标准小区土壤流失之比；

P——水土保持措施因子，等于其他条件相同时实行等高耕作，等高带状种植或修地埂、梯田等水土保持措施后的土壤流失与标准小区上土壤流失之比。

USLE 方程所描述的地表状况为坡度为 9%、坡长 22.13m、保持连续轻耕裸露休闲状态且实行顺坡种植的小区，此种条件下的小区为标准小区，这就为不同地表条件下土壤流失量的比较提供了可能。

在该式中充分考虑了影响土壤流失的主要因素。各评价因子完全相互独立，并且可以进行实际测试。降雨侵蚀力指数为各地提供了更准确的降雨侵蚀能力值。土壤可蚀性指数直接用土壤性状评价，并且对大部分土壤提供了计算土壤可蚀性的方法。将作物覆盖与田间管理综合考虑，更符合实际情况。

USLE 方程作为美国水土保持规划的主要工具，用来预测农耕地土壤流失量，确定土地利用方案，引导农民做出土地利用方式或水保措施的布设和选择，使土壤流失量达到允许土壤流失量或农民的期望值。它的设计思路、因子确定原则和模型结果简单明了，对世界范围内土壤侵蚀预报模型的开发产生了很大影响。很多国家和地区以 USLE 方程为蓝本，结合本国的地区实际情况，研发适合本国本地区的土壤侵蚀预报模型。同样，USLE 方程对我国土壤侵蚀预报模型的研究也起到了重要的推动作用。但该模型所使用的数据主要来自美国落基山山脉以东地区，仅适用于缓坡地形；此外该模型只是一个经验模型，因此模型的外推应用受到限制。

(2)我国通用土壤流失方程

20 世纪 80 年代，通用土壤流失方程引入我国，对我国土壤侵蚀预报模型的研究起到了积极的作用，我国学者开始了对土壤侵蚀预报模型的系统研究。该时期许多研究者根据试验所测或已有的观测资料，利用统计方法对土壤侵蚀量进行了评价分析，并在 USLE 方程的推动下，参考或直接利用 USLE 方程的基本形式，根据各区域的实际情况对通用土壤流失方程进行了修正，研究成果包括：林素兰等(1997)对东北漫岗丘陵，吴发启(1998)对黄土高原，杨武德等(1999)对红壤丘陵区，杨子生等(1999)对滇东北山区，黄炎和等(1993)、周伏建等(1995)对闽东南地区，金争平(1991)对黄河多沙粗沙区，杨艳生(1991)对长江三峡库区，陈法扬等(1999)对华南地区(广东省)等侵蚀预报模型进行了探索，均取得了一些研究成果。江忠善等(1996)以 USLE 方程为蓝本提出坡面土壤侵蚀预报模型，该模型考虑了浅沟侵蚀对坡面产沙的影响。以下介绍两种比较有代表性的模型。

①江忠善坡面土壤侵蚀预报模型。江忠善等(1996)在建立坡面土壤侵蚀预报模型时，考虑了浅沟侵蚀的作用，模型结构形式为：

$$A=R\cdot K\cdot L\cdot S\cdot G\cdot C\cdot P \tag{2-13}$$

式中：A——土壤流失量，$t/(hm^2\cdot a)$；

R——降雨侵蚀力，$MJ\cdot mm/(hm^2\cdot h\cdot a)$；

K——土壤可蚀性因子，$t\cdot hm^2/(hm^2\cdot MJ\cdot mm)$；

L——坡长因子；

S——坡度因子；

G——浅沟侵蚀因子；

C——作物管理因子；

P——水土保持措施因子。

②刘宝元等模型。刘宝元等(2001)根据我国水土保持的特点，将USLE方程的作物管理和水土保持措施因子进行了调整，用实测资料建立了坡面土壤流失预报方程。

$$A=R\cdot K\cdot L\cdot S\cdot B\cdot E\cdot T \tag{2-14}$$

式中：A——土壤流失量，$t/(hm^2\cdot a)$；

R——降雨侵蚀力，$MJ\cdot mm/(hm^2\cdot h\cdot a)$；

K——土壤可蚀性因子，$t\cdot hm^2/(hm^2\cdot MJ\cdot mm)$；

L——坡长因子；

S——坡度因子；

B——水土保持生物措施因子；

E——水土保持工程措施因子；

T——水土保持措施因子。

2.3.1.2 修正通用土壤流失方程

1978年，D. Smith和W. Wischmeier针对应用中存在的问题，对USLE方程进行了修正，使USLE更具普遍性。然而，随着人类对土壤侵蚀过程认识的不断深入，对次降雨引起的土壤侵蚀进行预报势在必行，但以年侵蚀资料为基础建立起来的USLE，无法进行次降雨土壤侵蚀的预报，为此，美国土壤保持局于1985年开始了USLE的修正工作，该工作于1997年完成，建立了USLE的修正版RUSLE(revised universal soil loss equation)。虽然RUSLE可进行次降雨土壤侵蚀的预报，但仍未摆脱经验模式USLE的基本框架。

按照模型开发研制的先后顺序，RUSLE具有不同的版本，在DOS界面下操作的版本有RUSLE 1.05模型，主要用于农地和荒草地年土壤流失量(细沟间侵蚀和细沟侵蚀)的预报。RUSLE 1.06除预报农地和荒草地年土壤流失量外，还可预报矿区、建筑工地和开垦地的土壤流失量。在Windows界面操作下的版本有RUSLE2，是对早期版本的修正和完善，于2000年颁布。目前，美国农业部泥沙研究实验室的科学家正在对该版本进行修正与完善，该模型可以预报不同农田生态系统的农地、矿区、建筑工地和林地的土壤流失量。

同USLE相比，RUSLE的数据源更广，并对各侵蚀因子的测算方法进行了改进。R值考虑到了表层水流对降雨击溅的缓冲作用，尤其是对高强度暴雨区的降雨侵蚀力等值线图进行了修正。此外，该方程在对美国西北部的农田和牧场农作物区R值的计算中，考虑到了多年冻土和部分消融土壤产生的径流，在K值研究中考虑了冻融循环使土壤变得松散以及生长期时由于土壤水分的消耗而使土壤重新固结的影响。LS值的测算则扩展了原有坡度小于9%的适用范围，并对坡长的测算提出了新的算法，使得坡度、坡长因子的适用性更广。C因子在RUSLE模型中被分为若干个次因子，包括前期土壤管理状况、作物郁闭度、地表覆盖、地表糙度、土壤前期含水量，从而使C值对保土耕作措施、轮作措施等的估算更加精确。P 值测算上，不仅将以前包括的措施(等高耕作、带状耕作、梯田等)计算进行了改进，而且增加了其他一些措施。

2.3.2　物理模型

由于经验统计模型只是考虑影响土壤侵蚀的因子和水土流失量之间多元回归关系，缺乏对土壤侵蚀机制的深入认识，近几十年来，研究土壤侵蚀物理机制的模型吸引了土壤侵蚀研究学者的更多关注。物理模型能模拟土壤侵蚀的过程，并可根据需要改变相关的因子，以方便观测物理变化过程。

物理模型主要包含有坡面物理成因土壤侵蚀模型和流域物理成因土壤侵蚀模型两种。其中坡面是产生土壤侵蚀的最开始的地方，是流域土壤侵蚀的基础。Ellison、Meyer 最早提出和发展产沙输沙的物理概念。降雨和径流会对土壤表层产生破碎作用，从土壤表层分离出来的泥沙成为水土流失的来源，而本地区的泥沙也会随着径流向其他地方输移，这种产沙输沙的思路成为物理模型的一个重要方面。Foster(1997)以上述产沙-输沙方程为基础，建立了一个泥沙输移的侵蚀模型。模型中的细沟间侵蚀量用修正的通用水土流失方程计算，而细沟侵蚀量则用土壤、地形、水土特征来处理，然后用修正 Yalin 床沙质计算公式进行水流挟沙力的计算，最后对比产沙量和泥沙输移量，从而决定在水流方向上的泥沙量。1985 年，美国农业部农业研究局等多个部门开始 WEPP(water erosion prediction project)模型的研究开发，用来取代美国通用土壤流失模型来进行土壤侵蚀量的预报。WEPP 模型在 1995 年基本完成，该模型与计算机技术高度结合，是一个复杂的用以描述土壤侵蚀物理过程的计算机程序。

在 WEPP 模型中，土壤侵蚀主要分为三大物理过程：土壤侵蚀、泥沙搬运和沉积。降雨发生时，雨滴击打地面，如果降雨强度足够，则会对土壤表层造成破碎，形成泥沙。雨水产生的径流通过土壤表层时也会对土壤造成破坏。降雨和径流产生的泥沙是土壤侵蚀的来源。土壤侵蚀产生的泥沙被径流携带，向径流方向搬移，当水流强度不够时，会在另外的地方形成泥沙的沉积。降雨过程中，水流从坡面向沟道汇集，最终集中到整个流域的出口，而水流中携带的泥沙在这个过程连续发生了搬移和沉积。细沟间侵蚀主要在坡面上，径流量较小，以降雨侵蚀为主，而细沟侵蚀发生在沟道内，径流量较大，以径流侵蚀为主。当坡面的输沙量小于泥沙搬运能力的时候，侵蚀状态以侵蚀—搬运过程为主，而当坡面输沙量大于泥沙搬运能力时，则主要以侵蚀—沉积为主。由于 WEPP 模型涉及土壤侵蚀的所有物理过程，而每个物理过程的也都包含多个方面，所以其考虑的参数较多，主要气候、灌溉、水文、水量平衡、土壤、作物生长、残留物管理与分解、耕作对入渗和土壤可蚀性的影响、侵蚀、沉积、泥沙搬运等。

WEPP 模型的结构包括 3 部分：输入文件、用户界面、输出结果。输入文件是模型的数据来源。WEPP 模型涉及的参数众多，需要的输入文件也较多，其中主要有坡面数据文件、气象数据文件、土壤数据文件和作物与管理数据文件。用户界面主要完成用户和模型之间的交互工作。根据用户的需求，WEPP 模型可以不同类型、不同级别的输出结果。用户既可以获取每场降雨的径流和侵蚀信息，也可以获得月际以及年度的数据。

WEPP 模型与传统的侵蚀模型相比，其具有多个优点：可模拟土壤侵蚀的物理过程、可模拟不同类型的地形、土壤、植被等因素对侵蚀的影响、可以连续跟踪泥沙输移的情况、具有良好的适应性和可扩展性，方便移植到其他地方应用。

物理模型以研究土壤侵蚀机理为基础，详细描述土壤侵蚀的物理过程，相对于经验统计模型而言有突破性进展，然而正由于物理模型需要考虑的因素众多，往往造成其自身的复杂性，在实际应用中造成许多困难：一是涉及的动力学机理较多，在实际应用中，选择不同的动力学方程往往对模型的结果造成很大影响；二是部分参数获取困难，有些参数如植被截留率、土壤导水率、地表粗糙度等往往无法直接测量，而间接获取则需要增加大量的工作；三是模型参数的敏感性。模型涉及的参数众多，一些参数获取困难，还有些参数精度较低，这就使得对难以选定对模型重要的参数。

2.3.3 分布式模型

分布式模型将流域划分成一个个网格，每个网格单元中的土壤、植被覆盖均匀分布，在每个网格上进行参数的输入，然后依据一定的数学表达式来计算，并将计算结果推算到流域出口，从而得到流域土壤侵蚀总量。

分布式水文模型具有物理基础，模型结构严谨，参数的物理意义明确，结合“3S”技术得到更为详细的且符合实际情况的基础数据。因为模型是建立在DEM的基础上，可以反映人类活动和下垫面因素对流域水文过程的影响。典型的分布式模型如SWAT模型、荷兰LISEM模型、欧洲EUROSEM模型、SHE模型、ANSWERS模型等

2.3.3.1 SWAT模型

SWAT(soil and water assessment tool)模型是由美国农业部农业研究中心Jeff Arnold博士1994年开发的。该模型是在SWRRB模型基础上发展起来的分布式流域水文模型，具有很强的物理基础，可以用来观测模拟大流域长时期内不同土壤类型、植被覆盖、土地利用方式和管理耕作条件对产流、产沙、水土流失、营养物质运移、非点源污染的影响，甚至在缺失资料的地区利用模型的内部生产器自动填补缺失资料。SWAT模型在北美和欧洲寒区的许多流域得到了应用，研究内容涉及河流流量预测、非点源污染控制、水质评价等诸多方面，模拟效果较好。我国在长江上游、黄河下游、海河和黑河以及其他一些小流域也进行了SWAT模型的应用研究，主要涉及流域水文、土壤侵蚀和非点源污染模拟。该模型近年来得到了快速的发展和应用，模型在原理算法、结构、功能等方面都有很大的改进，目前最新版本SWAT 2012可以在ArcView、ArcGIS等常见的软件平台上运行，具有良好的用户界面。

SWAT模型采用模块化结构，便于模型的扩展和修改，模型由3部分组成：子流域水文循环过程、河道径流演算、水库水量平衡和径流演算。其中子流域水文循环过程包括8个模块：水文过程、气候、产沙、土壤温度、作物生长、营养物质、杀虫剂和农业管理。

2.3.3.2 SHE模型

典型的分布式土壤侵蚀模型是SHE(system hydrological european)模型，该模型是研究水流及泥沙运动空间分布情况的模型，可应用于流域模拟土壤侵蚀和泥沙输移，包括雨滴击溅、面蚀、面蚀中的二维负荷对流以及河床侵蚀等。用在该模型中的基本方程为：

$$D_n=K_rF_w(1-C_g)(1-C_c)(M_r+M_d) \quad (2\text{-}15)$$

式中：D_n——单位面积土壤侵蚀量；

K_r——雨滴击溅土壤侵蚀力指数；

F_w——雨滴击溅分配给土壤的能量；

C_g——地面覆盖对地表保护的比例；

C_c——植被覆盖率；

M_r——雨滴直接降落到地面的动能；

M_d——雨滴击溅动能。

面蚀土壤侵蚀量计算式为：

$$D_f=K_f(T/T_c-1) \quad (2\text{-}16)$$

式中：D_f——单位面积剥蚀量；

K_f——地表径流侵蚀力指数；

T——水流剪切力；

T_c——泥沙运动的垂直剪切力。

2.3.3.3 EUROSEM 模型

EUROSEM 模型(欧洲土壤侵蚀模型)是动态分布式模型，可以在单独地块或小流域中预测水力侵蚀强度，其特点比较适合于库区土壤侵蚀预测预报。王宏等(2003)应用 EUROSEM 模型对三峡库区陡坡地水力侵蚀研究发现，该模型对人工降雨中径流模拟效果较好，但对土壤流失的模拟效果相对较差。

2.4 土壤侵蚀研究方法

随着土壤侵蚀研究工作的深入开展，很多传统研究方法得到了不断改进和提高，并在研究实践和生产实践中已得到广泛应用。土壤侵蚀研究方法大致可归纳为土壤侵蚀调查研究、土壤侵蚀定位研究、土壤侵蚀模拟研究、土壤侵蚀示踪研究 4 个部分。

2.4.1 土壤侵蚀调查研究

土壤侵蚀调查研究主要是依据抽样调查的统计学原理，调查有代表性的典型事件(如典型地段、典型时段等)经过统计分析，找出一般规律。利用土壤侵蚀野外调查方法，可以进行不同区域(流域)的水力侵蚀、风力侵蚀、重力侵蚀等土壤侵蚀类型及其形式的调查和评价研究。调查研究的方法主要有测量学方法、水文学方法、地貌学方法、土壤学方法等。

2.4.1.1 测量学方法

此类方法通常研究单位面积(多以 km^2为单位)土壤侵蚀量(常以侵蚀的土层厚度来表示)，计算整个流域(或区域)内的土壤侵蚀量。土壤侵蚀厚度可以利用多种测量学方法取得。根据所采用测量手段的差异，又可分为以下 3 种方法。

(1)高程实测法

在区域内均匀布置观测点(一般按一定密度的空间网格均匀布置)，确定合理的样本数，在一定时间间隔的起止时间分别精确测量各个观测点的高程值，确定在此时间段内各个观测点高程的降低值，利用统计学方法求得区域平均土壤侵蚀厚度，此方法适用于侵蚀强度较大、高程变化明显的地区。此方法易于操作，但对于较大流域研究来说，需选用大量的样本点，工作量大，成本较高。

(2)航空摄影测量法

①传统航空摄影法。这种方法是利用小型飞机，在一定的时间间隔内进行两次或多次摄影，再在室内利用仪器对两套照片或多套照片进行高程测量，求取相邻两次摄影时间间隔内地面高程差值，得到该时间间隔内土壤侵蚀厚度值。此方法在技术上较为成熟，缺点是研究精度有限，作业面积有限，研究周期较长等。研究精度主要受飞机摄影比例尺的影响，摄影间隔时间的选择对于其精度也有影响，间隔太短，高程差不明显，测量效果较差，但时间间隔太大，又不利于迅速地掌握土壤侵蚀量的变化。

②无人机航空摄影测量法。无人机航空摄影测量法是传统航空摄影测量手段的有益补充，可以有效弥补传统航空摄影测量手段的不足。无人机技术是以无人机为空中平台，通过遥感传感器获取信息，利用计算机对图像信息进行处理并按照一定精度要求制作成图像的一项综合技术。该技术具有较快的反应速度、较高的空间分辨率、便捷的携带方式和自动化的工作流程。该技术可在小范围区域快速完成地形、地貌、植被、高程等遥感数据采集、处理和应用分析。无人机以其高机动性的数据获取方式，在很大程度上解决了水土保持行业数据收集困难问题，能够有效弥补生产建设项目水土保持高分辨率影像获取方面的不足。尤其是在点状项目中，高精度成像遥感解译程度更高。无人机航空摄影测量被广泛应用于国家重大工程建设、应急灾害处理、地理监测、资源开发等方面，尤其是在地形测量、城市建设、突发灾害数据测量绘制等方面具有广阔的市场前景。

(3)直接丈量法

此方法是可以用钢卷尺等直接量测观测点的土壤侵蚀厚度。虽然是最原始的方法，但在许多土壤侵蚀的研究中被应用，在测量沟蚀(如沟头前进)速度、面蚀速度等研究中，有其他方法不可比拟的优越性。常用的传统方法有测针法、铁钉法(或竹筷法)等。此方法通常用于难以进行定量观测的陡坡或冲淤交替的地段(如沟床)，如泻溜面剥蚀观测、切冲沟床变化区段。利用针测法原理，土壤侵蚀调查方法还派生出色环法、埋桩法，以及利用古文化遗迹、树根出露、考古法等多种方法调查侵蚀状况。

2.4.1.2 水文学方法

(1)水文资料法

水文资料法是通过测量流域断面控制范围内的侵蚀量来研究土壤侵蚀情况，即以实际观测的长期水文泥沙资料为基础，分析计算某流域在某时段土壤流失量的平均特征值、最大特征值和最小特征值。由于目前水文泥沙测量技术的不完善，无误漏测了通过段面的推移质泥沙，所以求得的往往是相对侵蚀量(或悬移质泥沙量)。如果要用某一流域内悬移质泥沙量来求该流域的侵蚀量，首先要解决泥沙输移比的问题。按目前状况看，泥沙输移比转换法是可以直接用于土壤侵蚀和水土流失研究的较为可行的方法，其适用条件要有足够丰富的水文资料，优点是研究范围可以很大，速度快；局限是可靠程度受水文测量方法的影响。

(2)淤积法

淤积法是通过量测水库、塘、坝以及谷坊等拦蓄工程的拦淤量(淤积量)，并结合集水区内影响土壤侵蚀因素的调查，计算分析土壤侵蚀量。利用淤积法调查土壤侵蚀量，要特别注意拦蓄年限内的情况调查，如拦蓄时间、集流面积、有无分流、有无溢流损失、蒸发、渗透及利用消耗等。对于水库淤积调查，如有多次溢流，或底孔排水、排沙，就难以取得可靠的数据。

①有水库(坝)实测资料。水库(坝)实测资料包括库区大比例地形图、库(坝)断面设计、库容特征曲线、建库及拦蓄时间、水库运行记录(防水时间、放水量、水面蒸发、渗漏及库岸崩塌等)，以及水库上游的水文、泥沙等资料。有了这些基本资料，又有排洪排沙记录，是十分理想的调查对象。

a. 水沙量平衡法。某一时段内水库(坝)的上、下游进库(坝)与出库(坝)的水、沙量之差等于该时段水库(坝)拦蓄量。

即

$$W = W_{上} - W_{下} \tag{2-17}$$

b. 地形图法。计算泥沙淤积量，有实测库(坝)的淤积状况的大比例尺地形图时，分层量算水体积(方法是：量算每相邻两等高线所围面积的平均值，乘以等高距得到水的容积)，再从总蓄积库容中减去水体体积后，得到淤积库容体积。

即

$$W_{总蓄} - W_{蓄水} = W_{淤积} \tag{2-18}$$

c. 横断面法。对库区布设固定的横断面进行多次量测，并绘制各横断面图，利用相邻两断面的平均值与断面距之积求算容积的原理，计算出淤积体积。

即

$$V_{淤} = \frac{1}{2}\sum (W_i + W_{i+1}) \cdot L_{i-i+1} \tag{2-19}$$

式中：W_i，W_{i+1}——相邻两断面的淤积面积，m^2，它由平均淤积厚度($\bar{h}$)和断面平均长度($\bar{l}$)算出。

即

$$W = \bar{h} \cdot \bar{l} \tag{2-20}$$

在上述方法中，水沙平衡法多限于大型工程，一般中、小流域不具备基础资料条件，难以应用。地形图法精度较大，但工作量较大，可作为重点库(坝)研究用。横断面法方法简便，又能取得各时段的淤积量，所以被广泛采用。

②无库区基本资料。小型库(坝)、水土保持拦蓄工程没有库(坝)区基本资料或不完全，而这些工程分布广、数量大、形式多样，水、沙蓄积明显，调查此类工程也可得到需要的水土流失资料。对此类工程采用需要补充基本情况的调查，如集水面积、蓄积年限、原来地形或地形图、工程基本尺寸、标高等。在此基础上确定调查研究方法，然后着手调查。通常调查的方法有以下几种。

a. 断面法。断面法同有库区资料的调查，不同的是常把第一次施测的各断面作为调查研究前的基础，而后再施测，就可得到该时段的流失量。

b. 测钎法或挖坑法。该法原理同断面法，不过把测探的方法改成用测钎量测(或挖坑量测)。一般适用于无水蓄积的坝或少水的窖、池等，或淤积较浅的坝。通过量测淤积厚度，计算出某时段集水区的总泥沙量。

c. 地形类比法。地形类比法是利用沟谷地形逐渐演变的相似原理，由已知形态推求淤积形态的方法。在黄土区的大切沟、冲沟中常有诸如过路坝、挡洪坝、拦泥坝等工程，这类工程发挥重要的水土保持作用，拦蓄效益十分明显，调查它们的拦蓄量可以补充重要的侵蚀资料。

有关地表径流量的调查，也可以利用此类工程进行。通常调查是在暴雨产流后的一段时间进行，利用蓄水洪痕(草屑、侵蚀痕迹等)量算得到。

2.4.1.3 地貌学方法

土壤侵蚀导致地表起伏、裂点迁移、沟谷密度、沟谷面积等地貌因素发生相应变化，研究这些地貌因素的变化和分布规律，也能预测土壤侵蚀的发生状况，这是地貌学方法的基本原理，也是目前土壤侵蚀研究的重要方向之一。地貌学方法通过野外观察、测量与土壤侵蚀有关的各种地貌现象，定性或半定量地确定土壤侵蚀强度。野外调查常用的地貌方法包括侵蚀沟调查法、相关沉积法、侵蚀地形调查等。

(1)侵蚀沟测量法

土壤侵蚀的发生和发展，在坡面上留下了从细沟、浅沟到切沟、冲沟、干沟和河沟的侵蚀沟谷系统，它们的形态变化反映了土壤侵蚀的历史和强弱。在某一区域(如黄土地区)范围内，沟谷的切深与拓宽，因具有大体相同的地质基础，就可量算这些指标确定侵蚀量的大小，如常用的沟谷密度指标。由于地表微地形变化较大，常受人为活动影响，且调查多在暴雨后进行，因此该方法常被作为小范围的调查方法，或作为其他方法的补充调查，以区分不同情况下的土壤侵蚀量。该方法也可用于整个沟谷系统，这需要对沟谷形成、发展有深入的研究，才具有实际意义。

(2)相关沉积法

相关沉积法是利用侵蚀搬运的堆积物数量作为侵蚀区域的土壤侵蚀量。从广义来看，上述水文法、淤积法也属于此法。如考察华北平原的堆积体，可以估算黄河中、上游的多年土壤侵蚀状况，量测山前洪积扇的堆积数量，确定山地该流域的剥蚀速率等。针对小区域(流域)范围的土壤侵蚀调查，相关法主要用于沟坡重力侵蚀和沙化风蚀方面。

①沟坡重力侵蚀。重力侵蚀是指坡面岩体或土体在重力作用下失去平衡而产生位移的侵蚀现象，泻溜、崩塌(错落)和滑坡(滑塌)是主要的侵蚀形式。土体(岩体)发生位移，堆积在坡脚，量测其滑坡体或崩塌体体积，可计算得到该地段的土壤侵蚀总量。泻溜量的观测可采用修筑集沙槽的方法；崩塌量的观测可采用直接测量堆积物体积的方法，或采用测定崩塌后坡面地形变化的方法；滑坡的位移观测可采用经纬仪法和变形针法。

②沙化风蚀研究。调查沙化面积扩展速度及积沙厚度变化，能够反映风沙活动和风蚀程度。在调查时，通过设置测针的方法，能够摸清沙源，从而确定区域的风蚀强度。

2.4.1.4 土壤学方法

土壤学方法是将土壤剖面各层与原始发生层次厚度进行比较，进行土壤侵蚀的强弱分类。早在1962年，朱显谟就曾根据土壤发育层次厚度、地形坡度、植被覆盖度、沟壑面积百分比来确定土壤侵蚀强度。经过大量试验研究与验证，侵蚀调查指标逐步完善。1984年，水利部总结上述成果，颁布了我国黄土区水力侵蚀强度分级标准。

2.4.1.5 遥感学方法

遥感学方法是将遥感技术与地理信息系统和全球定位系统相结合，应用于土壤侵蚀调查(检测)研究的方法。土壤侵蚀量的大小受到自然因素和人类活动的综合影响，除与降雨、径流有关外，还与岩性、土壤、地质、地貌、植被、土地利用等下垫面因素密切相关。土地利用/覆盖、地面坡度、植被覆盖状况与土壤侵蚀强度相关性明显，因此，土壤侵蚀强度的调查可以转化为对土地覆盖、地表坡度以及植被覆盖度等间接指标的调查。利用地理信息系统平台，通过对不同区域遥感信息源(影像数据)的遥感学分析、目视解译和调查制图，可以快速判定区域土壤侵蚀现状，包括土壤侵蚀类型、形式、强度及其分布等。自20世纪80年代以来，遥感技术在我国土壤侵蚀调查研究中的应用越来越广泛。

2.4.2 土壤侵蚀定位研究

土壤侵蚀定位研究主要指观测土壤侵蚀过程、定量评价土壤侵蚀的方法，本节主要介绍土壤水蚀野外定位观测方法。

2.4.2.1 坡地土壤侵蚀观测

坡地土壤侵蚀规律的研究，通常通过设置各种类型的径流小区(径流场)来进行观测和分析。径流小区是研究单项因素对径流泥沙影响的观测实施，可在各种降雨条件下，探讨不同下垫面类型(如土地利用、植被类型等)的产流、长沙规律。

(1)径流小区的类型

由于观测任务的需求不同，小区的设置也出现了差异。例如，按小区面积的大小可划分为微型小区(1~2m^2)、中型小区(100m^2)、大型小区(1hm^2左右)和集水区等；按可移动性又分为固定小区和移动小区；按小区内的措施又有裸地、农地、林地、灌木和草地等类型。

在利用小区法研究土壤侵蚀特征时，有两个概念必须予以重视，即标准小区和非标准小区。

①标准小区。标准小区是指对实测资料进行对比分析时所规定的基准平台，可以是实地现设小区，也可以是计算中虚设的小区。规定了标准小区以后，在进行资料分析时，就可以把所有资料先订正到标准小区上来，然后再统一分析其规律。在我国，标准小区的定义是选长20m(投影长度)、宽5m、坡度为5°或15°的坡面，经耕地整理后，纵横向平整，至少撂荒1年，无植被覆盖。

②非标准小区。与标准小区相比，其他不同规格、不同管理方式下的小区都为非标准小区，如全坡面小区和简易小区。当上游无来水限制，小区长为整个坡面，宽度可为3~10m为全坡面小区；当条件限制，可据坡面情况确定小区的长和宽，但面积不应小于10m^2的为简易小区。

(2)径流小区的组成

径流小区由边梗、小区、集流槽、分流设施、径流和泥沙集蓄设施、保护带及排水系统组成。

(3)径流小区测验的内容

径流小区基本测验的内容是降雨、径流和泥砂观验等。

①降雨观测。径流场需要设置一台自记雨量计和一台雨量筒，相互校验，若径流场分散，需要增加雨量筒数量。降雨观测按照气象观测方法进行。

②径流观测。野外径流小区试验一般不进行产流产沙过程研究，因此径流观测通常是在产流结束后，通过量测集流池(桶)内的水量得到径流总量，其方法是先测定集流池内的水深，然后根据集流池(桶)的水位——容积曲线推求径流总量。如果量水设备有分流箱，要根据分水系数和分水量换算径流总量。在径流观测时需要注意的是当小区内侵蚀剧烈，集流桶内泥沙淤积厚度较大时，应相应地扣除泥沙所占的体积。

③泥沙观测。在径流观测结束后立即进行泥沙测定。其方法是先从集流池(桶)中取一定量(1000~3000mL)的径流泥沙样，静置24h后，轻轻倒去上层清水后在105℃下烘干到恒质量，称重，再计算本次径流的侵蚀量。径流泥沙样的获取可用搅拌法或全深剖面采样器采取。

④其他项目观测。径流小区观测还包括下垫面土壤性质及地面覆盖情况，如植被覆盖度、土壤含水量、小区冲刷情况等。

2.4.2.2 小流域土壤侵蚀观测

(1)实验小流域选择

实验小流域是研究土壤侵蚀规律及人类经济活动对径流、泥沙影响的小流域，应按其特定的专题研究目的、所在类型区的代表性以及在一定期限内对治理程度的要求来确定流域面积，但为便于参考，除特殊需要外，一般不超过100km^2，以小于30km^{2}为宜。实验小流域不论其面积大小，应有明确的分水界限，并要求为一闭合流域，它对自然条件和土地利用情况必须具有当地的代表性。还应有治理与不治理(自然状况)的对比小流域。

在总体规划部署时，应按大流域套小流域、综合套单项的原则来考虑。而在小流域研究方法上，则应根据实际条件采用单独流域法(流域自身对比)或并行流域法(平行对比)。大流域套小流域是指在大流域内再选几个不同治理措施的小流域，同时进行观测。综合套单项是指在实施治理的流域内选择只有单项措施的流域，与大流域同时进行观测。

单独流域法是在一个自然流域内，根据治理前和治理后降水与径流的定量关系，消除因降水不同对流域径流泥沙产生的影响后进行比较，估算水土保持和森林变化对河川径流和泥沙的影响。单独流域对比法的优点是流域自身对比，因此，其流域面积、土壤地质、地形地貌、流域的沟壑密度等下垫面因素基本保持不变，但是，治理前后的降水情况并不完全相同，从而使研究结果的可信度降低。另外，单独流域法需要的观测年限很长。

平行对比法是选择几个相互临近而在地形、地质构造、土壤、质地、流域面积、沟壑密度等条件类似的流域，在流域出口处修建量水设施，同时进行降雨、径流、泥沙等的观测。所选流域中一个保持原始状态作为对照流域，其他的流域进行不同程度的治理(如森林覆盖率不同、农林牧的比例不同、治理程度不同等)。平行对比法的缺点是各流域的地形地貌、土壤地质、流域面积、沟壑密度等下垫面的基本情况不可能完全相同，因此，在选择研究流域时尽可能选择下垫面基本情况较为相近的流域。

(2)小流域观测项目与方法

小流域土壤侵蚀观测项目一般包括径流观测、泥沙量观测和降水观测。

①小流域径流观测。一般是在小流域出口选择适宜的观测断面，通过修建量水建筑物的方法，测定小流域的径流量和径流过程。量水建筑物有测流堰和测流槽，包括薄壁堰、宽顶堰、三角形剖面堰、平坦“V”形堰、长喉道槽、短喉道槽。薄壁堰中常用的有三角堰、矩形堰和梯形堰、长喉道槽有矩形长喉道槽和梯形长喉道槽，短喉道槽中常见的有巴歇尔量水槽。量水建筑物测流设施一般由测流堰(槽)体、引水墙、进水口、导水管、观测室、观测井、沉砂池和水尺等组成。利用量水建筑物测流的基本原理，是通过观测量水建筑物上水位的变化过程，建立水位——流量关系曲线，计算径流量的变化过程。具体方法参见《水文测验试行规范》或《水土保持手册》等资料。

②小流域泥沙量观测。该观测项目是土壤侵蚀监测的重要内容，小流域输出的泥沙有悬移质和推移质之分。目前小流域悬移质泥沙的输沙量一般采用取样法测定，取样有人工取样和自动取样(如 ISO 泥沙自动取样器等)两种方法；推移质泥沙的测定主要采用测坑法(沉沙池)和取样器法。具体分析方法按《水文测验试行规范》等技术规划或标准执行。

③小流域降水观测。小流域降水(主要是降雨)是造成土壤侵蚀的重要因素。降水观测的特征指标主要有降雨量、降雨历时、降雨强度、降雨过程线等。观测方法是在小流域内选择确定适宜数量的观测点，建立降雨观测站而进行。降雨观测站布置的主要设备有标准雨量筒、自记雨量计等。

2.4.3 土壤侵蚀模拟研究

土壤侵蚀模拟研究主要介绍水力侵蚀模拟降雨试验。

水力侵蚀模拟实验研究主要是指用室内人工降雨装置所进行的研究。野外径流小区是研究土壤侵蚀过程的基本手段，但一般须经历较长时期的野外观测，才能取得必需的分析数据。应用室内人工模拟降雨装置，则能加快研究进程，缩短研究周期，在较短时间内获得需要的资料。水力侵蚀模拟降雨按照实验地点、研究对象和人工降雨装置系统的差别，分为野外模拟降雨和室内模拟降雨实验。

2.4.3.1 野外人工模拟降雨实验

野外人工降雨侵蚀实验在野外安装人工降雨装置，研究自然下垫面(如自然坡面径流小区)或人工下垫面(如人工坡面径流小区)的土壤侵蚀与降雨的关系。人工模拟降雨装置一般由供水系统(如供水车或供水箱)、控制系统和降雨(喷头)系统所组成。

人工降雨装置按照降雨喷头装置和喷射形式不同，又分为侧喷式模拟降雨系统和下喷式人工模拟降雨系统。

(1)侧喷式人工降雨系统

侧喷式模拟喷头是一种由不同规格的挡水板组成的人工模拟降雨喷头，其通过先向上喷射雨滴然后再自由落体的方式模拟自然降雨。侧喷式降雨系统的喷头装置由喷头体、出流孔板、碎流挡板及其支架、螺钉等构件组成。侧喷式降雨的原理，为水流经过供水接管射流到喷头孔板，由孔板的锥形面和锥顶上的集流孔进行集流。集流形成水柱，水柱射向碎流挡板，再经挡板被分散，形成近似扇形碎流面喷射、散落形成降雨。侧喷式降雨装置可进行单组或两组对喷，相对喷水时形成重叠降雨区，降雨面积随之变化。该装置的主要优点是简便易于装卸和运输，其缺点是在野外试验时受风的干扰较大，必要时可配置相应的防风篷。

(2)下喷式人工降雨系统

下喷式人工降雨系统的喷头装置由不同规格的下喷式喷头组成，不同喷头的喷水在空间上重合叠加，形成雨强较为均匀的人工降雨区。下喷式降雨系统可在相对较低的降落高度下模拟出天然降雨。

以上两种降雨装置都得到较广泛的应用，且在应用中各地区根据具体情况均有一定的改进。野外人工模拟降雨实验解决了受天然降雨年际丰歉分配不均、数据积累慢、试验周期长的限制和缺点。但在野外由于水电交通等因素的限制及数据采集等方面存在的问题，对深入探讨土壤侵蚀演变过程、微观变化尚存在较大的困难。而室内人工模拟降雨实验可以较好地克服此类困难。

2.4.3.2　室内人工降雨模拟实验

(1)室内人工降雨系统装置

室内人工降雨装置一般安置在模拟降雨大厅内，由供水系统(供水室、供水池与水泵等)、控制系统(控制室及雨量雨强控制装置)和降雨系统(喷头与供水管网等)组成。降雨大厅一般为单跨度、单层高建筑，全厅可分为不同的降雨区(一般 2~4 个)，可采用下喷式或侧喷式降雨(喷头)装置。

人工模拟降雨特征值(雨强、雨滴大小及组成、雨滴动能、雨量等)可通过喷头的选择、喷头安置高度(雨滴降落终点速度)及供水系统压力等进行控制。

(2)降雨大厅下垫面模拟装置

人工降雨侵蚀实验的下垫面通常采用人工修建并调控一定坡度的砖砌水泥槽或金属板制作的固定钢槽或活动钢槽。在降雨大厅内，固定的下垫面装置通常只能模拟裸露地面的侵蚀过程。移动式的钢槽可使室内与野外相结合进行实验。移动并活动式的钢槽，不仅可以增加下垫面植被与耕作处理，而且可进行不同坡度的变坡实验。为了保证人工降雨特征数据的确切性和可靠性，在实验正式开始前要进行雨强和雨滴动能的率定。土壤侵蚀模拟试验过程中可进行流量、流速，尤其是径流、土壤入渗、侵蚀产沙量等土壤侵蚀指标的测定。

2.4.3.3　人工降雨实验注意问题

(1)人工模拟降雨强度

降雨强度是造成土壤侵蚀的主要因素之一。天然降雨特别是暴雨其强度在时空上变化很大。即使是同一类型的暴雨，在随降雨历时延长时，雨强也会出现不同的变化。

因此，要较好地模拟天然降雨强度及其变化是非常困难的。研究中一般只模拟能引起明显侵蚀或重要水文过程的雨强范围内的几种暴雨强度。

(2)人工模拟降雨步骤

利用人工降雨进行研究，往往是依据研究目的和研究对象而定的，但通常应注意选择最能提供所要求资料的条件进行模拟。若要进行土壤湿度对侵蚀的影响研究时，首先应在较干燥的土壤上进行，然后为较湿润的土壤，这样才会得到较为满意的结果。有时，为了使研究结果具有可比性，通常都是在第一场人工模拟降雨后，再进行对比的实验研究。

(3)人工降雨持续时间

与其他因素相比，人工降雨模拟试验持续的时间长短并不重要，但大多数试验的时间应足够长，以使降雨能形成径流，并且在降雨停止之前，使入渗达到某种程度的稳定或者便于改变降雨强度。

(4)模拟实验结果校正

在不同地点、不同条件、不同时间使用降雨模拟装置，要使降雨强度完全相同是很困难的，因此就会使实验结果出现差异。对于高强度降雨研究来说，可以假定施加的降雨强度和设计降雨强度之间偏差不大，对入渗率的影响也是很小的。因此，将设计降雨强度减去实际入渗量或入渗率，就得出校正过的径流量或径流率。

2.4.4 土壤侵蚀示踪研究

径流小区法在研究不同地形、不同措施等情况下的土壤侵蚀是有效的，但用它来推求大范围内的土壤侵蚀量时，由于不同部位侵蚀强度的差异，难以满足实际需求。由于受研究手段的限制，土壤侵蚀调查法也难以研究土壤侵蚀过程中的沉积现象以及侵蚀的分异规律等，从而影响土壤侵蚀机理以及水土流失预测预报的研究。示踪法的应用正是基于这一背景条件下逐渐发展起来的。

同位素示踪技术在土壤侵蚀研究中的应用始于20世纪60年代，70年代起，^{137}Cs示踪技术应用研究较为活跃。此外，也有研究采用^{7}Be、^{210}Pb、^{226}Ra、单核素或多核素示踪技术研究侵蚀过程、河流泥沙的沉积或来源等。放射性同位素按其来源有人为放射性核素(如^{137}Cs、^{134}Cs等)、天然放射性核素(如^{238}U、^{235}U等)、宇宙射线产生的放射性核素(如^{7}Be等)，稳定性稀土元素经中子活化后，也能产生放射性；由于其特殊的“指纹”作用，可以在土壤侵蚀研究中充当良好是示踪剂。目前，在理论和技术上比较成熟的示踪技术主要有核素示踪法、REE(稀土元素)示踪法和土壤磁化特性示踪法等。

(1)核素示踪法

随降雨或尘埃沉降到地面的放射性核素被土壤和有机质强烈吸附后，在土壤表层聚集而难以被水淋溶。在非侵蚀土地上，沉降的核素输入量可以作为观测区的核素背景值；而在侵蚀的土地上，土壤剖面中的核素含量小于该地区的背景值。在流域中有沉积的地方，核素含量及其分布深度大于非侵蚀土地上的核素含量和分布深度。因此，通过测定核素在地表水平面和垂直剖面上的空间分布，根据实测核素含量与背景值的差异，就可以确定流域不同部位的土壤侵蚀率和土壤的侵蚀状况。这就是利用核素示踪法测定土壤侵蚀强度的基本原理。Rogowski 和 Tamura 率先应用^{137}Cs 示踪法测定了径流量、土壤侵蚀量与^{137}Cs 流失量，发现土壤侵蚀量与^{137}Cs 的流失量之间呈指数关系。此后，^{137}Cs 示踪技术在土壤侵蚀研究中的应用开始受到重视，在理论和技术上较其他元素更为成熟。

^{137}Cs 示踪技术在土壤侵蚀研究中具有比较明显的优势。首先，^{137}Cs 的半衰期相对较长(30.2a)，该技术可以长期应用；其次，该技术在一定研究范围内投资少、精度高、技术简单；最后，采用^{137}Cs 示踪技术也可以为研究土壤侵蚀与沉积的空间分布规律快速地积累大量数据信息。核素示踪法适用于具有较好参考剖面的地区，小范围内研究效果好。因受测试精度的影响，不太适合于大区域。

(2)*稀土元素示踪法*

Knaus et al.(1986)首先用稳定性稀土元素(REE)示踪和中子活化分析技术(INAA)相结合的方法，成功地测定了沼泽地的演变过程。随后，国内外学者应用该技术对土壤侵蚀以及小流域泥沙来源的研究取得了较大的进展。稀土元素示踪法的原理是将 REE 与土壤均匀混合后布设于研究区的不同部位，使之在整个降雨过程中随径流泥沙一起迁移。通过采集径流池中的泥沙样品，利用中子活化分析技术测定其中的 REE 浓度，计算不同部位的侵蚀量，从而研究侵蚀与沉积的空间分布规律。REE 示踪法可在不同的地形条件下施放不同的元素，一次施放多次观测，从而完成对泥沙分布的监测和确定侵蚀产沙的部位及类型。稀土元素的布设方法有断面法、条带法和点状法等。

REE 示踪法主要应用于室内模拟或小范围内的野外研究。因 REE 能被土壤颗粒强烈吸附，且难溶于水，淋溶迁移过程不明显，植物富集有限，对生态环境无害，土壤背景值较低，而中子活化后的检测灵敏度高等特点，可作为较理想的稳定性示踪元素。因此，REE 示踪技术在土壤侵蚀机理研究方面得到了较为广泛的应用。

(3)*磁性示踪法*

Ventura(2001)提出了利用磁性示踪剂替代传统核素和稀土元素的示踪方法。磁性示踪法的原理是依据坡面流失泥沙沉积和分散后，土壤磁化系数的变化来反映研究区域的土壤侵蚀状况。通过利用磁铁矿粉和聚苯乙烯混合制成直径 3.2mm、密度为 1.2g/cm^{3}的颗粒作为示踪剂，在其与土壤均匀混合后布设在土壤中，用磁力计测定土壤磁化系数的变化。

磁性示踪法可以精确测定坡面土壤侵蚀的空间变化，试验过程不破坏土壤状况。但磁化系数变化反映的只是区域内沉积物质的来源，而不是地形的变化。当在降雨强度较小时，流失泥沙中磁性示踪剂有富集现象。因此，在定量研究土壤侵蚀率时，需要布设各种粒径和分布密度的磁性示踪剂，这在一定程度上限制了磁性示踪剂在土壤侵蚀研究中的广泛应用。

本章小结

本章主要阐述了土壤侵蚀类型及其划分依据，通常可根据导致土壤侵蚀的外营力种类、土壤侵蚀发生时间和土壤侵蚀发生速率三种情况划分土壤侵蚀类型。由于受地表水热状况变化的影响，土壤侵蚀也具有分带性。同时也对土壤侵蚀类型进行了分区，分区是按照土壤侵蚀的成因和数量指标的相似性和差异性对某一区域进行土壤侵蚀类型区的系列划分。目前，我国的土壤侵蚀类型区可分为以水力侵蚀为主的类型区、以风力侵蚀为主的类型区和以冻融侵蚀为主的三大类型区。

水力侵蚀的外营力主要为水力，水力侵蚀是降雨雨滴击溅侵蚀力、径流冲刷侵蚀力等与土壤(含母质等)抗蚀力相互作用的结果。以水力为主要外营力所导致的水力侵蚀形式可分为溅蚀、面蚀、沟蚀和山洪侵蚀等。

土壤侵蚀严重影响着人类的可持续发展，随着数学分析方法的不断成熟，利用模型对土壤侵蚀进行定量化研究已经成为重要的趋势。围绕着土壤侵蚀模型，国内外学者开展了广泛的研究，提出了很多的土壤侵蚀预报模型。

土壤侵蚀的发生、发展和演变过程，是自然因素和人为因素综合作用的结果，因此，必须在野外和田间进行观测研究，目前土壤侵蚀研究方法主要包括：土壤侵蚀调查研究方法、土壤侵蚀定位研究方法、土壤侵蚀模拟研究方法和土壤侵蚀示踪研究方法。

思考题

1. 怎样进行雨滴特性的描述?
2. 土壤侵蚀类型是如何划分的？各有何特点?
3. 简述以水力侵蚀为主的类型区。
4. 土壤侵蚀监测预报的模型有哪些?
5. 通常土壤侵蚀研究方法主要包括哪几个方面?

第3章 小流域综合治理

小流域综合治理是根据小流域自然和社会经济状况以及区域国民经济发展的要求，以小流域水土流失治理为中心，以提高生态经济效益和社会经济持续发展为目标，以基本农田优化结构和高效利用及植被建设为重点，建立兼具水土保持和高效生态经济功能的半山区小流域综合治理模式。小流域综合治理目前已经成为我国在水土流失防治和生态建设的长期实践中，形成并确立的一条具有中国特色、符合自然与经济规律的成功技术路线。

3.1 小流域综合治理基本思想

水土流失治理在经过长期探索实践后，大多数国家普遍形成较为一致的观点：一是以流域为水土流失治理工作的基本单位，将大面积水土流失区的治理划分为若干小流域，分而治之；二是在水土流失防治的体制设置上，体现向一个核心部门聚集的现象，以加强对资源与环境的系统性和综合性管理，减少部门间权限的重叠，提高流域综合治理的效率；三是重视水土保持法律的研究和制定，运用法律手段来调整、规范这方面的关系和行为(联合国环境与发展大会，1993)。当前，我国对小流域的治理要以人与自然和谐共生、坚持绿水青山就是金山银山、山水林田湖草生命共同体、生态环境保护优先、绿色发展等思想理念为指导，开展水土流失的综合治理。

流域治理一般称为流域管理，而“流域管理”这一概念是从“河流管理”或“流域水资源管理”等概念发展起来的。根据人们对小流域的认识过程及小流域治理思想的发展，国外小流域治理过程分为以下三个阶段。

第一阶段为山洪和泥石流防治阶段。这一阶段的山区小流域治理，主要以防治山洪和泥石流为目的，以工程措施和造林措施为主。

第二阶段为水土保持综合治理阶段。在这一阶段，山洪和泥石流防治方面的研究开始走向定量化，从水文学、地质学、水利工程学等不同角度进行了细致入微的研究。

第三阶段为山区小流域治理的持续发展阶段。人们认识到了小流域诸多资源的特性，要承载一定的人口，可持续利用山区小流域资源，保持人-小流域生态经济系统的稳定和协调，成为这一阶段小流域治理的新目标。

通过多年的实践，我国积累了较为丰富的经验，也形成了一套较为完善的小流域治理机制。小流域治理的目标应满足社会发展的需求，在小流域的综合治理过程中，应当制定合理的、切合实际的目标。传统的目标通常对农村经济、环境生态等较为重视，而在21世纪的治理目标中，除了涵盖原有的内容以外，还对当地居民如何改善自身的生产生活环境进行了关注(范清成等，2018)。例如，在对水量进行关注的时候，还需要重视水质，以及农村生产生活废弃物如何处置与利用的问题。进入21世纪以来，在进行小流域综合治理时，通常有四点内容是需要重视的：首先，防治水土流失上，改善环境生态、减少侵蚀模的数量以及提高林草的覆盖率等；其次，经济收益上，使经济收入能够实现可持续增长，人民群众的经济活动范围能够有效扩大等；再次，水资源方面，需要提高地表水的质量、水源的涵养能力等；最后，其他方面，使农村的生产生活条件得到有效改善等。当前，小流域综合治理还要做到治理的与时俱进。目前，由于社会经济以及水土保持事业等方面的因素，使得小流域内的人民在生产与生活水平方面都得到了极大提升，当地群众对目前的环境要求也变得更高了。所以，在综合治理小流域的过程中，也需要对治理方案措施等进行适当调整，这样才能够满足当前流域内人民的需求。在治理过程中，除了需要针对流域内的农耕、生物、水土流失、环境改善、经济收益等，还应当重视合理处理人们生产生活所产生的污水，做好保水方面的工作，合理处置废弃物等。所以，在21世纪人们生产生活活动不断变化的情况下，需要结合流域内的基本情况，对相关措施进行不断调整，从而使得综合治理符合当下人们的需求。小流域综合治理过程中还要提高综合治理施工水平，由于我国在工程建设方面的技术和设备水平都得到了极大提升，不少先进技术和设备都被应用到了施工当中。在小流域的综合治理当中，机械施工已经成为目前各类工程建设的主要形式。然而，随着人们对治理水平有了更高的要求，施工队伍的水平也应随之提升。在治理施工当中，需要结合当地的水土流失具体情况，由专业水平比较高的施工团队来进行施工操作，这对其施工效率和施工质量的提升有很大帮助。同时，应当结合小流域的经济条件与投资规模等方面的情况，加强对施工团队的规范管理，使其施工能力可以充分发挥出来。

我国地域辽阔，各地的自然地理和经济发展条件千差万别。多年来，各地在治理水土流失的实践中，遵循以小流域为单元综合治理的技术路线，因地制宜，不断创新，综合分析每个流域自然资源的有利因素、制约因素和开发潜力，结合当地实际情况和经济发展要求，科学确定每个流域的措施配置模式、发展方向和开发利用途径。随着经济社会的快速发展，人们关注的重心开始逐渐向改善人居环境、提高生活质量和充分发掘休闲娱乐功能等方面转变，以小流域为单元综合治理的技术路线也在不断完善和发展。

3.2 小流域综合治理措施体系

小流域综合治理措施体系早在20世纪90年代初就已通过法律形式固定下来。2010年12月25日修订颁布的《水土保持法》第二十二条明确规定，在水力侵蚀地区，应当以天然沟壑及其两侧山坡地形成的小流域为单元，实行全面规划，综合治理，建立水土流失综合治理措施体系。这项条款清楚地表明了小流域综合治理的内涵。小流域综合治理措施体系就是在小流域这个闭合集水区内，依据自然特征、土地利用结构、水土流失成因、社会经济状况和区域经济发展、农民增收致富的需求，以坡面径流调控理论为指导，在不同地段对位配置与其调控坡面径流功能相适应的各项措施。这些措施是相互依存、互为补充、形成合力的有机整体。结合当前国内外小流域治理的理论与实践，在人与自然和谐共生、坚持绿水青山就是金山银山、山水林田湖草为一个生命共同体、生态环境保护优先、绿色发展等思想理念指导下，21世纪小流域综合治理措施体系主要是以流域为单位，把山区流域作为一个待开发的系统，进行分析诊断，进行水土保持综合治理规划。对治理小流域生态经济系统的组成要素做深入的调查与分析，着重分析生态系统中水、土、气、生(动植物区系)等要素的现状以及主要生态环境问题的时空分布。社会经济系统着重调查分析人口(数量、质量)、生产资料、生活资料、资金、科技水平等。合理调整各类地块的利用方向，在详细调查土地资源及科学评价的基础上，以土地利用规划为基础，在各个地块上配置水土保持林草措施、工程措施及农业技术措施，同时兼顾坚持从污染源头治理，大力控制污染源，防止农药、化肥的过量使用，控制面源污染的产生的清洁小流域建设，形成综合防治体系。这个体系不是单纯的防治体系，而是将农民增收致富的经济效益蕴含在防治水土流失的生态效益之中，把生态效益与经济效益融为一体。

(1)水土保持工程技术

水土保持工程是指为达到保护、改良及合理利用山丘区水土资源、防治水土流失的目的，应用工程原理而修筑的各项工程，包括坡面工程、沟道工程、小型蓄水灌溉工程、山洪及泥石流排导工程等。水土保持工程以建设山区基本农田为中心，修筑梯田、坝地，保证有足够的农田。另外，林地水土保持工程是防护林工程的组成部分，如鱼鳞坑、水平沟、造林梯田、植物篱等。

(2)水土保持生物技术

在流域内，为涵养水源、保持水土、防风固沙、改善生态环境和增加经济收益，采用人工造林、封山育林等技术措施，建设生态经济型防护林体系，提倡多林种、多树种及乔灌草相结合。

(3)水土保持农业技术

水土保持农业技术是指通过采用改变坡面微地形，增加地面粗糙率和植物覆盖率，或增加土壤抗蚀性等方法，以保持水土，改良土壤，提高农业生产的技术措施。改变微地形，增加地面粗糙度的措施，如沟垄种植、等高耕作、区田、水平犁沟等；增加植被覆盖的措施，如间作套种、草田轮作、草田带状间作、宽行密植等；增加地面覆盖及土壤抗蚀性的措施，如留茬、秸秆覆盖、少耕、免耕、深耕、深松土、增施有机肥等。

(4)生态清洁小流域建设技术

生态清洁小流域建设技术是指是在传统小流域综合治理基础上，将水资源保护、面源污染防治、农村垃圾及污水处理等结合到一起的一种新型综合治理模式。其目标是建设沟道侵蚀得到控制、坡面侵蚀强度在轻度(含轻度)以下、水体清洁且非富营养化、行洪安全，达到人水和谐、人地和谐、生态系统良性循环、环境清洁的小流域。

应当指出，各种措施间是相辅相成、相互促进的。如通过建设梯田、坝地等基本农田，提高单位面积产量，逐步达到改广种薄收为少种多收，退耕陡坡，实行造林种草，促进林草业发展。而造林和种草养畜，又为农业提供有机肥料，促进农业高产。就各项措施的水土保持作用而言，也是相互影响和促进的，如造林整地工程蓄水保土，为幼林成活、生长创造有利条件。在规划各项治理措施时，必须与改善山区经济状况相结合，充分发挥治理区内自然和社会条件的优势，将配置各项治理措施与发展山区商品生产相结合。同时随着人们对环境质量要求的提高，还应考虑所用措施美化环境的效应，在有条件的地区，可与发展旅游业相结合。

3.3 小流域综合治理专项技术

小流域综合治理专项技术主要包括水土保持工程技术、生物技术、农业技术和生态清洁小流域建设技术，以水源保护为中心，以生态修复、生态治理、生态保护为治理核心，建设以促进人与自然和谐相处的小流域环境。

3.3.1 水土保持工程技术

水土保持工程技术措施是水土保持综合治理中的一项重要措施，也是防治水土流失的重要措施。它对于水土流失地区的生产和建设，整治国土、治理江河，减少水旱灾害，防止土地退化，充分发挥水土资源的经济效益和社会效益，维持生态系统平衡，保障生态安全，建立良好生态环境具有重要意义。水土保持工程措施是小流域综合治理措施体系的组成部分，它与水土保持农业耕作措施及水土保持林草措施同等重要，不能互相代替。在我国，水土保持工程经过了几千年的应用发展，已经逐步形成了完善的工程措施体系，其措施包括坡面防治工程、沟道治理工程、山洪排导工程、小型蓄水用水工程、河流护岸工程等内容。

3.3.1.1 坡面防治工程

坡面是山区最为广泛的区域，在山区农林业生产中占有重要地位，又是泥沙和径流的策源地，因此，坡面治理是水土保持综合治理的基础。坡面治理核的心内容是坡面稳定和基本农田建设，特别是梯田建设，其设计合理与否，关系水土流失的治理速度、人民生命财产的安全、粮食收益和经济收入的提高。坡面治理工程包括梯田、拦水沟埂、水平沟、水平阶、水簸箕、鱼鳞坑、山坡截流沟、水窖(旱井)、蓄水池、稳定斜坡下部的挡墙及护坡等。

(1)斜坡固定工程

斜坡固定工程是指为防止斜坡岩土体的运动，保证斜坡稳定而布设的工程措施，包括挡墙、抗滑桩、削坡和反压填土、排水工程、护坡工程、滑动带加固措施和植物护坡措施、落石防护工程等。

①挡墙。挡墙又称挡土墙，可防止崩塌、小规模滑坡及大规模滑坡前缘的再次滑动。用于防止滑坡的又称抗滑挡墙。挡墙的构造有以下几类：重力式、半重力式、倒T形或L形、扶壁式、支垛式、棚架扶壁式和框架式等(图3-1)。

②抗滑桩。抗滑桩是穿过滑坡体将其固定在滑床的桩柱。使用抗滑桩，土方量小，省工省料，施工方便，工期短，是广泛采用的一种抗滑措施。根据滑坡体厚度、推力

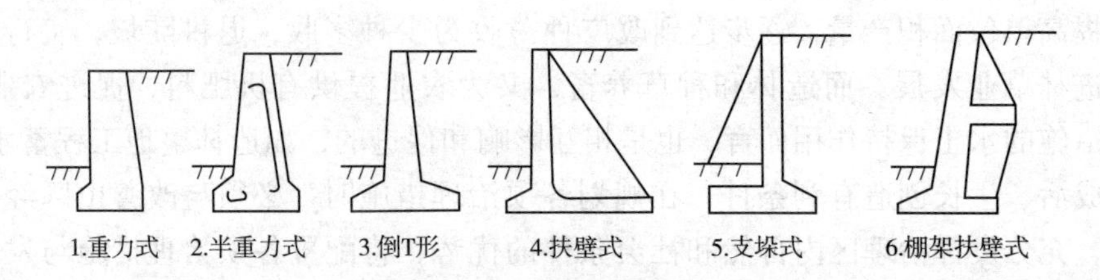

图3-1　挡墙横断面图

大小、防水要求和施工条件等，选用木桩、钢桩、混凝土桩或钢筋(钢轨)混凝土桩等。木桩可用于浅层小型土质滑坡或对土体临时拦挡，木桩可很容易地打入，但其强度低，抗水性差，所以滑坡防治中常用钢桩和钢筋混凝土桩。抗滑桩的材料、规格和布置要能满足抗剪断、抗弯、抗倾斜、阻止土体从桩间或桩顶滑出的要求，这就要求抗滑桩有一定的强度和锚固深度。桩的设计和内力计算可参考有关文献。

③削坡和反压填土。削坡主要用于防止中小规模的土质滑坡和岩质斜坡崩塌。削坡可减缓坡度，减小滑坡体体积、重量，从而减少下滑力。滑坡可分为主滑部分和阻滑部分，主滑部分一般是滑坡体的后部，它产生下滑力；阻滑部分即滑坡前端的支撑部分，它产生抗滑阻力。所以削坡的对象是主滑部分，如果对阻滑部分进行削坡反而不利于土坡稳定，当高而陡的岩质斜坡受节理缝隙切割，比较破碎，有可能崩塌坠石时，可剥除危岩，削缓坡顶，阻止崩塌坠落的发生。当斜坡高度较大时，削坡常分级留出平台。反压填土是在滑坡体前面的阻滑部分堆土加载，以增加抗滑力。填土可筑成抗滑土堤，土要分层夯实，外露坡面应干砌片石或种植草皮，堤内侧要修渗沟，土堤和老土间修隔渗层，填土时不能堵住原来的地下水出口，要先做好地下水引排工程。

④排水工程。排水工程可减免地表水和地下水对坡体稳定性的不利影响：一方面能提高现有条件下坡体的稳定性；另一方面允许坡度增加而不降低坡体稳定性。排水工程包括排除地表水工程和排除地下水工程。排除地表水工程的作用：一是拦截病害斜坡以外的地表水；二是防止病害斜坡内的地表水大量渗入，并尽快汇集排走。它包括防渗工程和水沟工程。排除地下水工程的作用是排除和截断渗透。它包括渗沟、明暗沟、排水孔、排水洞和截水墙等。

⑤护坡工程。为防止崩塌，可在坡面修筑护坡工程进行加固，这比削坡节省投资，而且速度快。常见的护坡工程有：干砌片石和混凝土砌块护坡、浆砌片石和混凝土护坡、格状框条护坡、喷浆和混凝土护坡、锚固法护坡等。干砌片石和混凝土砌块护坡用于坡面有涌水，边坡小于1∶1，高度小于3m的情况，涌水较大时应设反滤层，涌水很大时最好采用盲沟。防止没有涌水的软质岩石和密实土斜坡的岩石风化，可用浆砌片石和混凝土护坡。边坡小于1∶1的用混凝土，边坡1∶1~1∶0.5的用钢筋混凝土。在有裂隙的坚硬的岩质斜坡上，为了增大抗滑力或固定危岩，可用锚固法，所用材料为锚栓或预应力钢筋。在危岩土钻孔直达基岩一定深度，将锚栓插入，打入楔子并浇铸混凝土砂浆固定其末端，地面用螺母固定。采用预应力钢筋，将钢筋末端固定后要施加预应力，为了不把滑面以下的稳定岩体拉裂，事先要进行抗拔试验，使锚固末端达滑面以下一定深度，并且相邻锚固孔的深度不同。根据坡体稳定计算求得的所需克服的剩余下滑力来确定预应力大小和锚孔数量。

⑥滑动带加固措施。加固滑动带是一项防治软弱夹层滑坡的有效措施。即采用机

械的或物理化学的方法，提高滑动带强度，防止软弱夹层进一步恶化，加固方法有普通灌浆法、化学灌浆法和石灰加固法等。普通灌浆法采用由水泥、黏土等普通材料制成的浆液，用机械方法灌浆。为较好地充填固结滑动带，对出露的软弱滑动带，可以撬挖掏空，并用高压气水冲洗清除，也可钻孔至滑动面，在孔内用炸药爆破，以增大滑动带和滑床岩土体的裂隙度，然后填入混凝土，或借助一定的压力把浆液灌入裂缝。这种方法可以增大坡体的抗滑能力，又可防渗阻水。由于普通灌浆法需要爆破或开挖清除软弱滑动带，所以化学灌浆法比较省工。化学灌浆法采用由各种高分子化学材料配制的浆液，借助一定的压力把浆液灌入钻孔。浆液充满裂缝后不仅可增加滑动带强度，还可以防渗阻水。我国常采用的化学灌浆材料有水玻璃、铬木素、丙凝、氰凝、脲醛树脂等。石灰加固法是根据阳离子的扩散效应，由溶液中的阳离子交换出土体中阴离子而使土体稳定。具体方法是在滑坡地区均匀布置一些钻孔，钻孔要达到滑动面下一定深度，将孔内水抽干，加入小块生石灰达滑动带以上，填实后加水，然后用土填满钻孔。

⑦植物固坡措施。植物能防止径流对坡面的冲刷，在坡度不太大(<50°)的斜坡上，能在一定程度上防止崩塌和小规模滑坡。植树种草可以减缓地表径流，从而减轻地表侵蚀，保护坡脚。植物蒸腾和降雨截留作用能调节土壤水分，控制土壤水压力。植物根系可增加岩土体抗剪强度，增加斜坡稳定性。植物护坡措施包括坡面防护林、坡面种草和坡面生物-工程综合措施。坡面防护林对控制坡面面蚀、细沟状侵蚀及浅层块体运动起着重要作用。深根性和浅根性树种结合的乔灌木混交林，对防止浅层块体运动有一定效果。坡面种草可提高坡面抗蚀能力，降低径流速度，增加入渗，防止面蚀和细沟状侵蚀，也有助于防止块体运动。坡面生物-工程综合措施，即在布置的拦挡工程的坡面或工程措施间隙种植植被，例如，在挡土石墙、木框墙、石笼墙、铁丝链墙、格栅和格式护墙上配以植物措施，可以增加这些挡墙的强度。

⑧落石防护工程。悬崖和陡坡上的危石对坡下的交通设施、房屋建筑及人身安全生产会有很大威胁，而落石预测很困难，所以要及早进行防护。常用的落石防治工程有：防落石棚、挡墙加拦石栅、囊式栅栏、利用树木的落石网和金属网覆盖等。修建防落石棚，将铁路和公路旁的危石遮盖起来是最可靠的办法之一，防落石棚可用混凝土和钢材制成。在挡墙上设置拦石栅是经常采用的一种方法。囊式栅栏即防止落石的金属网，在距落石发生源不远处，如果落石能量不大，可利用树木设置铁丝网，其效果很好，可拦截1t左右的石块。在有特殊需要的地方，可将坡面覆盖上金属网或合成纤维网，以防石块崩落。斜坡上稳固的孤石有可能滚下时，应立即清除，如果清除有困难，可用混凝土固定或用粗螺栓锚固。除了上述8种固坡工程之外，护岸工程、拦沙坝、淤地坝也能起到固定斜坡的作用，如在滑动区的下游沟道修拦沙坝，可以压埋坡脚。

(2)梯田工程

梯田是山区、丘陵区常见的一种农田形式。它因地块顺坡按等高线排列呈阶梯状而得名。在坡地上，沿等高线修成水平式台阶或坡式断面的田地称为梯田。梯田可以改变地形坡度，拦蓄雨水，增加土壤水分，防止水土流失，达到保水、保土、保肥目的，同改进的农业耕作技术结合，能大幅度提高作物产量，从而为贫困山区退耕陡坡种草种树，促进农林牧副业全面发展创造条件，实现高产、稳产的目的。《水土保持法》规定，25°以下的坡地一般可修成梯田种植农作物；25°以上的则应退耕植树种草。

①梯田分类。

按修筑的断面形式划分：水平梯田、坡式梯田、反坡梯田、隔坡梯田和波浪式梯田等几种类型。

按田坎建筑材料划分：土坎梯田、石坎梯田、植物田坎梯田。黄土高原地区，土层深厚，年降水量少，主要修筑土坎梯田。土石山区，石多土薄，降水量多，主要修筑石坎梯田。陕北黄土丘陵地区，地面广阔平缓，人口稀少，则采用以灌木、牧草为田坎的植物田坎梯田。

按利用方向划分：农用梯田、果园梯田和林木梯田等。

按施工方法划分：人工梯田和机修梯田。

②梯田的规划。梯田的规划包括以下集中类型。

a. 耕作区的规划。耕作区的规划必须以一个经济单位(一个镇或一个乡)农业生产和水土保持全面规划为基础。根据农林牧全面发展，合理利用土地的要求，研究确定农林牧业生产的用地比例和具体位置，选出其中坡度较缓、土质较好、距村较近，水源及交通条件比较好，有利于实现机械化和水利化的地方，建设高产稳产基本农田，然后根据地形条件，划分耕作区。

b. 地块规划。在每个耕作区内，根据地面坡度、坡向等因素，进行具体的地块规划，一般应掌握以下几点要求。一是地块的平面形状应基本上顺等高线呈长条形或带状布设。一般情况下，尽量避免梯田施工时远距离运送土方。二是当坡面存在浅沟等复杂地形时，地块布设必须注意“大弯就势，小弯取直”，不强求一律顺等高线，以免把田面的纵向修成连续的“S”形，不利于机械耕作。三是如果梯田有自流灌溉条件，则应使田面纵向保留 1/500 ~ 1/300 的比例，以利行水，在某些特殊情况下，田面纵坡可适当加大，但不应大于 1/200。四是有条件的地方地块长度可采用 300 ~ 400m，一般是 150 ~ 200m，在此范围内，地块越长，机耕时转弯掉头次数越少，工效越高，如有地形限制，地块长度最好不要小于 100m。五是在耕作区和地块规划中，如有不同镇乡的插花地，必须根据“自愿互利”和“等价交换”的原则，进行协商和调整，以便于施工和耕作。

c. 附属建筑物规划。梯田规划过程中，要重视附属建筑物的规划。附属建筑物规划的合理与否，直接影响梯田建设的速度、质量、安全和生产效益。梯田附属建筑物的规划内容，主要包括以下 3 个方面。

Ⅰ. 坡面蓄水拦沙设施的规划。梯田区的坡面蓄水拦沙设施的规划内容，包括“引、蓄、灌、排”等缓流拦沙附属工程。规划时，既要做到各设施之间的紧密结合，又要做到与梯田建设的紧密结合。规划程序上可按“蓄引结合，蓄水为灌，灌余后排”的原则，根据各台梯田的布置情况，由高台到低台逐台规划，其拦蓄量，可按拦蓄区 5 ~ 10 年一遇一次最大降雨量的全部径流量与全年土壤可蚀总量为设计依据。

Ⅱ. 梯田区的道路规划。山区道路规划总的要求：一是要保证今后机械化耕作的机具能顺利进入每一个耕作区和地块；二是必须有一定的防冲设施，以保证路面完整与畅通，保证不因路面径流而冲毁农田。

Ⅲ. 灌溉排水设施的规划。梯田建设不仅控制了坡面水土流失，而且为农业进一步发展创造了良好的生态环境，并促进农田熟制和宜种作物的改进，提高梯田效益。在梯田规划的同时必须结合进行梯田区的灌溉排水设施规划。

③梯田的断面设计。梯田断面设计的基本任务是确定在不同条件下梯田的最优断面。所谓“最优”断面，需同时满足下述3点要求：一是要适应机耕和灌溉要求；二是要保证安全与稳定；三是要最大限度地省工。最优断面的关键是确定适当的田面宽度和埂坎坡度，由于各地的具体条件不同，最优的田面宽度和埂坎坡度也不同，但是考虑“最优”的原则和原理是相同的。

a. 梯田的断面要素。一般根据土质和地面坡度先选定田坎高和埂坎坡度(田坎边坡)，然后计算田面宽度，也可根据地面坡度、机耕和灌溉需要先定田面宽度，然后计算田埂高(图3-2)。

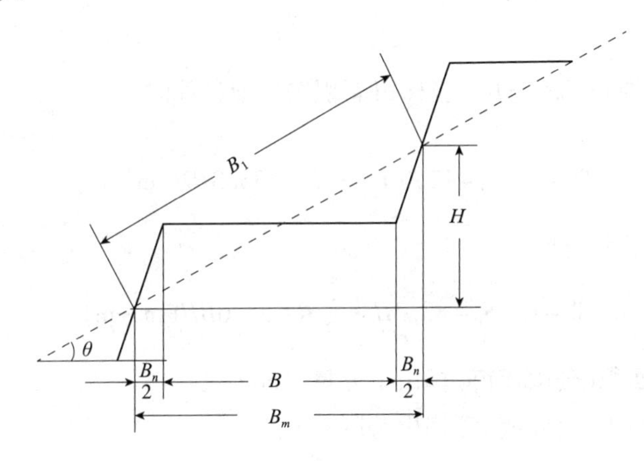

图3-2　梯田断面要素

各要素之间具体计算方法(单位均为m)：

$$B_m=H\cdot \text{ctg}\theta \tag{3-1}$$

$$B_n=H\cdot \text{ctg}\alpha \tag{3-2}$$

$$B=B_m-B_n=H(\text{ctg}\theta-\text{ctg}\alpha) \tag{3-3}$$

$$H=\frac{B}{\text{ctg}\theta-\text{ctg}\alpha} \tag{3-4}$$

$$B_1=\frac{H}{\sin\theta} \tag{3-5}$$

在挖、填方相等时，梯田挖(填)方的断面面积S可由下式计算：

$$S=\frac{1}{2}\cdot\frac{H}{2}\cdot\frac{B}{2}=\frac{HB}{8}(\text{m}^2) \tag{3-6}$$

梯田地块挖(填)土方量为：

$$V=S\cdot L=\frac{1}{2}\left(\frac{B}{2}\cdot\frac{H}{2}\cdot L\right)=\frac{1}{8}BHL \tag{3-7}$$

当按公顷计算梯田单位面积土方量时：

因为每公顷田面长度　$L=\frac{10000}{B}(\text{m})$

所以每公顷土方量 $V=\frac{1}{8}\cdot BLH=\frac{1}{8}BH\cdot\frac{10000}{B}=1250H(m^3)$ (3-8)

当梯田面积按亩计算时：

因为每亩田面长度 $L=\frac{666.7}{B}(m)$

所以每亩土方量 $V=\frac{1}{8}BHL=\frac{HB}{8}\cdot\frac{666.7}{B}=83.3H(m^3)$ (3-9)

根据上述公式可以计算出不同田坎高的每亩土方量（挖方）。关于单位面积土方运移量的计算，可用土方量和运距来衡量。根据《水土保持综合治理技术规范》（GB/T 16453.1—2008），土方运移量的单位为 m^3-m 这样一个复合单位，表示将若干立方米的土方运移若干米距离。因此，其计算公式为：

$$W=V\cdot S_0 \tag{3-10}$$

根据以下数学原理 $S_0=\frac{2}{3}B$，当梯田面积按公顷计算时：

$$W=V\cdot S_0=1250H\cdot\frac{2}{3}B=833.3BH(m^3\text{-}m) \tag{3-11}$$

当梯田面积按亩计算时：

$$W=V\cdot S_0=83.3H\cdot\frac{2}{3}B=55.6BH(m^3\text{-}m) \tag{3-12}$$

式中：V——单位面积（公顷或亩）梯田土方量，m^3；

L——单位面积（公顷或亩）梯田长度，m；

H——田坎高度，m；

B——田面净宽，m；

S_0——修梯田时土方的平均运距，m；

W——单位面积（公顷或亩）梯田土方平均运移量，m^3-m。

b. 梯田田面宽度设计。梯田最优断面的关键是最优的田面宽度，所谓“最优”田面宽度，就必须是保证适应机耕和灌溉的条件下，田面宽度为最小。根据不同地形和坡度条件，在不同地区，应分别采用不同的田面宽度。

Ⅰ. 残塬、缓坡地区。农耕地一般坡度在 5°以下。在实现梯田化以后，可以采用大型拖拉机及其配套农具耕作。从机耕或灌溉的要求来看，太宽的田面没有必要，一般以 30m 左右为宜。

Ⅱ. 丘陵陡坡地区。一般坡度 10°~30°，目前很难实现机耕。根据实践经验，一般采用小型农机进行耕作，这种农具在 8~10m 宽的田面上就能自由地掉头转弯，这一宽度无论对于畦灌或喷灌都可以满足，因此，在陡坡地（25°）修梯田时，其田面宽度不应小于 8m。总之，田面宽度设计，既要考虑原则性，又要考虑灵活性。原则性就是必须在适应机耕和灌溉的同时，最大限度地节省工时；灵活性就是在保证这一原则的前提下，根据具体条件，确定适当的宽度，不能一成不变。

c. 埂坎外坡设计。梯田埂坎外坡设计的基本要求是，在一定的土质和坎高条件下，要保证埂坎的安全稳定，并尽可能少占农地、少用工。

3.3.1.2 沟道治理工程

沟道治理工程是指固定沟床，拦蓄泥沙，防止或减轻山洪及泥石流灾害而在山区沟道中修筑的各种工程措施，沟头防护、谷坊、拦沙坝、淤地坝工程等都属于沟道治理工程。沟床固定工程的主要作用是防止沟道底部下切，固定并抬高侵蚀基准面，减缓沟道纵坡，降低山洪流速。沟床固定工程还包括设置防冲槛、沟床铺砌、种草皮、营造沟底防冲林带等措施。

(1)沟头防护工程

沟头防护是沟壑治理的起点，主要目的是防止坡面径流进入沟道而产生沟头前进、沟底下切和沟岸扩张，此外，沟头防护还可起到拦截坡面径流、泥沙的作用。根据沟头防护工程的作用，可将其分为蓄水式沟头防护工程和排水式沟头防护工程两类。

①蓄水式沟头防护工程。当沟头上部集水区来水较少时，可采用蓄水式沟头防护工程，即沿沟边修筑一道或数道水平半圆环形沟埂，拦蓄上游坡面径流，防止径流排入沟道。沟埂的长度、高度和蓄水容量根据设计来水量而定。

②泄水式沟头防护工程。沟头防护以蓄为主，做好坡面与沟头的蓄水工程，变害为利。但在下列情况下可考虑修建泄水式沟头防护工程：一是当沟头集水面积大且来水量多时，沟埂已不能有效地拦蓄径流；二是受侵蚀的沟头临近村镇，威胁交通，而又无条件或不允许采取蓄水式沟头防护时，必须把径流疏导至集中地点并通过泄水建筑物排泄入沟，沟底还要有消能设施以免冲刷沟底。

(2)谷坊工程

谷坊是山区沟道内为防止沟床冲刷及泥沙灾害而修筑的横向挡拦建筑物，又名防冲坝、沙土坝、闸山沟等。谷坊高度一般小于3m，是水土流失地区沟道治理的一种主要工程措施。

谷坊的作用主要包括：固定与抬高侵蚀基准面，防止沟床下切；抬高沟床，稳定山坡坡脚，防止沟岸扩张及滑坡；减缓沟道纵坡，减小山洪流速，减轻山洪或泥石流灾害；使沟道逐渐淤平，形成坝阶地，为发展农林牧业生产创造条件。

(3)淤地坝

淤地坝是指在沟道里为了拦泥、淤地所建的横向建筑物，坝内所淤成的土地称为坝地。淤地坝是在我国古代筑坝淤田经验的基础上逐步发展起来的。

淤地坝是小流域综合治理中一项重要的工程措施，也是最后一道防线，它在控制水土流失，发展农业生产等方面具有极大的优越性。淤地坝的作用主要包括：稳定和抬高侵蚀基点，防止沟底下切和沟岸崩塌，控制沟头前进和沟壁扩张；蓄洪、拦泥、削峰，减少入河、入库泥沙，减轻下游洪沙灾害；拦泥、落淤、造地，使沟道川台化，变荒沟为良田，为山区农林牧业发展创造有利条件。

3.3.1.3 山洪泥石流防治工程

在山洪和泥石流沟道的冲积扇上，为防止山洪和泥石流冲刷及淤积灾害而修筑的拦沙坝、排导沟、沉沙场等建筑物均属于山洪泥石流防治工程。其修筑目的在于保护冲积扇上的房舍、农田、道路、工矿设施等建筑物免受山洪和泥石流危害，保证当地人民生命及财产的安全。

(1)拦沙坝

拦沙坝是以拦蓄山洪和泥石流沟道(荒溪)中固体物质为主要目的，是防治泥沙灾害的挡拦建筑物。它是荒溪治理主要的沟道工程措施，坝高一般为 3~15m，在黄土区亦称泥坝。在水土流失地区沟道内修筑拦沙坝，具有以下几个方面的功能：①拦蓄泥沙(包括块石)以免除泥沙对下游的危害，便于下游对河道的整治；②提高坝址处的侵蚀基准，减缓坝上游淤积段河床比降，加宽河床，并使流速和径流深减小，从而大大减小水流的侵蚀能力；③淤积物淤埋上游两岸坡脚，由于坡面比降低，坡长减小，使坡面冲刷作用和岸坡崩塌减弱，对滑坡运动产生阻力，促使滑坡稳定；④拦沙坝在减少泥沙来源和拦蓄泥沙方面作用重大，拦沙坝将泥石流中的固体物质堆积在库内，可以使下游免遭泥石流危害。

(2)山洪泥石流排导工程

①山洪泥石流排导沟。山洪泥石流排导沟(或称排洪沟或导洪堤)是开发利用荒溪冲积扇，防止泥沙灾害，发展农业生产的重要工程措施。

a. 排导沟的平面布置。排导沟在平面布置上有不同形式。据甘肃、云南、四川等地的经验，排导沟的平面布置有向中部排、向下游排、向上游排和横向排几种形式，设计时应针对荒溪的特点、类型和冲积扇的地形情况，因地制宜地选好排导沟的平面布置。

b. 防淤措施设计。排导沟设计要保证排泄顺畅，既不淤积，又不冲刷。为了防止淤积应修建沉沙场，泥石流进入排导沟后，往往由于沟内洪水很小，很容易将固体物质淤积在排导沟中，对这种情况，最好的办法是在冲积扇上修筑沉沙场。选择合适的纵坡，排导沟是否发生冲淤与其纵坡大小关系密切；合理选择沟底宽度，除纵坡外，底宽也是影响冲淤的因素之一，底宽过大，泥石流的流速就变小，固体物质容易在沟道中淤积；排导沟与大河衔接时，除了应注意平面布置外，应保证的是出口标高高于同频率的大河水位，与低洼地衔接时，也应注意出口和低洼地之间的高差不能过小。

c. 排导沟的断面设计。排导沟的断面设计分为横断面设计和纵断面设计。横断面设计的主要任务是确定过流断面的底宽 b 和深度 h。纵断面设计程序为：根据高程测量数据绘出地面高程线；根据选定的纵坡，并考虑与大河的衔接，绘出排导沟的沟底线；根据横断面设计水(泥)深，绘出水(泥)位线，即水(泥)位高程=沟底高程+设计水(泥)深；根据水(泥)位高程和超高，绘出堤顶线，即堤顶高程为水(泥)位高程和超高之和；计算冲刷深度。

②沉沙场。在荒溪内及冲积扇上拦蓄泥沙可有两种办法：一类是垂直方向的，如拦沙坝(或淤地坝)；另一类是水平方向，即沉沙场(又称停淤场)。沉沙场的作用主要是拦蓄沙石。在严重风化地区、严重地震地区以及坡面重力侵蚀发展严重的地区，当山洪中可能挟带很多沙石而又没有其他方法可用时，可在坡度较缓的冲积扇上修筑沉沙场，以减少排导沟的淤积。

3.3.1.4　小型蓄水用水工程

小流域综合治理中的小型蓄水用水工程主要是指修建水窖和涝池。

(1)水窖

水窖是修建于地面以下并具有一定容积的蓄水建筑物，由水源、管道、沉沙池、过滤网、窖体等部分组成。水窖的功能作用主要有：拦蓄雨水和地表径流，提供人畜饮水和旱地灌溉的水源，减轻水土流失。

传统的水窖按其形式可分为井窖、窑窖两种。随着材料和施工方法的发展，还有竖井式圆弧形混凝土水窖和隧洞形(或马鞍形)浆砌石水窖等形式。水窖按形状分为圆柱形、球形、瓶形、烧杯形、窖形等；按所用防渗材料分为红黏土防渗及混凝土或水泥砂浆防渗；按被覆方式可分为硬被覆式和软被覆式；按建筑材料可分为砌砖(石)、现浇混凝土、水泥砂浆、塑料薄膜和二合泥(黏土与石灰加水拌合而成)等。水窖可根据实际情况采用修建单窖、多窖串联或并联运行使用，以发挥调节用水的功能。

(2)涝池

涝池又称蓄水池或堰塘，可用以拦蓄地表径流，防止水土流失，是山区抗旱和满足人畜用水的一种有效措施。涝池一般为圆形和椭圆形。大的涝池占地面积可达几亩，容积可达几百立方米，甚至几千立方米。山坡地上的涝池，因受地形条件限制要小一些，蓄水量一般为10~80m^3。涝池的修筑技术简单、容易掌握，而且修筑省工，但涝池的蒸发量大，占地也较多，在干旱、蒸发量太大的地区，不宜修筑涝池。

涝池一般都修在村庄附近、路边、梁峁坡和沟头上部。池址土质应坚实，最好是黏土或黏壤土。砂性大的土壤容易渗水和造成陷穴，都不宜修筑涝池。

3.3.1.5　河道治理工程

各种类型的河段，在自然情况或受人工控制的条件下，由于水流与河床的相互作用，常造成河岸崩塌而改变河势，危及农田及城镇、村庄的安全，破坏水利工程的正常运用，给国民经济带来不利影响。修筑河道治理工程的目的，是抵抗水力冲刷，变水害为水利，为农业生产服务。

(1)护岸工程

防治山洪的护岸工程与一般平原河流的护岸工程并不完全相同，主要区别在于横向侵蚀使沟岸破坏以后，由于山区较陡，还可能因下部沟岸崩塌而引起山崩。因此，护岸工程还必须起到防止山崩的作用。护岸工程一般可分为护坡与护基(或护脚)两种。枯水位以下称为护基工程，枯水位以上称为护坡工程。根据其所用材料的不同，又可分为干砌片石、浆砌片石、混凝土板、铁丝石笼、木桩排、木框架与生物护岸等。此外，还有混合型护岸工程。如木桩植树加抛石、抛石植树加梢捆护岸工程等。

沟道中设置护岸工程主要用于下列情况：①受山洪、泥石流冲击，使山脚遭受冲刷后而有山坡崩坍危险的地方；②在有滑坡的山脚下，设置护岸工程兼具挡墙的作用，以防止滑坡及横向侵蚀；③用于保护谷坊、淤地坝等建筑物，谷坊或淤地坝拦沙后，多沉积于沟道中部，山洪遇到堆积物常向两侧冲刷，如果两岸岩石或者土质不佳，就需设置护岸工程，以防止冲塌沟岸而导致谷坊或淤地坝破坏；④在沟道窄而溢洪道宽的情况下，如果过坝的山洪流向改变，也可能危及河岸，这时也需设置护岸工程；⑤沟道纵坡陡急，两岸土质不佳的地段，除修建谷坊防止下切外，还应修建护岸工程。

(2)河道整治工程

河道整治的目的是稳定河床保护岸坡。按河道变化规律和水利工程要求，应规划好治导线，布设好建筑物。一般河道护岸工程，主要是用来保护河岸，护底工程主要是保护河床底部免遭冲蚀。而整治建筑物，主要是改变河道流向。在实际工作中，多为二者结合。河道整治工程主要有改河造地和改善河道水流整治建筑物两种工程措施。

①改河造地。对原河道不利段加以整治或改道，将废弃河槽、漫滩、汊道填土或淤积，成为农地或其他可用土地。根据整治对象不同，可分为裁弯取直造地工程、束河(或浅滩整治)造地工程和堵汊造地工程3种类型。

②整治建筑物。修建整治建筑物的目的，在于改善水流流态及流向，防止岸坡侵蚀。整治建筑物有顺坝(与水流平行的纵向堤)和丁坝(与水流垂直或倾斜的横向堤)两种类型。前者用于改善水流流态，后者用于减少冲刷。必须指出，整治建筑物应与一般护岸工程相结合方能发挥有效作用。同时要注意，不是所有河段均需设计修建整治工程，只是在那些可能出现破坏性的河段上修建整治工程。

3.3.2 水土保持生物技术

水土保持生物技术措施是指通过植树种草，结合发展经济植物或畜牧业的水土保持措施，通过采取生物措施使小流域具有一定的自我调节能力，使之在一定情况下保持相对的平衡和持续发展。水土保持生物技术措施主要包括：坡地水土保持林、水文网与侵蚀沟道水土保持林、水库河岸防护林、水土保持人工种草技术。

3.3.2.1 坡地水土保持林

(1)水土保持用材林

①防护与生产目的。由于过度放牧、樵采等使原有植被遭到严重破坏，覆盖度很低，引起严重水土流失的山地坡面，需人工营造水土保持林防止坡面进一步侵蚀，在增加坡面稳定性的同时，争取获得一些小径材。

在小流域的高山远山的水源地区，由于山地坡面的不合理利用，植被状况恶化而引起坡面水土流失和水文状况恶化。这样的山地坡面，依托残存的次生林或草灌植物等，通过封山育林，逐步恢复植被，形成目的树种占优势的林分结构，以较好地发挥调节坡面径流、防止土壤侵蚀、涵养水源和生产木材的作用。

②配置技术。以培育小径材为主要目的的护坡用材林，应通过树种选择、混交配置或其他经营技术措施来达到经营目的：一是要保障和增加目的树种的生长速度和生长量；二是要力求长短结合，及早获得其他经济收益。这类造林地，一般条件较差，应通过坡面林地上水土保持造林整地工程，如水平阶、反坡梯田或鱼鳞坑等整地形式，关键在于适当确定整地季节、时间和整地深度，以达到细致整地、人工改善幼树成活条件的目的。树种选择搭配一般应采用乔灌混交型的复层林，使幼林在成活、发育过程中发挥生物群体相互有利影响，为提高主要树种生长及其稳定性创造有利条件；同时，采用混交，可调节、缩小主栽乔木树种的密度，有利于林分尽快郁闭，形成较好的林地枯枝落叶层，发挥其涵养水源、调节坡面径流、固持坡面土体的作用。

水土保持用材林可采用以下形式：主要乔木树种与灌木带的水平带状混交，沿坡面等高线，结合水土保持整地措施，先营造灌木带(北方地区可采用沙棘或灌木柳、紫穗槐，南方有些地方采用马桑等)，每带由2~3行组成，行距1.5~2m，带间距4~6m，待灌木成活；第一次平茬后，再在带间栽植乔木树种1~2行，株距2~3m。

(2)护坡能源林

①防护与生产目的。发展护坡能源林的目的主要在于解决农村生活用能源的同时，控制坡面的水土流失。农村能源作为我国能源体系的重要组成部分，我国政府努力从制定政策、科学研究等方面寻求有效的解决途径。发展能源林解决农村能源相比开发其他能源有其独特的优势，主要表现为投资少、见效快、生产周期短、无污染。在水土流失地区，利用坡面荒地营造能源林，不仅能够有效解决农村能源需要，而且本身也是一种很好的水土保持治理措施。不同类型区，发展、营造能源林，首先应该正确选择树种，应特别注重速生、丰产、热值高、萌芽力强和多用途的乔、灌木树种，其中当地传统的优良薪材树种更应优先考虑。

②配置技术。在立地条件配置上，可选择距村庄(居民点)较近、交通便利而又不适于高经济利用或水土流失严重的坡地，作为人工营造护坡能源林的土地。在树种选择上，一般应选择适于干旱、瘠薄立地，再生能力较强，耐平茬，生物产量最高，并且有较高热值的乔、灌木树种。热值是评价能源林树种能源价值高低的重要指标，不同树种木质材料的热值不同(燃烧值)，同一树种材料的热值又因产地和木质水分含量不同而影响热值的变化。

在造林技术上，能源林的整地、种植等造林技术与一般的造林技术大致相同，只是由于立地条件差，因而整地、种植要求更细。在造林密度上，由于能源林要求轮伐期短、产量高、见效快，适当密植是一项重要措施。从各地的实践来看，北方的灌木株行距可为 0.5m×1m，20000 株/hm^2；南方因降水量大，一些短轮伐期的树种，也可按此密度；北方的乔木树种栽植密度可采用株行距 1m×1m 或 1m×2m，南方可根据情况，适当密植。

(3)护坡放牧林

①防护与生产目的。护坡放牧林(或饲料林)是配置在坡面上，以放牧(或刈割)为主要经营目，同时起着控制水土流失作用的乔、灌木林。它是坡面最具生产特征、利用林业本身的特点为牲畜直接提供饲料的水土保持林业生态工程。对于立地条件差的坡面，通过营造护坡放牧林，特别是纯灌木林可以为坡面恢复林草植被创造有利条件。

发展畜牧业是充分发挥山丘区生产潜力，发展山区经济，助力山区人民脱贫致富的重要途径。“无农不稳，无林不保，无牧不富”道出了山丘区农、林、牧三者互相依赖、缺一不可、同等重要的关系。在坡面营造放牧林，有计划地恢复和建设人工林与天然草坡相结合的牧坡(或牧场)是山区发展畜牧业的关键。护坡放牧林除了上述作用外，在旱灾年份出现牧草枯竭或冬春季厚雪覆盖时，树叶、嫩芽就成为家畜度荒的应急饲料，群众称为“救命草”。

②配置技术。护坡放牧林应根据经营利用方式、立地条件、水土保持工程措施、树种特性等因素综合确定。在树种、草种选择上应考虑以下方面。

a. 适应性强，耐干旱、瘠薄。水土流失的山地，由于植被覆盖度小，草种种类贫乏，立地条件的干旱、贫瘠反映土地生产力低下，植物生长条件恶劣，因而直接种植牧草，效果往往不好，如选用适应性强的乔、灌木树种，不论是生长势，还是生物量均能达到满意的效果。

b. 适口性好，营养价值高。北方一些可作饲料的树种的嫩枝、叶，如杨、刺槐、沙棘、柠条绵鸡儿等均有较好的适口性，略有异味的灌木如紫穗槐等也可作为牲畜饲料。大多数适合作饲料用的乔、灌木树种均具有较高的营养价值。

c. 生长迅速，萌蘖力强，耐啃食。在幼林时就能提供大量的饲料，并且在平茬或放牧啃食后能迅速恢复。如柠条绵鸡儿在生长期内平茬后，隔10d左右即可再行放牧。乔木树种进行丛状作业(即经常平茬，形成灌丛状，便于放牧，称为“树朴子”，如桑朴子、槐朴子等)时，也必须要求萌蘖力强，如北方的刺槐、小叶杨等。

d. 树冠茂密，根系发达。水土保持功能强，并具有一定的综合经济效益。如刺槐既可作为放牧林树种，又具有很强的保土能力，此外，还是很好的蜜源植物。

护坡放牧林(或刈割饲料林)可根据地形条件采用短带状沿等高线布设，每带长10~20m，每带由2~3行灌木组成，带间距4~6m，水平相邻的带间留出缺口，以便牲畜通过。选用的树种除了灌木外，也可用乔木树种(如刺槐按灌木状平茬经营)。不论应用何种配置形式，均应使灌木丛(或乔木树丛)有条件促其形成大量嫩叶，以便于牲畜直接采食，同时，通过灌丛的配置要有效地截留坡面径流泥沙。在这种留有一定间隔的灌木丛间的空地上，由于截留雨雪，在茂密生长的灌丛间，天然牧草的生长处于良好的气候条件之中，因而放牧林单位面积的生物量比单纯灌木饲料林或单纯牧草地高。护坡放牧林多采取直播造林，播种灌木后前3年，灌木以生长根系为主，3年后进行平茬，促使地上部分的生长。乔木树种造林后，如按灌丛状经营，第二年即可平茬，使地上部分形成灌丛状。一般作为放牧林地的造林前2~3年严加封禁，禁止牲畜进入林内。

(4)植物篱

植物篱是国际上通行的名称。在我国的由灌木带组成的植物篱一般称为生物地埂(由于植物篱的拦截作用，植被带上方的泥沙经拦蓄过滤沉积下来，经过一定时间，植物篱就会高出地面，泥埋树长，逐渐形成垄状，故称为生物地埂)，由乔灌草组成的植物篱称为生物坝。植物篱是由沿等高线配置的密植植物组成的较窄的植物带或行(一般为1~2行)，带内的植物根部或接近根部处互相靠近，形成连续体，选择采用的树种以灌木为主，包括乔、灌、草、攀缘植物等。组成植物篱的植物，其最大特点是有很强的耐修剪性。植物篱按用途分为防侵蚀篱、防风篱、观赏篱等；按植物组成可分为灌木篱、乔木篱、攀缘植物篱等。

①防护与生产目的。坡耕地上配置植物篱，目的是通过其阻截滞淤蓄雨作用，减缓上坡部位来的径流，起到沉淤落沙、淤高地埂、改变小地形的作用。植物篱不仅具有水土保持功能，而且还具有一定的防风效能，同时，也有助于发展多种经营(如种杞柳编筐，种桑树养蚕等)，增加农民收入。

②配置技术。植物篱(如为网格状系指主林带)应沿等高线布设，与径流线垂直。在缓坡的地形条件下，根据最小占地、最大效益的原则，植物篱间的距离为植物篱宽度的8~10倍。

不同类型植物篱的配置方式如下。

a. 灌木带。适用于水蚀区，即在缓坡耕地上，沿等高线带状配置灌木。树种多选择紫穗槐、杞柳、沙棘、沙柳、花椒等灌木树种。带宽根据坡度确定，坡度越小，带越宽，一般为10~30m，东北地区可更宽些。灌木带由1~2行组成，密度以0.5m×1m

或更密。灌木带也适用于南方缓坡耕地，选择的树种(或半灌木、草本)有拟金茅、火棘、马桑、桑、茶等。

b. 宽草带。在黄土高原缓坡丘陵耕地上，可沿等高线每隔20~30m布设一条草带，带宽2~3m。草种选择紫花苜蓿、黄花菜等，能起到与灌木相似的作用。

c. 乔灌草带。它是在黄土斜坡上根据坡度和坡长，每隔15~30m，营造乔灌草结合的5~10m宽的生物带。一般选择枣、核桃、杏等经济乔木树种稀植成行，乔木之间栽灌木，在乔灌带侧种3~5行黄花菜，带种植作物，形成立体种植。

d. 天然灌草带。利用天然植被形成灌草带的方式，适用于南方低山缓丘地区、高山地区的山间缓丘或缓山坡的开垦坡地。如云南楚雄农村在缓坡上开垦农田时，在原有草灌植被的条件下，沿等高线隔带造田，形成天然植物篱。植被盖度低时，可采取人工辅助的方法补植补种。

(5)梯田地坎(埂)防护林

①土质梯田地坎(埂)防护林配置。土质梯田一般坎和埂有别。大体有以下两种情况。一是自然带坎梯田(多为坡式梯田，田面坡度2°~3°)，有坎无埂，坎有坡度(不是垂直的)，占地面积大。有的地区坎的占地面积可达梯田总面积的16%，甚至超过20%，由于坎相对稳定，极具开发价值。二是人工修筑的梯田，坎多陡直，占地面积小，有地边埂(有软埂、硬埂之分)。坎低而直立，埂坎基本上重叠，占地面积小；坎高而倾斜不重叠的，占地面积大。一般坡耕地梯化后，坎埂占地约为7%，土质较好的缓坡耕地小于5%，因此，埂的利用往往更重要。

a. 坎上配置灌木。梯田地坎可栽植1~2行灌木，选择杞柳、紫穗槐、柽柳、胡枝子、柠条锦鸡儿等树种，栽植或扦插灌木时，可选在地坎高度的1/2或2/3处(即田面大约50cm以下的位置)。灌木丛形成以后，一般地上部分高1.5m左右，灌木丛和梯田田间尚有50~100cm的距离，防止"串根胁地"及灌木丛对作物造成遮阴影响。灌木丛应每年或隔年进行平茬，平茬在晚秋进行，以获得优质枝条，且不影响灌木丛发育。

b. 坎上配置乔木。适用于坎高而缓，坡长较长，占地面积大的自然带坎梯田，为了防"串根胁地"，应选择一些发叶晚、落叶早、粗枝大叶的树种，如枣、泡桐、臭椿、楸树等，并可采用适当稀植的办法(株距2~3m)。栽植时可修筑一台阶(戳子)，在台上栽植。

②石质梯田地坎(埂)防护林配置。石质梯田在石山区、土石山区占有重要的地位。虽然石质梯田坎(埂)基本上是垂直的，埂坎占地面积小(3%~5%)，但石山区、土石山区，人均耕地面积少，群众十分重视梯田地埂的利用，在地埂上栽植经济树种，已成为群众的一种生产习惯，也是一项重要的经济来源。其配置包括3种方式：一是栽植在田面外紧靠石坎的部位；二是栽植在石坎下紧靠田面内缘的部位；三是修筑一小台阶，在台阶上栽植。

3.3.2.2 水文网与侵蚀沟道水土保持林

(1)土质沟道防护林

①防护与生产目的。土质沟道防护林配置的主要目的是结合土质沟道(沟底、沟坡)防蚀的需要，进行林业利用，在获得林业收益的同时保障沟道生产持续、高效；不同发育阶段土质沟道的防护林，通过控制沟头、沟底侵蚀，减缓沟底纵坡，抬高侵蚀

基点，稳定沟坡，达到控制沟头前进、沟底下切和沟岸扩张的目的，从而为沟道的全面合理利用，提高土地生产力创造条件。

②配置技术。土质沟道防护林配置技术包括以下方面。

a. 以利用为主的侵蚀沟。此类侵蚀沟基本停止发展，沟道农业利用较好，沟坡现已用作果园、牧地或林地等。这一类型基本是在坡面治理较好，沟道采用打坝淤地等措施达到稳定沟道纵坡，抬高侵蚀基点的地区。这一类型沟道的治理措施在于要更好地利用现有土地，加强巩固各项水土保持措施的效果，很好地发挥土地生产潜力，提高其生产率。在这一类型沟道中(特别是在森林草原地带)，应在现有耕地范围以外，选择水肥条件较好、沟道宽阔的地段，发展速生丰产用材林。

b. 治理与利用相结合的侵蚀沟。在此类侵蚀沟系的中下游，侵蚀发展基本停滞，沟系上游侵蚀发展仍较活跃，沟道内可进行部分利用。这类沟系的上游，沟底纵坡较大，沟道狭窄，沟坡崩塌较为严重，沟头仍在前进。它对沟顶上游的坡面仍存在侵蚀破坏，同时由支毛沟汇集而来的大量固体及液体径流直接威胁中下游坝地的安全。在此情况下，应首先进行沟底的固定，有效的措施是：在沟顶上方构筑沟头防护工程，拦截缓冲径流，制止沟头前进；在沟底根据“顶底相照”的原则，就地取材，构筑谷坊群工程，抬高侵蚀基点，减缓沟底纵坡坡度，从而稳定侵蚀沟沟坡。在沟床稳定之后，即可考虑沟坡的林、果、牧方面的综合利用问题。在削坡取土时，也要全面规划，使其既可取土造田，又可在斜坡上按黄土的稳定程度修建台阶或小块梯田，为进行利用、长期稳定沟坡创造条件。

c. 以封禁或治理为主的侵蚀沟。此类侵蚀沟系的上、中、下游，侵蚀发展都很活跃，整个侵蚀沟系均不能进行有效的利用。这类沟系的特点是纵坡较大，一、二级支沟尚处于切沟阶段，沟头溯源侵蚀和沟坡两岸崩塌、滑塌均甚活跃，所以不能从事农、林、牧业的正常生产。沟坡有时生长着很稀的草类，如果在此滥行放牧，会进一步加剧沟道的水土流失。对于这类沟系的治理存在以下两种情况：一种情况是距居民点较远，且治理难度较大，可用封禁的办法，减少不合理的人为破坏，使其逐步自然恢复植被，或撒播一些林草种子，人工促进植被的恢复；另一种情况是距居民点较近，对农业用地、水利设施(水库、渠道等)、工矿交通线路等有威胁时，应采用积极治理的措施，应有规划地设置谷坊群等缓流挂淤、固定沟顶沟床的工程措施，在采取这些工程措施时应结合植林种草等生物措施，在基本控制沟顶及沟床的侵蚀之后，再考虑进一步利用的问题。

(2) *石质沟道防护林*

①防护与生产目的。石质山地的特点是地形多变，地质、土壤、植被、气候等条件复杂，南北方差异较大。石质山地沟道开析度大，地形陡峻，60%的斜坡面坡度在20°~40°，斜坡土层薄(普遍为30~80cm)，甚至基岩裸露。因地质条件(如花岗岩、砂页岩、砒砂岩)的原因，基岩呈半风化或风化状态，地面物质疏松，泻溜、崩塌严重。沟道岩石碎屑堆积多，易形成山洪、泥石流。石质沟道多处在海拔高、纬度相对较低的地区，降水量较大，自然条件下的植被覆盖度高。但石多土少，植被一旦遭到破坏，水土流失加剧，土壤冲刷严重，土地生产力减退迅速，甚至不可逆转地形成裸岩，完全失去生产基础。在这种情况下，人们还不得不在有土壤的山地上继续进行开垦、放

牧，继续进行地力的消耗与破坏，从而陷入“越垦越穷，越穷越垦”的恶性循环之中。因此，应通过封育和人工造林，恢复植被，控制水土流失。对于泥石流流域，则在集水区、流通区和沉淀区分别采取不同的水土保持措施体系，实现工程措施、植物措施和农业技术措施相结合，达到控制泥石流发生和减少其危害的目的。

②配置技术。石质沟道防护林配置技术包括以下方面。

a. 集水区。易于发生泥石流的流域，固然有其地形、地质、土壤和气候因素，但集水区是泥石流产流和产沙的策源地，其水土流失状况、土沙汇集的程度和时间是泥石流形成的关键因素。一般认为，流域范围内，森林覆盖率达50%以上，集水区范围内(即流域山地斜坡上)的森林郁闭度>0.6时，就能有效控制山洪、泥石流。因此，在集水区的树种选择和配置上，应该形成由深根性树种和浅根性树种混交的异龄复层林。

b. 通过区。一般沟道十分狭窄，水流湍急，泥石俱下，应以格栅坝为主。有条件的沟道，留出水路，两侧营造雁翅式配置的防冲林。

c. 沉积区。位于沟道下游至沟口，沟谷渐趋开阔，应在沟道水路两侧修筑石坎梯田，并营造地坎防护林或经济林。为了保护梯田，沿梯田与岸的交接地带营造护岸林。石质山地沟道防护林可选择的树种，北方以柳、杨为主，南方以杉木为主。

3.3.2.3 水库河岸防护林

(1)水库防护林

在水库沿岸周围营造防护林是为了固定库岸、防止波浪冲淘破坏、拦截并减少进入库区的泥沙，使防护林起到过滤作用，减少水面蒸发，延长水库的使用寿命。另外，在水库周围营造多树种、多层次的防护林，还有美化景观的作用。

水库防护林的配置包括水库沿岸防护林以及坝体下游以高地下水位为特征的低湿地段的造林。在设计水库防护林时，应该具体分析研究水库各个地段库岸类型、土壤母质以及与水库有关的气象、水文资料，然后根据实际情况和存在的问题分地段进行设计，不能无区别地拘泥于某一种规格或形式。水库防护林由靠近水面的防浪灌木林和其上坡的防蚀林组成。如果库岸陡峭，其基部又为基岩母质，则无须设置防浪林，视条件可在陡岸边一定距离处配置以防风为主的防护林。因此，水库的防护林重点应在由疏松母质组成和具有一定坡度(30°以下)的库岸类型。在这种情况下，首先应确定水库沿岸防护林(主要是防浪灌木林带)的营造起点。水库沿岸防护林带的起点可以由正常水位线或略低于此线的地方开始。

(2)河岸(滩)防护林

天然河川的形成原因很复杂，按其地理环境和演变的过程，可分为河源、上游、中游、下游和河口，按河谷结构可分为河床、河漫滩、谷坡、阶地。护岸护滩一般是“护岸必先护滩”，当然，具体工作中，还应考虑具体河段的特点，确定治理顺序。为了防止河岸的破坏，护岸林必须和护滩林密切地结合起来，只有在河岸滩地营造起森林的条件下，方能减弱水浪对河岸的冲淘和侵蚀。同时也应注意，森林固持河岸的作用是有限的，当洪水的冲淘作用特别大时，护岸应以水利工程为主，最好修筑永久性水利工程，如防堤、护岸、丁坝等。但是，绝不能忽视造林工作的重要性。在江河堤岸造林，尤其在堤外滩地造林有很大的意义，它不仅能护滩护堤岸，而且在成林后还能供应修筑堤坝和防洪抢险所需的木材，因此应尽可能地布设护岸护滩森林(生物)工程。

3.3.2.4 水土保持人工种草技术

(1)人工种草防治水土流失的重点位置

根据《水土保持综合治理技术规范》的规定，人工种草防治水土流失的重点位置包括以下几种地类：①陡坡退耕地，撂荒、轮荒地；②过度放牧引起草场退化的牧地；③沟头、沟边和沟坡；④土坝、土堤的背水坡、梯田田坎；⑤资源开发、基本建设工地的弃土斜坡；⑥河岸、渠岸、水库周围及海滩、湖滨等地。

(2)草种选择

在水土流失地区，草业用地的立地条件一般都较差，当地经济条件也较差，因此，要求水土保持草种必须具有抗逆性强、保土性好、生长迅速、经济价值高的特点。同时，我国的水土流失面积大、分布广，草业用地在南北方的条件差异较大，即使在条件相似的地区，由于种种因素(如地形、土质、水土流失特点等)的差异也会造成小气候、小地形等的差别，适宜种植的草种也应不同，草种选择应满足适地适草的要求，即根据种草地的立地条件来选择草种。

(3)种草方法

①直播。直播是种草的主要方法，又分为条播、穴播、撒播、飞播、混播几种方法。

a. 条播。条播是指利用播种机或牲畜带犁沿等高线开沟播种。南方多雨地区，犁沟与等高线可呈1%左右的比降。适宜作为地面比较完整、坡度在25°以下的草地播种方式。根据不同的草冠情况和种草目的确定行距，以最大草冠能全部覆盖地面为原则，一般行距为15~30cm，放牧草地应采取宽行距(1.0~1.5m)条播。在潮湿地区或有灌溉条件的干旱地区，通常采用小行距条播，行距一般为15cm，如果行距过宽，则达不到充分利用土壤水分、养分和控制杂草的目的；而在干旱条件下，行距一般为30cm，如果太窄，会因水肥条件不足，影响草类生长。条播深度均匀，出苗整齐，又便于中耕除草和施肥，有利于牧草生长和田间管理。

b. 穴播。沿等高线人工开穴，行距与穴距大致相等，相邻两行穴位呈“品”字形排列。适应于地面比较破碎、坡度较陡的山坡荒地、以及坝坡、堤坡、田坎等部位，或播种植株较大的草类时采用。穴播节省种子，出苗容易。

c. 撒播。撒播是在整地后用人工或撒播机把种子播撒于地表，再轻耙覆土。在退化草场进行人工改良时采用。一般应选抗逆性较强的草种，特别要注重选用当地草场中的优良草种，并在雨季或土壤墒情好时播撒。撒播常因落种不匀和覆土深度不一，造成出苗不整齐，但在阴雨天出苗效果较好。

d. 飞播。飞播是撒播的一种形式，利用飞机撒播草种，是大面积快速绿化荒山的重要途径。适应于地广人稀、种草面积较大的地区。其特点是种草速度快、节省劳力、效率高、效益好，能够深入到地广人稀、交通不便、群众力所不及的地方。飞播种草存在的主要问题是保存率低，这种情况在风沙区表现更为突出。主要原因是风蚀使幼苗根系裸露，干枯而死或沙埋使幼苗难以出土生长；其次是冬季的严寒和夏季的干旱也会造成幼苗的大量死亡。另外，鼠害和人畜破坏也是保存率低的重要原因。

e. 混播。混播是指在同一块田地同一时期内，混合种植两个或两个以上草品种(或种)的种植方式。混播是直播中的特殊形式，与单播相对应。混播的目的是加速地面覆盖，增强保土作用，促进草类生长，提高品质。它对于建立长期草地或放牧地意义重大，世界各国在建立人工草地时都很重视草地混播。

②移栽。当有些草种因受气候、土壤、水分等因素的影响，或因草种种粒较小，直播往往不易成功时，可采用此法。有时为了促进草场发展，对某些草种进行移栽，如油莎草、沙打旺等。移栽主要用于草地补植。一般在定苗时分株移栽，有条件的可先覆膜育苗，然后移栽。移栽时最好根系带土，减少伤根，即使灌水，促进扎根生长。

③埋植。有些草类需采取地上茎或地下茎埋压繁殖，如芦苇、五节芒、象草、绣球小冠花等。

④插条。用于某些草类的繁殖，如葛藤、绣球小冠花等。

(4)播前整地

草类的生长发育离不开光、热、空气、水分和养分。其中水分和养分主要通过土壤供给，土壤的通气与土壤温度的变化也直接影响牧草的生长。牧草只有生长在松紧度和孔隙度适宜、水分和养分充足、没有杂草和病虫害、物理化学性状良好的土壤上才能充分发挥其高产优质的性能。由于草种细小，苗期生长缓慢，容易受到杂草的危害，只有进行合理的耕作，才能为草类的播种、出苗、生长发育创造良好的土壤条件。整地程序分为耕地、耙地、耱地和镇压。

(5)播前种子处理

有的草种具有休眠性，给予适宜的发芽条件，也需经数日、数月甚至数年才能萌发。种子休眠是草类在长期历史发展过程中形成的一种适应性，可以使草类抵抗不良的环境条件，保证其种的延续性。一般禾本科草种收获后，贮藏一段时间，发生一系列生理生化变化，也就完成了其后熟，就可萌发，所以禾本科草种一般播前不需处理。而豆科草种普遍硬实率较高，在播种前，常进行必要的种子处理，目的在于提高种子的萌发能力，保证播种质量。播种前还需要进行豆科草类根瘤菌的接种，禾本科草类的去芒等处理。

(6)播种技术

①播种时期。适宜播种时期的确定应考虑以下因素：水热条件有利于种子的迅速萌发及定植，确保苗全苗壮；杂草病害较轻，或在播种前有充足的时间消除杂草，减少杂草的侵袭与危害；有利于植株安全越冬；符合各种草类的生物学要求。不同草类在不同的立地条件下，各有不同的最佳播种期，可根据当地实践经验确定。

a. 春播。春播需在地面温度回升到12℃以上，土壤墒情较好时进行。因此春播适于春季气温条件较稳定、水分条件较好、风害小而田间杂草较少的地区。春性草类及一年生草类，必须实行春播。

b. 夏播或夏秋播。在我国北方的一些地区，春播时由于气温较低且不稳定，降水量少，蒸发量大，风大且刮风天数多，不利于牧草的成苗和保苗。在春季风大而干旱的情况下，春播失败的可能性较大。但是这些地区夏季或夏秋季气温较高而稳定，降水较多，形成水热同期的有利条件，这对多年生草类的萌发和生长极为有利，在这些地区适合夏播或夏秋播。夏播可选在雨季来临和透雨后进行。地下根茎插播应在抽穗以前进行。在内蒙古地区，豆科牧草进行夏播的适宜时间为6月，7月底播种越冬不良；禾本科草类夏播的适宜时间是6月中下旬至7月底，羊草在8月底播种也能安全越冬。

②播种深度。播种深度是草类种植成败的关键因素之一。影响草类播种深度的因素主要有：种子大小、土壤含水量、土壤类型等。一般而言，牧草以浅播为宜，宁浅勿深。草种细小，一般播深 2~3cm 为宜，豆科草类宜浅，因其是双子叶植物，顶土困难，而禾本科草类可稍深。大粒种子可深，小粒种子宜浅。土壤干燥可稍深，潮湿则宜浅。土壤疏松可稍深，黏重土壤则宜浅。

③播种量。播种量主要根据草类的生物学特性、种子的大小、种子的品质、土壤肥力、整地质量、播种方法、播种时期及播种时气候条件等因素决定。此外，还要根据种子净度和种子发芽率即种子用价的高低来决定。计算实际播种量的公式如下：

$$\text{实际播种量}(\mathrm{kg/hm^2}) = \text{种子用价为 100\% 时播种量} / \text{种子用价}(\%) \tag{3-13}$$

$$\text{种子用价}(\%) = \text{种子发芽率}(\%) \times \text{种子净度}(\%) \tag{3-14}$$

(7)草地管理

①田间管理。播种后和幼苗期间以及二龄以上草地，需要进行以下田间管理工作。

a. 松土和补播。播种后地面有板结现象的，应及时松土，以利出苗；齐苗后，对缺苗断垄的地方应及时补种或移栽。

b. 中耕除草。齐苗后一月左右，中耕松土，抗旱保墒，并结合除去杂草，尤其在苗期更要注意杂草的防除，以利主苗生长。

c. 草地保墒。二龄以上草地，每年春季萌发前，要清理田间留茬，进行耙地保墒；秋季最后一次性茬割后，要进行中耕松土。

d. 灌水和施肥。对于种子田或经济价值较高的草类，有条件的应尽可能灌水和施肥，促进其生长。

e. 防治病虫兽害。草地应有专人管理，发现病虫兽害，要及时防治；还要防止人畜践踏。

f. 草地更新。根据各种不同的多年生草类的特点，每 4~5a 或 7~8a，需进行草地更新，重新翻耕、整地和播种。

②收割。收割时间一般应根据不同草类的生长特点和经济目的，分别确定其合适的收割时间，划分收割区，各区分期进行轮收。立地条件较好、管理水平较高、草类再生能力较强的草地，每年可收割 2~3 次，反之，则每年只收割 1~2 次；豆科牧草应在开花期收割，禾本科牧草应在抽穗期收割，最晚也应在初霜来临之前 25~30d 收割，但雨后不宜收割；若以收籽为目的的草地，应在种子成熟后收割，而以收草为目的的应在秋后收割。留茬高度依草类和条件的不同有所差异。一般草类的留茬高 5~6cm，高大型草类留茬高 10~15cm，稠密低草留茬高 3~4cm；第二次刈割留茬高度应比第一次高 1~2cm。

③种子采收。采种应在种子蜡熟期和完熟期进行，不得在乳熟期采青。一年生草类应在当年秋末种子成熟后采收，二年生草类在次年种子成熟后采收，多年生草类可在 2~5a 内随不同结子期在种子成熟后采收，草籽成熟后容易脱落的应及时采收。对于豆荚易爆裂的豆科草类，应避开在雨天采收。种子采回后，要及时脱粒、晒干，含水量应小于 13%。同时，还应清选、分级和贮藏，严防种子混杂，确保种子的纯度和质量。

④适度放牧。应以不破坏牧草的再生能力为原则，确定合理的放牧强度，实行划

区轮牧。放牧的时间，以秋冬季为宜。

3.3.3 水土保持农业技术

水土保持农业技术措施是指在山区、丘陵区坡耕地上，结合农事耕作，采用保水、保土、保肥措施，培肥地力，提高生产效率，从而获得较高产量的技术措施，包括水土保持耕作技术、土壤培肥技术、旱作农业技术等。水土保持农业技术措施是坡耕地普遍应用的水土保持方法，功能在于：改变局部微地形，消除坡面径流，增强水分渗入土壤的能力，尽可能地多蓄水；加强土壤抗蚀条件，防治土壤侵蚀，保持土壤肥力；改善光热分布状况；为作物提供良好的生长条件，为获得高而稳定的粮食产量创造条件。方法上大多将传统的耕作方法和栽培方法进行整合，不需增加过多劳力或费用。

3.3.3.1 水土保持耕作技术

(1)水土保持耕作技术措施的含义

水土保持耕作技术措施是在坡耕地上，结合每年农事耕作，采取各类改变微地形、增加地面植物被覆或增加土壤入渗的耕作技术措施，提高土壤抗蚀性能，以保水保土，减轻土壤侵蚀，提高作物产量。广义上讲，所有旱地农业耕作技术措施均属此类。从狭义上讲，水土保持耕作技术措施是专门用来防治坡耕地上水土流失的独特耕作技术措施，即保水保土耕作法。

(2)水土保持耕作技术措施的任务

水土保持耕作技术措施的主要任务包括：①根据天然降水的季节分布，最大限度地将天然降水纳蓄于“土壤水库”之中，尽量减少农田内各种形式径流的产生；②根据水分在土壤中运动的规律，减少已纳蓄于“土壤水库”中水分的各种非生产性消耗，如土表蒸发、渗漏等，使土壤内所储蓄的水分最大可能及时为农作物生长发育所利用，调节天然降水季节分配与作物生长季节不协调的矛盾；③应用耕作原理促使土体的毛管孔隙和非毛管孔隙适宜，使土壤的通气性和透水性适中，促使地表水分迅速下渗，深层的水分通过毛管作用及时补充到植物根系周围；④促进肥效的提高，消灭杂草及病虫害，提高土壤水分的有效利用率。

(3)水土保持耕作技术措施的种类

对现有水土保持耕作技术，按其作用的性质分类如下。

①改变微地形的保水保土耕作法。主要有等高耕作、沟垄种植、掏钵(穴状)种植、抗旱丰产沟、休闲地水平犁沟等。

②增加地面植物被覆的保水保土耕作法。主要有草田轮作、间作、套种、带状间作、合理密植、休闲地上种绿肥等。

③增加土壤入渗、提高土壤抗蚀性能的保水保土耕作法。主要有深耕、深松、留茬播种、增施有机肥等。

3.3.3.2 土壤培肥技术

土壤培肥是一项综合性很强的工作。对于坡耕地，要围绕着水土流失区特点，从作物布局、耕作、轮作、施肥等方面防止土壤侵蚀，提高土壤蓄水保墒能力，需改变掠夺式的经营方式，增加农田能量输入，把用地与养地结合起来，加速土壤的培肥过程，不断提高土壤肥力水平。在这些措施中，施肥是土壤培肥的一项十分有效的途径。

(1)广开肥源

在水土流失地区，由于存在严重的水蚀、风蚀、干旱，单位面积土地的生物产量很低，加之三料(肥料、饲料、燃料)矛盾突出，所以有机肥源贫乏。在化学肥料方面，这类地区的化肥使用量也不高，从外系统增加农田基础物质的数量很有限，所以，解决肥料问题的重点是开辟肥源。这方面虽然有一定困难，但如果能充分挖掘各方面潜力，则有望逐步解决肥料不足的问题。

(2)使用有机肥料

有机肥料改土培肥的良好作用是大家所公认的，但是由于水土流失区的特殊性，在施肥技术上仍需要进一步研究。水土流失区单位面积生物产量低，有机肥料不足，这不是短期内轻易能解决的问题，因此要注意有机肥料的分配使用。在有机肥料有限的条件下，怎样才能发挥有机肥料的最大效力，肥料的分配使用是关键。水土流失区的先进施肥经验和有关研究结果表明，可采取集中施肥的办法来解决肥料不足的问题。

施用有机肥料有3种方式：一是结合秋耕施肥，二是结合休闲耕作施肥，三是结合播种施肥。水土流失区土壤的共同特点是土壤有效养分含量低，土壤有效水分含量少，氮磷供应能力差，这种现象在春季更为严重。因为北方春季气温低，养分转化慢，播种季节又是一年中土壤最干旱的春旱阶段，播种层的土壤水分往往都处于种子发芽的临界限左右，稍不注意就有出苗困难的危险。所以播种时施用的有机肥要充分腐熟，避免因施肥而失墒。这是由于微生物分解有机物的时候，自身要消耗一部分氮源和水分，经过充分腐熟的肥料就可以避免其在分解过程中与种子和幼苗争水夺氮。

(3)发展绿肥牧草

种植绿肥牧草，对于改善生态环境，防治土壤侵蚀，培肥地力，实现农牧结合都有显著效果，是水土流失区改善农业生态环境的一项重要措施。绿肥翻压应在鲜草产量最高和肥分含量最高时。翻耕过早，虽然植株柔嫩多汁，容易腐烂，但鲜草产量低，肥分总含量也低。反之，翻耕过迟，植株趋于老化，木质素、纤维素含量增加，腐烂分解困难。耕翻一般选在初花至盛花期。

绿肥分解要靠微生物的活动，因此耕翻深度应考虑微生物在土壤中旺盛活动的范围以及影响微生物活动的各种因素。微生物的活动一般在10~15cm深处比较旺盛，故耕埋深度也应以此为准。此外，气候条件、土壤性质、绿肥种类及其老化程度等也会影响耕翻深度。凡绿肥幼嫩多汁易分解、土壤砂性强、土温较高的，耕翻宜深些，反之宜浅。

(4)秸秆直接还田

堆肥和沤肥都是先把秸秆运回堆沤，再送回地里施用，耗用劳力多，而且堆沤释放的热量白白散失，为此，近年来各地推广应用了玉米秸秆、稻草、麦秸等直接还田的新技术，对培肥地力和提高单产有一定作用。在年降水量500~600mm以上和一定灌溉条件下，秸秆还田试验研究和在大面积生产上多数都表现增产效果，并且还有培肥土壤的效果。

(5)改进施肥方法

我国提出了“以无机换有机，以少量无机换多量有机”和“以肥调水”的施肥方法，具体推行的主要措施如下。

①有机无机肥料配合。我国在有条件的旱作区多将有机肥与化肥配合施用，有机肥以农家肥和绿肥或牧草青体和根茬翻压为主，配合氮肥和过磷酸钙，也有配合复合肥的，一起做基肥使用。

②氮磷配合。我国水土流失区土壤有机质、氮、磷含量都较低，普遍存在氮磷供应能力低的问题。因此，根据土壤肥力状况，还要特别注重氮磷肥的配合。

③施肥期。施肥时间强调早施，可作基肥或种肥。因为早期施肥能够深施，苗期土壤供肥条件好，苗壮则有利于提高作物的抗旱能力。特别是磷肥必须早施，作物生长初期对磷的吸收率要高于后期，如小麦所吸收的磷中，有75%是在生长期的前1/4时间内吸收的。

3.3.3.3 旱作农业技术

克服播种时期的干旱，保证适时获得足量的幼苗，是农地水土保持的重要目的。本节主要介绍国内外较为普遍采用的抗旱播种及保苗技术。

(1)顶凌播种

在冷凉而无霜期短的旱农区，春季土壤开始解冻，返浆期前，当表土解冻5~10mm时，即可顶凌播种春小麦、豌豆和糜谷等作物，能使种子抗旱吸水，当土温适宜时即可萌芽出苗。早播可以促进作物生长发育，根扎得深，待土壤化通嵌浆以后，幼苗已出土，幼根已下扎，土壤水分逐渐减少时，可以吸收较深层水分，增强作物抗旱能力和增加产量。

(2)抢墒早播

当地表干土层厚度约3cm、耕层土壤含水量在10%以上时，为了避免失墒，可在适期播种前10~15d抢墒早播。对高粱等旱作物抗旱增产效果很好，较晚播可增产10%以上。如果结合播前和播后镇压，效果更佳。

(3)浸种催芽趁雨抢种

在干旱年份，有的地区因旱失时下种或因遭受冻害等错过播种季节，此时遇雨可抓紧时间趁雨抢墒播种，播前将糜谷、荞麦等种子用30℃左右的温水浸种2~3h，待种子吸水膨胀后，即可播种。浸过种的种子不可用药剂拌种，以免发生药害。

(4)镇压保墒播种

作物播前镇压是旱地增产的综合措施之一，土壤经过冬春形成一干土层，早春表层土壤解冻，昼融夜冻，表土疏松，下层仍是冻层，此时用镇压器压地，可以压碎土块，为地表创造细碎的隔离层。利于抗旱保墒，提高作物出苗率，达到苗齐苗全苗壮，进而增产的目的，是一项投资少、见效快、简便易行和农民易于接受的增产措施。

(5)深种

当表层干土较厚、底墒尚足时，可深种。深种是一种古老的播种方式，现在仍然是国内外旱区广泛采用的一种较好的抗旱播种方法。深种主要是利用下层土壤水分，靠种沟两旁的厚土层减少播种部位的水分损失，同时垄沟背风，有利于保墒保苗。

(6)坐水添墒播种

春播时，如气候干旱，土壤严重缺墒。有不少地区利用一切可能的水源做水穴播种沟播。浇水数量以渗下后能与底墒相接为度。待灌水渗入后再施肥、下籽，先覆湿土，再盖干土。这样水肥集中，可保全苗。浇水时如能加入适量的粪水，或施用湿润的有机肥料，则效果更好。

(7)秸秆造墒播种

具体方法是将玉米秆或高粱秆碾压，并铡成10~13cm长的短节，捆成小把，浸泡在加水稀释的粪水中。浸泡10~20d，待秸秆发糟时即可使用。因其成把，所以又称为“把肥”增墒播种。播种时，每穴放入一个“把肥”，盖一薄层湿土，然后再点上浸过种的湿种子，随即覆土。此法适用于大株作物，如玉米、棉花、高粱、薯类、瓜类等。

(8)打垄添墒、保墒播种

在早春土壤刚解冻能耕地时就可进行。先用耠子耠沟施肥，然后用犁从两边向沟内翻土并培成一个10~15cm高的土垄。至播种时除去垄台上的干土，露出湿土，然后开沟或挖穴播种浸种催芽后的种子，以缩短出土时间。如春旱严重，垄下墒情不好，难以保证全苗时，亦可在播前进行洞灌蓄墒。

(9)沟浇渗墒播种

在有一定水源，但因保墒工作不好或播种时天气干旱无雨不能下种时，可采用此法。其方法是根据作物栽培的要求，先划好宽窄行，然后在窄行中间开沟浇水，待水渗入后，在沟的两边播种；或先按一定的宽窄行播种，然后在窄行中间开沟渗灌。此法省水、进度快、土壤不板结，能实现一播全苗。

(10)水耧播种

在距离水源较近，土壤又特别干燥的地区，可采用水耧播种。即在耧上安装水斗，通过橡皮管或塑料管使水由水斗经耧腿流到耧沟的土壤中，水量以能湿润干土并以接上湿土为度。此法能减少土壤表面蒸发，节约用水，出苗也较好。但播种后不宜立即镇压，以防土壤板结，影响出苗。

(11)洞灌抗旱保苗法

作物出苗以后，在苗期如遇较长时期的干旱，有枯萎的危险或干旱严重将导致严重减产时，有灌溉条件的地区应及时进行沟灌、喷灌、滴灌或渗灌以抗旱保苗。当无这些灌溉条件时，应充分发挥当地水源潜力，进行人工洞灌抗旱保苗。具体做法是在幼苗根部附近用一根直径2~3cm的尖头木棒，由地面斜向根部插一个20~30cm深的洞穴，然后在洞内灌水1~2kg。待水渗入后，用干土将洞口封闭，以减少蒸发。如每公顷以45000穴，每穴灌水2kg左右计，每亩灌水量约相当10mm的降水，即可耐旱15~20d。

3.3.4 生态清洁小流域治理技术

生态清洁小流域治理技术是从实践中总结、提炼出来的，相比传统小流域综合治理有着极其丰富的内涵和差异，它既继承了传统小流域综合治理的精髓，又与时俱进、因地制宜地对传统小流域综合治理进行了充实与扩展，为水源保护、生态建设提供了强有力的理论支撑，为解决流域内各种发展难题提供了理论依据。在防治目标上：传统小流域综合治理以服务农业为主，维护土地生产力，提高土地产量为目标治理水土流失。生态清洁小流域建设以水源保护为中心，以改善生态环境、促进人水和谐、服务新农村建设为目标治理水土流失和面源污染。在防治对象上：传统小流域治理，以坡面和沟道为防治重点；生态清洁小流域以坡面、沟道和村庄为防治重点。在防治措施上：

传统小流域治理山、水、林、田、路统一规划，拦、蓄、灌、排、节综合治理；生态清洁小流域建设防治并重，突出生态修复、污水处理、垃圾处置和水系的保护。

生态清洁小流域治理以水源保护为中心，突出面源污染防控，实现人水和谐，将农村污水、垃圾纳入生态清洁小流域建设，改善农村人居环境，治理措施生态化，采用各种生态手段、方法和工程，协调周边环境，因地制宜、就地取材，综合布设各项措施。护岸、护坡采用植物或多孔性和透水性材料等生态护坡形式；生活污水处理因地制宜、充分利用土地处理或自然及人工湿地系统；河岸(库滨)带治理和湿地恢复，选择本土湿生、水生、旱生植物，形成多生境生态系统。

(1)生态修复区

以减少人为活动，充分利用自然的自我设计与恢复的能力，达到“养山保水”为目的。在坡面坡度大于25°或土层厚度小于25cm的区域，宜进行封育保护，可布设封禁标牌、拦护设施等。

(2)生态治理区

以加强水利水土保持基础设施建设，控制点面源污染，调整产业结构，改善生产条件和人居环境为目的，主要布设梯田、树盘、经济林、水土保持林、谷坊、拦沙坝、挡墙、护坡、村庄排洪沟(渠)，采取水保种草、土地整治、节水灌溉、村庄美化、生活垃圾处置、污水处理、田间生产道路等措施。

(3)生态保护区

以确保河(沟)道清洁，控制侵蚀，改善水质，美化环境，维护湖库及河流健康安全为目的，主要采取防护坝布设、河岸(库滨)带治理、湿地恢复、沟(河)道清理4项措施。

3.3.4.1 湿地恢复与重建措施

湿地恢复与重建应在不影响行洪安全前提下进行，应注重河流生态系统建设，将景观生态学、河床演变学原理应用到受损湿地生态修复工程中，通过生态设计与调控，对现状破损、单调、不连续的生境进行改造，与周边景观相融合；同时提供一定亲水空间，促进湿地的持续发展。实际工作中，湿地恢复与重建应考虑结合砂石坑治理，恢复河滩湿地；植物选择应以乡土树种为主，河道主河床不宜栽植水生植物。

(1)河床整治及湿地微地形重建

以现状河道地形为基础，结合河床整治，重构河道微地形，展现多样自然形态。天然河床在水流的长期冲刷下，在横、纵、垂三维空间上形成其特有的深槽、浅滩、江心洲、水湾等多种形态。根据河床演变规律，结合现状河道地形，融合景观效果，对河道进行微地形改造，在宽阔水域设置江心洲，在深槽、水坑内设置多孔隙石岛，以利于水生动物的栖息、繁衍。同时，根据水位条件、水生植物适水深度构建以水面为主的深水区和适于沉水植物生长的浅水区，以及适于挺水植物生长的滨水区。通过河床上中下游、表中底、点线面立体空间的全面塑造，重新展现工程区自然河床的形态多样性。特别强调的是，现状河道中心水面、小岛、植物已经形成相对稳定的结构形态，景观优美，应充分保留。

(2)河道湿地植被恢复

在生态修复工程规划设计中，设计在不同水深处，种植适宜的水生植物，以本土植物为主，适当引种本地区其他植物，实现生物多样，并兼顾景观效果。设计在保留现状芦苇、香蒲、菖蒲等水生植物基础上，注重生物群落发展稳定，提高系统生物多样性，增加千屈菜、鸢尾、水葱、芦竹、睡莲、莲、雨久花等水生、湿生植物种植形成种群多样、不同植物形成各自优势群落、具一定规模的河滩湿生植物群，丰富河道湿地内涵及水生动物栖息环境。

在河道常水位以上河滩地，适当保留现状景观效果较好的卵石滩地，其余滩地在现状植被条件下，适当播撒含草种、野花种子的当地表土，促进植被恢复。

3.3.4.2 生活垃圾处理措施

生活垃圾是流域内人类活动产生的主要污染物之一。生活垃圾的随意丢弃和堆放可侵占土地、堵塞河道、妨碍卫生、影响景观，给人体和环境均带来有害的影响。从卫生和环境保护的角度出发，应对生活垃圾进行合理的收集、处置与资源化利用。

农村垃圾处置遵循的基本原则是减量化、无害化、资源化。农村生活垃圾按废品、危险品、包装物、有机垃圾、渣土垃圾等类别进行分类收集。根据村镇距离城镇集中式垃圾处理场的远近、人口分布、自然地理条件和村镇的经济发展水平等特征，灵活运用集中与分散相结合的垃圾管理模式。对农户布局分散的村庄，以就地为主，采取“村管理，户处置”的防治对策；废渣土宜就地填埋或硬化路面，可利用的有机废物宜就地堆肥处置；鼓励村或乡、镇对废渣土和可农用的有机废物自行处理处置。农户分布相对集中，距离县(或乡、镇)集中处理处置设施较近的村庄，可采取“村收集、乡(或村)运输、县(或乡、镇)集中处理”的处置方式；尤其是包装类等垃圾，应实行“村收集转运、乡处置”的废物集中处理方式。集中处理处置时必须考虑垃圾转运的经济性。有毒有害废物(危险废物)采取村、乡(镇)、县统一收集，由县统一处理处置。

生活垃圾处理实行区域责任制，根据流域所在地区生活垃圾收集、运输和处理工艺路线，结合当地生活垃圾成分、现有设施设备状况、经济条件和垃圾转运站、处理厂(场)工艺，合理确定垃圾收集运输方式。依据垃圾收集运输方式配置垃圾收集点容器，并根据需要确定建设村级垃圾收集站。

3.3.4.3 污水处理措施

(1)农村污水的特点

①规模小且分散。农村一般人口较少，居住分散，受自来水普及率和工农业发展结构与水平的影响，远离城区的村庄污水量大部分集中在50m^3/d以内，即使部分经济条件好的村庄和城乡接合部污水量也在200m^3/d以内。与城市和小城镇相比，农村不仅居住人口密度小，而且户与户之间居住较分散，村与村间距也相对较远。

②水量、水质变化大。总体上从农村地区来看，山区农村排污口较多，污水排放量较大，但一般山区尤其是水源保护地污水量较小。

水量变化每天的不同时段排放比较集中，特别是早、中、晚集中做饭时间，污水量达到高峰，约是平时污水排放量的2~3倍；而夜间排水量很小，甚至可能断流。另外，有些农村排水系统很不完善，更没有经过合理规划，雨污混排，受雨季影响，水量变化大。一般情况下，日变化系数和时变化系数均呈现：城乡接合部<平原区村庄<山区村庄。

农村生活污水的来源主要是厨房、洗澡、冲厕和洗涤用水。由于各村经济结构、生活水平等不同，水质存在地区差异，由于农村没有完善的排水系统，渗漏严重，农村生活污水的化学需氧量、五日生化需氧量普遍高于城镇生活污水。

③缺乏完善的排水系统。农村居住地分散，占地面积大，农村排水系统没有经过合理科学的规划，雨污混排，缺乏有针对性的治理技术及工程设计参数。

④缺乏工艺设计参数。农村污水处理的规模比较小，进行污水处理工程设计时如果沿用或照搬城市和小城镇污水处理工艺的设计参数，势必造成工程投资和运行费用过高，其结果是建不起也用不起。可见，缺乏有针对性的治理技术及工程设计参数制约了农村污水治理工作的开展。

⑤运行管理水平低。污水处理工程是一个由不同功能单元组成的系统，运行管理者需要一定的水力学、环境工程微生物学和机械设备等专业知识背景。目前我国农村污水处理站主要由村民管理，维护管理技术人员及运行管理经验均严重缺乏。

⑥资金短缺。农村供排水设施建设与运营缺乏可靠的资金来源，是阻碍农村水污染治理的一大难题。实践证明，工艺再简单、操作管理再简便的污水处理站，也需要动力消耗，需要一定的运行管护经费和定期大修资金。以一个处理规模为 $200m^3/d$ 的污水处理站为例，采用常规工艺，每处理污水 $1m^3$ 日常运行费为 0.5 元，则该站年运行费用为 3.60 万元，对农村是一个沉重的负担。

(2)农村污水处理模式

农村污水治理包括分散处理、集中处理、接入市政管网 3 种模式。

①分散处理模式。包括分散改厕和分散处理两种。分散改厕是指改造旱厕为生态厕所或三格化粪池厕所，平时无外排，定期清理，直接供农田使用，实现粪污无害化与资源化。分散处理主要是指分区收集农村生活污水，每个区域污水单独处理，可采用小型污水处理设备处理、自然处理等工艺形式。适用于规模小、布局分散、地形条件复杂、污水不易集中收集的村庄污水处理。

②集中处理模式。集中处理模式是指将农村生活污水通过污水管网收集后集中处理，可采用自然处理、常规生物处理等工艺形式。本模式具有占地面积小、抗冲击能力强、运行安全可靠、出水水质好等特点。适用于规模大、经济条件好、村镇企业或旅游业发达、处于水源保护区内的单村或联村污水处理。

③接入市政管网模式。接入市政管网模式是指将农村生活污水通过污水管线收集后输送至附近市政污水管网就近接入市政污水处理厂进行集中处理。本模式具有投资省、施工周期短，见效快，管理方便等特点。适用于距离卫星城、建制镇的市政污水管网较近、符合高程接人要求的农村污水处理。

对于经济条件相对较差、出水排放标准要求不高、场地开阔、可用面积大的农村地区，可考虑人工湿地工艺的应用；而对于出水排放标准要求相对较高、可用面积大的地区，可考虑采用土地渗滤、A/O 土地渗滤系统；若占地资源紧张、进水污染物浓度较低、地势存在较大落差的山区，可考虑采用低能耗厌氧处理技术。

对于经济条件良好的农村地区，当进水污染物浓度较低时，厌氧生物滤池、A/O 土地渗滤组合工艺、生物接触氧化、MBR 等技术都可满足出水水质标准，选用某项处理工艺时应重点考虑经济效益、占地面积等其他条件。值得注意的是，当处理污染物浓度较高的农村生活污水时午，单独采用人工湿地很难使处理出水水质达标。

借鉴国外村镇生活污水处理工艺的选择经验，农村地区应优先考虑人工湿地/土地渗滤等自然生物处理技术和投资运行费用较低的厌氧生物处理技术，甚至可进行以上述技术体系为主的微型或小型家庭生活污水处理设备的开发和研制；而对位于水源保护区内、经济状况较好、排水水质标准较高的村镇地区，可考虑采用 MBR 工艺及一些高效组合工艺。

3.3.4.4 其他措施

生态清洁小流域建设的许多措施突出了特点和水源保护与生态治理的目标取向，而与传统的水土保持措施要求不同。

(1) 封禁标牌

坡面坡度大于 25°或土层厚度小于 25cm 的地块，宜设置封禁标牌进行封禁治理。封禁标牌应布置在封禁区域的出入口、路旁等人类活动比较频繁的位置；封禁标牌应明确封禁范围、封禁管理规定或管护公约等；每个封禁区域应至少设置封禁标牌 1 处，封禁标牌的形状、规格与材料应与当地景观相协调。

(2) 护栏

封禁治理区内林草破坏严重，植被状况较差，恢复比较困难的区域应设置护栏、围网等拦护设施。塘坝、水池、污水处理设施等周围，可根据实际情况，设立拦护设施。拦护设施高度宜为 1.0~1.5m，形状、材料等应与当地景观协调一致。

(3) 树盘

在坡度为 5°~15°、地形较为破碎的经济林果园地块宜修建树盘。树盘防御暴雨标准宜采用 10 年一遇 3~6h 最大降雨；石材较为丰富的地区，宜采用干砌石树盘，一般为半圆形，半径为 0.5~1.0m；在坡度小于 8°的经济林地上宜修筑土树盘，树盘半径宜为 0.5~1.25m。

(4) 土地整治

应对废弃的开发建设用地及砂石坑进行土地整治，不应开山造地或围垦河滩造地。土地整治根据周边土地利用方向，确定整治措施；宜结合雨洪利用进行土地整治；经过整治的土地，宜根据用途完善配套措施。

(5) 村庄排洪沟(渠)

村庄排洪沟(渠)适用于村庄和工矿企业的洪水排放。村庄排洪沟(渠)应符合村镇整体规划的要求；宜采用明渠形式，断面尺寸根据相关公式计算确定；应与自然沟系相连接；有条件的地方，应与村庄附近的坑、塘等连接，进行雨洪利用；宜采取生态岸坡形式。

(6) 村庄美化

适合用于村庄环境脏、乱、差，对水源保护有直接影响的村庄。村镇道路两侧、场院等地的“五堆”(柴、土、粪、垃圾、建筑弃渣)应进行清理整治；村庄美化应包括废弃物清理、植树、种草、铺设步道等措施；植物种应以乡土种为主，人工营造景观应与周围环境协调一致，村庄美化宜与村庄排水、农路、土地整治、水土保持林等措施。

(7) 农路

适用于路面不平整、径流冲刷严重的田间生产道路和人行小道。田间生产道路宽不宜超过3m，坡度不宜超过8°。地面坡度超过8°的地方，道路应随山就势，盘绕而上。宜采用土质、渣石或砂砾石路面；小型村庄道路宽不宜超过2m，可为土道、铺石路或石板路等。铺石路或石板路的石块应互相咬合，路面平整；路面两侧宜布置排水沟并进行植被绿化。

(8)防护坝

适用于受河(沟)道洪水威胁的村庄、道路和农田，应根据防护标准，修建护村坝、护地坝和护路坝等。护村坝和护路坝主要修建在容易遭受洪水危害的地方；护地坝主要修建在农田地坎边坡不稳定的地方。护村坝防护标准宜为10年一遇洪水；防护坝应与周边景观相协调。

3.4　生态清洁小流域建设案例

以云南省某生态清洁小流域治理为例，通过对小流域功能分区，进行措施布局，继而开展相应的工程设计。本小节将系统介绍小流域综合治理的技术设计与方法。

3.4.1　小流域基本概况

本小流域东西宽约7.57km，南北宽约5.61km，土地总面积31.28km^2。流域总体地形东、南高，西、北低，海拔1234~3453m，区内地形较复杂，水系发育。受构造、侵蚀及堆积作用控制，流域东侧为两条东西走向高山深谷，中部为平缓区域。流域内河流水库交错，地层多由湖积、冲积、洪积形成，土壤深厚，地势较平坦。小流域属中山构造侵蚀地貌和山麓洪积扇地貌。流域内属北亚热带高原季风气候，冬春多晴、夏秋多雨，四季不明显，干湿季分明，立体气候特点突出，昼夜温差大，年际温差小，多年平均降水量812.5mm。6~9月的雨季降水量可占年降水量的90%，当年11月至翌年5月为旱季；暴雨主要集中在7~8月，20年一遇24h最大降雨量为79.5mm，6h最大降雨量为67.7mm，1h最大降雨量39.8mm，10年一遇1h最大降雨量为36.7mm，年平均相对湿度69%。

3.4.2　功能分区

该小流域水源保护工作极其重要，主要污染源为河库周边田面径流携带化肥、农药等残留有害污染物质和周边村庄未经处理的生活污水。因此，治理方案规划以水源保护为核心，采取水土流失治理、村庄污染、农业面源污染综合防治等手段，发展流域内可持续的生态经济，从流域远山到坝区依次建设“生态自然修复、综合治理、河道及周边区域整治”三道防线。具体分区如下。

(1)生态自然修复区

对无明显水土流失的远山、中山及人烟稀少地区的有林地、灌木林、疏幼林地、草地等进行全面封禁，严禁人为开垦、伐木打枝、割灌、放牧等生产活动，杜绝人为水土流失现象发生，充分依靠大自然的力量，发挥生态自我修复功能，恢复原生植被系统。

(2)综合治理区

对人类活动较为频繁的浅山、坡脚开展综合治理，因地制宜地实施各项水土保持措施；对村民集中居住区进行人居环境综合整治，有效降低水土流失与污染程度。综合治理区主要分布在流域内水土流失重点地块及区域、永乐村委会各村民小组的居住区等，治理措施以常规小流域水保措施和村庄整治以及污染控制治理为主。

(3)河道及湖库周边整治区

流域其生态保护措施布设的重点包括：以水源区保护为主导进行整治。小流域主要为物理隔离工程(防护网)、生物隔离工程、河道及湖库生物缓冲带治理工程。

3.4.3 措施布局

按照三道防线设计思路，制定水源保护规划，以流域内主干河道周边为治理重点，对小流域内“污水、农田、环境”同步治理，在治理中，坚持人工治理与自然修复相结合的原则，在传统治理措施的基础上，结合生态清洁型小流域的治理思路，根据现场调查和规划，确定措施布局如图3-3所示。

(1)生态自然修复区措施规划

生态自然修复区主要位于小流域坡脚线以上区域，土地利用类型以有林地和灌木林为主，间内有小块草地和疏林地。

①封育治理区。对生态自然修复区内的林地、灌木林、疏幼林地和草地均采取封山禁牧、封育保护措施，减少人为破坏森林植被，从而快速恢复植被，提高林分质量。对具有天然下种能力或萌蘖能力的荒山，人工造林困难的高山、陡坡、岩石裸露地，但经封育可望成林或增加林草盖度的地块，实行封山育林育草，发挥生态自我修复功能，加快森林植被恢复速度。一般较偏僻的宜封地区，实行全封；对于当地群众生产、生活和放牧有实际困难的近山地区，可采取半封或轮封。封禁区域设立封禁标碑、护栏等，封禁标碑采用砖混结构。在有条件的情况下，对农民进行补助，建立山区水源保护林管护机制。

②补植补种区。针对疏幼林地内植被覆盖度在10%的地块，且土层在30~60cm的疏幼林区进行补植补种。

(2)综合治理区措施规划

根据该小流域实际情况，在综合治理区内考虑水土流失综合治理工程、村容村貌治理工程、村庄污水收集与处理工程、农业面源污染治理工程。

①水土流失综合治理。具体类型如下。

a. 水土保持林。根据对项目区的现状调查，小流域林地面积较大，但林分结构较多，多为次生林。在水源保护生态清洁型小流域“三道防线”的划分基础上，结合景观要求，设计在小流域内的荒山荒坡营造水土保持林，防治水土流失，提高流域植被覆盖度，提升涵养水源，调节、改善水源流量和水质的功能。

b. 保土耕作。按照当地群众习惯，开展科技推广，在坡耕地区域开展免耕、轮耕、秸秆还田等先进的保土、保墒耕作技术，改善土壤结构和肥力，增产增收。

②村容村貌整治工程。工程拟对流域内各个村组的村容村貌情况进行全面的整改，主要整改内容包括基础设施和精神文明建设。其中基础设施包括村庄庭院、空地绿化

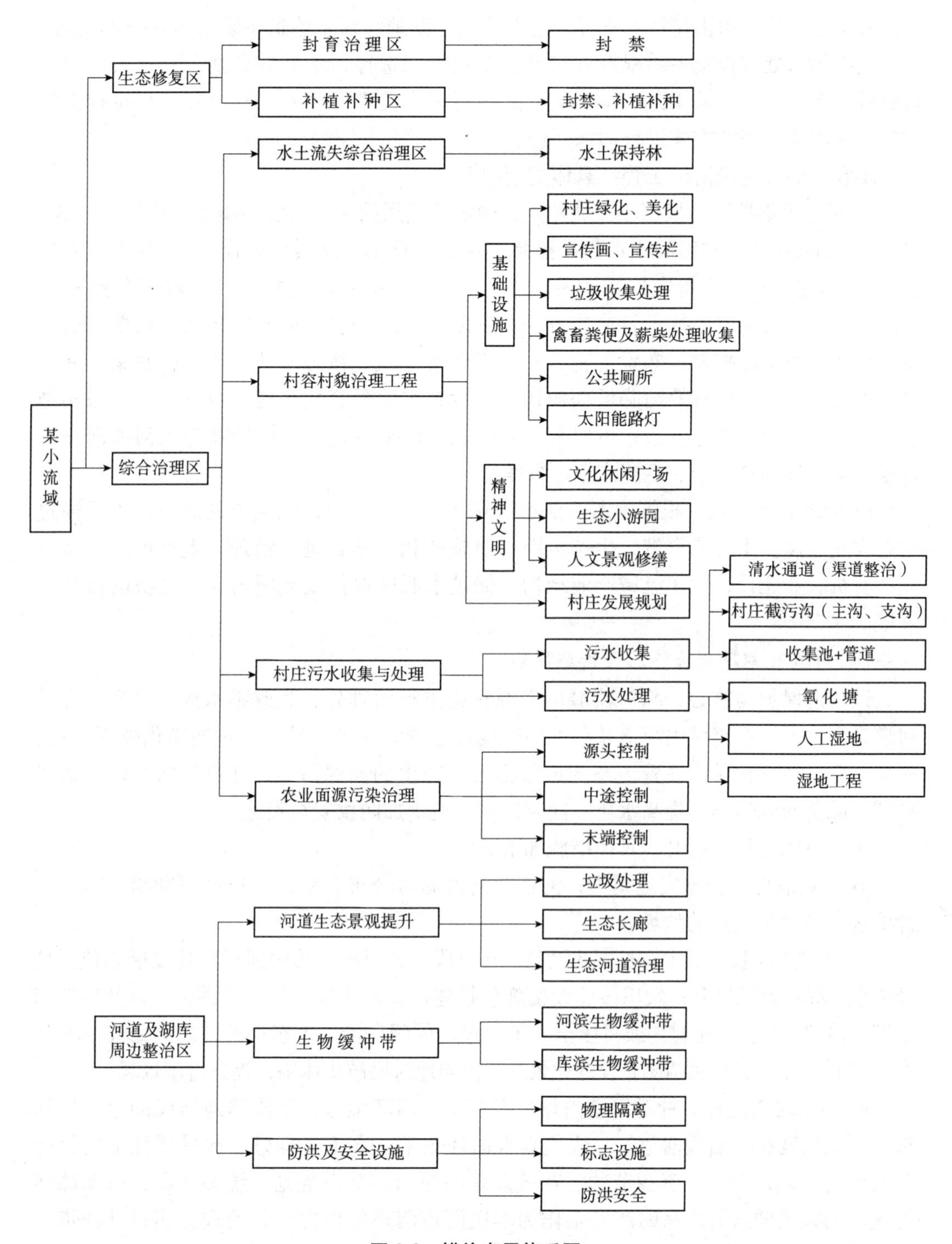

图 3-3　措施布局体系图

美化、墙面宣传画和宣传栏、垃圾收集及处理、人畜粪便收集处理、公共厕所；精神文明建设包括休闲广场、生态小游园、人文景观修缮等。

③村庄污水收集与处理工程。根据流域内村庄分析，流域内各村组的污水收集系统不完善，设计进行补充村庄污水收集设施。设计采用雨污分流方式进行村庄污水收集，治理思路为每户设计一个污水收集井，污水收集井接入排污支管，采用支管的方

式接入排污主管，再由排污主管接入赶香营人工湿地。污水管道主要沿村内道路铺设。本次设计污水处理设施主要根据人口及牲畜数量来选择污水处理设施，针对人口和牲畜数量较多的村庄，采用人工湿地的方式进行污水处理，而人口及牲畜量相对较少的村庄，采用氧化塘的方式进行污水处理。

④农业面源污染防治工程。具体类型如下。

a. 面源污染控制。根据小流域特点，确定其适用的农业面源污染防治措施主要为：秸秆覆盖还田(减少农田固废产生，提高土壤的渗透率，减缓地表径流)；测土配方施肥(减少化肥用量，改善农作物品质，改良土壤)、休耕或免耕(减少土壤养分流失)。通过在小流域实施以上技术及耕作方法，可以有效减轻农业面源的污染。根据流域特点，设计采用中途控制，布设水池，对田面含有总氮、铵态氮的径流进行收集，并在旱季进行利用，可以有效地降低面源污染，设置水池配套集水沟。通过在小流域实施以上技术、措施及耕作方法，可以有效减轻农业面源的污染。污染物进入河道前需经过本方案设计的缓冲带、生态沟渠进行净化。

b. 生态农业建设。根据生态清洁小流域实际调查情况，流域内的面源污染可通过生态农业建设、生态隔离带、生态沟渠等措施的相互结合进行治理。重点推广生态农业、有机农业建设，优化流域产业结构，促进水源区保护及流域内农村经济的可持续发展。

(3)河道及湖库周边整治区措施规划

以河道保护为核心，除对流域内面源污染进行治理外，为改善水源区水质，提升河道景观，设计在流域内河道及湖库周边设置生物缓冲带，进一步过滤净化外围径流，提高水质，在缓冲带内设置生态沟渠收集农田产生的面源污染，并进行氮、磷的初步处理，减免面源污染，提高水质。同时针对河道增加防洪安全设施。

①河道生态景观提升。具体措施如下。

a. 垃圾清理。根据实地调查，河道及河道周边分布有秸秆、垃圾等杂物，本次设计清理河道及其周边的垃圾。

b. 建设生态长廊。生态长廊建设包括邻村段、农田段。其中邻村段建设措施包括垃圾清理、绿化景观提升；农田段建设措施包括建设生态沟渠、生物缓冲带，以及生态河道综合治理。在村庄至村庄或村庄至人工湿地、休闲广场、生态小游园之间修建生态长廊(步道)，在生态长廊两侧布设绿化景观，供当地村民散步休闲，提升村庄景观。

c. 生态河道治理。针对河道内垃圾淤积、沿河环境差，已给当地居民的生产生活造成影响的现状，治理河道，尽快达到水循环正常、水生态良好、水景观优美的目标是必要的。以人为本、资源节约、环境友好的原则，全面规划、统筹兼顾，以保障河道流域内人民群众的生命财产安全作为本次河道治理的出发点，治理方案设计河道治理主要采用以生态河道加高加固河堤、拓宽河道为主。

②建设生物缓冲带。具体类型如下。

a. 河滨缓冲带。根据本地区保护条例，项目缓冲带控制在主河道两侧各外延50m范围陆域区，结合污染物输送途径，以河道为中心，调整该区现有服务功能，开展景观屏障建设，防止人畜活动等对水源地保护和管理的干扰，阻截和减少上游的污染物、垃圾和泥沙进入河道。措施以进行自然景观恢复及乔灌缓冲带建设为主。为防止农田产生的面源污染对河流水系造成污染，在河滨缓冲带内修建生态沟渠，使田面径流进入生态沟渠进行净化，生态沟渠呈“S”状分布，加长净化时间。

b. 库滨缓冲带。以水源区保护为核心，除对流域内面源污染进行治理外，为改善水源区内水库水质，设计在流域内水库区外延10m范围的陆域区设置生物缓冲带，进一步过滤净化外围径流，提高库区水质。为防止农田产生的面源污染对附近主要河流水系造成污染，在库滨生物缓冲带内修建生态沟渠，使田面径流进入生态沟渠进行净化，生态沟渠呈“S”状分布，加长净化时间。

③防洪安全设施。具体措施如下。

a. 物理隔离。根据实地调查，周边分布有村庄，规划主要考虑结合实地情况建设隔离防护网等物理隔离工程。通过设立物理隔离设施，防止人畜活动等对水源地保护和管理的干扰。

b. 管护设施。主要指宣传设施和警示设施：在流域入口处设置一个大型宣传牌，一个小流域纪念碑；在流域内河道两侧、村民小组及主要路口等处增设水源保护警示标牌。

c. 防洪安全。小流域内山丘区过度开发土地、陡坡开荒或工程建设对山体造成破坏，改变地形、地貌，破坏天然植被、乱砍滥伐森林、开矿排渣等，易失去水源涵养作用，均易发生山洪地质灾害。应定期清理杂物，防治河道阻塞，保证河道正常的行洪能力。应与当地水文、气象部门建立联系，随时了解水位、水量及天气变化。做好水患教育，加强宣传防洪技能，提高防洪思想认识，增强自我保护意识。

(4) 小流域土地利用规划

根据生态清洁小流域措施布局情况，通过与流域土地利用现状进行对比分析，在各项治理工程实施后，通过疏幼林、荒地的营造水保林等，提高流域内生态用地面积，使得流域内的水土流失情况得到全面治理。

本章小结

小流域综合治理是根据小流域自然和社会经济状况以及区域国民经济发展的要求，以小流域水土流失治理为中心，以提高生态经济效益和社会经济持续发展为目标，以基本农田优化结构和高效利用及植被建设为重点，建立具有水土保持兼高效生态经济功能的半山区小流域综合治理模式。本章首先介绍了小流域综合治理的基本思想和技术措施体系，重点介绍了小流域综合治理的专项技术，分别从水土保持工程技术、生物技术、农业技术以及生态清洁小流域建设技术四个方面进行了详细的阐述，最后以云南省某生态清洁小流域建设为例讲授了小流域综合治理的应用。

思考题

1. 简述小流域综合治理措施体系。
2. 什么是生态清洁小流域？其重点建设内容有哪些？
3. 生态清洁小流域建设与传统小流域综合治理有什么区别？

第4章 石漠化综合治理

岩溶生态系统稳定性差、抗干扰能力弱，其与黄土、沙漠和寒漠并称为我国四大生态环境脆弱区。石漠化是指在热带、亚热带湿润、半湿润气候条件和岩溶极其发育的自然背景下，受人为活动干扰，地表植被遭受破坏，导致土壤严重流失，基岩大面积裸露或砾石堆积的土地退化现象，是岩溶地区土地退化的极端形式。石漠化是我国西南地区最为严重的生态问题，影响珠江、长江的生态安全，制约区域经济社会可持续发展。本章主要从岩溶石漠化成因、分布现状以及主要治理模式入手，对石漠化综合治理理论与实践进行概括与总结。

4.1 岩溶环境与石漠化现状

4.1.1 岩溶地貌的形成与脆弱性

4.1.1.1 岩溶地貌的形成

地表水在运动过程中对所经过的沉积物或岩石存在严重的侵蚀作用，既包括水动力作用下的碎屑物搬运，又包括对岩石或沉积物的化学溶蚀作用，还包括碎屑物在搬运过程中的磨蚀作用，岩溶地貌就是地下水对可溶性岩石侵蚀作用的结果。

可溶性岩石是岩溶地貌形成的根本条件，大量的碳酸盐岩、硫酸盐岩和卤化盐岩在流水的不断溶蚀作用下，在地表和地下形成各种奇特的岩溶景观。从溶解度来看，卤化盐岩>硫酸盐岩>碳酸盐岩。碳酸盐岩种类较多，其溶解度随难溶性杂质的多少而定，石灰岩>白云岩>泥灰岩。此外，碳酸盐岩结构对岩溶发育也有重要影响，一般来说，盆地或大陆架深水区沉积生成的碳酸盐岩孔隙小而少，不利于岩溶发育，而过渡性沉积区生成的碳酸盐岩多孔隙，有利于岩溶发育。岩石的透水性也影响岩溶地貌的形成，透水性不良的岩石，溶蚀作用只限于岩石表面，很难深入岩石内部；透水性好的岩石，地表和地下溶蚀作用都很强，岩溶地貌发育好。透水性强弱取决于岩石孔隙和裂隙体积和数量。孔隙度大、裂隙多，则透水性强。

水动力条件是岩溶地貌形成的外在因素。经常流动的水体，具有较大的动能，与空气保持充分接触，能不断补充因溶蚀岩石所消耗的CO_2，使水体不易达到饱和；有时虽然达到饱和，但当几种不同浓度的饱和溶液混合后，可变为不饱和而重新获得溶蚀能力，从而增加水的溶蚀能力。我国西南地区气候湿润，降水量大，地表径流相对稳定，流水下渗作用连续，并且降水使流水得以更新和有效补充，因而比干旱地区侵蚀、溶蚀作用更强烈，岩溶地貌发育更为典型。

同时，生物在岩溶地貌形成过程中的作用也不可忽视。与裸露的岩石相比，有生物覆盖的岩石表面的失水量、吸水量和持水量都大幅提高，生物在岩石的生存、演化不仅改善了岩面的持水性能，而且生物循环的加入促进了岩面碳循环的速率，加速了下层可溶性岩的溶蚀。

我国岩溶地貌分布广泛，类型之多，世界罕见。作为岩溶地貌发育物质基础的碳酸盐岩在我国分布广泛，在各省份均有分布，但主要分布于我国的云南、贵州、广西、四川、西藏、湖南、湖北、山西、河北和山东等地，是世界最大、最集中连片的岩溶区。我国大陆青藏高原和秦岭-大别山构成的基本地形、气候格局，导致了南方湿热区岩溶、北方干旱半干旱区岩溶和西南部高山岩溶 3 种优势岩溶类型鼎立的格局，它们各有各自的岩溶形态组合特征，具体表现如下。

(1)南方湿热区岩溶

南方湿热区岩溶是由峰林地形、大量的洼地尤其是深切的多边形洼地、尖深的溶痕、红土、洞外钙华，以及许多大型洞穴、地下河系、洞内许多流水溶蚀小形态、高大的次生碳酸盐钙沉淀等岩溶形态为主要特征。地下洞穴众多，以溶蚀性拱形洞穴为主，地下河的支流较多。地表发育众多的洼地，峰丛区域平均每平方千米达 2.5 个，正地形被分割破碎，呈现峰林-洼地地貌，奇峰异洞是南方湿热区岩溶的典型特征。

(2)北方干旱半干旱区岩溶

北方干旱半干旱区岩溶主要以常态山、干谷、石灰岩质岩锥，黄土覆盖及较少的洞穴和洞内溶蚀沉积物形态为主要特征，岩溶现象发育微弱，仅在少数石灰岩裂缝中有轻微的溶蚀痕迹，有些裂缝被方解石充填，地下溶洞极少，已不能构成渗漏和地基不稳的因素。

(3)西南部高山岩溶

西南部高山岩溶以各种冻蚀形态，如小石峰、天生桥、石墙、石灰岩质岩锥，以及岩溶泉为主要特征。云贵高原以溶丘洼地和溶丘谷地为主，在大流域的分水岭及次一级河流的谷坡地带，有较多规模宏大的洞穴系统发育；云贵高原至广西盆地过渡斜坡地带，主要发育了峰丛洼地、峰丛谷地，局部残存的高原面上保存着早期发育的峰林谷地，地下暗河发育强烈；云贵高原至四川盆地南缘，峰林、岩溶盆地分布较广，其间峰丛、溶洞分布较为密集。该区的岩溶地貌类型多样，由高山、高原、盆地、丘陵、平原组成，地貌结构以山地和高原为主，常见有岩溶中高山、岩溶断陷盆地、岩溶高原、岩溶峡谷、岩溶峰丛洼地、岩溶槽谷、岩溶峰林平原和岩溶峰丘洼地等，具体见表 4-1。

表 4-1 我国西南地区高山岩溶地貌类型与分布

序号	岩溶地貌类型	分布地区
1	岩溶中高山	川西和滇西北
2	岩溶断陷盆地	滇东和川西南
3	岩溶高原	贵州中部地区

（续）

序号	岩溶地貌类型	分布地区
4	岩溶峡谷	滇西、黔东北、黔西
5	岩溶峰丛洼地	桂西北、黔南、滇东南
6	岩溶槽谷	鄂西、渝东、黔东北、川东南
7	岩溶峰林平原	粤北、湘南、桂东北、桂中
8	岩溶峰丘洼地	湘中、湘中南

注：参考宋同清等所著《西南喀斯特植物与环境》。

4.1.1.2 岩溶地貌的脆弱性

岩溶地貌因独特的自然风光而广受关注，但其极度脆弱的生态系统又成为国内外研究的热点。由于岩溶地貌的二元结构性特征（地表和地下双层结构），使整个环境系统在进行中形成了一个复杂的、多相多层次的、高熵岩溶环境界面，由于环境向生态系统输入的负熵流小，导致整个生态系统表现出稳定性差、变异敏感性高、抗干扰能力弱、异质性强、环境生态容量低等脆弱性特征。针对岩溶地区特殊的地质背景、典型的二元水文结构、特有的植物群落，该区生态系统脆弱性特征可以归纳为：以岩石-土壤系统为本底特征，其中的关键驱动机制是地表-地下二元水文结构，而生态系统脆弱特征直接表现在岩溶植被的结构与类型方面。

（1）脆弱本底：岩石-土壤系统

岩溶坡地土壤和下伏碳酸盐岩之间为土-石直接突变接触，岩层孔隙和空洞发育。岩溶区碳酸盐岩中极低的酸不溶物含量使成土速率低，每形成1cm厚的风化土层需要4000余年，慢者需要8500年，较非岩溶山区慢10%~80%，且厚度分配不均、异质性强、土地贫瘠。此外，显著的差异性风化使风化前缘或基岩面强烈起伏，形成大量的岩溶洼地、裂隙等，导致分布于各种地貌中的土壤异质性强；而且这种地质地貌结构易使土壤塌陷、积聚至地下空间，导致碳酸盐岩地区表层土壤大量丢失，这是导致岩溶石漠化和生态系统脆弱的地质背景。

（2）关键驱动：二元水文结构

碳酸盐岩地区化学溶蚀作用强烈，组成坡地的碳酸盐岩岩层孔隙和孔洞发育成熟，坡地地表径流易于入渗转化为地下径流，且壤中流极易通过"筛孔"渗入表层岩溶带，最终都进入地下暗河系统，形成岩溶地区独特的地表—地下的二元水文地质结构。"地高水低、雨多地漏、石多土少、土薄易旱"是其真实写照，致使雨量充沛的西南岩溶山区成为特殊干旱缺水区。这种水文格局一方面易使地表干旱缺水；另一方面由于各地段地下管网的通畅性差异很大，一遇强降雨又很容易在低洼处堵塞造成局部涝灾，这实质上也是岩溶山区环境承载的阈值弹性小和生态环境脆弱的反映。

（3）直观表现：岩溶植被

在岩溶山区基岩裸露、土体浅薄、水分下渗严重等环境背景下，经过严格的自然选择，具有喜钙、耐旱以及石生等特性的植物种群生存下来。由于植物无法获得充足的水分，植被的生长发育受到限制，因此喀斯特生态系统的树木胸径、树高的生长具有速率慢、绝对生长量小，种间、个体间生长过程差异较大，以及生物多样性较低等特点。有研究表明根据西南地区森林普查资料的估算和分析结果得出岩溶森林的生物量低于非岩溶森林，在相同的生物气候条件下岩溶土层浅薄和水分下渗限制了植物的生长，因此植被群落一旦破坏就有可能难以恢复，进而导致生态系统功能紊乱，脆弱性增强。

4.1.2 石漠化概念与环境效应

4.1.2.1 石漠化的概念

石漠化的概念最早由袁道先提出，1995 年，袁道先采用 rock desertification 对石漠化进行表达。屠玉麟(1996)认为石质荒漠化(简称石漠化)是指在喀斯特的自然背景下，受人类活动干扰破坏造成土壤严重侵蚀、基岩大面积裸露、生产力下降的土地退化过程，所形成的土地称为石漠化土地，屠玉麟强调的是喀斯特地区人为活动的干扰破坏产生的土地退化过程，未限定发生区域。袁道先(1997)指出热带和亚热带地区喀斯特生态系统的脆弱性是石漠化的形成基础。王世杰(2002)认为石漠化发生在南方湿润地区，在人类活动的驱使下，流水侵蚀作用下，导致地表出现大面积基岩裸露的荒漠化景观。王德炉、朱守谦、黄宝龙等的看法与王世杰的观点基本相同。

2012 年 6 月 18 日发布的《中国石漠化状况公报》中定义的石漠化概念与 2003 年国家林业局在《国家森林资源连续清查技术规定》中规范的石漠化定义基本相似：石漠化是指在热带、亚热带湿润、半湿润气候条件和岩溶极其发育的自然背景下，受人为活动干扰，使地表植被遭受破坏，导致土壤严重流失，基岩大面积裸露或砾石堆积的土地退化现象，是荒漠化的一种特殊形式，是岩溶地区土地退化的极端形式。

总之，石漠化是我国科学家于 20 世纪 80 年代根据联合国有关荒漠化会议精神及联合国"亚太经济社会"结合亚太区域特点，结合中国实际提出的。从根本上说，石漠化是以脆弱的生态地质环境为基础，以强烈的人类活动为驱动力，以土地生产力退化为本质，以水土流失为表现形式，以出现类似荒漠景观为标志。

4.1.2.2 石漠化的环境效应

岩溶石漠化加速了生态环境恶化，主要表现为水土流失、自然灾害频繁和生态系统退化，土地资源丧失和非地带性干旱等，不但加剧了岩溶地区的贫困而且危及长江和珠江中下游地区的生态安全。具体的危害及引起的环境效应如下。

(1)生态环境恶化

①水土流失严重。据统计，目前我国西南云南、贵州和广西三省份水土流失面积达 $17.96\times10^4km^2$，占土地总面积的 40.1%，其中中强度水土流失面积 $6.61\times10^4km^2$，占水土流失总面积的 36.8%。随着岩溶生态环境的不断恶化，水土流失呈不断加剧的趋势。例如，20 世纪 50 年代贵州省的水土流失面积为 $2.5\times10^4km^2$，到了 60 年代扩大到 $3.5\times10^4km^2$，70 年代末为 $5\times10^4km^2$，1995 年则高达 $7.67\times10^4km^2$，占全省总面积的 43.5%，而目前已经接近 50%。强烈的水土流失不但使宝贵的土壤丧失殆尽，还对水利工程的安全运行构成威胁。据测定，红水河流域水土流失面积占土地总面积的 25% 以上，每立方米河水含泥沙量为 0.726kg，流域土壤年均侵蚀模数为 $1622t/km^2$。目前，贵州最大的乌江渡水电站库区 5 年淤积近 $2\times10^4m^3$，相当于原来预计 50 年的淤积量，严重影响了电站的安全运行和寿命并降低了泄洪能力。

②灾害频繁。岩溶石漠化引起的自然灾害灾种多、强度大、频率高、分布广，甚至叠加发生、交替重复。随着岩溶生态环境的不断恶化，各种自然灾害普遍呈现周期缩短、频率加快、损失加重的趋势。据统计1951—1987年的37年间贵州省农作物受灾年份就有34年，平均受灾面积$70\times10^4hm^2$，占同期农作物播种面积的25%。1985—1990年仅旱灾一项累计受灾面积$610\times10^4hm^2$，平均每年$101.6\times10^4hm^2$，1995年的特大水灾给贵州省造成的经济损失高达63.1亿元。1996年，全省86个县(市、区)均不同程度遭受自然灾害，其中重灾县(市、区)45个，特重灾县(市、区)29个，农作物受灾面积$194.7\times10^4hm^2$，成灾面积$120\times10^4hm^2$，绝收$28.2\times10^4hm^2$，损毁耕地$9.1\times10^4hm^2$，因灾减产粮食15×10^8kg，因灾直接经济损失162.22亿元。

③生态系统退化。我国西南岩溶片区人口压力很大。例如，贵州地区人口密度达209人/km^2，比全球陆地的平均人口密度38人/km^2高4.5倍。高负荷的人口压力叠加在脆弱的岩溶环境之上，使岩溶区域生态系统遭到严重破坏。石漠化导致岩溶土、水环境要素缺损，环境与生态之间的物质能量受阻，植物生境严酷。不仅导致生态系统多样性类型正在减少或逐渐消失，而且使植被发生变异以适应环境，造成岩溶山区的森林退化，区域植物种属减少，群落结构趋于简单化，甚至发生变异。在石漠化山区森林覆盖率不及10%，且多为旱生植物群落，如藤本刺灌木丛、旱生性禾本灌草丛和肉质多浆灌丛。

(2)吞噬人类基本生存条件

石漠化使生态系统稳定性减弱、敏感性增强、自然灾害频繁，耕地面积不断减少，土地生产力趋于枯竭，井泉干涸，导致人畜饮水困难。石漠化正在使部分人口完全丧失最基本生存条件，成为生态难民。

①土地丧失。如果说严重的水土流失是导致中国黄土高原贫困的一个重要原因，那么西南岩溶地区不仅会因水土流失而致使土地贫瘠化，人口贫困化，还会造成无土可流、无地可耕的石漠化，人类生存的基本条件——土地丧失的险境，其后果比黄土地区还严峻。土地石漠化导致极其珍贵的土壤大量流失，土壤肥力下降、保墒能力差，可耕作资源逐年减少，粮食产量低而不稳。在大部分石漠化山区，土地呈盆景状零星分布在裸露岩石中间，称为石旮旯土，农业生产方式仍停留在"刀耕火种"状态，种植的玉米单产只有750kg/hm^2，相当于平原地区的1/10，"种了几片坡，只能装一箩"成为秋收的真实写照，半年以上的缺粮成为当地政府和农民同样犯愁的难事。

②干旱缺水。石漠化导致植被稀少、土层变薄或基岩裸露，加之岩溶地表、地下景观的双重地质结构，渗漏严重，入渗系数一般达0.3~0.5，裸露峰丛洼地区可高达0.5~0.6，导致地表水源涵养能力的极度降低，保水力差，使河溪径流减少，井泉干枯，土地出现非地带性干旱和人畜饮水困难。

(3)贫困问题加剧

石漠化以强烈的人类活动为主要驱动力，人口压力和长期不合理的土地利用，形成了以脆弱生态环境为基础、以强烈的人为干扰为驱动力、以植被减少为诱因、以土地生产力退化为本质的复合退化状况，导致了石漠化地区土地资源贫乏—人口增长—土地资源贫瘠—贫困的恶性循环。由于岩溶环境的特殊性使得人地矛盾较其他地区更为尖锐，其脆弱性更易推动生态环境的恶化，进而增加群众对土地资源的依赖性促使

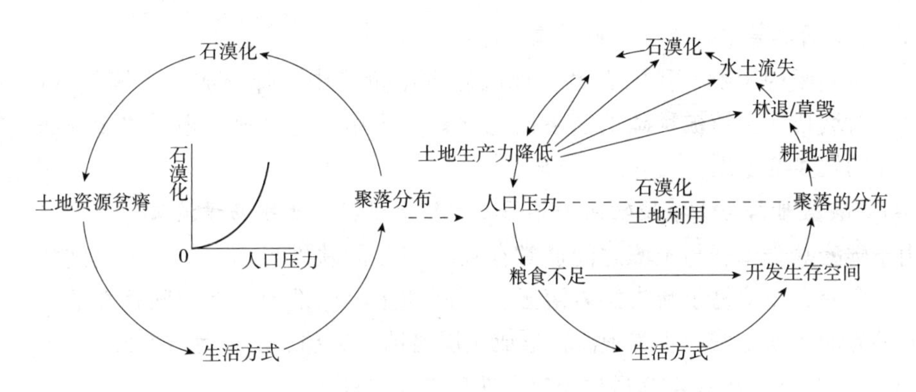

图 4-1 石漠化地区土地利用活动与石漠化间反馈关系

土地资源的负荷加大，形成恶性循环，如图 4-1 所示。

岩溶石漠化地区自然条件差，贫困程度深，脱贫难度大。部分区域由于生态环境极度恶化，已丧失了最基本的生存条件，当地居民不得不迁徙他乡，另谋生路。许多地区陷入“环境脆弱—贫困—掠夺资源—环境退化—进一步贫困”的恶性循环，石漠化成为岩溶地区农民贫困的主要根源，石漠化地区成为我国扶贫攻坚、生态恢复与重建的重点和难点地区。

(4)危及两江中下游的生态安全

我国西南岩溶地区地处长江和珠江两大水系的上游，对于我国的生态安全影响巨大，在我国生态与经济建设中的地位和战略意义极大。有了西南岩溶地区的可持续发展，才会有长江和珠江两大水系流域的可持续发展。但岩溶石漠化地区因植被稀疏、岩石裸露，涵养水源的功能衰减，迟滞洪涝的能力明显降低，给两江流域带来极大的生态风险。同时，流域面上的土壤由于受集中降雨的冲刷侵蚀，泥沙随地表径流入河，成为河流泥沙的主要来源。20 世纪 80 年代，贵州省河流悬移输沙量为 6625×10^4t，平均输沙模数为 376t/(km^2·a)，其中岩溶强烈发育的乌江流域年输沙量约为 1990×10^4t，南北盘江年输沙量为 2760×10^4t。

4.1.3 石漠化的成因与机理

(1)碳酸盐岩致密、坚硬，为石漠化的形成奠定了物质条件

与国际岩溶对比表明，东南亚、中美洲等地的新生界碳酸盐岩，孔隙度高达 16%~40%，具有较好的持水性，新生代地壳抬升也较小，喀斯特双层结构带来的环境负效应和石漠化问题都不是很严重。但在我国喀斯特地区由于不同地质时期的构造运动叠加产生的明显的地表切割度和陡峻的山坡，为水土流失提供了动力潜能，加之碳酸盐岩致密、坚硬，生态敏感度高，环境容量低，抗干扰能力弱，稳定性差，森林植被遭受破坏后，极易造成水土流失，基岩裸露及旱涝灾害。

(2)成土速率太慢

石质荒漠化地区每形成 1cm 土壤需要 8000 年的漫长时间。根据岩性的不同也有人提出每形成 1cm 土壤时间为 2000~8000 年不等。不管是前者还是后者，此种形成速度可以视为土壤流失后就难以再生。

(3)夏季雨水集中，土壤冲刷严重

受季风气候的影响，我国石漠化地区夏季雨量集中，降雨成为土壤侵蚀的动力，强度降雨对坡耕地及植被稀疏的岩溶山地裸露的土壤产生冲刷，造成水土流失，加剧了石漠化的发生与发展。

(4)碳酸盐母岩与土壤硬软两个界面之间缺乏过渡，土壤易于流失

由于碳酸盐岩母岩与土壤之间通常存在着明显的软硬界面，使岩土之间的亲和力与黏着力变差，土壤易于流失。岩溶区土石间和土层内部上、下层间存在的这两个质态不同的界面，使土壤产生壤中流，形成土层潜蚀、蠕动、滑移等坡面侵蚀方式。

(5)岩溶地区土壤及水分通过裂隙或孔隙产生流失

这是岩溶地区特有的一种流失方式。它不是由地表径流引起的远距离的物理冲刷的水土流失，而是通过碳酸盐母岩间的裂隙或碳酸盐母岩中存在的孔隙中直接流失，使得溶蚀残余物质或土壤颗粒“垂直丢失”，从根本上制约了地表残余物质的长时间积累和连续风化壳的持续发展。

(6)人为因素

有关石漠化形成的人为原因可以归结为乱砍滥伐、毁林开荒、不合理的土地开垦及森林开发，重采轻造，只采不造，不合理的矿山开发等人为原因。

4.1.4 石漠化的分布

我国石漠化主要发生在以云贵高原为中心，北起秦岭山脉南麓、南至广西盆地、西至横断山脉、东抵罗霄山脉西侧的岩溶地区，涉及贵州、云南、广西、湖南、湖北、重庆、四川和广东8个省份465个县(市、区)，区域国土面积$107.1\times10^4km^2$，岩溶面积$45.2\times10^4km^2$。该区域既是生态功能重要区，又是生态环境脆弱敏感区，是珠江的源头、长江的重要水源补给区。据2018年12月生态环境保护部发布的《中国石漠化状况公报》显示，我国石漠化土地面积为$1007\times10^4hm^2$，占岩溶面积的22.3%。与2011年相比，5年间石漠化土地净减少$193.2\times10^4hm^2$，年均减少$38.6\times10^4hm^2$，年均缩减率为3.45%。石漠化扩展的趋势得到有效遏制，岩溶地区石漠化土地呈现面积持续减少，危害不断减轻，生态状况稳步好转的态势。林草植被保护和人工造林种草对石漠化逆转的贡献率达到65.5%。具体分布特征如下。

从省份来看，贵州省石漠化土地面积最大，为$247\times10^4hm^2$，占石漠化土地总面积的24.5%；其他依次为云南、广西、湖南、湖北、重庆、四川和广东，面积分别为$235.2\times10^4hm^2$、$153.3\times10^4hm^2$、$125.1\times10^4hm^2$、$96.2\times10^4hm^2$、$77.3\times10^4hm^2$、$67\times10^4hm^2$和$5.9\times10^4hm^2$，分别占石漠化土地总面积的23.4%、15.2%、12.4%、9.5%、7.7%、6.7%和0.6%。

从流域分布来看，长江流域石漠化土地面积为$599.3\times10^4hm^2$，占石漠化土地总面积的59.5%；珠江流域石漠化土地面积为$343.8\times10^4hm^2$，占34.1%；红河流域石漠化土地面积为$45.9\times10^4hm^2$，占4.6%；怒江流域石漠化土地面积为$12.3\times10^4hm^2$，占1.2%；澜沧江流域石漠化土地面积为$5.7\times10^4hm^2$，占0.6%。

从分布程度来看，轻度石漠化土地面积为$391.3\times10^4hm^2$，占石漠化土地总面积的38.8%；中度石漠化土地面积为$432.6\times10^4hm^2$，占43%；重度石漠化土地面积为

$166.2 \times 10^4 hm^2$，占 16.5%；极重度石漠化土地面积为 $16.9 \times 10^4 hm^2$，占 1.7%。

除石漠化土地外，我国岩溶地区潜在石漠化土地问题也不容忽视。潜在石漠化是指基岩为碳酸盐岩类，岩石裸露度(或砾石含量)在 30%以上，土壤侵蚀不明显，植被覆盖较好(森林为主的乔灌盖度达到 50%以上，草本为主的植被综合盖度 70%以上)或已梯土化，但如遇不合理的人为活动干扰，极有可能演变为石漠化土地。截至 2016 年底，岩溶地区潜在石漠化土地总面积为 $1466.9 \times 10^4 hm^2$，占岩溶面积的 32.4%，占区域国土面积的 13.6%，涉及湖北、湖南、广东、广西、重庆、四川、贵州和云南 8 个省份 463 个县。

4.2 石漠化治理原则与关键技术

我国岩溶地区景观异质性强，存在着多种多样的生态类型。以西南岩溶地区为例，存在着“环境脆弱—贫困—掠夺资源—环境退化—进一步贫困”的恶性循环现状，因此石漠化治理应以系统科学的思想为指导，根据生态学、生态经济学、恢复生态学等原理和方法，有机结合自然设计和人为设计理论，进行生态系统的恢复与重建，设计符合不同自然条件和岩溶环境类型的农林牧良性生态产业链，合理配置高效的植物群落，控制水土流失，构建生态系统的优化模式，实现岩溶地区的资源、生态、经济和社会的持续协调发展，最终达到生态恢复与重建的目的。

4.2.1 石漠化治理的目标与原则

(1)治理目标

石漠化是在自然、社会、经济、文化与政治产生不协调的情况下发生的一种生态退化，因此，恢复生态学是石漠化治理的理论与技术基础。恢复生态学(restoration ecology)是 20 世纪 80 年代迅速发展起来的现代生态科学的分支学科，是研究生态系统退化的原因、退化生态系统恢复和重建的技术与方法、生态学过程与机理的科学。

根据恢复生态学理论，石漠化地区生态恢复的目标是恢复退化生态系统的结构、功能和生境，主要包括以下方面：①实现生态系统的地表稳定性。地表是石漠生态系统发育与存在的载体，地表不稳定，就不可能保证生态系统的持续演替与发展；②恢复植被和土壤，保证一定的植被覆盖率和土壤肥力；③增加种类组成和生物多样性；④实现生物群落的恢复，提高生态系统的生产力和自我维持能力；⑤减少或控制环境污染；⑥增加视觉和美学享受。

2016 年，国家发展和改革委员会编制的《岩溶地区石漠化综合治理工程“十三五”建设规划》中，对我国岩溶地区的石漠化治理工作提出了明确的指标。规划提出，到 2020 年，治理岩溶土地面积不少于 $5 \times 10^4 km^2$，治理石漠化面积不少于 $2 \times 10^4 km^2$，林草植被建设与保护面积 $195 \times 10^4 hm^2$，林草植被覆盖度提高 2%以上，区域水土流失量持续减少，基本遏制石漠化土地扩展态势，岩溶生态系统逐步趋于稳定，土地利用结构和农业生产结构不断优化，工程区农民人均纯收入增速高于全国平均水平，生态经济发展环境稳步好转，农村经济逐渐步入稳定协调可持续的良性发展轨道。

(2)治理原则

退化生态系统的恢复与重建要求在遵循自然规律的基础上，通过人类的作用，根据技术上适当，经济上可行，社会能够接受的原则，使受害或退化生态系统重新获得健康并有益于人类生存与生活的生态系统重构或再生过程。生态恢复与重建的原则一般包括自然法则、社会经济技术原则、美学原则3个方面。自然法则是生态恢复与重建的基本原则，也就是说，只有遵循自然规律的恢复重建才是真正意义上的恢复与重建，否则只能是背道而驰，事倍功半。社会经济技术原则是生态恢复重建的后盾和支柱，在一定尺度上制约着恢复重建的可能性、水平与深度。美学原则是指退化生态系统的恢复重建应给人以美的享受。具体如图4-2所示。

除恢复生态学中基本原则适用于石漠化生态恢复过程外，以下原则也应予以重点考虑。

①非地带性原则。岩溶地区具有许多非地带性特征，例如，植物的顶极群落与地带性常绿阔叶林不同，为岩溶常绿绿叶阔叶混交林；与地带性红壤不行，非地带性碳酸盐发育的石灰土在岩溶区占有重要的地位，成土年轻，土壤贫瘠且不连续，岩石裸露度高；具有明显的二元水文结构，水土流失与红壤不同，径流量少渗透性大等。

②最小因子定律与耐性定律。生物的生存和繁殖依赖于各种生态因子的综合作用，其中限制生物生存和繁殖的关键性因子就是限制性因子。生态限制性因子强烈地制约着生态系统的发展，在系统的发展过程中往往同时有多个因子起限制作用，并且因子间也存在相互作用。任何一个生态因子在数量上和质量上存在一个生理活动正常发生的范围。

③种群空间分布与密度制约原理。种群的空间分布格局在总体上有随机、均匀和集群分布格局的方式，由种的生物学特性、种内与种间关系和环境因素的综合影响决定，包括生态位原理和边缘效应原理。种群能按自身的性质及环境的状况调节它们的数量，在一定的空间和时间里，常有一定的相对稳定性。

④生物群落演替与生态适宜性原理。生物与环境的协同进化，使得生物对生态环境产生了生态上的依赖，因此种植植物应让最适宜的植物生长在最适宜的环境中。依次替代的顺序是先锋物种侵入、定居和繁殖，改善退化生态系统的生态环境，使适宜物种生存并不断取代低级的物种，直至群落恢复到原来的外貌和物种成分。

⑤生态系统结构理论与生物多样性原理。生态系统的结构理论与生物多样性原理的核心就是平衡，要保持系统内部的平衡，同时，也要维持能量与物质的平衡，正如前面提到的要尽可能减少系统内的物质与能量输出。

⑥可持续发展原则。岩溶地区人口密度在150~180人/km^2，是全球最多的人口密集型地区之一，耕地面积少，人地矛盾尖锐，形成了以人为干扰为驱动机制的“贫困—人口增长—土地退化”的恶性循环，在进行生态恢复设计时，应充分考虑生态经济社会的协调发展，保障区域的可持续发展。

⑦公众参与原则。岩溶地区退化生态系统的恢复离不开当地公众的支持，恢复措施的实施需要公众的理解与参与，公众参与的广度与深度是评价生态恢复的重要方面。通过广泛的工作参与，不仅可以充分发挥民主，提高生态恢复的决策性，更好地协调人与环境的关系，还可以依靠和发动群众，参与当地的恢复实践。最后，公众参与有

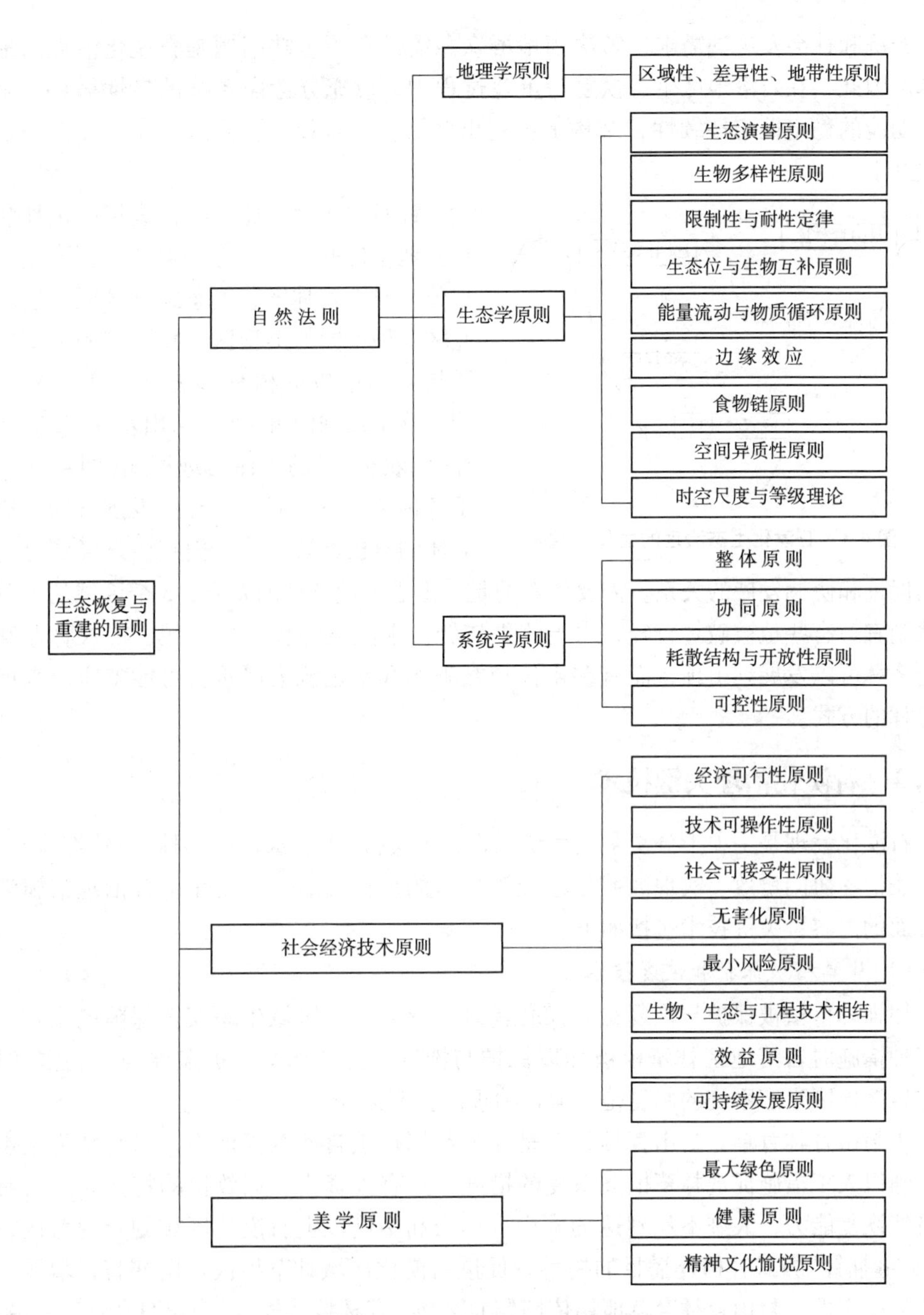

图 4-2 生态恢复与重建的原则

利于提高公众保护环境的意识和责任感，因此要积极维护公众自身环境权益，推动岩溶区生态保护和恢复的顺利开展。

4.2.2 石漠化治理立体布局

如何采取有效的技术措施，合理利用紧缺的土地资源，以取得较高的生态、经济和社会效益，是岩溶地区能否实现可持续发展的关键。岩溶地区由于人口压力大，毁林开荒现象较为严重，坡度较缓的地块一般都被开垦成耕地了，如何充分考虑当地生态、经济和社会发展的需求，解决当地群众急需的资源短缺问题是石漠化治理面临的难题。因此，在岩溶地区生态恢复与重建过程中，应充分考虑系统的良性循环，生态系统功能的稳定性与持续性，结构上体现出多层次复合经营，力求生态、经济与社会效益并重。

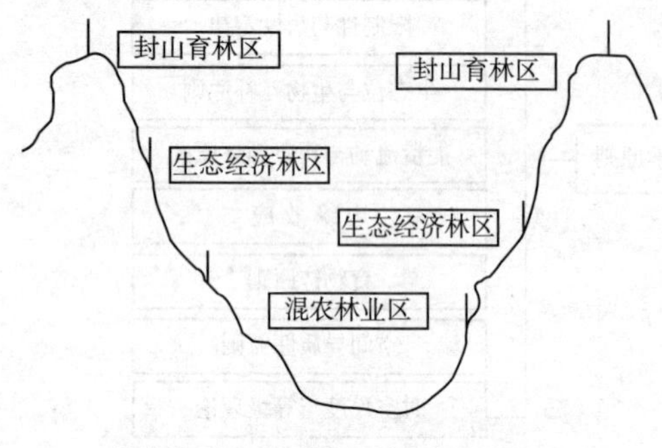

图 4-3 石漠化生态治理的立体布局

针对岩溶地区比较有代表性的山地状况与立地条件的差异，将岩溶地区石漠化治理划分为封山育林区、生态经营林区和混农林业区 3 种不同的类型区，在不同的类型区配置与之相适应的树种和方法，实行分区治理，从山顶到山脚采取“封山育林-生态经济林-混农林业”的立体治理模式(图 4-3)，赋予各种类型不同的生态经济发展方向，通过立体的有机配置，使它们在生态经济上达到相互促进和协调发展的关系。需要注意的是，由于地貌条件的差异，3 个区域的划分应因地制宜，有些植被破坏较轻，水土流失较轻，水湿条件较好的区域，混农林业和生态经济林可以发展到山顶，而有些山体植被破坏和水土流失严重，可能整座山采取封山育林的方式。

4.2.3 石漠化治理关键技术

石漠化治理是一项十分复杂的系统工程，要实行“山、水、田、林、路”综合治理、标本兼治、协同增效，实现区域生态经济环境的良性发展。石漠化综合治理措施涉及多方面的内容，关键技术包括如下。

(1)林草植被保护和恢复技术

加强林草植被保护与恢复是石漠化治理的核心，是区域生态安全保障的根基。采取多种措施对岩溶地区林草植被加以保护与恢复，提高林草植被盖度与生物多样性，促进岩溶地区生态系统的修复是石漠化治理的主要途径。

①封山育林育草。封山育林育草是充分利用植被自然恢复能力，以封禁为基本手段，辅以人工措施促进林草植被恢复的措施，具有投资小、见效快的特点。对具有一定自然恢复能力，人迹不易到达的深山、远山和中度以上石漠化区域划定封育区，辅以“见缝插针”方式补植补播目的树种，促进石漠化区域林草植被正向演替，增强生态系统的稳定性。封山育林育草地块依照《封山(沙)育林技术规程》(GB/T 15163—2004)执行，植被综合盖度在 70%以下的低质低效林、灌木林等石漠化与潜在石漠化土地均可纳入封山育林范围，原则上单个封育区面积不小于 $10hm^2$。

②人工造林。科学有效的植树造林是岩溶生态系统恢复得最直接、最有效、最快速的措施。依据国务院批准的新一轮退耕还林还草总体方案，将岩溶地区坡度在 25°以上的坡耕地和重要水源地坡度 15°~25°的坡耕地纳入退耕还林还草工程之中。根据不同的生态区位条件，结合地貌、土壤、气候和技术条件，针对轻度、中度石漠化土地上的宜林荒山荒地、无立木林地、疏林地、未利用地、部分以杂草为主的灌丛地及种植条件相对较差的坡耕旱地、石旮旯地，因地制宜地选择岩溶地区乡土先锋树种，科学

营造水源涵养、水土保持等防护林。根据市场需要和当地实际，选用"名特优"经济林品种，积极发展特色经果、林草、林药、林畜、林禽等特色生态经济型产业，开展林下种养业，延长产业链；根据农村能源需要，选择萌芽能力强、耐采伐的乔灌木树种，适度发展能源林。

③森林抚育。森林抚育是森林经营的重要内容，是指从幼林郁闭成林到林分成熟前根据培育目标所采取的各种营林措施的总称，包括抚育采伐、补植、修枝、浇水、施肥、人工促进天然更新以及视情况进行的割灌、割藤、除草等辅助作业活动。通过调整树种组成、林分密度、年龄和空间结构，平衡土壤养分与水分循环，改善林木生长发育的生态条件，缩短森林培育周期，提高木材质量和工艺价值，发挥森林多种功能。对幼龄林采取割灌修枝、透光伐措施；对中龄林采取生长伐措施；对受害木数量较多的林分采取卫生伐措施；对防护林和特用林采取生态疏伐、景观疏伐措施；对低质低效林采取树种更新等改造措施，确保实施森林抚育后能提高森林质量与生态功能，构建健康稳定、优质高效的森林生态系统。

(2)草地改良与畜牧业技术

发展草食畜牧业是兼顾生态治理、农村扶贫和调整农业产业结构，促进农业产业化发展的重要举措。岩溶地区整体气候湿润，降雨充沛，雨热同季，黑山羊、黄牛等牲畜在岩溶地区培育历史悠久，且部分中高山地区及土层瘠薄地区仅适合于草本植物营养体的生长与繁衍，通过因地制宜地开展草地改良、人工种草等措施恢复植被，提高草地生产力；按照草畜平衡的原则，充分利用草地资源以及农作物秸秆资源，合理安排载畜量，加强饲料贮藏基础设施建设，改变传统放养方式，发展草食畜牧业。

①草地建设。主要包括人工种草、改良草地。对中度和轻度石漠化土地上的原有天然草地植被，通过草地除杂、补播、施肥、围栏、禁牧等措施，使天然低产劣质退化草地更新为优质高产草地，逐渐提高草地生产力。同时，根据市场需求和土地资源条件，依托退耕还林还草工程、退化草地及林下空地，科学选择多年生优良草种，合理发展林下种草或实施耕地套种牧草，建设高效人工草场，为草食畜牧业发展提供优质牧草资源。

②草种基地建设。草种是石漠化地区草地恢复的重要保障，对于提高草地质量、改善石漠化地区植被状况具有重要作用。建设草种基地，可提供草地建设需要的优质草种，提升草场生产水平，为草食畜牧业发展提供保障。按照石漠化地区草场建设实际情况，选择适宜地区开展草种基地建设，为草地建设提供种子资源。

③青贮窖建设。青贮是复杂的微生物发酵的生理生化过程，依托其自身存在的乳酸菌进行发酵，产生酸性环境，使青贮饲料中所有微生物都处于被抑制状态，从而达到保存饲料的目的。青贮饲料可保持青绿多汁的特点。为充分发挥高产饲料作物的潜力，做到全年相对均衡地饲喂家畜，保证饲料质量且避免草料损失，根据草地建设规模与生物量、养殖的牲畜种类及数量、青草剩余量等科学测定青贮窖的规模，确保青贮窖使用率。棚圈有利于石漠化地区牲畜越冬，改善饲养条件，各地可结合其他专项资金积极推进建设。

(3)水土保持综合技术

根据区域粮食供给状况，针对轻、中度石漠化旱地(坡耕地或石旮旯地)适度开展以坡改梯为重点的土地整治，降低工作面坡度，改善土壤肥力，建设坡面水系、水利水保、生物篱等综合配套措施，减少水土流失，实现耕地蓄水保土，建设高效稳产耕地，保障区域粮食供给。

①坡改梯。针对坡度平缓、石漠化程度较轻、人多地少矛盾突出的村寨周边，选择近村、近路、近水的地块实施以坡改梯工程为重点的土地整治，通过砌石筑坎，平整土地，降缓耕作面坡度；实施客土改良，增加土壤厚度，提高耕地生产力；强化坡改梯后耕地地埂绿篱或生态防护林带建设，提高林草植被盖度，改善耕地生态环境，保证坡改梯后土地承载能力的提升。

②小型水利水保配套工程。根据坡改梯区域实际地形、水源分布与自然灾害特点，合理配套建设引水渠、排涝渠、拦沙谷坊坝、沉沙池、蓄水池等坡面及沟道水土保持设施，拦截水土，改善农业耕作条件，提升耕地的保土蓄水功能，将低质低效石漠化旱地建成高效稳定的优质耕地。此外，各地还可结合其他专项资金积极推进石漠化地区植被管护等建设内容。

4.3　石漠化治理与生态恢复典型模式

岩溶地区生态环境脆弱，立地条件恶劣，一旦破坏后形成石漠化土地生态恢复难度极大。然而多年的石漠化治理工作实践表明，在治理之前做好立地环境的调查研究分析，并在此基础上科学规划，选择合理的生态恢复模式，因地制宜的选配树种并加强管理，不仅能有效促进石漠化环境的生态恢复，还能带动当地居民通过发展生态产业来发展经济。根据西南岩溶区的立体环境特点，特别是脆弱环境及其生态恢复的最佳途径，可概括成 7 类主要的植被修复技术模式及其配套的树种和措施。

4.3.1　峰丛洼地治理模式

(1)立地条件和环境特点

我国的峰丛洼地主要分布于贵州西部和南部、广西的西北部和中部、云南的东南部，其他地区有零星分布。海拔因地而异，贵州主要在 800～2000m，广西和云南在 400～800m 之间。气候为亚热带季风气候，年平均气温 14～20℃，年平均降水量 1100～1800mm。

地貌为峰丛洼地山地，岩溶发育、地形奇特，以落水洞为排水点，水流排向地下。除洼地底部、垭口和山麓外，坡度普遍在 35°以上，山麓地形坡度一般在 15°～30°，水土流失和漏失均严重。岩石主要为纯碳酸盐岩，石漠化比较严重，缺水、少土。

山坡零星的土壤主要为石灰土，富钙、偏碱性。耕地主要分布于洼地底部、山麓和山坡下部。洼地底部虽然土壤较厚但常受淹；山麓和山坡耕地多为石旮旯地；山坡上部和山峰多为石漠化严重的石山，但在垭口附近常有季节性表层岩溶泉出露。

(2)植被修复技术思路

山顶地段实施封山育林，在封山的基础上，以发展水源林为主，涵养水源，使表层岩溶泉成为常流泉；山坡地段将石旮旯地实施退耕还林，重点发展以藤本、灌木为主的水土保持林；山麓地段发展以果树、药材为主的高效经济林；洼地底部根据植物生长的适宜性和受淹的情况，发展经济作物和粮食作物。

(3)树(草)种选择

①水源林。广西主要树种有银合欢、青冈、香椿、竹等；贵州主要树种有华山松、滇柏、柏木、喜树、香椿、胡桃、吊丝竹等。

②水土保持林。金银花、刺槐、核桃、山苍子、木豆等。

③经济林。贵州主要树种有板栗、核桃、杜仲、花椒、金银花等；广西主要树种有柿子、枇杷、黄皮、澳洲坚果、苦丁茶、金银花、杜仲等。

(4)配套设施

①开展农田基本建设，包括坡改梯工程、洼地排涝工程、落水洞水土流失防护、建设地头水柜和节水灌溉措施。

②加强种苗培育与管理，培育石漠化地区适生的速生树种和经济效益好的名特优经济林树种，精心管护，建设高效生态林和经济林。

③发展沼气、水电等柴薪替代能源，力争家家户户建有沼气，减少居民对木材消耗。

4.3.2 干热河谷区治理模式

(1)立地条件和环境特点

主要分布于红水河、赤水河、南盘江、北盘江等海拔600m以下的沿江两岸干热河谷地段。该区不独立成带，镶嵌在一些海拔较低的河谷地带，因受焚风效应的影响，河谷地段具有以下特点。

①热量丰富，大于等于10℃积温达5500℃，年均气温大于18℃，昼夜温差大，干旱；年平均降水量1000mm左右，干燥度大于1.5。

②大气和土壤水分亏缺，中心地段呈现“稀树草原”景观。该区土壤主要是山地黄壤，水土流失严重，泥石流，滑坡频繁。

③宜林荒山面积大。

(2)植被修复技术思路

该区域的首要目标是恢复和扩大森林植被，改善石漠化山体的土壤，增加水土保持功能。由于干热河谷区干旱少雨，原生适生植物以灌木为主。因此，林草植被恢复过程中应推广以灌木为主的乔灌草林草植被恢复模式。在林种搭配上，主要采取灌草结合、乔草结合的方式在树(草)种的选择上，主要引进本地或外地适生的耐热、耐旱、耐瘠薄、喜钙的树种。

(3)树(草)种选择

灌木主要有剑麻、番麻、小桐子、余甘子、车桑子、花椒、三叶豆、金银花等；用于混交的草有蓑草、白魔玉、黑麦草、柱花草/光叶紫花苕等；主要乔木树种有赤桉、巨尾桉、新银合欢、核桃、板栗、相思、印楝、桑树等。

(4)配套措施

①增加集雨灌溉工程、提水灌溉工程或在上游修建水库，改善山坡灌溉条件。

②加强育苗技术，主要采取容器育苗，先催芽后播种，以解决苗木成活率低的问题。

③由于热量条件好，一些耕地可发展蔬菜，成为贵州的蔬菜基地。

4.3.3 高山、高原岩溶丘陵区治理模式

（1）立地条件和环境特点

主要分布于云南东北部、贵州西部和广西西北部的乐业、天峨、南丹等区域。该区域海拔通常在1300～2400m，坡度较陡，坡度普遍在25°以上，但山顶部相对比较平坦。该区域多为河流的源头，气温相对较低，年均气温13～16℃，年平均降水量1200mm左右，土壤主要是山地黄壤；由于陡坡开垦、过度放牧和开矿采石等，导致水土流失严重，泥石流、滑坡频发，石漠化问题突出。此外，由于该区域热量较低，阔叶乔木树种较少，可选择的造林树种也较少，恢复难度较大。

（2）植被修复技术思路

以营造水源林和水土保持林为方向，实现乔木、灌木、草本相结合，生态防护林和经济林相结合，人工造林与封山育林相结合。坡地主要采取灌草相结合、乔草相结合的方式，恢复林草植被，以防治水土流失；山顶和比较平坦的地带，适当发展草场和牧场，改善农村居民经济状况。

（3）树（草）种选择

乔木树种以针叶林树种为主，如华山松、云南松、滇柏、侧柏等；灌木树种主要有小桐子、余甘子、车桑子、三叶豆、金银花等，用于混交的草有蓑草、白魔芋、柱花草等；牧草主要有黑麦草、白三叶等。

（4）配套措施

①发展集雨灌溉工程和节水灌溉系统，修建水土保持防护堤坝，改善山区灌溉条件。

②加强牧场建设，引进和改善种草、养畜技术。

4.3.4 重度石漠化区治理模式

（1）立地条件和环境特点

主要分布于云南、贵州、广西的岩溶峡谷、岩溶槽谷和峰丛洼地等典型地貌分布区。海拔高度和气候因地区差别很大，但海拔均在2400m以下，年均气温12℃以上，年平均降水量普遍在1000mm以上。

岩石主要为纯碳酸盐岩，岩溶发育，地形陡峻，石漠化土地主要发生在山坡，坡度在35°以上，水土流失非常严重，土被不连续、破碎和瘠薄。山峰和岩溶峡谷、槽谷山坡多为荒山，局部山坡也有少量耕地，分布于谷地及两侧山麓。山坡、山麓耕地也为石旮旯地，生境恶劣，生产力低下。由于石漠化严重，山坡和峡谷地段干旱缺水。

（2）封造技术思路

对于坡度35°以上、土层薄、地表水极度匮乏、立地条件极差，基本不具备人工造林的立地条件，应采取全面封禁的技术措施，减少人为活动和牲畜破坏。根据生态环境条件，先培育草类，进而培育灌木，通过较长时间的封育，最终发展成乔木、灌木、草本相结合的林草植被群落。坡度35°以下的山坡和山麓实施退耕还林工程，发展以果树、药材、香料、饲料为主的经济林果木，增强石漠化区域居民的经济收入，改善经

济状况。

(3)树(草)种选择

主要选择本地适生，最好是已经广泛栽培的名特优植物。广西主要树种有：任豆、香椿、柿子、枇杷、黄皮、澳洲坚果、苦丁茶、金银花、肥牛树、竹等；贵州有漆树、黄檗、李、板栗、核桃、杜仲、花椒、竹。

(4)配套措施

①建设水土保持堤坝、引水、提水等小型水利灌溉系统。

②根据当地实际情况，完善管护制度，对完全封山区加强管理，并安排专人长期监管。

③发展水电、沼气等薪材替代能源，减少居民对木材及灌草的采伐。

4.3.5 水库上游陡坡带治理模式

(1)立地条件和环境特点

主要分布于红水河和乌江等河谷两岸，有很多大中型水库和水电站，是实施西电东送的重要水电站。由于该河谷地带及其相邻地区人口密集，土地资源少，人地关系的矛盾比较尖锐，以致出现高强度的土地开发利用现象。河谷两侧的谷坡以及河堤两侧的土地多数被开垦为耕地、园地、菜地，只有少量地段栽种了不连续分布的护岸、护堤林。而河谷地带以水动力和重力为营力的侵蚀作用十分强烈。因此，沿江河两岸地表物质稳定性很差，具有侵蚀容易、保护难的特点，在不合理的人类社会经济活动影响下，极容易产生河谷坡径流侵蚀、坡麓洪水沟蚀，以致引发河岸崩塌，坡体滑坡，河堤抗洪能力降低和河流泥沙含量增高等生态环境问题。

(2)植被修复技术思路

江岸地带造林的主要目标是营造水土保持林和护岸林，用于护岸固坡、护堤稳基，减少江河泥沙，保护和改善长江、珠江中上游沿江两岸生态环境。有些地块可以封造结合，实行封禁管护，以实现护坡、护岸、护路，减少土壤流失以及塌陷、滑坡、泥石流等灾害。

(3)树(草)种选择

主要选择根系发达、萌蘖性强、抗冲性好的树种，如杨、喜树、枫杨、香椿、大叶桉、金银花、桤木、桑树、慈竹、榆树、刺槐、水杉、柳杉、柳树、紫穗槐、柑橘等。

(4)配套措施

在水土流失严重的地带，修建水土保持林保护堤坝；在塌陷、滑坡、泥石流等易发地段，要进行工程防护与处理。

4.3.6 风景旅游区观光林业模式

(1)环境特点

西南岩溶区景观资源丰富，很有开发前景。一些已成为著名的风景旅游区，如云南的石林、普者黑，贵州安顺的黄果树、贵阳的红枫湖、荔波的小七孔，广西的桂林山水、乐业天坑、德天瀑布等，其他区域还有许多极具开发潜力的岩溶景观。

风景旅游区的自然特点为：风景旅游区及其沿路地带，自然条件一般较好。西南岩溶地区雨水充沛，热量丰富，森林植被长势较好，交通比较便利，且具有较好的生态建设实践经验，但土地资源珍贵，人为破坏较严重。

(2)植被修复技术思路

生态旅游区及其沿路地带，造林树种选择上应首先考虑观赏性较强，生态效益十分突出的树种，营造的林分应为景区、景点添光增彩。规划时既要考虑与景区的协调性和统一性，还要考虑立体配置、水平混交等因素；整地不宜采用炼山、全垦、大穴等方式。部分风景区及其沿路地带，还有一些独特的景观地貌，如石林、石穹、壁画等，是一种自然和人文遗产，这些地带绝对不能进行绿化。

风景旅游区周边公路、铁路十分发达，通道绿化是当地对外的窗口，是一个地方的“形象工程”。结合通道工程建设，在次要公路、偏远地带，营造生态型通道林，体现固土、绿化等功能；在主要公路、人口密集区，营造生态经济型通道林，体现固土、绿化、美化、经济等功能；在旅游区景点附近，有计划地种植景观林，丰富景观资源。

(3)树(草)种选择

乔木树种可选择喜树、枫杨、枫树、樟树、香椿、慈竹、银杏、桤木、慈竹、红椿、枫香、马褂木、水杉、柳杉等；经济树种可选用猕猴桃、柑橘、桃、梨、李等；灌木树种可选用紫穗槐、剑麻等；此外还可以配置一些花草品种，丰富景区景观。目前岩溶旅游区的景观林主要有：椰树、红叶林、枫树、玉兰等。

本章小结

石漠化是西南地区最为严重的生态问题，影响珠江、长江的生态安全，制约区域经济社会可持续发展。本章主要从岩溶石漠化成因与分布现状以及岩溶石漠化主要治理模式入手，对石漠化综合治理理论与实践进行概括与总结，主要内容如下。

由于岩溶地貌的二元结构性特征(地表和地下双层结构)，使整个环境系统在进行中形成了一个复杂的、多相多层次的、高熵岩溶环境界面。针对岩溶地区特殊的地质背景、典型的二元水文结构、特有的植物群落，该区生态系统脆弱性特征可以归纳为：以岩石-土壤系统为本底特征，其中的关键驱动机制是地表-地下二元水文结构，而生态系统脆弱特征直接表现在岩溶植被的结构与类型方面。

石漠化的危害主要表现为水土流失、自然灾害频繁和生态系统退化，土地资源丧失和非地带性干旱等，不但加剧了岩溶地区的贫困而且危及长江和珠江中下游地区的生态安全。由于岩溶环境的特殊性使得人地矛盾较其他地区更为尖锐，其脆弱性更易推动生态环境的恶化，进而增加群众对土地资源的依赖性促使土地资源的负荷加大，形成恶性循环。

石漠化治理是一项十分复杂的系统工程，要实行“山、水、田、林、路”综合治理、标本兼治、协同增效，实现区域生态经济环境的良性发展。针对岩溶地区比较有代表性的山地状况与立地条件的差异，将岩溶地区石漠化治理划分为封山育林区、生态经营林区和混农林业区 3 种不同的类型区，从山顶到山脚采取“封山育林-生态经济林-混农林业”的立体治理模式。

思考题

1. 岩溶地貌的生态脆弱性表现有哪些?
2. 什么是石漠化?石漠化的成因有哪些?
3. 石漠化对环境的影响有哪些?治理石漠化的目标是什么?
4. 石漠化的治理模式有哪些?请具体举例说明

第5章 城市水土保持

改革开放40多年来，中国城镇化率由1978年的17.9%提高到了2017年的58.5%，城镇人口数量从1978年的1.7亿增长到了2017年的8亿人口以上。据专家预测，到2030年，我国普遍城市化水平将达60%以上，东南沿海地区部分城市的城市化水平将更高。随着我国城镇化进程的快速推进，城市用地范围不断扩大，城市人口数量急剧增加，交通、房地产、市政基础设施等开发建设项目迅猛发展，大量的开挖扰动、弃土弃渣的产生、城市硬化地表面积的增加、城市排水系统的改变或破坏等，给城市带来了诸如大气悬浮颗粒物污染、城市内涝、滑坡及泥石流等水土流失问题，严重影响了城市安全及可持续发展，甚至造成了巨大的生命和财产损失。

5.1 城市水土流失问题及形成机制

5.1.1 城市水土流失问题

1995年8月，水利部在深圳市召开了全国沿海城市水土保持座谈会，第一次提出了城市水土流失问题。1996年，水利部在大连市首次召开了全国城市水土保持工作会议，明确在全国10个城市开展试点，标志着我国城市水土保持工作的正式展开。随后的20年里，由于城市水土流失问题的突发性、普遍性和严重性，工作重点主要集中在认识和解决城市水土流失问题，但对城市水土流失的解释尚未完全统一。唐克丽(1997)认为，城市水土流失是指在城市化进程中，人为活动引发的新的水土流失。甘枝茂等(1997)对城市土壤侵蚀的解释是：在城市范围内的市区及郊区，因受各种作用，特别是人为活动的影响，所形成的泥土、沙粒、废渣等流失过程。柴宗新(1997)认为，城镇侵蚀是土地侵蚀的一个类型，指发生在城镇(含工厂)用地的侵蚀，其侵蚀的泥沙等固体物质对沟道、河谷和水利工程等淤积严重，并造成洪涝等二次灾害。另外一种观点认为：城市水土流失是指在城市发展过程中，发生在城市范围内的，由于人为活动或者自然因素所致的水土流失。这里的人为活动是指建设用地开发、采石、筑路、架桥、引水和排水设施及城市垃圾处理等基本建设过程中，因不注意水土保持引发的水土流失、滑坡、泥石流及洪涝灾害等，它不仅包括城市化过程中土地开发，而且包括乡镇的土地开发及基础设施建设或工矿区开发中扰动(或破坏)原地表造成水土流失的问题。它产生的主要原因是人类的活动。可以说，城市水土流失是在城市这一特定区域，在城市开发建设过程中因人为活动扰动地表和地下岩土层，破坏原始下垫面结构或堆置废弃物、构筑人工边坡而造成的水土资源的破坏和损失，是一种特殊的水土流失类型。

2006年，祁生林等对以上几种城市水土流失解释进行分析后认为，城市水土流失是指在城市化进程中，发生在城市建成区、城市规划控制区及城市周边影响区，由于自然因素和人为因素所引起的水土资源的破坏与损失(这里水资源和土地资源是侵蚀的主体，同时水资源也是侵蚀的动力因子。另外，水资源的破坏与损失包括水量的损失和水质的破坏两个方面)。这样界定城市水土流失：一方面可以把城市水土流失与自然水土流失、工程侵蚀等区别开来(当然两者也有密切的联系)，形成了城市水土流失特有的研究对象和研究内容，符合学科分类的原则；另一方面也客观反映了目前城市中水土流失问题突出的原因及其防治的现实需要。同时，明确城市水土流失概念，也是城市水土流失分类分级符合科学性、逻辑性的基本前提条件。

与山区丘陵区的水土流失相比，城市水土流失具有以下特点：一是造成水土流失的原因主要是人为因素，自然因素加剧水土流失；二是危害具有多样性，大气颗粒物污染，城市内涝，弃土消纳场导致的泥石流等；三是危害严重，不仅影响居民的生产生活和城市安全，还造成巨大生命和财产损失；四是防治的标准较高，城市水土流失的防治不仅要求防治水土流失，还需要净化美化环境、与城市防洪排涝相结合等。

城市水土流失是一种典型的人为加速侵蚀，其危害远比山区、丘陵区及乡村水土流失严重，不仅影响城市的文明形象和居民的生产生活，还危害城市安全及城市的可持续发展。具体来说，城市水土流失的危害主要有以下几个方面。

(1)*增加大气颗粒物污染浓度，影响城市空气质量，危害城市居民健康*

城区开发建设项目在促进城市经济迅猛发展的同时，也严重影响了城市空气质量，空气中的沙尘、粉尘、烟雾、有害气体等不断增加，其危害也日益凸显。现已得到初步证实，大气颗粒物在空气中长时间滞留，若被人体吸入后，会积累在呼吸系统中，引起肺病、心脏病、哮喘病等多种疾病。近年来，许多城市由于空气中颗粒物含量增加造成的雾霾天气出现更加频繁，尤其是在冬季，由于重度雾霾，在许多城市，大量的企事业单位、社会团体被迫放假，学校被迫停课，严重干扰了正常的社会秩序和人民群众的正常生活。

(2)*导致城区排水不畅，内涝频发，影响交通及城市安全*

随着城区硬化地表面积增加，地表径流量、洪峰流量增加，且地表径流汇集速度加快，急剧地增加了管网的排泄压力，同时径流携带的泥沙、生活生产废弃物，大量淤积于下水道、排洪渠及河道，造成排水管网堵塞或水毁。排洪渠道大量堵塞与淤积，致使排洪设施瘫痪，排水泄洪能力大大下降，导致城市被淹，内涝不断。积水、内涝严重影响城市交通和城市安全，经常导致多路段交通瘫痪、中断，城市低洼地、地下室被淹，威胁城市安全。

(3)*破坏生产生活设施，影响居民的正常生产生活*

除大气颗粒物污染外，城市水土流失主要是由于暴雨因素引起的，并伴随内涝和管网堵塞，一些地下排水管网不但不能排水还往外冒水，不仅影响市民的出行，也常会对地下供水管网、供气管网、电缆电线等构成严重威胁，造成断水、断电、断气，严重影响了城市居民的生产生活。

(4)破坏城市生态环境，影响城市文明形象

城市水土流失中，空气颗粒物增加，造成空气污染，地表径流增加，造成内涝、泥沙淤积、水毁等现象，又致使低洼地植被被淹或者被淤埋，路面积水后泥泞不堪。经常大雨一下，满街泥泞，不仅破坏了城市的各种设施，而且破坏了城市生态环境，影响城市文明形象。

(5)造成的经济损失较大

城市由于人口、建筑及各种设施密集，水土流失造成的损失巨大。2012 年 7 月 21 日至 22 日，我国大部分地区遭遇暴雨，其中北京及其周边地区遭遇 61 年来最强暴雨及洪涝灾害。根据北京市政府举行的灾情通报会的数据显示，此次暴雨造成 79 人死亡，房屋倒塌 10660 间，160.2 万人受灾，经济损失 116.4 亿元。2015 年 12 月 20 日，位于深圳市光明新区的红坳渣土受纳场发生滑坡事故，造成 73 人死亡，4 人下落不明，17 人受伤(重伤 3 人，轻伤 14 人)，33 栋建筑物(厂房 24 栋、宿舍楼 3 栋，私宅 6 栋)被损毁、掩埋，90 家企业生产受影响，涉及员工 4630 人，事故直接经济损失 8.81 亿元。

5.1.2 城市水土流失形成机制

城市水土流失形成机制研究是有效开展城市水土保持的工作基础，因此，应对城市水土流失的原因和城市水土流失形成的时空特征进行分析。

5.1.2.1 城市水土流失的成因

城市水土流失是人为因素和自然因素综合作用的结果，前者起主导作用，其主要体现在土地的超强度开发、水土保持方案管理机制的不健全和缺乏生态环境保护意识等。综合来看，造成城市水土流失的原因的主要涉及以下方面。

(1)高强度开发，建筑密集，地表硬化率高

随着城镇化的推进，城市硬化地表面积不断增加，降雨后地表下渗能力降低，地表径流总量、洪峰流量变大，峰值时间提前，逢雨即成灾，城市内涝日趋严重，严重影响了城市居民的生产生活和城市安全。近年来，在北京等一些大城市，甚至造成了巨大的生命和财产损失。

(2)开发建设项目较多，产生大量裸露地表及大量的弃土弃渣

随着城市人口数量的增加，开发建设项目大量立项上马，持续开挖扰动将产生裸露地表，如果施工场地管理不规范，将产生大量的扬尘。同时，由于城市土地资源越来越稀缺，为了解决防空及停车问题，城市地下空间也越来越多地被开发利用；房地产建设过程中产生的大量弃土弃渣，临时堆存产生的扬尘，导致空气颗粒物增加，运输过程中的沿途遗撒，渣土流失导致城市管网堵塞，最终弃渣的堆放可能导致滑坡、泥石流，从开挖扰动到弃渣堆放都存在很大的水土流失隐患。

(3)城区河网密度小，排水管网设计标准低，部分管网老化失修

作为城市不可或缺的基础设施，排水管网系统在城市防洪排涝、公共卫生安全、水污染防治中发挥着非常重要的作用。城市化的飞速发展，植被及农田在大面积消失，高楼、厂房、路面等不透水下垫面面积增加，城市地表径流增加，雨水管网设计时，

通常利用恒定流水力计算公式结合暴雨强度公式进行计算，由于雨水在雨水管中通常是非恒定流，且暴雨强度公式没有考虑降雨随时间的变化，计算结果存在较大误差。另外，管网建设时，排水标准低、管径过小、雨污合流现象非常常见，管网年久失修，降雨后，极易导致内涝及水土流失。

(4)周边环山的城市，山区的水土流失治理程度低

周边环山的城市，如果周围山坡水土流失治理程度低，汇流面径流系数较大，没有标准较高的滞洪拦沙设施，降雨后，会导致山洪涌入城市，极易发生水土流失恶性事件。

(5)开发建设项目管理不规范，水土保持方案编制滞后，未严格实施“三同时”制度

近年来，由于城区项目同时开工的较多，一些项目业主水土保持法律意识不强，再加上监督管理、监督执法不到位，仍然存在边开工边编报水土保持方案或者先开工后补报水土保持方案的情况。项目验收时看似都是合格的，但造成了项目建设过程中的水土流失没有什么防治措施，虽然每个项目流失不多，但由于项目众多，所有项目累计起来，仍给城市水土流失带来了很大隐患。

(6)城市居民的水土保持意识不强，城市垃圾随意丢弃和污水随意排放

一些城市居民的水土保持意识不强，城市垃圾随意丢弃和污水的随意排放，不仅容易造成城市管网堵塞，也增加了人为水土流失物质源，恶化了城市生态环境。

5.1.2.2 城市水土流失的时空特征

城市水土流失具有随项目建设周期变化及长期影响的双重特点，对于大气颗粒物污染和土壤流失，水土流失主要发生在项目建设期和自然恢复期，水土流失持续时间一般是开发建设土地裸露时间和自然环境恢复所需时间的函数。随着工程建设的推进，开发建设区水土流失发生阶段性的变化。普遍观点认为，城市水土流失多发于城区的开发建设区，其地域不是固定的，随城市扩展而不断向外推进演替。它的面积可用一定时期内受城市建设扰动和破坏的土地面积来表示。

对水的流失而言，城市水的流失是长期的、持续的。地表硬化是城市化的主要特征之一，城镇化的快速发展，使城市的土地利用结构发生了显著变化，原来以植被为主的自然景观逐渐被众多的建筑物质所取代。地表硬化面积的不断扩大：一方面使得下垫面粗糙度增大，反射率减小，地面长波辐射损失减少，致使在同样天气条件下吸收和储存更多的太阳辐射，从而改变了城市下垫面的热力属性，是引发城市热岛效应的重要原因之一；另一方面阻隔了大气和土壤的水分交换，使得自然降水不能渗入土壤，地表径流高度集中，且大部分被强制性地排入下水道。同时，地下建筑的地基扰动以及对地下水的超支开采，导致地下水位的下降，限制了地下水对城市土壤水分的补给。地表硬化对降雨下渗和地下水补给的影响，改变了城市的水平衡，使得城市原来土壤的水力特征发生改变，导致城市内涝及地面下沉等。这种影响是长期和持续的。

在不同的城市发展阶段，城市土地增长模式、土地流转类型和城市建设区域不尽相同，使一定时期内城市水土流失的空间范围有着很大的区别。在基础设施建设和房地产蓬勃发展阶段，建筑施工面积急剧增加，由此产生的扬尘对大气环境造成了严重污染，施工扬尘具有分散面广、污染状况时空不均、污染排放随机性大、产排情况量化困难、防治管理难度大的特点。目前，建筑施工扬尘已成为严重影响空气质量的污

染因素。以北京市为例，2002 年，经过模型测算得出，北京市施工扬尘对 PM10 浓度的贡献率为 10.7%，2014 年，PM2.5 来源解析结果显示，北京市的扬尘源对 PM2.5 浓度的贡献率为 14.3%，且城市总扬尘量的 1/3 为施工扬尘。因此，建筑施工扬尘是大气中 PM10 和 PM2.5 的重要来源之一。

除对空气质量影响外，对地表及地下的影响范围也较大：一方面，城市地表的高度硬化，导致降雨后径流高度集中，被迫进入管网，城市内涝频发；另一方面，城市径流携带大量泥沙、城市垃圾进入河网水系，导致水体污染，城市水土流失区域可能延伸到项目建设区外甚至城区外很大范围。对地下而言，地表硬化，切断了天然降雨对地下水的补给通道，再加上对各种城市建筑地下的开挖扰动及地下水开采，导致城区地下水位持续下降，引起城区地面下沉等危害。

5.2 城市水土流失防治技术

国外发达国家城市化发展和扩展时间较早。城市的发展不仅加剧了与洪水径流相关联的危险，而且给由枯水期水流支撑的资源造成伤害，因为洪水管理既要考虑洪峰水量也要考虑枯水径流，既要考虑地表可见水道也要考虑地下土壤水分的长期蓄存。为此，在许多发达国家的大城市，为了消减地表径流，蓄存降雨，解决内涝与干旱缺水的矛盾，各种类型的渗透池应运而生，开口敞开的“干燥”池、具有相对稳定水面的永久性池子、具有波动水面的临时大池子，还有建于地下或者平地上的池子。另外，河流不仅是城市径流排泄的通道，也代表着潜在的野生生物的走廊、完整生态系统的湿地增殖者、景观资源、靠近居住区的休闲娱乐设施以及邻近地区与公园的绿色纽带。为了改善河流排洪能力、减少河流污染，通过综合利用土地设计、地貌形态、植被和修建材料等景观设计观点进行河流修复，包括走廊保留、河岸治理、地貌恢复和梯级控制，取得了很好的水土保持效果。

为了应对和改善城市化带来的水土资源的破坏恶化问题，从 20 世纪 70 年代开始，发达国家的城市水土保持知识教育、团队建设、法律保障、增加水分渗透和河流恢复等受到广泛关注。一些管理部门和学者认为，搞好城市水土保持首先应提高民众的水土保持意识，获得民众积极支持和参与，这就需要根据其知识水平采取适当施教方式，由有教学经验，具有水土保持专业知识的教师对民众进行宣传或者讲授水土保持知识。团队工作是水土保持事业成功的一种重要方式，通过它，资源管理者可以充分利用外界人员的才能，建立一支有效的水土保持队伍。此外，在美国，联邦、州和地方环境项目中就侵蚀和沉积控制问题通过了多项立法，要求进行土地清除必须制定侵蚀及沉积控制计划。早在 1972 年，美国联邦政府颁布了发展侵蚀和沉积控制计划的《联邦水污染控制决议》(FWPCA)修正案，要求各个州发展包含侵蚀控制实践的区域计划。1987 年 7 月，美国所有州都颁布了侵蚀和沉积控制法令，交由警察管辖。地方政府侵蚀和沉积控制法规或法令为独立法令或应州立法要求而颁布。其对土地清除程序、侵蚀控制计划的规范和指导方针等方面进行了详细的规定。

我国的城市水土保持研究从时间上可以分为初始阶段和发展阶段，以 1995 年为分界线，在此之前，城市水土保持相关工作主要以行政命令任务下达，表现为被动性、零散性。1995年以后，我国的城市水土保持研究步入快速发展阶段，对城市水土流失的成因、特点、危害、防治措施等进行了广泛研究，显现出主动性和系统性。

城市水土保持是针对城市水土流失而提出来的，针对城市水土流失所造成的生态失调、设施破坏、城市安全三大类危害，城市水土保持具有较传统水土保持更为广泛的内涵。其主要涵盖对城市水土流失的预防和治理、对城市基础设施的生态保障、对城市生态用地(河流水系、各类绿地)的恢复和保护3个方面。首先，城市水土保持应理解为防治开发建设水土流失、水系和生态景观破坏的管理和技术措施；其次，城市水土保持不是要使城市化过程逆转，而是要使城市化过程更加科学、有序、可持续，确保城市化过程中的各种基础设施能发挥其正常的功能，满足人们对美好生态环境的需求；最后，随着城市水土保持的发展，城市水土保持内涵的具体内容是在随时间不断充实和发展的，在部分发达城市已经由最初的对重点流失区防治发展到了整个城市的生态安全建设，城市雨洪资源利用、城市内涝防治、大气颗粒物防治也将逐步被纳入城市水土保持的范畴。

因此，城市水土保持含有传统水土保持的部分内容，但主要还是以体现城市功能为目的的水土资源环境的保护。结合当前城市发展中出现的问题，城市水土流失防治技术主要应针对大气颗粒物防治、泥沙控制、径流控制等进行。

5.2.1 大气颗粒物防治措施

随着城市化进程的快速推进，各地兴起城市新区开发、大型工业园区及城市交通运输等建设项目，大面积开挖扰动产生的弃土弃渣及扬尘已成为新的“城市病”并日益凸显，不仅淤积沟道、管网，也大大增加了大气污染风险，城市水土保持面临着新的挑战。已有研究表明，建筑施工扬尘是大气颗粒物中PM10和PM2.5的重要来源之一。

大气颗粒物是指分散在空气中的固态或液态物质，为大气中的不定组分之一。根据大气中的悬浮颗粒物的粒径，将其分为降尘和飘尘，其中飘尘是指空气动力学当量直径在10μm，由于它容易通过鼻腔和咽喉进入人体呼吸道内，因此也称为可吸入颗粒物。1985年美国将总颗粒物指标TSP项目修改为PM10，后来研究发现主要来源于直接排放的工业污染物和汽车尾气等，直径小于或等于2.5μm的颗粒物也称为可入肺颗粒物，是形成雾霾天气的最大元凶。1997年，美国环保局又一次修订了大气质量标准，规定了PM2.5的最高限制值。我国1996年设定了PM10的标准。近年来，由于雾霾天气出现得越来越频繁，且雾霾越来越严重，2012年在新修订的《环境空气质量标准》增设了PM2.5平均浓度限值，因此，我们国家对PM2.5标准限制设置相对较晚。

相比较而言，国外对PM2.5的研究相对较早，对大气颗粒物的粒度分析、化学成分分析、对人体健康危害、颗粒物特征分析、颗粒物源解析模型等进行了广泛深入的研究，而国内对颗粒物的研究相对较晚，最早主要集中在颗粒物对人体健康的影响上，许多学者研究了富集在空气中有毒重金属、有机污染物、细菌和病毒等有害物质对人体健康的影响，主要关注了大气污染对人体健康的影响。到20世纪初，由于沙尘和雾霾天气的频发，大气污染物的来源及沉降机制、源解析、时空变化成为研究的热点，尤其是在沙尘和雾霾天气频发的北方(兰州、天津、北京等)，初步摸清了这些地区沙尘的来源、雾霾天气形成的原因，大气颗粒物受天气情况的影响等，通过采用主成分分析、多元回归分析等源解析模型，对大气颗粒物进行了源解析分析，如北京城市大气颗粒物的主要来源为，建筑扬尘及自然扬尘贡献率约为 44%，汽车尾气及交通道路尘贡献率约为 28%，油料燃烧排放尘贡献率约为 23%。

据统计，2015 年全国 338 个地级以上城市中，有 73 个城市环境空气质量达标，占 21. 6%；265 个城市环境空气质量超标，占 78. 4%。从各指标平均浓度来看，PM2. 5 平均浓度为 $50\mu g/m^3$，PM10 平均浓度为 $87\mu g/m^3$，SO_2平均浓度为 $25\mu g/m^3$，NO_2平均浓度为 $30\mu g/m^3$，CO 日均值第 95 百分位数浓度范围为 0. 4~6. $6\mu g/m^3$，平均为 2. $1\mu g/m^3$，O_3日最大 8h 均值第 90 百分位数浓度范围为 $62 \sim 203\mu g/m^3$，平均为 $134\mu g/m^3$，6 项环境空气质量指标中，SO_2、NO_2、CO 和 O_3 4 项指标均达标，PM2. 5、PM10 年均值分别超过二级标准 0. 43 倍和 0. 24 倍，首要污染物为细颗粒物，以尘为主。近年来，许多城市由于大气颗粒物含量骤增造成雾霾天气大范围、频繁发生，雾霾天气的发生通常伴随着空气能见度的降低，高浓度的有毒空气颗粒物还威胁着人类的健康，引起社会各界对空气质量问题的空前关注。

目前，防治大气颗粒物污染主要从两个方面进行：一是从源头上进行控制，减少污染源；二是对产生的大气颗粒物进行消减。针对这两个方面，应从监督管理、临时措施和植物措施实施方面加以控制。

5. 2. 1. 1 监督管理

我国的水土保持法律法规制定较晚，第一部《水土保持法》于 1991 年 6 月 29 日由第七届全国人民代表大会常务委员会第二十次会议通过。颁布实施后，为了适应水土保持的新变化和新要求，2010 年 12 月 25 日《水土保持法》由中华人民共和国第十一届全国人民代表大会常务委员会第十八次会议通过修订，于 2011 年 3 月 1 日起施行修订后的《水土保持法》。新修订实施的《水土保持法》从水土保持规划、预防、治理、监测和监督、法律责任等方面，提出了更高的要求，也体现了水土保持的新理念，且对开发建设项目水土保持方案编制、变更、监测和验收等也提出了明确的要求，这对指导城区开发建设项目水土流失的防治提供了法律依据。但新修订的《水土保持法》对城区内的开发建设项目产生的尘控制方面几乎没有涉及。

目前，作为指导开发建设项目水土流失防治重要依据的《生产项目水土保持技术标准》(GB 50433—2018)中，对城市建设项目提出了以下要求：①应保存和利用表土；②应控制地面硬化面积，综合利用地表径流；③平原河网区应保持原有水系的通畅，防止水系紊乱和河道淤积；④植被措施需提高标准时，可按园林设计要求布设；⑤封闭施工，遮盖运输，土石方及堆料应设置拦挡及覆盖措施，防止大风扬尘或造成城市管网的淤积；⑥取土场宜以宽浅式为主，注重复垦，做好复垦区的排水、防涝工程；⑦弃土(石、渣)应分类堆放，宜结合其他基本建设项目综合利用。这些要求对城区内开发建设项目产生的尘的防治提出了要求，但对尘产生的各个环节，要求不够细化。

因此，下一步，国家层面上制定、修改和完善水土保持的相关法律法规规章和标准时，对城区内的建设项目尤其是尘的防治应提出更高的水土保持要求和标准。作为监督执法部门，应根据地方实际情况，提出更加细致可行的监督管理方案。

5.2.1.2 临时措施

大气颗粒物中，除汽车尾气和油燃料排放外，自然扬尘和建筑扬尘占的比重也较大，产生的环节也较多。建筑施工中挖槽、桩基、土方开挖、裸露堆放余土、场地平整、混凝土浇筑、结构建设、装饰、脚手架拆除，散装物料、混凝土搅拌站、施工运输车辆粘带泥土以及建筑材料散落在工地外部城市道路上所造成的二次扬尘等；市政基础施工中的路面切割、破碎、挖槽、土方开挖、土方堆放、场地平整、覆土、道路铺装等；水利工程施工中的淤泥露天堆放、河岸开挖、土方露天堆放、场地平整、覆土等；绿化养护施工中的开挖洞穴、覆土、种植土运输、装卸、裸露堆放等；建筑物拆除施工中的爆破、机械拆除、整理破碎构件、建筑垃圾露天堆放、清运等；渣体及建筑物料运输中的建筑垃圾和工程渣土装卸、运输车辆带泥及运输过程中洒落产生二次扬尘；混凝土搅拌及运输中的原辅材料装卸、露天堆放、配料、施工现场搅拌、混凝土运输车辆带泥及运输过程中道路洒落产生二次扬尘。

扬尘产生后，会在空气中进一步扩散。现有研究表明，工地出口附近道路扬尘会大幅增加，工地周边降尘量从高到低的变化为：工地出入口>附近道路处>毗邻道路处>远离道路处>区域背景处。施工路段大气 PM10 平均浓度是非施工路段的 8.8 倍，在建工地 PM10 平均浓度比建成工地高 82%，比施工前工地高 78%。

为了防止以上环节产生沙尘，应采取以下水土保持临时措施。

(1)施工场地内和周边采取洒水降尘措施

①降尘洒水时间。开挖、爆破前、爆破后、翻渣前和翻渣时。

②洒水要求。渣堆洒水基本湿透，但不能洒水过多，检查标准为洒水面不产生水流。

③洒水方式。人工洒水、车辆喷洒和自动喷雾机喷洒。

④喷洒措施。湿润爆破面、爆破后喷雾(洒水)抑制扬尘扩散、翻渣前湿润石渣、翻渣时喷雾(洒水)抑制渣料下坡时扬尘扩散。爆破前洒水主要采用人工洒水，即在清理完开挖面钻爆前，利用供水管网接软管至开挖作业面，人工喷洒，湿润爆破面。在道路有条件通往作业面里的情况下，也可采用洒水车进行洒水。爆破后洒水主要采用人工喷雾洒水，可辅助喷雾机喷雾(洒水)，必要的时候联合喷雾洒水，确保能抑制扬尘扩散。翻渣前湿润石渣采用人工洒水，可辅喷雾机洒水。翻渣时则采用人工喷雾洒水，可辅以喷雾机和人工共同洒水，抑制渣料下坡时扬尘扩散。洒水降尘时主要采用人工洒水，在人工洒水降尘效果不佳时调整洒水喷雾方式。

(2)临时覆盖措施

①临时覆盖的时间。开挖、爆破后形成裸露面时，临时堆存过程中有裸露松散体时。

②覆盖要求。按照经济、科学的原则选择覆盖材料，一旦形成裸露面或者裸露体时及时覆盖。

③覆盖材料。无纺布、土工布、彩条布、塑料膜、碎石覆盖、卵石覆盖、植被覆盖等。

④覆盖措施。开挖回填面在永久措施实施或者发挥作用前，应对裸露面进行覆盖，覆盖可根据需要覆盖的时间选择覆盖的材料，临时堆存的回填土料、砂石料，堆存过

程中应对裸露松散体进行临时覆盖。需要长时间覆盖的地块，可直接采用草坪或者地被覆盖；对施工场地内，需要频繁碾压的裸露面，使用过程中可采用碎石覆盖，使用结束进行土地整治后采用地被覆盖；对植树坑的裸露面，可采用卵石覆盖或者草坪覆盖，渣体、石料运输过程中应进行覆盖，防止沿途遗撒。

5.2.1.3 植物措施

除了从源头上控制尘的产生，还应对产生的尘进行消减。为了减少空气颗粒物含量，改善城市空气质量，许多学者研究发现，城市绿地植物作为城市绿化的主体，对一定范围内空气中的粉尘具有净化作用，树木的花、果、叶、枝等能够分泌多种黏性汁液，从而起到粘着、阻滞和过滤作用。植物可成功滞留 PM10 颗粒物，其中细颗粒物和超细颗粒物占绝大多数，且园林植被枝叶对粉尘的滞留、附着和黏附作用均是暂时的，随着下一次降雨的到来，粉尘会被雨水冲洗掉，滞尘具有一定的“可塑性”，植物叶片滞尘量在达到极限值以前受空气中粉尘含量和气象因素的影响，其中空气中粉尘含量影响较大，同种植物叶片的滞尘量会随着空气中粉尘含量的增多而增大。

绿地植物的滞尘量不是随着时间的积累而线性增加，而是随时间的推移，滞尘会达到饱和，滞尘量不再增加或增加幅度较小，直到下次降雨过后，经过淋洗的植物叶片又重新滞尘。一般认为大于 15mm 的雨量就可以冲掉植物叶片的降尘。植物的滞尘是一个复杂的动态过程，粉尘在叶片的附着与脱落同时存在，即使在一天中，植物的滞尘量和时间也不是线性相关关系。一般情况下，一天内植物叶片滞尘量分别在上午 8:00~10:00 和下午 16:00~18:00 相对较大。由于受天气状况和叶片本身生长状况的影响，园林植物的滞尘在不同的季节，滞尘量差异也较大，秋、冬季由于地面夜间的辐射降温明显，大气低空容易出现“逆温层”，空气的水平、垂直方向交换流通能力变弱，空气中排放的污染物被限制在浅层大气中，低空大气中的颗粒物含量较大，降雨又较少，植物的滞尘量较大。春季，气温和气流上升较快，气压降低很多，风力较大，附着在叶片上的粉尘容易掉落，夏季，由于降雨较多，空气中颗粒物和叶片上的粉尘容易受到淋洗，所以春季和夏季园林植物的滞尘量较低。

滞尘与颗粒物的输送有密切的关系，同种类植物在封闭式环境条件下叶片滞尘量明显低于开敞式环境条件下的滞尘量，说明同种类植物叶片滞尘量随着环境中粉尘颗粒物含量的增多而增大，在开敞式环境条件下，对同株植物叶片纵向不同高度滞尘量的比较发现，“低”位的滞尘量明显高于“高”和“中”位。江胜利等(2011)在杭州研究发现，同一环境下的 4 种常见的道路绿化植物在垂直高度上的滞尘能力各不相同，但均表现出下部叶片滞尘能力高于中部和上部，这可能是由于在开敞式环境条件下车辆行人繁多，植物叶片的滞尘或粉尘脱落同时存在，容易造成路面较大程度的二次扬尘，因此，同株植物叶片低的位置滞尘量明显高于中部和上部的叶片滞尘量。

(1)滞尘树种的选择

植物通常以滞留或停着、附着和黏附这 3 种方式来进行滞尘，3 种方式往往同时进行，但由于植物种形态学差异，不同滞尘方式其作用机理因植物物种而不同。为了探明植物的滞尘机理，许多学者通过对叶片的微结构进行观察来分析其滞尘的效果，王蕾等(2006)对北京 11 种园林植物研究发现，植物主要通过叶片上表面滞留大气颗粒物，上表面滞留的大气颗粒物数量约是下表面的 5 倍，叶片上表面滞留大气颗粒物的能力从高到低的微形态结构依次为：沟槽>叶脉+小室>小室>条状突起，并且结构越密集、深浅差别越大，越有利于滞留大气颗粒物。一般认为，粗糙的植物叶表面在滞留大气中的悬浮物比光滑的叶表面更有效率，叶表皮具沟状组织、密集表皮毛的树种滞尘能力强，叶表皮具瘤状或疣状突起的树种滞尘能力差。李海梅等(2008)在青岛研究发现，叶表面具有乳状突起又有密集沟状组织的悬铃木滞尘能力最强，滞尘量达到3. 262g/m^{2}，叶表面具有沟状组织的树种，滞尘能力较强，如紫薇的滞尘量为1. 847g/m^{2}，叶表面为瘤状突起的树种，滞尘能力较弱，叶表面光滑的白蜡和具有平滑片状结构的樱花滞尘能力较弱。迈迪娜·吐尔逊(2016)对果树研究也发现，叶面形成的沟槽越深，叶面的滞尘能力越强。除沟槽外，叶片的接触角、气孔的密度、叶面绒毛也是影响滞尘的重要因素，杨佳等(2015)在北京研究发现，叶面沟槽深且间距大、润湿性好、气孔密度(>189 个/mm)较大有利于滞尘，气孔密度(>217 个/mm)更大的叶片有利于滞留 PM2. 5 和 PM10，叶面绒毛数量直接影响 PM2. 5 的滞留量，在不同污染程度下均表现为有绒毛树叶的 PM2. 5 滞留能力更强，张桐等(2017)在北京研究也发现，植物叶表的滞尘能力与叶表气孔的数目及气孔是否开放无显著关系，而与植物叶表的气孔大小有关，气孔大的树种，滞尘能力相对较强，叶表微观性状对颗粒物滞留能力的影响排序为：分泌物>沟状组织>凹槽>褶皱>条状突起。但也有研究认为，不同植物单位面积最大滞尘量与气孔大小成正相关，与沟槽比例成负相关，与气孔密度、叶表皮毛数量关系不显著。植物叶片的接触角不同，滞尘量也不同，植物叶片的接触角通常与滞尘量呈负相关，接触角<90℃表现为亲水性，接触角较小，粉尘与植物叶片接触面积较大，粉尘不易从叶面脱落，滞尘能力较强，反之则滞尘能力较弱。

李艳梅(2018)以工业区、交通区和文教区 3 个不同污染程度区域为采样点，分别对昆明市使用频率较高的广玉兰、桂花、香樟、天竺桂、大叶女贞、球花石楠、法国梧桐、滇朴、高盆樱桃、紫叶李、冬青卫矛、红花檵木、杜鹃 13 种乔木树种各部位进行随机均匀采样测定单位面积滞尘量。结果表明，乔木类植物单位叶面积滞尘能力的强弱顺序为：广玉兰>法国梧桐>天竺桂>红花檵木>桂花>杜鹃>冬青卫矛>滇朴>球花石楠>紫叶李>大叶女贞>高盆樱桃>香樟。广玉兰的单位叶面积滞尘能力最强，单位叶面积滞尘量均值是 2. 322g/m^{2}，香樟的单位叶面积滞尘能力最弱，为 0. 516g/m^{2}，差值达4. 5 倍。

对这些树种的叶面微结构进行电镜扫描观察发现，叶片表面粗糙度较高、凹凸不平、具有大量沟状组织、脊状皱褶等，使得固定颗粒污染物与叶表面之间接触面积较大、物理作用较强，滞留的粉尘不易从叶面脱落，植物叶片滞留颗粒物能力就相对较强。研究还发现，植物叶片的单位叶面积滞尘量、单叶滞尘量均与保卫细胞面积呈显著的正相关关系，说明保卫细胞大小是影响植物叶片滞纳固体颗粒物的一个重要因素。植物叶表密被的表皮毛，能够使颗粒物与叶片表面接触进入绒毛并卡住难以脱落，从而促进颗粒物在叶片表面的滞留，而表皮毛密度较小且呈较长时，不利于颗粒物的滞留。

根据以上分析，滞尘树种应尽量选择有分泌物，叶片有沟状组织、凹槽、褶皱、条状突起、密被绒毛、保卫细胞面积较大的树种。

(2)群落配置模式选择

不同植物群落配置模式对 PM10 的平均减尘率存在一定的差异。李艳梅等(2018)

通过对昆明乔灌草型、乔灌型、乔木型和灌木型 4 种群落配置模式研究发现，4 种不同植物群落配置模式对 PM10 滞尘能力的强弱顺序为：乔灌草型(22.57%)>乔灌型(17.28%)>乔木型(12.04%)>灌木型(2.65%)。其中结构层次最丰富的乔灌草型群落模式滞尘能力最强，分别是乔灌型、乔木型、灌木型的 1.31 倍、1.87 倍及 8.52 倍。

4 种不同植物群落配置模式对 PM2.5 滞尘能力的强弱顺序为：乔灌草型(20.84%)>乔灌型(17.67%)>乔木型(11.59%)>灌木型(5.43%)。其中结构层次最丰富的乔灌草型群落模式滞尘能力最强，分别是乔灌型、乔木型、灌木型的 3.84 倍、1.80 倍及 3.84 倍。

因此，为了削减大气中的颗粒物，在群落配置模式上，应选择结构层次最为丰富的乔灌草型。尽量考虑带宽比较宽的绿化带。

5.2.2 泥沙控制措施

城市开发建设改变了原地形地貌，破坏了原有的土壤和植被资源，施工期间形成大面积裸露地表、裸露堆积体以及施工运输过程中的沿途遗撒，在降雨形成的地表径流冲刷下，极易形成以面状侵蚀、重力侵蚀为主的水力侵蚀，大量泥沙随雨水进入项目建设区以外的市政道路、市政管网及河流水系，产生严重的水土流失并造成路面淤积、市政管网堵塞，严重影响城市的市容市貌及城市排洪体系。为了对城区泥沙进行控制，应采取预防与治理相结合，实行综合整治，施工前，将施工场地围挡形成封闭的施工区域，避免项目产生的水土流失对项目建设区外造成水土流失影响；建设施工中，对裸露区域及堆积体实施拦挡和覆盖，在施工出口设置车辆清洗措施或车辆清洗池将施工车辆外围和轮胎的泥沙冲洗干净，并布设沉沙设施，避免施工车辆携带的泥沙到项目区外，渣土车按要求采取苫盖措施并按规定路线行驶，对于城区内的弃土应放置在城区内的合法的弃土消纳场，并根据水土保持要求采取拦挡、截排水和植被恢复措施。泥沙控制措施具体分为施工区临时措施和渣土消纳场综合防治措施。

5.2.2.1 施工区临时措施

大气中的尘、开挖形成的裸露面、临时堆土、弃土弃渣都可能是城市径流中的物质源，为从源头上控制泥沙的产生，采取相应的水土保持临时措施非常重要。

(1)施工区域的封闭措施

城区建设项目多为面状或者条带状，为了避免径流泥沙对施工区域外的影响，施工前，应对施工区域进行围挡，合理规划施工出入口，控制径流泥沙影响的区域。

(2)临时覆盖措施

对施工区域内形成的裸露面、临时堆存的土料、砂石料等采取临时覆盖措施，避免雨滴击溅或径流冲刷。此外，对运输渣料的车辆也应进行覆盖，防治沿途遗撒。

(3)临时拦挡措施

对施工区域内的临时堆存料采取临时拦挡措施，可根据需要拦挡时间的长短，采用浆砌挡墙、干砌挡墙、砖砌挡墙、编织袋挡墙等措施进行临时拦挡，并注意临时拦挡措施和临时覆盖措施的衔接，在覆盖的前提下保证临时堆存的稳定性。

(4)临时排水沉沙措施

城区径流是泥沙的载体，控制泥沙的产生首先应控制径流的产生，因此，对城区相对平缓的区域，应做好施工区域内的排水，并注意排水和沉淀措施的结合，排水可根据场地的需要及使用时间，采取浆砌排水沟、素砼排水沟、砖砌排水沟、土沟等形式，沉沙也可根据场地情况采用一级沉沙池或者分级沉淀等措施，尤其是在施工出入口处。

(5)车辆清洗设施

施工车辆携带的泥土也是城区泥沙的重要来源，因此，施工车辆出施工区域后应对其进行清洗，并对清洗后的泥水进行沉淀，确保施工车辆清洁进入施工区以外的区域。对沉淀的水可进行循环利用，沉淀的泥沙，进行晾晒后作为弃渣送到专门的弃渣场或者渣土消纳场进行处置。

5.2.2.2 渣土消纳场综合防治措施

城市大规模建设初期，待建地和低洼地相对较多，建设项目的平整以“缺土”为主，工程建设产生的弃土相对较少，弃土排放由社会自然排放，也没有大的问题。随着待建地不断减少，低洼地基本填平，城市人口增长，车辆拥有量也急剧增加，为了解决车辆停放和防空要求，地下空间被越来越多的开发利用，地下开挖产生了大量的弃土弃渣，而在寸土寸金的城区范围内，没有地方布设弃渣场。因此，地下开挖产生的弃土弃渣除少量回填利用外，其余绝大部分都流向了城郊的渣土消纳场，大量渣土消纳场的存在，给城市的水土流失防治和城市安全带来了很大的隐患。

2015 年 12 月 20 日，广东省深圳市红坳城建弃土场滑坡，造成 77 人遇难或者失联，33 栋建筑被掩埋或者不同程度损坏，西气东送管道爆炸，引起社会公众惊悚。深圳红坳弃土场主要接纳城市建筑地基开挖弃土、隧道工程弃土和建筑垃圾，滑坡物质主要是近几年深圳市施工开挖地基和隧道的渣土组成。2002 年，红坳弃土场所在地是一个花岗岩采石场，山体被挖出一个里大外小的山谷状深坑。2008 年，采石场逐渐荒废，降雨时节，周边区域形成的地表径流大量汇入采坑形成积水。2013 年采石场周围裸露的山坡开始复绿，山谷中的深坑积水变成“水库”。2014 年，采石场山谷开始变为渣土消纳场，余泥渣土被倾倒进采坑及“小水库”中。而早在采石场变成渣土消纳场的 2005 年，在采石场下游，海拔只有 30~35m 的工业园区已基本成型，生产厂房和居民也逐渐向山脚靠拢，采石场出口正对着工业园区。为此，从水土保持的角度出发，红坳渣土消纳场本身选址不合理。

为防治城市水土流失和城市安全，渣土消纳场首先应考虑选址的合理性，其次才是按水土保持的要求布设水土保持措施进行防治。

(1)渣土消纳场的选址

新修订颁布实施的《水土保持法》第二十八条规定，应当编制水土保持方案的生产建设项目，其生产建设活动中排弃的砂、石、土、矸石、尾矿、废渣等应当综合利用；不能综合利用，确需废弃的，应当堆放在水土保持方案确定的专门存放地，并采取措施保证不产生新的危害。因此，渣土消纳场的选址是否合理，应由水土保持方案来确定。根据《开发建设项目水土保持技术规程》(GB 50433—2018)等相关规定，弃土、石、渣场选址应符合以下规定。

①弃渣场选址应根据弃渣场容量、占地类型与面积，弃渣运距及道路建设、弃渣组成及排放方式、防护整治工程量及弃渣后期利用等情况，经综合分析后确定。

②禁止在对重要基础设施、人民群众生命财产安全及行洪安全有重大影响的区域布设弃土、石、渣场。

③弃渣场不应影响河流、沟谷的行洪安全，弃渣不应影响水库大坝、水利工程取水用水建筑物、泄洪建筑物、灌(排)干渠(沟)功能，不应影响工矿企业、居民区、交通干线或其他重要基础设施的安全。

④弃渣场应避开滑坡体等不良地质条件段，不宜在泥石流易发区设置弃渣场，确需设置的，应确保弃渣场稳定安全。

⑤弃渣场不宜设置在汇水面积和流量大、沟谷纵坡陡、出口不宜拦截的沟道；对弃渣场选址进行论证后，确需在此类沟道弃渣的，应采取安全有效的防护措施。

⑥不宜在河道、湖泊管理范围设弃渣场，确需设置的，应符合河道管理和防洪行洪的要求，并应采取措施保障行洪安全，减少由此可能产生的不利影响；

⑦弃渣场选址应遵循“少占压耕地，少损坏水土保持设施”的原则。山区、丘陵区弃渣场宜选择在工程地质和水文地质条件相对简单，地形相对平缓的沟谷、凹地、坡台地、滩地等；平原区弃渣场应优先弃于洼地、取土(采砂)坑，以及裸地、空闲地、平滩地等。

⑧风蚀区的弃渣场选址应避开风口区域。

(2)渣土消纳场的堆渣要求

渣土消纳场的堆渣应按以下要求进行。

①弃渣场宜采取自下而上的方式堆置，堆渣总高度小于10m的，在采取安全挡护措施下可采取自上而下的方式堆置。

②弃渣应分台阶放坡堆置，综合坡度宜取22°~25°，并经整体稳定性验算最终确定综合坡度。

③分台阶堆放的应根据堆置的渣体类别，设置堆置的台阶高度。

④渣体堆放应实行分选堆放，大颗粒在下，小颗粒在上，并在堆放的过程中逐层碾压。

(3)渣土消纳场的水土保持措施

①水土保持工程措施。为有效防止渣土消纳场的水土流失，渣土消纳场在使用时，应进行表土剥离，并集中堆放，集中防护，渣土堆放应先拦后弃，并做好周边的防洪工程。工程防护措施布设前，应对弃渣场进行级别确定。

根据《水土保持工程设计规范》(GB 51018—2014)，弃渣场根据堆渣量、堆渣最大高度以及弃渣场失事后对主体工程或环境造成危害程度确定级别，具体见表5-1。

弃渣场防护工程建筑物级别应根据渣场级别分为5级，具体划分见表5-2。并应符合下列要求：拦渣堤、拦渣坝、挡渣墙、排洪工程建筑物级别应按渣场级别确定；当拦渣工程高度小于15m时，弃渣场等级为1级、2级时，拦渣墙建筑物级别可提高1级。

拦渣堤(围渣堰)、拦渣坝、排洪工程防洪标准应根据其相应建筑物级别，按表5-2进行确定，并应符合以下规定。

a. 拦渣堤(围渣堰)、拦渣坝工程不应设校核洪水标准，设计防洪标准应按表5-3的规定确定，拦渣堤防洪标准还应满足河道管理和防洪要求。

表 5-1 弃渣场级别

渣场级别	堆渣量 V ($\times 10^4 m^3$)	最大堆渣高度 H (m)	渣场失事对主体工程或环境造成的危害程度
1	$2000 \geqslant V \geqslant 1000$	$200 \geqslant H \geqslant 100$	严重
2	$1000 > V \geqslant 500$	$150 > H \geqslant 100$	较严重
3	$500 > V \geqslant 100$	$100 > H \geqslant 60$	不严重
4	$100 > V \geqslant 50$	$60 > H \geqslant 20$	较轻
5	$V < 50$	$H < 20$	无危害

注：根据堆渣量、最大堆渣高度、渣场失事对主体工程或环境的危害程度确定的渣场级别不一致时，就高不就低；渣场失事对主体工程的危害是指对主体工程施工和运行的影响程度，渣场失事对环境的危害是指对城镇、乡村、工矿企业、交通等环境建筑物的影响程度；严重危害：相关建筑物遭到大的破坏或功能受到大的影响，可能造成人员伤亡和重大财产损失的；较严重危害：相关建筑物遭到较大破坏或功能受到较大影响，需进行专门修复后才能投入正常使用；不严重危害：相关建筑物遭到破坏或功能受到影响，及时修复可投入正常使用；较轻危害：相关建筑物受到的影响很小，不影响原有功能，无须修复即可投入正常使用。

表 5-2 弃渣场拦挡工程建筑物级别

渣场级别	拦渣工程			排洪工程
	拦渣堤工程	拦渣坝工程	挡渣墙工程	
1	1	1	1	1
2	2	2	2	2
3	3	3	3	3
4	4	4	4	4
5	5	5	5	5

表 5-3 弃渣场拦挡工程防洪标准

拦渣堤(坝)工程级别	排洪工程级别	防洪标准[重现期(a)]			
		山区、丘陵区		平原区、滨海区	
		设计	校核	设计	校核
1	1	100	200	50	100
2	2	100~50	200~100	50~30	100~50
3	3	50~30	100~50	30~20	50~30
4	4	30~20	50~30	20~10	30~20
5	5	20~10	30~20	10	20

b. 排洪工程设计、校核防洪标准按表 5-3 规定确定。

c. 拦渣堤、拦渣坝、排洪工程失事可能对周边及下游工矿企业、居民点、交通运输等基础设施造成重大危害时，2 级以下拦渣堤、拦渣坝、排洪工程的设计防洪标准可按表 5-3 的规定提高 1 级。

d. 弃渣场临时性拦挡工程防洪标准取 3~5 年一遇，当弃渣场级别为 3 级以上时，可提高到 10 年一遇防洪标准。

e. 弃渣场永久性截排水措施的排水设计标准采用 3～5 年一遇 5～10min 短历时设计暴雨。

根据以上确定的弃渣场级别及防护标准，结合防护要求，选用合适的型式、材料、断面进行工程措施设计。具体参照《水土保持工程设计规范》(GB 51018—2014)。

②水土保持植物措施。植物措施布设应遵循以下原则。

a. 根据当地自然环境条件、立地条件和施工情况，参考当地水土保持造林经验，选用先进、科学、可行的造林技术进行设计。

b. 适地适树、适地适草、因地制宜，依据各树种的生物学和生态学特性，选择当地优良的乡土树种和草种，或多年栽培、适应性较强的树种和草种为主，提高栽植成活率，以获得稳定的林分环境、改善立地质量为目标，恢复林草植被，控制水土流失。

c. 树草种应具有抗逆性强，保土性好，生长快的特点。

d. 与生物多样性保护和景观建设相结合，合理配置树草种，尽量考虑优质的树苗和种子。

e. 植物措施和工程措施相结合，兼顾防护和绿化美化的要求，同时考虑生态效益和景观效益，充分发挥各种立地条件的土地生产力，以获得最大的水土保持效益，改善项目区的生态环境。

造林技术：堆渣后对凹凸不平的渣面削凸填凹，进行粗平整，平整后根据土地利用方向确定覆土厚度进行覆土。具体覆土要求见表 5-4。

表 5-4　弃渣场覆土厚度

分　区	覆土厚度(m)		
	耕　地	林　地	草地(不含草坪)
西北黄土高原区的土石山区	0.60～1.00	≥0.60	≥0.30
东北黑土区	0.50～0.80	≥0.50	≥0.30
北方土石山区	0.30～0.50	≥0.40	≥0.30
南方红壤区	0.30～0.50	≥0.40	≥0.30
西南土石山区	0.20～0.50	0.20～0.40	≥0.10

注：黄土覆盖地区不需要覆土；采用客土造林、栽植带土球乔灌木、营造灌木林可视情况降低覆土厚度或者不覆土；铺覆草坪时覆土厚度不小于 0.10m。

渣体顶面平台可采用常规造林整地，坡面上可采用鱼鳞坑、水平阶或者水平沟整地。造林的初始密度可按现行国家标准《生态公益林建设技术规程》(GB/T 18337.3—2001)或《造林技术规程》(GB/T 15776—2016)的有关规定执行。造林季节可根据当地具体情况选择春季造林、雨季造林及秋季造林。

③水土保持临时措施。渣土消纳场的水土保持临时措施主要是针对表土剥离及其防护，新修订的《水土保持法》第三十八条规定，对生产建设活动所占用土地的地表土应当进行分层剥离、保存和利用。因此，渣土消纳场堆渣前，应对表土进行剥离，剥离表土集中堆放，集中防护，防护通常包括临时拦挡和临时覆盖，临时拦挡可根据需要拦挡的时间及要求采取干砌石挡墙、砖砌挡墙和编织袋装土挡墙等，临时覆盖可根

据需要及要求采用无纺布、彩条布、撒草覆盖等。

5.2.3 径流控制措施

城镇化是保持经济持续健康发展的强大引擎，是推动区域协调发展的有力支撑，也是促进社会全面进步的必然要求。然而，从20世纪初开始，随着城镇化的快速发展，城市内涝问题越来越突出。2011年修订的《室外设计排水规范》首次提出了内涝的概念，2013年3月，国务院发布了《国务院办公厅关于做好城市排水及暴雨内涝防治设施建设的工作通知》，从国家层面对城市防洪目标任务、规划、设施建设、组织领导方面提出了明确的要求。2014年相关部门重新对《室外设计排水规范》进行了修订，进一步提高了设计标准，改进防洪措施。但城市内涝问题依然突出，许多学者开始对城市内涝的真正原因及治本措施进行思考和研究，任希岩(2012)等认为城市内涝形成的一个直接原因是快速城市化建设导致的不透水面积的增加以及极端天气的频繁出现，现行的规划体系在面对雨水径流、城市内涝等突发问题时，常常顾此失彼，缺乏综合性，排水防涝综合规划应与水系规划、竖向规划、绿地系统规划、道路系统规划、景观规划等相协调，并形成完整的规划体系。至此，在以往水系、道路规划的基础上，竖向规划及绿地系统规划在城市防洪中的作用被首次提出来。姜德文(2013)也认为城市失去生态功能是内涝加剧的根源，树立生态城市的理念，建立生态城市的技术标准，有针对性地加快生态城市的修复与建设才是解决城市内涝的关键。

5.2.3.1 城市排水防涝规划

城市道路系统规划是道路竖向规划和雨水管渠系统布置的基础，合理的路网系统和道路断面可以形成通畅的雨水排水通道，进而可以保障城市排水系统运转更为合理高效。城市道路竖向专项规划应结合城市的防洪排涝要求，确定道路控制标高，在此基础上，结合城市用地性质和景观要求确定场坪标高。城市雨水专项规划是排水防涝规划的核心内容，规划应按照城市发展时序和雨水排放系统的要求进行雨水工程的系统性规划，并与其他专项规划紧密结合。

城市绿地规划涵盖了公共绿地、公园绿地、防护绿地和滨水绿地等绿色生态空间，部分绿地空间同时也是排水防涝地表控制系统的重要组成部分，规划中绿地规划设计应最大限度地滞留雨水，延缓雨水径流形成的时间，减轻雨水管网的排水压力。

因此，对城市径流进行调控，应以排水防涝综合规划为切入点，在设计阶段与水系规划、道路系统规划、竖向规划、雨水专项规划、绿地系统规划及景观规划等相关专项规划在水系形态、用地选择、景观效果、风险评估、技术经济性等方面进行充分协调，并在此基础上影响城市总体规划的用地布局方案，借助城市总体规划的法定效力，确保排水防涝综合规划的顺利实施。

5.2.3.2 增加绿地面积

绿地的存在不仅可以滞尘，还可以截留降雨，滞缓、减少地表径流、消减洪峰，因此，在城市有限空间内挖掘潜力增加绿地面积，对调控城市地表径流有很大作用。在城市用地范围内，根据国内外经验，仍然有一些潜力可以挖潜。

(1)建设屋顶花园

屋顶花园是在各类建筑的顶层层面、露台、天台等开辟绿化场地种植植物、瓜果，在较薄的基质层种植低矮的花草树木，并使之具有园林艺术的感染力，形成一个综合生态体系。屋顶花园不仅可以增加城市绿地面积，还可以改善城市室外温湿度，吸滞大气颗粒物，还可以截留降雨。

根据屋顶的空间，屋顶花园可以建成地毯式、花坛式、棚架式样、苗床式、花园式和庭院式。

①种植土回填。屋顶所有的荷载都落于建筑物上，因此，回填土除考虑植物要求外，还应充分考虑建筑物的承载能力，预留出植物生长带来的荷载增量。

②植物种选择。除考虑景观因素，建于屋顶之上的花园因高度较高，大多没有建筑物的遮阴而直接暴露在阳光下，极易缺水，因此，植物应选择耐晒、耐旱的植物。屋顶接受太阳辐射较多，还应选择阳性植物，屋顶的风力会强于地面，而且由于建筑物位置关系，会产生强烈的气流效应，还应选择低矮、抗风能力强的植物。

(2)将地面停车设施与绿地相结合

目前，将城市绿地与停车设施相结合的土地利用方式得到了越来越多的关注和认同。这种方法既可以在土地昂贵的城市中心区拓展城市绿地，又可将对城市景观和环境有负面影响的停车场布置在地下。美国波士顿邮政广场公园可以算作这种方法建设城市绿地最为成功的例子之一。它占地约 0.7hm^2(1.7 英亩)，原是一块停车用地，现把地下建成 7 层拥有 1400 个停车位的停车场，地面上建成绿树成荫、花团锦簇的公园。

另外，没有条件改成地下停车场的，可将地面停车场改成地面框格植草的生态停车坪。既增加地面透水性，又增加城市绿地。

(3)利用荒废闲置土地建设特色多样的城市绿地

城市荒废闲置土地通常是指那些难以成为城市其他建设用地的土地或者所谓劣质地、无用地等。美国的做法也值得借鉴，他们通常根据因地制宜的原则，通过适当的改造和利用，既增加了城市绿地，又丰富了城市绿地类型。如改造工业废弃地建设城市绿地、利用滨水荒废弃置土地建设城市绿地、保护自然山体坡地建设绿地等。

5.2.3.3　绿地微地形塑造

地形主要指的是地球表面高低不同的起伏形态，类似于河谷、高原、丘陵、盆地以及平原的总称，该类地貌被称之为大地形。微地形是相对于大地形而言的一个概念，实质上是部分可以运用的，实际用地规模相对较小，可以很好地模拟大地新的形态和起伏错落而设计出来，在相应的范围内种植花草树木，规划布置园林建筑物。严格依照坡度的起伏变化程度，基本上可以分成两类，分别是直线型与曲线型。

绿地微地形塑造，科学合理地布置与设计微地形景观，不仅可以促进地形结构展现出相对理想的绿化效果，还可以为其提供阴、阳、缓坡或者是干、湿与水中的多样化环境，同时，也可以显著加大栽培树木数量，提升园林苗木成活率，这对于改善小环境景观及局部气候有着直接性的意义。

在对微地形进行塑造后，可以有效增加城市绿地面积，由于增加了土壤的容量，也增加降雨入渗的空间及入渗量，对天然降雨进行再分配，强化降雨入渗，滞缓、蓄存地表径流，调节水文过程，减少地表径流的产生及汇入城市管网的量，缓解城市内涝。

根据景观要求，微地形可塑造成台阶式、坡地式、凸凹起伏式等。台阶式可结合边坡防护，大大增加降雨下渗的空间。坡地式要结合堆砌土体的稳定性，高度和坡度应结合堆砌体的自然休止角确定(图 5-1)。凸凹式可结合积水措施使用。

图 5-1 绿地微地形塑造实施效果图

5.2.3.4 增加透水地面

除建筑硬化外，传统的城市道路大多采用密实的不透水材料作为面层，当降雨强大较大或历时较长时，会迅速产流后集中在地表，导致路面积水、交通不畅。不透水路面在地表径流产生后，雨水才通过城市管网排出，是典型的末端治理方式。相对于传统路面，透水性路面则是针对地表径流产生的根源，利用自身良好的透水性能对降雨进行分散式吸收，滞缓了地表径流产生的时间，消减了径流洪峰，提高了对降雨控制的效率，大大减轻了城市管网的排水压力和城市内涝。除此之外，雨水顺着面层材料的孔隙下渗到基层和土壤，再经土壤继续向下渗透，可补充地下水源，即使是路基不透水，大量的雨水也可暂时储存在基层和面层的孔隙中，通过排水管网或者蒸发作用消除。

研究表明，透水铺装可在降雨时段内将地表径流体积减弱为降雨体积的 30%～50%。再生骨料混凝土透水砖(ZS)、普通透水砖(PT)、烧结陶瓷透水砖(TC)的真空饱和含湿量平均值分别为 270.63kg/m^3、234.65kg/m^3、202.59kg/m^3，ZS、PT、TC 的孔率平均值分别为 27.08%、22.32%、20.27%。吸水系数为 TC 最优、PT 次之、ZS 最弱，三者吸水系数平均值分别为 2.04km/m^2、0.07km/m^2、0.03km/m^2。

按照《室外排水设计规范》(GB 50014—2006)规定，屋面、混凝土路面和沥青路面径流系数取 0.90，大块石铺砌路面为 0.60，公园或绿地为 0.15。城市化进程推进后，城市硬化面积大大增加，径流系数增加了 5～6 倍，径流量也剧增，而且降雨后洪水总量迅速增加，洪峰很快形成，逢雨即成灾。同时，不透水面也阻挡了降雨对城市地下水的补给，再加上城市对地下空间的大规模开发利用，地下水抽排严重，致使城市缺水，尤其是地下水位下降很快，导致一些地方地面下沉、塌陷等危害。要改变这种局面，应加大透水材料的使用，降雨后增加下渗量，消减地表径流量。

根据使用功能不同，透水路面可分为行车透水路面和人行道透水路面。根据水流路径不同，透水路面可分为排水性透水路面、半透型透水路面和全透型透水路面，前两者主要用于避免路面积水，雨水不能透过路基渗入地下，而全透型除此之外还有补给地下水的功能。根据透水路面的面层材料，可分为透水面砖、透水混凝土、透水沥青混合材三种。

透水混凝土是由骨料(不含或少含细骨料)、水泥、水、外加剂和掺和料等按一定比例制成的具有连续孔隙构造的多孔混凝土。它施工简单，养护费用低，设计与施工人员对混凝土的性能也比较了解，理论和技术比较成熟。但质量不易控制，表面往往比较粗糙，表面颗粒容易脱落。由于透水混凝土的多孔结构，使得骨料之间的接触面积减少，内部的黏结力和机械咬合力降低，强度低于普通的混凝土，多用于没有碾压强度要求的路面。

透水沥青混合料面层的配置采用高黏度改性沥青，该沥青具有较小的针入度、较高的软化点和较好的抗裂性能。透水沥青混合料面层平整性好，养护方便，具有良好的降噪功能，较好的柔性，使得行走更加舒适，但成本较高，施工要求高，养护费用也高，高温稳定性较差，容易老化，多用于景观路面。

透水面砖的结构很多。按透水原理可分为通过砖体本身孔隙透水和通过砖与砖之间的缝隙透水两种。按材质和生产工艺可分为陶瓷透水砖和非陶瓷透水砖。目前，使用依靠自身孔隙透水的砖体结构最为常见，具有代表性的是混凝土透水路面砖。透水路面砖铺砌和更换较为方便，抗折强度和抗压强度相对较强，图案组合容易实现，具有较好的装饰效果，多用于人行道。

5.3　海绵城市建设案例

为了更好解决城市内涝问题，指导各地新型城镇化建设，推广和应用低影响开发建设模式，2014 年 10 月，住房和城乡建设部正式提出了建设海绵城市，并发布了《海绵城市建设技术指南——低影响开发雨水系统构建(试行)》，旨在实现城市径流雨水源头减排的刚性约束。

海绵城市，顾名思义，就是指城市能够像海绵一样，在适应环境变化和应对自然灾害等方面具有良好的“弹性”，下雨时吸水、蓄水、渗水、净水，需要时将蓄存的水“释放”并加以利用。海绵城市的建设应遵循生态优先原则，将自然途径与人工措施相结合，在确保城市排水防涝安全的前提下，最大限度地实现雨水在城市区域的积存、渗透和净化，促进雨水资源的利用和生态环境保护。其建设的途径主要有以下几个方面。一是对城市原有生态系统的保护。最大限度地保护原有的河流、湖泊、湿地、坑塘、沟渠等水生态敏感区，留有足够涵养水源、应对较大强度降雨的林地、草地、湖泊、湿地，维持城市开发前的自然水文特征。二是生态恢复和修复。对传统粗放式城市建设模式下，已经受到破坏的水体和其他自然环境，运用生态的手段进行恢复和修复，并维持一定比例的生态空间。三是低影响开发。按照对城市生态环境影响最低的开发建设理念，合理控制开发强度，在城市中保留足够的生态用地，控制城市不透水面积比例，最大限度减少对城市原有水生态环境的破坏，同时，根据需求适当开挖河湖沟渠、增加水域面积，促进雨水的积存、渗透和净化。

传统的雨水处理技术是以“排”为主，排放模式多以管道渠道、水池、泵站等为主，难以应付城市快速发展带来的多重水问题，同时又面临城市水资源短缺问题。低影响开发的核心理念在于维持场地开发前后水文特征不变，包括径流总量、峰值流量、峰现时间等。从水文循环角度，要维持径流总量不变，就要采取渗透、储存等方式，实现开发后一定量的径流不外排；要维持峰值流量不变，就要采取渗透、储存、调节等措施消减峰值、延缓峰值出现的时间。

海绵城市建设的综合控制目标包括径流总量控制、径流峰值控制、径流污染控制和径流资源化利用。其中径流污染控制目标和径流资源化利用目标是通过径流总量控制实现，城市污染径流控制中，一般采用悬浮物(SS)作为径流污染物控制指标，从这个意义上讲，海绵城市建设与城市水土保持的理念、目标是一致的。因此，将城市水土保持和海绵城市建设相结合，在低影响开发利用中合理配置各种措施体系，将大大促进城市水土保持的发展。

5.3.1 建筑与小区

建筑与小区是城市建设项目的一个主要组成部分，也是对原地貌开挖扰动，对下垫面改变比较大的区域，从内容上讲包括住宅类项目、公建类项目(包括学校、医院、场馆等社会公共设施)和厂房类项目等项目，作为点状或者面状建设项目，该类项目占城市硬化地表面积较大，其工程雨水控制利用的目的就是减少场地内外排放雨水的峰值流量和径流总量，从而有限减轻市政雨水管网的压力，缓解城市内涝。

该区域的雨水主要为建筑屋面雨水、绿地和道路广场雨水。因场地可利用空间较大，可依据场地建筑密度、绿地率和土地利用状况进行组合配置。建筑与小区低影响开发雨水系统的典型流程如图 5-2 所示。

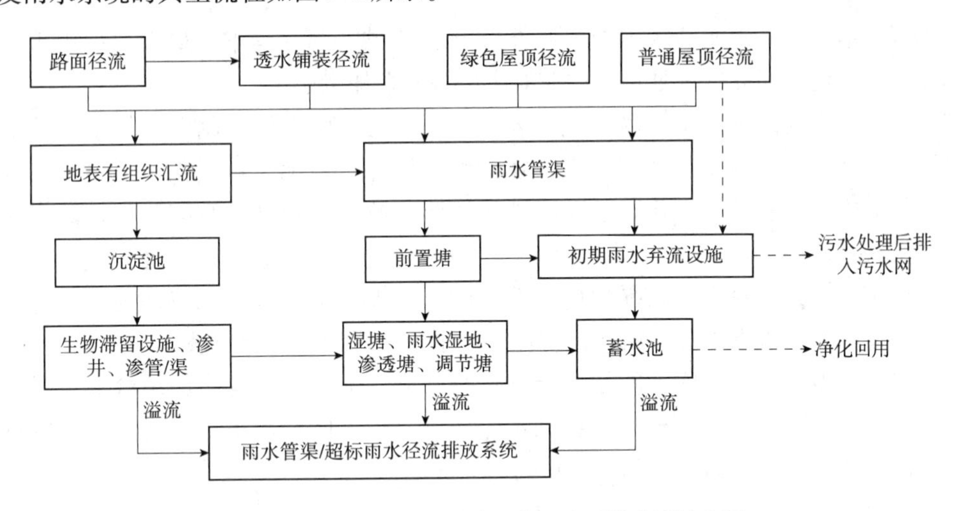

图 5-2 建筑与小区低影响开发雨水系统典型流程图

(1)建筑屋面

对建筑屋面的雨水控制利用，可采用以下措施。

①屋顶坡度较小的建筑可采用绿色屋顶，如前面介绍的屋顶花园等。

②采用雨落管断接或设置集水井等方式将屋面雨水断接并引入周边绿地类小型、分散的湿塘、雨水湿地、渗透塘、调节塘，或者通过植草沟、雨水管渠道引入蓄水池内加以利用，并考虑蓄水池和沉淀池的配套使用。

③水资源紧缺地区可优先考虑将屋面雨水进行集蓄利用，雨水储存设施可结合现场情况选用雨水罐、地上或地下蓄水池等设施。当建筑层高不同时，可将雨水集蓄设施设置在较低的楼层顶面，收集较高楼层建筑屋面的径流雨水，从而借助重力供水。

(2) 道路及广场

对道路及广场的雨水控制利用，应优先考虑渗透和利用。

①场地设计与布局，应充分结合现状地形地貌，尽量保护并合理利用场地内原有湿地、水塘、沟渠等。

②对小区内的道路及广场应优先考虑透水地面，采用生态排水方式，道路广场周边应布置可消纳径流的绿地，建筑、道路、绿地等竖向设计应有利于径流汇入湿地、坑塘、绿地等。道路广场雨水应首先汇入绿化带及周边绿地内的低影响开发设施。

③低影响开发设施的选择除生物滞留设施、雨水罐、渗井等小型、分散的低影响开发设施外，还可结合集中绿地设计渗透塘、湿塘、雨水湿地等相对集中的低影响开发设施，并衔接整体场地竖向与排水设计。

④景观水体补水、循环冷却水补水及绿化灌溉、道路浇洒用水等非传统水源优先选择集蓄设施中的雨水。

⑤有景观水体的小区，景观水体应具备雨水调蓄功能，景观水体的规模应根据降雨规律、水面蒸发量、雨水回用量等确定。

⑥雨水进入景观水体之前应设置前置塘、沉淀池、植被缓冲带等预处理设施，同时可采用植草沟转输雨水，以降低径流污染负荷。

(3) 小区绿地

小区绿地是小区雨水径流控制利用最主要的区域，雨水消纳、储存、利用等环节都起着关键作用。因此，规划设计中应对小区绿地多加考虑。

①绿地在满足改善生态环境、美化公共空间、为居民提供休闲游憩等基本功能的前提下，应结合绿地规模与竖向设计，在绿地内设计可消纳建设屋面、道路及广场径流雨水的低影响开发设施，并通过溢流排放系统与城市雨水管渠系统和超标雨水径流排放系统有效衔接。

②道路广场雨水径流进入绿地内的低影响开发设施前，应利用沉淀池、前置塘等对进入绿地内的径流雨水进行沉淀，防治径流雨水对绿地环境造成破坏。

③绿地的地形可根据区域的水分条件进行凸起、下沉，或者凸凹结合的方式进行塑造，低影响开发设施内的植物应根据水分条件、径流雨水水质等进行选择，宜选择耐盐、耐淹、耐污等能力较强的乡土植物。

5.3.2 城市道路

城市道路是城市的交通网络，城市排水系统主要依托城市道路进行，雨水的安全合理排放又对城市交通、洪涝灾害防治、城市安全及可持续发展起着直接的重要作用。其城市道路低影响开发雨水控制典型流程如图 5-3 所示。为实现低影响开发的目标控制，城市道路应从以下几个方面做好规划设计及建设工作。

①道路横断面设计应优化道路横坡坡向、路面与道路绿化带及周边绿地的竖向关系等，并与区域整体内涝防治系统相衔接，便于径流雨水汇入低影响开发设施。

②道路人行道应采用透水铺装，非机动车道和机动车道可采用透水沥青路面或透水水泥混凝土路面，透水铺装设计应满足国家有关标准规范要求。

③路面排水应采用生态排水方式，也可利用道路及周边公共用地的地下空间设计

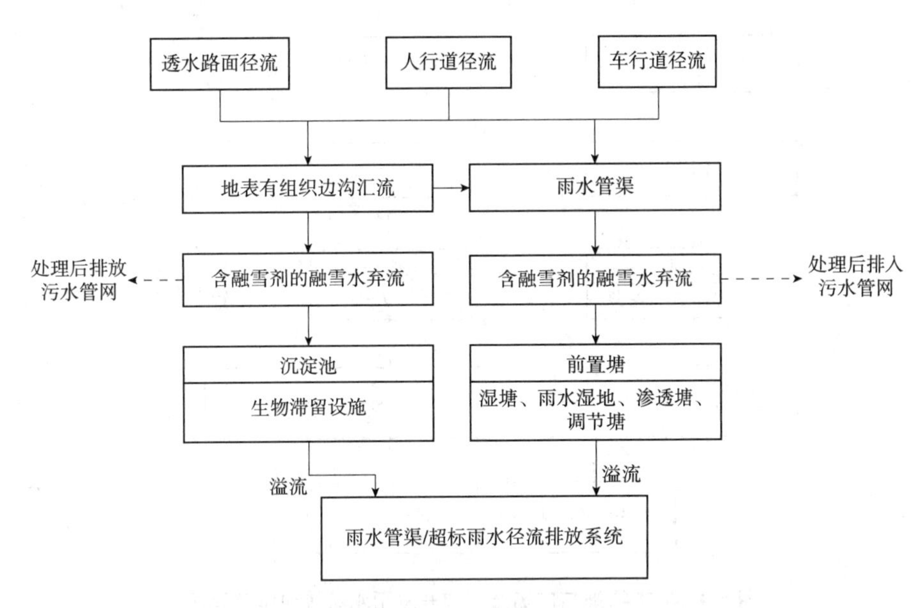

图 5-3 城市道路低影响开发雨水系统典型流程图

调蓄设施。路面雨水宜首先汇入道路红线内绿化带，当红线内绿地空间不足时，可由政府主管部门协商，将道路雨水引入道路红线外城市绿地内的低影响开发设施进行消纳。低影响开发设施应通过溢流排放系统与城市雨水管渠系统相衔接，保证上下游排水系统的通畅。

④城市道路绿化带内低影响开发设施应采取必要的防渗措施，防止径流雨水下渗对道路路面及路基的强度和稳定性造成破坏。

⑤城市道路经过或穿越水源保护区时，应在道路两侧或雨水管渠下游设计雨水应急处理及储存设施。雨水应急处理及储存设施的设置，应具有截污与防止事故情况下泄露的有毒有害化学物质进入水源保护地的功能，可采用地上式或地下式。

⑥道路径流雨水进入道路红线内外绿地内的低影响开发设施前，应利用沉淀池、前置塘等对进入绿地内的径流雨水进行预处理，防止径流雨水对绿地环境造成破坏。

⑦低影响开发设施内植物宜根据水分条件、径流雨水水质等进行选择，宜选择耐盐、耐淹、耐污等能力较强的乡土植物。

5.3.3 城市绿地与广场

城市绿地与广场不仅具有吸热、滞尘、降噪等生态功能、为居民提供游憩场地和美化城市等功能，还对降雨具有截留、对径流具有滞缓、对泥沙具有过滤作用，是低影响开发设施的最主要区域。其低影响开发雨水控制典型流程图如图 5-4 所示。为实现低影响开发的目标控制，城市绿地与广场应从以下几个方面做好规划设计及建设工作。

①城市绿地与广场宜采用透水铺装、生物滞留设施、植草沟等小型、分散式低影响开发设施消纳自身径流雨水。

②城市湿地公园、城市绿地中的景观水体等应具有雨水调蓄功能，通过雨水湿地、湿塘等集中调蓄设施，消纳自身及周边区域的径流雨水，构建多功能调蓄水体或湿地，并通过调蓄设施的溢流排放系统与城市雨水管渠系统和超标雨水径流排放

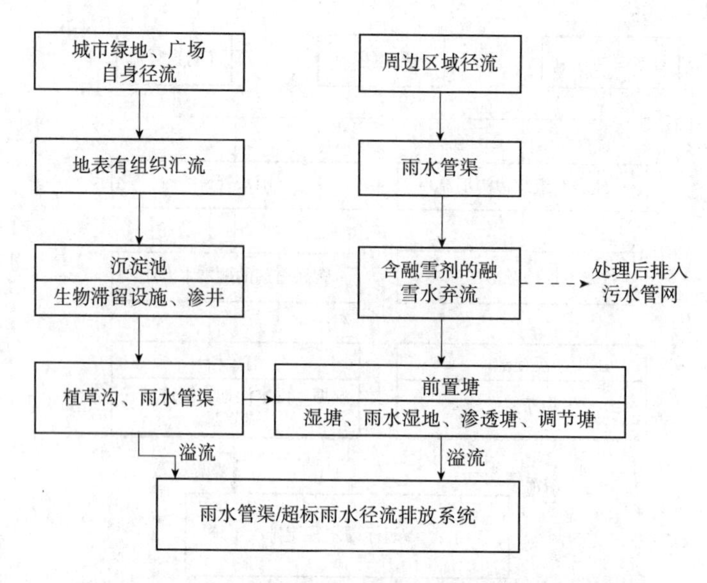

图 5-4　城市绿地与广场低影响开发雨水系统典型流程图

系统相衔接。

③规划承担城市排水防洪功能的城市绿地与广场，其总体布局、规模、竖向设计应与城市内涝防治系统相衔接。

④城市绿地与广场内湿塘、雨水湿地等雨水调蓄设施应采取水质控制措施，利用雨水湿地、生态堤岸等设施提高水体的自净能力，有条件的可设计人工土壤渗滤等辅助设施对水体进行循环净化。

⑤周边区域径流雨水进入城市绿地与广场内的低影响开发设施前，应利用沉淀池、前置塘等对进入绿地内的径流雨水进行预处理，防止径流雨水对绿地环境造成破坏。

⑥低影响开发设施内植物宜根据水分条件、径流雨水水质等进行选择，宜选择耐盐、耐淹、耐污等能力较强的乡土植物。

5.3.4　城市水系

城市水系是城市的血脉，同时又是城市生态景观的重要元素。广义的城市水系包括城市内的所有河流、湖泊、库塘等水体构成的整体水系网络，随着城市的发展，城市水系除了供水、灌溉、运输外，在城市排水、防涝、防洪及改善城市生态环境中发挥着越来越重要的作用。同时城市水系也是超标雨水径流排放系统的重要组成部分。其低影响开发雨水控制典型流程如图 5-5 所示。

城市水系设计应根据其功能定位、水体现状、岸线利用现状及滨水区现状等，进行合理保护、利用和改造，实现低影响开发控制的目标。

①应保护现状河流、湖泊、湿地、坑塘、沟渠等城市自然水体。

②应充分利用城市自然水体设计湿塘、雨水湿地等具有调蓄与净化功能的低影响开发设施，湿塘、雨水湿地的布局、调蓄水位等应与城市上游雨水管渠系统、超标雨水径流排放系统及下游水系相衔接。

③规划建设的新水体或扩大现有水体的水域面积，应与低影响开发雨水系统的控制目标相协调，增加的水域应具有雨水调蓄功能。

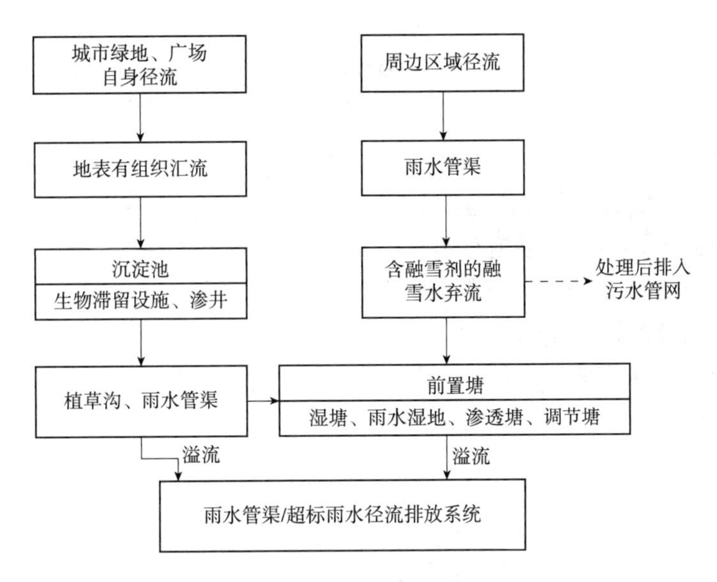

图 5-5　城市水系低影响开发雨水系统典型流程图

④应充分利用城市水系滨水绿化控制线范围内的城市公共绿地，在绿地内设计湿塘、雨水湿地等设施调蓄、净化径流雨水，并与城市雨水管渠的水系入口、经过或穿越水系的城市道路的排水口相衔接。

⑤滨水绿化控制线范围内的绿化地接纳相邻城市道路等不透水面的径流雨水时，应设计为植物缓冲带，以消减径流流速和污染负荷。

⑥有条件的城市水系，其岸线应设计为生态驳岸，并根据调蓄水位变化选择适宜的水生及湿生植物。

⑦周边区域径流雨水进入城市绿地与广场内的低影响开发设施前，应利用沉淀池、前置塘等对进入绿地内的径流雨水进行预处理，防止径流雨水对绿地环境造成破坏。

⑧低影响开发设施内植物宜根据水分条件、径流雨水水质等进行选择，宜选择耐盐、耐淹、耐污等能力较强的乡土植物。

本章小结

本章主要介绍了城市水土流失问题及危害、城市水土流失成因及时空特征，为了防治城市水土流失，保障城市发展的有序、安全及可持续，需采取的大气颗粒物(尘)、泥沙、径流的防治技术，并以海绵城市建设为例介绍了城市各功能区的径流调控措施。着重从监督管理、临时措施、植物措施方面阐述了大气颗粒物(尘)的防治技术；从施工场地的临时措施、渣土消纳场的综合防治措施方面介绍了泥沙控制技术；从城市排水防涝规划、增加绿地面积、绿地微地形塑造、增加透水面积方面介绍了径流控制技术；对城市中建筑与小区、城市道路、城市绿地与广场、城市水系等不同区域如何达到低影响开发，提出了具体的技术措施。这些防治技术不仅全面，而且结合了笔者的一些研究成果和城市水土保持交叉学科领域的研究成果，蕴含着城市水土保持的一些新的理念和思维。

思考题

1. 城市水土流失的危害有哪些？

2. 城市水土流失的时空特征是什么？

3. 大气颗粒物（尘）防治措施有哪些？

4. 渣土消纳场的选址应符合哪些规定？

5. 城市径流的控制措施有哪些？

6. 要做到低影响开发，城市中的建筑与小区、城市道路、绿地与广场应采取哪些措施？

第6章 坡耕地水土保育

坡耕地是我国耕地资源的重要组成部分，有效治理坡耕地水土流失和提高土壤肥力是坡耕地水土保育的必要手段，同时也是加强农业基础设施建设、改善山丘区群众生产生活条件和巩固退耕还林成果的需要，对保障国家粮食安全、生态安全、防洪安全，推进山丘区新农村建设，促进区域经济社会可持续发展和实现生态文明战略等都具有十分重要的意义。实践证明，实施坡耕地水土流失综合治理，能够有效阻缓坡面径流，减轻水土流失，变害为利，是促进农业现代化和实现全面小康的前提。

6.1 坡耕地水土流失问题

坡耕地是我国农业生产的主要耕地资源，坡耕地面积为3.59亿亩，占全国耕地面积的17.71%。其中以西南地区坡耕地数量最多，占全国坡耕地面积的48.78%。长期以来，随着人口的急剧增长和人类活动的加剧，坡耕地生产方式粗放，广种薄收、陡坡开荒，人地矛盾更加突出，促使土地开发向深度和广度无限制拓展，造成土地退化及严重的水土流失。

6.1.1 坡耕地现状

我国坡耕地量大面广，坡耕地是中国农业生产的主要耕地资源，全国现有坡耕地3.59亿亩，占全国耕地面积的17.71%，涉及30个省份的2187个县(区、市、旗)，主要分布在中西部地区，面积超过1000万亩的省份有云南、四川、贵州、甘肃、陕西、山西、重庆、湖北、内蒙古、广西，面积2.73亿亩，占全国坡耕地总面积的76.0%；坡耕地面积大于2万亩的县有1593个，其中，2~10万亩的县有648个，大于10万亩的县有945个。

从水土流失类型区看，我国坡耕地主要分布在西北黄土高原区、西南岩溶区、西南紫色土区、南方红壤丘陵区和东北黑土区、北方土石山区等6个类型区，坡耕地面积3.49亿亩，占全国坡耕地总面积的97.2%；风沙区和青藏高原冻融侵蚀区有0.1亿亩，仅占全国坡耕地总面积的2.8%。

从坡度分布看，以15°以下的缓坡耕地为主。其中，5°~15°坡耕地面积1.93亿亩，占54%；15°~25°坡耕地1.20亿亩，占33%；25°以上坡耕地面积0.46万亩，占坡耕地总面积的 13%。

我国各省份坡耕地分布情况详见表 6-1 和表 6-2。

表 6-1　我国各省份坡耕地分布情况表

序号	省份	耕地面积（万亩）	坡耕地面积(万亩)				涉及县数量(个)			
			小计	5°~15°	15°~25°	>25°	小计	<2 万亩	2 万~20 万亩	≥10 万亩
1	北京	349	26	18	6	2			6	
2	天津	668	0	0	0		1	1		
3	河北	9474	425	343	65	17	53	16	24	13
4	陕西	6081	1747	1056	543	148	113	10	29	74
5	内蒙古	10698	1415	1344	71	0	84	15	20	49
6	辽宁	6128	645	542	90	13	71	26	21	24
7	吉林	8303	1048	830	188	30	53	6	20	27
8	黑龙江	17746	1316	1166	121	29	105	38	29	38
9	上海	397	0				0			
10	江苏	7153	107	88	12	7	75	63	11	1
11	浙江	2875	351	160	140	51	82	35	37	10
12	安徽	8593	563	366	173	25	64	16	32	16
13	福建	2006	263	199	54	10	80	45	29	6
14	江西	4244	353	200	110	43	94	40	48	6
15	山东	11257	322	203	116	4	56	23	21	12
16	河南	11890	430	333	87	10	94	47	31	16
17	湖北	6998	1415	673	454	288	95	20	24	51
18	湖南	5681	914	609	269	36	108	26	48	34
19	广东	4324	508	437	63	8	87	41	29	17
20	广西	6321	1099	630	351	119	95	11	41	43
21	海南	1091	111	92	19	0	19	4	11	4
22	重庆	3363	1548	594	666	288	39	2	5	32
23	四川	8921	4278	2188	1710	380	178	13	44	121
24	贵州	6741	3935	1356	1606	973	87	4	11	72
25	云南	9117	5112	1733	2388	991	126		20	106
26	西藏	542	85	43	33	10	53	45	6	2
27	山西	6087	2926	1233	864	829	100	9	17	74
28	甘肃	6993	3843	1935	1544	364	83	3	10	70
29	青海	813	441	309	109	23	32	7	10	15
30	宁夏	1650	591	525	63	3	14		4	10

（续）

序号	省份	耕地面积（万亩）	坡耕地面积(万亩)				涉及县数量(个)			
			小计	5°~15°	15°~25°	>25°	小计	<2万亩	2万~20万亩	≥10万亩
31	新疆	6161	111	75	36	0	40	28	10	2
合计		182664	35929	19279	11951	4699	2187	594	648	945

注：引自《全国坡耕地水土流失综合治理“十三五”专项建设方案》。

表 6-2 各水土流失类型区坡耕地情况表

序号	类型区	国土面积（$\times10^4 km^2$）	耕地面积（万亩）	坡耕地面积(万亩)			
				5°~15°	15°~25°	>25°	小计
1	西北黄土高原区	601434	17315.86	4082.66	2254.57	568.7	6905.93
2	北方土石山区	463518	23702.76	1703.83	512.16	91.11	2307.1
3	东北黑土区	1124338	37124.25	3222.29	410.67	71.3	3704.26
4	西南岩溶区	724558	17474.67	3412.73	4464.75	2101.16	9978.64
5	西南紫色土区	511499	15379.09	3087.31	3036.19	1566.01	7689.51
6	南方红壤丘陵区	1185325	37745.08	2963.74	1099.5	272.06	4335.3
7	风沙区	1425810	9315.72	617.4	106.36	11.6	735.36
8	青藏高原冻融区	964202	870.9	188.81	66.82	17.02	272.65
合计	7000684	158928.3	19278.77	11951.02	4698.96	35928.75	

注：引自《全国坡耕地水土流失综合治理“十三五”专项建设方案》。

6.1.2 坡耕地水土流失问题

(1)水土流失的现状

全国现有坡耕地面积约占全国水土流失总面积的8%，年均土壤流失量14.15×10^8t，占全国土壤流失总量45×10^8t的近1/3。坡耕地较集中地区，其水土流失量一般可占该地区水土流失总量的40%~60%，西北黄土高原区、西南岩溶区、西南紫色土区一些坡耕地面积大、坡度较陡的地区可高达70%~80%。

(2)水土流失的特点

坡耕地水土流失主要有以下特点：一是以水力侵蚀为主。据统计，全国约97%的坡耕地都分布在水力侵蚀区，剩下约2%的坡耕地分布在新疆北部、甘肃西北部、内蒙古西部的风沙区；约1%的坡耕地分布在西藏东部、青海西南部、四川西北部的冻融区。二是坡度越陡、坡长越长，水土流失越严重。据调查分析，5°~15°坡耕地土壤侵蚀模数为1000~2500t/(km^2·a)，15°~25°为3000~10000t/(km^2·a)，25°以上可高达10000~25000t/(km^2·a)。同时，坡耕地坡长越长，地表汇集径流速度和流量越大，水土流失也越严重。三是流失强度与耕作方式密切相关。坡耕地耕作方式不同，对微地形的扰动程度亦不同，产生的水土流失强度也不同。如顺坡垄作改成横坡垄作后，坡面径流方式发生变化，可增加降水就地入渗率，减少对坡面的径流冲刷。据实测，东北黑土区坡耕地顺坡耕作改横坡垄作后，土壤侵蚀模数可由治理前的逾

4000t/(km^2·a)下降到逾 1000t/(km^2·a)，下降比例达 70%以上。

(3)水土流失危害

①破坏耕地资源。水土流失是蚕食我国耕地，特别是坡耕地的重要原因之一。据统计，新中国成立以来因水土流失毁掉的耕地达 5000 万亩，年均 100 万亩，其中绝大部分为坡耕地。同时，坡耕地水土流失极易造成耕作层变薄、土壤肥力下降。据有关资料，坡耕地水土流失严重地区，表土层每年流失可达 1cm 以上，比土壤形成速度快 120~400 倍，西南岩溶地区许多坡耕地土壤流失殆尽，已失去农业耕种价值。东北黑土区初垦时黑土层厚度一般在 50~80cm，垦殖 70~80a 后，坡耕地黑土层厚度不到原来 1/2，土壤肥力也下降了 2/3 左右。

②恶化生态环境。坡耕地跑水、跑土、跑肥，生产力十分低下，长期缺乏保护性耕种，往往造成土地沙化、石化，基岩裸露。据调查，贵州省毕节市有基岩裸露的坡耕地 23 万亩，重庆市万州区(原四川省万县)近 60 年以来，基岩裸露的坡耕地扩大到 135 万亩，许多山坡已经变成光山秃岭。加之坡耕地土地肥力低下，广种薄收现象十分普遍，在人地矛盾突出地区，迫使群众不断开垦新的坡地、林地，破坏原有地表植被，"山有多高，地有多高，山有多陡，地有多陡"是一些地方的真实写照。据 TM 影像数据分析，20 世纪 90 年代以来，全国已有 1.7×10^4km^2 林地被开垦，大面积植被遭破坏，生态环境日趋恶化。

③制约经济发展。实践证明，坡耕地产量低而不稳，抵御自然灾害能力差。坡耕地的大量存在，造成农业基础设施薄弱，制约了现代农业发展、生产方式转变和经济社会的发展，是山丘区贫困落后的根源。目前，我国坡耕地集中的地区多为"老、少、边、穷"地区。中国科学院水土流失与生态安全综合科学考察结果显示，全国农村贫困人口 90%以上都生活在山丘区，云南、贵州、四川长江上游坡耕地水土流失严重地区，农民人均纯收入仅相当于平坝河谷地区的 1/5~1/4。

④危及防洪及饮水安全。黄河年均约 4×10^8t 泥沙淤积在下游河床，导致河床每年抬高 8~10cm，大大增加了防洪压力；洞庭湖年均入湖泥沙 1.3×10^8m^3，沉积泥沙达 1×10^8m^3，湖床抬高 3.5cm，湖容缩小，调蓄能力下降；长江上游各类塘堰的平均年淤积率达 1.93%，年淤积泥沙 0.60×10^8m^3。同时，坡耕地水土流失，将大量的氮磷钾元素、化肥、农药、有机质等带入江河湖库，引起湖泊富营养化，加剧了水环境污染，对工农业生产用水特别是城市居民生活用水构成严重威胁。

6.2 坡耕地水土流失治理

长期以来，随着人口的急剧增长和人类活动的加剧，坡耕地生产方式粗放，广种薄收、陡坡开荒，人地矛盾更加突出，促使土地开发向深度和广度无限制拓展，造成土地退化及严重的水土流失。宜耕地资源数量不足、质量不佳，人地矛盾越来越尖锐，这已日益成为当今农业生产和社会经济发展的巨大障碍。

(1)坡耕地水土流失的现状

近年来，坡耕地资源危机越来越突出，其主要表现如下。

①耕地资源数量日趋减少，尤以水田面积减少更快，人均耕地面积逐年减少。

②后备耕地资源不足，宜农荒地仅占全省荒地总面积的5.4%，易导致人地矛盾进一步恶化、耕地形势进一步严峻。

③耕地质量不高，坝区耕地少，山区耕地比重大，尤其以陡坡耕地比重过大。耕地肥力不高，中低产田比重大。据土壤普查资料，西南地区86%的耕地缺磷，32%的耕地缺钾，20%的耕地有机质含量很低，2%的耕地黏重板结，53%的耕地耕层浅薄。

④耕地受干旱、洪涝、低温等自然灾害影响严重，部分生态环境脆弱的农田会因灾而废弃，造成减少的趋势不可逆转，农田水利化程度较低，稳产、保产耕地少。

⑤耕地面积的逐年减少和人口数量的逐年猛增，导致粮食供需关系的日益紧张，耕地资源同时肩负着实现粮食自给与发展经济的双重压力。

土壤是农业生产中最基本的生产资料，是人类生存所需物质和能量来源的基地，其本质是土壤肥力。土壤肥力也正是土壤各方面性质的综合反映。土壤肥力的高低直接影响着作物的生长，影响着农业生产的结构、布局和效益等方面。不同地区和地形的土壤肥力差异很大，其肥力状况和演变规律与分布地区的自然环境和社会经济条件有关，涉及资源空间属性现状和变化规律，坡耕地作为山丘区特殊的耕地，其生产能力具有较大差异性，土壤肥力是造成差异性的重要因素之一，土壤肥力和质量与水和空气的质量具有相同的作用，会对生物与人的健康以及生物生产能力产生强烈的影响，土壤肥力作为土壤的基本属性及本质特征，是土壤从营养条件环境条件方面供应和协调作物生长的能力，这些条件是互有影响的，并且在不同情况下，影响作物生长的肥力条件也不尽相同。

坡耕地受地形条件影响，水土流失是导致肥力不高，中低产田占比较大的主要原因。坡耕地在雨水的分散、冲刷下，表土极易流失，土壤侵蚀量较大，流失土壤的表面吸附的养分物质成为养分流失的主体，坡面土壤养分流失对土壤结构和肥力影响最直接，土壤颗粒粗化、土壤养分降低、土层减薄加速了土壤质量退化，降低土壤生产能力和调控环境的能力，尤其土壤粗化和土层减薄难于用人工补救措施加以克服，且人类活动的扰动增加了耕地土壤侵蚀与养分流失，坡耕地的养分流失远高于普通耕地。

以云南省的水田为例，低产田约占1/3，普遍存在砂、薄、漏、冷、烂、瘦等问题，从山区旱地来看，由于长期以来受重用轻养、重产出轻投入、重眼前轻长远的思想影响，有的甚至采取掠夺性经营，使耕地质量下降，有机质和全氮含量减少，水土流失加重，耕层变浅。由于水土流失等造成的土壤退化非常严重，导致土壤结构恶化、土层变薄、有害物质增多，土壤质量急剧下降，制约了资源的可持续利用。实现土壤的可持续利用不仅意味着土壤自身生产力的维持，在更大程度上还意味着自身生态功能的改善和提高，尤其是土壤肥力的提高与发展。

(2)坡耕地水土流失治理面临的主要问题

坡耕地由于水土流失的影响，使得土壤改良、培肥过程中存在以下诸多阻碍因素和技术“瓶颈”。

①日益尖锐的人地矛盾迫使人们大面积垦殖低山丘陵坡地，加之部分区域降水量大、山高坡陡、易蚀土壤分布广，水土流失日渐加剧，土壤退化极严重。

②坡耕地底子薄，土壤肥力水平低，坡耕地作物地表覆盖度一般不高，表土易受雨水溅击、冲刷，在强烈的淋溶作用和水土流失状况下，土壤养分迅速降低。

③种植结构不合理，坡耕地以往都以粮食生产为主，复种指数低，大多是两年三熟，只有少数地方为一年两熟或三熟，生产效率不高。

④治理技术措施工程利用效益不高，如部分已建坡改梯工程仍在种植大田作物，坡改梯综合效益没有充分发挥，群众对坡改梯工程维修管护的积极性不高。主要原因是坡改梯工程配套灌溉设施不足，坡改梯地块较分散，没有与当地农业产业开发有效地结合起来；地方水保部门对水土保持工程效益的监测和分析工作较薄弱。

⑤管理机制不适用当前生产要求，在坡耕地改造及治理工程中普遍存在重建轻管的现象。各地在实施坡耕地改造工程中，普遍要求实行“三制”，对坡改梯、坡面水系和作业道路等按照中央补助资金进行招标，由中标的施工企业实施，当地农民无法直接参与到坡耕地改造工程建设中，导致农民对工程建设支持的积极性降低，甚至抵制部分项目的施工，影响了坡耕地改造的整体布设和施工质量。

结合上述坡耕地的现状和治理过程中存在问题与瓶颈，当前，我国高度重视坡耕地治理，尤其以治理坡耕地水土流失为主，自坡耕地水土流失综合治理试点工程启动以来，精心选点，制定计划和管理办法，加强质量和管理，取得了一定成效。根据坡耕地治理的理论与实践，全面贯彻紧紧围绕统筹推进“五位一体”总体布局和协调推进“四个全面”战略布局，坚持创新、协调、绿色、开放、共享发展的理念，按照党中央、国务院决策部署和《全国水土保持规划(2015—2030 年)》和《全国坡耕地水土流失综合治理“十三五”专项建设方案》的总体要求，加大坡耕地水土流失综合治理力度，以水土保持规划为基础，因地制宜的实施坡改梯工程，重点在坡耕地上实施截流蓄水技术措施和土壤肥力提升技术措施，形成综合防治体系。

6.2.1　治理原则与目标

6.2.1.1　治理原则

(1)加强统筹协调

做好与国土、林业、农业等部门以及土地整治、退耕还林还草、高标准农田建设等相关项目的衔接，避免重复建设，严禁在 25°以上坡耕地实施坡改梯工程，严禁开荒和破坏生态。

(2)做好统一规划

突出项目实施水土流失治理的目的和任务，以项目县、项目区为单位，以小流域为单元，山水田林路村统一规划，集中连片、规模整治，以村组为单位统一组织实施。

(3)引导群众参与

统筹兼顾、服务民生，把坡耕地水土流失治理与促进当地群众脱贫致富、新农村建设、产业结构调整、特色产业发展、提高农业综合生产能力相结合，积极引导群众参与工程设计与建设，促进农民增收和农村经济社会发展。

(4)明确治理重点

先易后难，梯次推进，优先治理“缓坡、近村、靠水源”，治理难度小的坡耕地。治理难度大、投资标准高，改造成本效益不合理的坡耕地暂不安排。

(5)搞好综合配套

实行梯田建设与蓄排引灌、田间生产道路、地埂利用和特色产业发展“四配套”，确保工程实施效益。

(6)注重科学治理

因地制宜，就地取材，田坎宜土则土、宜石则石，田面宜宽则宽、宜窄则窄。

(7)强化科技支撑

充分发挥科技支撑作用，积极推广机修梯田、预制件护埂、生物护埂等实用技术，提高工程建设质量和效率。

6.2.1.2 治理目标

根据《全国水土保持规划(2015—2030年)》和中央预算内投资规模，拟通过5年(2016—2020年)的坡耕地治理，因地制宜地建设蓄排引灌、田间生产道路、地埂利用等配套措施，为发展现代农业奠定基础。通过工程实施，使项目区坡耕地水土流失严重趋势得到有效控制，生态环境明显改善，耕地蓄水抗旱能力明显增强，全国范围内专项完成490万亩坡改梯，年新增保土能力1200×10^4t、蓄水能力3×10^8m^3、粮食生产能力50×10^4t以上，使农业、农村的生产、生活条件有效改善，稳定解决250万山丘区群众的粮食需求和发展问题。

6.2.2 分区治理模式

依据《全国坡耕地水土流失综合治理"十三五"专项建设方案》，坡耕地治理过程中，主要实施坡改梯工程措施，此外还要因地制宜建设蓄排引灌、田间生产道路、地埂利用等配套措施。由于全国范围内各地在地质地貌、气象水文、土壤植被、社会经济等方面存在较大差异，需依据水土流失特点，因地制宜，采取不同的治理模式，科学配置各项措施，有效提高坡耕地水土流失综合治理效益。

(1)全国坡耕地治理区划

依据《全国水土保持区划(试行)》《土壤侵蚀分类分级标准》，专项建设方案工程建设范围涉及西北黄土高原区、西南岩溶区、西南紫色土区、北方土石山区、东北黑土区和南方红壤区等6个类型区。其中，西北黄土高原区涉及6个省份72个项目县，西南岩溶区涉及4个省份69个项目县，西南紫色土区涉及6个省份53个项目县，北方土石山区涉及5个省份37个项目县，东北黑土区涉及2省份5个项目县，南方红壤区涉及7个省份27个项目县。

(2)治理模式

根据坡耕地水土流失综合治理经验，依据不同水土流失类型区特点，提出分区治理模式，合理确定坡改梯、坡面水系治理、田间生产道路、植物护埂等建设内容。

①西北黄土高原区。该区土层深厚，土质松软，土壤抗蚀性差；地形较破碎，坡陡沟深，坡耕地水土流失严重；气候干旱少雨，且年内分布不均，暴雨强度大；农业以种植业、畜牧业为主，耕地受干旱影响产量低而不稳。

a. 治理方向。以建设高产、稳产水平梯田为突破口，加强降水集蓄工程建设，提高农业基础设施条件，辅以节水灌溉技术，保证农业持续增产，促进退耕还林还草，改善生态环境。15°以下缓坡耕地，人机结合集中连片修筑宽面水平梯田；15°~25°较陡耕地以人工为主修筑窄条梯田。在地广人稀、气候干旱地区因地制宜修筑隔坡梯田。

b. 建设内容。以修建土坎水平梯田为主，配套田间生产道路、排灌沟渠、水窖、涝池等小型水利水保工程，充分利用埂坎土地资源，建设地埂植物带。

c. 治理模式。主要有三类：一是“梯田+田间生产道路”，二是“梯田+田间生产道路+小型水利水保工程”，三是“梯田+田间生产道路+小型水利水保工程+林草措施”。

②西南岩溶区。该区山高坡陡，土地瘠薄，人口密集，人均耕地少且陡坡耕地多，坡耕地水土流失严重；许多地方土壤冲蚀殆尽，岩石裸露，石化面积发展较快；耕地涵养水源能力差，地表径流易转化为地下径流，有雨则涝，无雨即旱，旱涝并存现象普遍。

a. 治理方向。应注重抢救土地资源，涵蓄天然降水，在25°以下土层相对较厚的坡耕地，兴修水平梯田；土层较薄的坡耕地，推行等高耕作、沟垄种植等保土耕作措施，减轻水土流失，提高作物产量。在大于25°的坡耕地，以退耕还林为主，因地制宜营造经果林，发展特色产业。

b. 建设内容。因地制宜兴修石坎、土坎水平梯田，配套蓄水池、截排水沟、沉沙凼等小型蓄、引、灌、排坡面水系工程，推行等高耕作、沟垄种植等保土耕作措施。

c. 治理模式。以“梯田+田间生产道路+坡面水系”为主。

③西南紫色土区。该区降水量大，暴雨集中，地形以浅山丘陵为主，土层大多浅薄，土质疏松，抗蚀性差；人口密度大，人均耕地少，人地矛盾突出。

a. 治理方向。应注重坡耕地综合生产能力及农业基础设施的提高，同时结合等高耕作、聚垄免耕等改良耕作措施，科学建设蓄、引、排相结合的坡面径流调控体系，减少水土流失。25°以下坡耕地，以坡面水系为骨架，合理布设地块，兴修水平梯田。25°以上的坡耕地，以退耕还林为主，因地制宜营造经果林，发展特色产业。

b. 建设内容。采取土坎、土石坎结合的坡改梯形式，配套田间道路，科学布设沟、渠、凼、池等坡面水系和集雨蓄水工程。

c. 治理模式。以“梯田+田间生产道路+坡面水系”为主。

④北方土石山区。该区地形破碎，坡度较陡，坡耕地分布较为零散，且表土疏松、多石砾；人口密度大，耕地质量差且垦殖过度，坡耕地水土流失严重。

a. 治理方向。通过坡改梯工程建设提高农业生产水平，将水土保持与水源工程相结合，改善农田灌溉条件，大力发展水土保持特色产业。15°以下土层较厚的坡耕地，以机修宽面梯田为主；15°~20°以人工修筑为主，田面宽度控制在6~10m；20°~25°修窄面梯田，发展经果林。

b. 建设内容。多采取土坎或土石坎结合的梯田形式，配套建设坡面蓄排水、田间道路、植物护埂等措施。积极发展集雨、节灌工程。

c. 治理模式。主要包括两类，一是“梯田+田间生产道路”，二是“梯田+田间生产道路+小型水利水保工程”。

⑤东北黑土区。该区为国家主要的商品粮生产基地之一。坡耕地的坡度多在15°以下，坡度较缓，坡面较长，土质疏松，抗侵蚀能力差，易发生坡面侵蚀。长年顺坡耕种，使黑土层变薄，土壤养分下降。

a. 治理方向。3°~5°修建地埂植物带；5°~8°修筑坡式梯田，逐年向下翻耕；8°~15°修建水平梯田；大于15°推行保土耕作措施。

b. 建设内容。根据坡度，修建土坎水平梯田和坡式梯田，配套截水沟、植物护埂和田间道路。积极推行改垄等保土耕作措施。

c. 治理模式。以“梯田+田间生产道路+植物护埂”为主。

⑥南方红壤区。该区地貌类型以丘陵和岗地为主，坡耕地相对分散，表土层较薄，土质较黏重，蓄水性较差；降雨较多，坡短、坡陡，顺坡耕作普遍，坡耕地水土流失严重；人口密度大，人地矛盾突出。

a. 治理方向。5°~15°人机结合修筑水平梯田；15°~25°因地制宜修筑反坡梯田、窄条梯田或采取保土耕作措施。

b. 建设内容。以土坎梯田为主，配置少量石坎梯田。配套田间道路，修筑截排水沟、蓄水池等小型水利水保工程，充分利用地埂发展地埂经济作物。

c. 治理模式。以梯田+田间生产道路+坡面水系为主。

6.2.3 治理技术体系

根据不同类型区地形地貌、气候，以及坡耕地水土流失特点，结合区域经济社会发展实际，选取相应的治理模式，本着科学合理和经济实用的原则，因地制宜进行措施布局与配置。具体措施依据《水土保持综合治理技术规范 坡耕地治理技术》(GB/T 16453.1—2008)、《水土保持综合治理技术规范 小型蓄排引水工程》(GB/T 16453.4—2008)、《岩溶地区水土流失综合治理技术标准》(SL 461—2009)、《黑土区水土流失综合防治技术标准》(SL 446—2009)等规范标准进行设计。

6.2.3.1 坡改梯措施

(1)类型选取

①地面坡度。根据经济实用，方便生产的原则，专项工程梯田应尽可能布局在缓坡区，即坡度在5°~15°之间的坡耕地上。西南岩溶区、西南紫色土区、南方红壤区等人地矛盾突出、陡坡耕地较多的区域可适当放宽至25°，但比例不应过高。

②田坎类型。黄土高原区土层深厚，年降水量少，主要修筑土坎梯田。东北黑土区主要修筑土坎梯田，进行植物护埂。土石山区，石多土薄(一般土层<30cm)，降水量大，有条件的地方修筑石坎梯田，石坎材料因地制宜采用条(块)石、混凝土预制件、六棱体排水砖等。

③断面形式。为保障工程实施效果，应尽可能一次成型，修筑成水平梯田。对于有效土层较薄，不具备水平梯田修筑条件的地块，可适当布设坡式梯田或隔坡梯田。在南方降水较多，田面较窄的地块上，可适当布设反坡梯田。

其他类型的梯田选取及设计方法参考本书3.3.1.1小节中的“梯田工程”。

(2)措施布局

①陡坡区。应选取土质较好、坡度(相对)较缓、距村较近、交通便捷、位置较低、临近水源的地方修梯田。有条件的应考虑小型机械耕作和就地蓄水灌溉，并与坡面水系工程相结合。田块布设应顺山坡地形，大弯就势，小弯取直，以便耕作。

②缓坡区。应以道路为骨架划分耕作区，在耕作区内布置宽面(20~30m或更宽)、低坎(1m左右)地埂的梯田，田面长200~400m，便于大型机械耕作和自流灌溉。

为方便修筑和促进现代农业，原则上单个工程区面积不小于300亩，西北黄土高原区、东北黑土区等坡耕地较为集中连片区域，不小于1000亩。

(3) 配置比例

以土坎梯田为主，石坎梯田为辅，具体土石坎比例依据工程实际确定。黄土高原区、东北黑土区一般采用土坎筑埂。

(4) 坡改梯的规划与设计

①坡改梯规划原则的具体内容如下。

a. 坡改梯工程规划必须建立在充分合理地利用土地资源、保持水土的基础上，贯彻"因地制宜，就地取材"的原则，做到省工、省投资、效益好。

b. 坚持一山、一坡、一弯、一梁统一规划，集中连片治理。

c. 坡改梯工程规划要打破行政和地块界限，统一调形，坚持以流域或集流区为治理单元，科学规划集中连片改造。

d. 坡改梯工程要与山、水、田、林、路治理相结合，工程、土壤培肥、生物、农艺措施配套进行。

e. 坡改梯工程规划必须做到技术经济合理，各项治理措施符合设计要求，社会、生态、经济效益明显，投资回报率高。

f. 坚持坡度大于 25°不改造的原则，采取退耕还林、还草。

②坡改梯规划的主要内容如下。

a. 核定坡改梯面积。

b. 选定坡改梯改土方法和改造标准。

c. 进行坡改梯设计。

d. 选定坡改梯配水工程并进行设计。

③坡改梯标准的选择。坡改梯标准的选择主要是对地埂高度和梯面宽度的选择，可以按表 6-3 下列要求进行选择。

表 6-3　坡改梯梯面宽度和梯埂高度参考表

坡度(°)	梯面宽度(m)	埂高(m)	地埂坡度(°)
6	10~15	1.0~1.5	80~75
	8~9	0.7~0.9	75~70
10	8~9	1.4~1.6	75~70
	7~8	1.2~1.4	70~65
15	7~8	1.9~2.3	70~65
	5~6	1.4~1.8	65~60
20	5~6	2.0~2.6	65~60
	3~4	1.3~1.8	60~55
25	3~4	1.9~2.5	60~55

④地埂的选择。石料方便的地方采用石埂，无石料的地方采用土埂。

⑤坡改梯设计的具体内容如下。

a. 地埂高度设计。地面坡度 5°~15°的坡耕地，以原有自然台位为基础，分台放线，大弯随弯，小弯取直，突出台位。取石材方便的地方，以条石、块石、片石作砌埂材料，可砌石埂，也可土石结合埂，石埂高度 2.0m 以内为宜，底宽度 40~50cm，外侧边坡坡比 1∶0.3~1∶0.2，个别地段需石方量较大的，可以土石结合，下部砌石材，上部筑土埂，高出土石面 20~30cm。取石材难、土壤黏重的地方，可筑土埂，土埂高度 1.5m 以内，下宽上窄，外侧边坡坡比 1∶1~1∶0.5。地面坡度 15°~25°的耕坡地。沿等高线放线，大弯随弯，小弯取直，矮坎窄梯，台位清晰。就地取材，以石材作梯埂，高度宜 2m 以内，为保证梯埂牢固，可设置二马镫，梯埂底宽 40~50cm；作土石结合埂的，下部砌石材，上部筑土埂，高出土面 20~30cm。

不同材料地埂高度与外侧坡度参照见表 6-4。

表 6-4 不同材料地埂高度与外侧坡度参考表

材料类别	地埂高度(m)	外侧坡度(°)	外侧边坡坡比
条石	1.5~0.2	77~73	1∶0.2~1∶0.3
块石	2.0	73~68	1∶0.3~1∶1.04
土坎	1~1.5	64~45	1∶0.5~1∶1

b. 台位设计。桌状山地区岩层呈加平状，自然台位比较明显，以原有自然台位为基础，分台放线。自然台面较宽，动用土石方量较大，可以分台放线。自然台位不明显，地坡破碎，坡度较大的地方，沿等高线放线定台位。梯面宽度计算方法详见本书第 3 章的 3.3.1.1 中的“梯田工程”。

⑥坡改梯施工技术的具体内容如下。

a. 表土的处理和保护。横向中带聚土法，适应地面坡度 15°以内，地面宽 10m 以上，把地块横向三等分，中带为不动土区，上下两带表土聚于中带，露出底土或基岩，以待施工；竖向分厢聚土法，适应地面横向长。地面坡度 15°左右，宽 10m 以内，将全地块分成宽 3~5m 的若干厢，每两厢为一施工组，将奇数厢聚于偶数厢上，施工后，又将偶数厢表土聚于奇数厢上，继续施工，直到全块改成为止；逐台下翻法。

b. 深挖平整和处理底土。当表土处理完后，进入底土深挖或爆破工作，既是切高垫低，取料砌坎的改土方，又是增厚土层的有效措施。深挖深啄底土办法有二：一是下切上垫法(下台上翻法)，适用于横向中带聚土法，切下台土上带底土直接砌筑上台地坎或向上翻垫于上台土的下带低处；二是上切下垫法(啄高填低法)，适用于竖向分厢聚土法和逐台下翻法，将高处深啄深翻，垫于低处。平整底土，砌坎材料备足后，底土要平整，靠近梯埂内侧地带要填平夯实。

c. 砌筑地埂。埂坎的稳定性，不但受坎高和外侧坡的影响，而且与埂坎基的清理和坎的砌筑技术密切相关。在坎高和外侧坡已定的情况下，无论采用石料、土料或土石混合材料砌筑地埂，梯埂的砌筑主要是抓好埂基的清理和埂坎的砌筑技术。

⑦坡改梯沟渠布置的具体内容如下。

a. 渠系随山势、沟谷布置，大弯随弯、小弯取直或分段取直。渠系采用“Z”或“/”字形布置，分段设比降，转弯设沉沙池，陡坡设消力池。

b. 做到排水沟、沿山沟、地块背沟、沉沙池、蓄水池、积粪池配套齐全，形成蓄、截、排水网络。

⑧坡改梯沟渠设计。主要是沿山沟和排水沟设计，沿山沟主要是拦截地表径流，

防止山洪冲刷耕地，沟深 50cm 左右，宽度以年降雨量大小而定。排水沟选在集雨面较大汇水集中的地方，分段设比降，1/1000～1/50 之间，沟宽 30～40cm 左右，深度 30～50cm，边坡系数 0.3～0.5，转弯设沉沙池，容积 $1m^3$ 左右，陡坡加消力坑，深 50～100cm，长 100～200cm。

⑨坡改梯机耕路的设计。上下山机耕路，沿“S”形布置，设计路面宽 4m，转弯半径 30m；耕作路宽 2m 左右，最好沟带路，分段设梯，用块石或片石铺路面。分段引洪入田(入池或入排水沟)，避免径流冲刷，破坏道路。

6.2.3.2 坡耕地截流蓄水措施

(1)反坡式台阶田的规划设计

首先应考虑地形，一般山坡坡度大的，阶面的反坡也应大些，同时阶面宜窄，台阶阶距也要密些。山坡坡度缓的则反之。反坡的坡度大体以 5°～15°为宜，阶面的宽度则根据作物种类而异。若种植经果树，阶面应宽，一般用材林和能源林有 1～1.5m 即可。阶面的长度由地一形的平整与破碎程度来决定，但阶面越长应应注意坡度越缓些甚至水平，防止径流向阶面的一端集中。

(2)反坡台阶拦蓄降雨量与径流的确定

根据水土保持高标准的要求，以最大一次降雨 150mm 或 30min 降雨 50mm 进行设计，或参考当地的降水实测资料。

①每平方米面积上最大暴雨所产生泥沙水径流量(单位：m^3/m^2)。

②考虑到反坡台阶田拦蓄径流后能够就地及时渗透，故拦蓄径流标准不再另加安全系数。

③反坡式台阶田的外坡采用 2∶1～3∶1(竖：横，下同)，里坎坡采用 1∶0.3(图 6-1)。

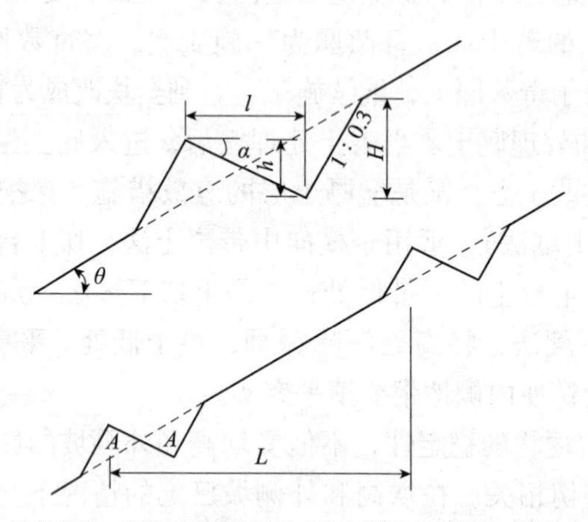

*L*为上下级台阶间的水平距；*l*为台阶的阶面宽；*h*为台阶的蓄水深；*θ*为原坡面角；*α*为台阶反坡角；*H*为反坡台阶田的埂高于挖土深度；*A*为挖填方量。

图 6-1 等高反坡式台阶田设计断面图

在实施过程中，反坡式台阶田的规格设计，必须根据不同作物(或经果林)种类的每亩株数来确定，一般若是种植用材林与能源林每亩以 400～600 株为宜，株行距(1m×1m)～(1m×1.5m)或普通低矮农作物等，因此台阶的间距较小，阶面亦较窄；若种植森林果树种(如杨梅、板栗等)，每亩 200 株左右，株行距(1.5～2)m×2m，因此台阶的间距稍大，阶面亦可以稍宽些，若种植经济果树种(如苹果、柑橘、核桃等)每亩20株左右为宜，株行距(5~6)m×6m，因此阶面要宽，台阶间距更大些。

(3)实施坡改梯或坡耕地截留蓄水措施后的建成标准

变跑土、跑水、跑肥的“三跑地”为保土、保水、保肥的“三保地”，控制水土流失。工程建设达到一平、二深、三埂固、四不乱、五配套。

①平。地面纵、横向平整，坡度降到5°以下。坡度在15°以下改成的水平梯地，台面宽5m以上；15°~25°。改成的水平梯土，台面宽3~5m。

②深。土层厚度60~70cm，熟土层20cm以上。

③埂固。梯埂牢固，坎面整齐，无垮塌现象。

④不乱。不打乱原有耕作层，将原耕作层的表土均匀回散在新改的墒面表层。

⑤配套。沟(排水沟、背沟、边沟)、林、路、池、窖、涵、管配套齐全。

⑥种植护埂林。在改造成形的台地土埂上种植护埂林、护埂草，在沟壑地带的斜坡上种植护坡林，调节气候，涵养水分，保护农田，提高效益。

⑦实行垄作栽培。新改造的坡改梯面积50%以上实行垄耕聚土栽培法。

⑧土壤培肥。新改造的坡耕地必须100%种植绿肥或实行秸秆还田，亩施有机肥2000kg以上。

6.2.3.3 配套措施

(1)田间生产道路

为方便生产、运输和水土保持工程管理及维修，需在坡改梯工程区修建一定的生产道路。

①建设原则及标准具体内容如下。

a. 机耕道路要求宽4m以上，高出地面0.6m左右，田间运输路宽3~4m，高出地面0.4m。当路基宽度采用4.5m以下时，应在距离300m左右设置错车道。错车道路基宽不小于8m，有效长度不少于20m。

b. 最大纵坡为8%，特殊情况为9%。

c. 路面为砂石路面。路基稳定，路面可用风化石料或砂卵石填筑厚度不小于16cm。在回填土或路基不稳定的路段必须铺筑12cm的手摆石，上面铺设4cm的风化石料或砂卵石。

d. 路面平整、路基稳固、坚实。

e. 路直、美观、大方。

f. 方便生产，设有下田机耕道口。

②类型选取具体内容如下。

a. 道路层级。一般分坡改梯地块内的田间生产小道和连接田间小道的主(纵)道，以及少量方便小型运输工具通行的生产道路。在西北黄土高原区、东北黑土区、北方土石山区，一般不单独布设田间生产小道，只布设主(纵)道。

b. 建筑材质。一般分土质路、砂石路、混凝土现浇路。在北方干旱、半干旱地区，一般采用土质路，少量生产道路采用沙石路或混凝土现浇路。在降水较多的南方和西南地区，主(纵)道一般也宜采用混凝土现浇路。

③措施布局具体内容如下。

a. 方便农民生产、生活，形成贯通的田间道路网络。

b. 尽量以原有道路为骨架，避免重复建设。

c. 避免大挖大填，少占耕地，尽量与坡面水系灌排渠系、土石坎顶相结合。

d. 田间生产小道尽量横向沿等高线布设，大弯就势，小弯取直，主(纵)道在缓坡区直行上坡，在陡坡区采取之字形布设。田间生产小道一般采用 40～60cm；主(纵)道在黄土高原地区、东北黑土区、北方土石山区一般采用 3m 左右，在西南岩溶区、西南紫色土区、南方红壤区一般采用 80～150cm。小型运输工具通行的连村运输道路一般采用 3～4m。具体宽度依据工程区地形地貌，结合当地生产习惯设计确定。

④配置比例。一般每修建 100 亩梯田需配置 200～400m 田间生产道路。坡耕地较为集中连片的西北黄土高原区、东北黑土区可少配置，坡耕地相对分散的南方红壤区等区域，应适当增加配置。

(2)排灌沟渠

排灌沟渠为分流、拦截坡面径流，防止坡面水土流失，以及拦蓄坡面来水，用于梯田灌溉，提高抗旱能力，排除多余径流，保障农田生产和安全，需在坡改梯工程区布设排灌沟渠等小型水利水保工程。

①田间渠系建设原则及标准具体内容如下。

a. 治理改造区有完整的排灌系统，确实保证防洪、抗旱、排涝，排灌自如，块灌块排，消除主要障碍因素。

b. 路、渠、桥、涵、闸、池、制口等配套设施齐全，方便实用。做到过渠有便民桥，分水有闸，进出有水口。

c. 渠路顺直，便于耕作。

d. 田块成方，土地平整。

②沟渠建设原则及标准。支砌石料要求质地坚硬，没有夹层和裂缝，不易风化，砂料要求含泥量不应超过 3%，石子含泥量小于 1%，水泥标号符合要求。

a. 所用“U”形槽质量好，砼标号高，槽表面光滑。

b. 在施工中遇到基础特别差的地方，必须拉石、砂碾压或夯实后方可支砌。

c. 沟渠断面、比降合理、经济。

d. 沟渠伸直，面平、线直、规范、美观、大方。

e. 渠道牢固、坚实。

f. 支砌砂浆饱满，一律用 C20 砼戴帽 5cm 以上。渠帮用 M10 砂浆抹面或勾缝。勾缝做到缝深、净(砌缝清洗干净湿润)、紧(用力把砂浆压入缝内)，实(防止塌缝和干缩，在勾缝砂浆初凝后，再二次加工压实)，平滑规格。

g. 排水沟可浆砌或干砌，下部要留缝排水。

h. 渠道一律要比地面高 20cm 以上，以便自流灌溉，同时防止耕作时土掉入沟内。灌水渠道底略低于地面。

③类型选取断面形式。一般采用“U”形、矩形、梯形断面。建筑材质一般采用土质、砖砌混凝土抹面、预制件“U”形槽。北方干旱、半干旱地区一般布设土质截排水沟渠。西南岩溶区、西南紫色土区、南方红壤区一般采用砖砌混凝土抹面、预制件“U”形槽形式。

④措施布局具体内容如下。

a. 截水沟。应在坡改梯坡面上方，与等高线成1%~2%比降进行布设，需要具有一定蓄水功能时，沿等高线布设。截水沟排水一端应与坡面排水沟相接。

b. 排水沟。一般应布设在坡面截水沟的两端或较低一端，终端应连接蓄水池或天然排水道。排水沟终端出口位置在坡脚时，大致与坡面等高线正交布设；在坡面时，可基本沿等高线或与等高线斜交布设。主排水沟一般垂直于等高线，或与田间主(纵)道平行，采用路带沟的形式进行布设。主排水沟终端应做好跌水消能和防冲措施。

⑤配置比例。截(排)水沟配置比例主要依据降水情况和地形地貌确定。每修建100亩梯田，一般西北黄土高原区需配置0~200m，西南岩溶区需配置200~800m，西南紫色土区需配置200~600m，北方土石山区需配置200~400m，东北黑土区需配置50~100m，南方红壤区需配置500~1000m。

(3)蓄水池(涝池)、水窖

为有效利用降水资源，确保干旱季节作物基本的抗旱保苗用水，需在坡改梯工程区布设一定的蓄水池、水窖等小型蓄水工程。

①类型选取。具体内容如下。

a. 结构形式。蓄水池主要采用普通蓄水池、调压蓄水池和涝池三种类型，涝池一般只在西北黄土高原区采用。单池容量依据实际需要确定。水窖主要采用井窖、窑窖两种类型，一般布设在西北黄土高原区、北方土石山区，单窖容量井窖30~50m^3，窑窖100m^3以上。

b. 建筑材质。一般采用砖砌混凝土抹面或混凝土现浇。

②措施布局。具体内容如下。

a. 蓄水池。一般应布设在坡脚或坡面局部低凹处，与排水沟(或排水型截水沟)终端相连，具体位置选取应综合考虑截蓄容量、池址条件、使用便捷、施工方便等因素。为减少使用过程中的泥沙淤积，在蓄水池进水口前应布设沉沙池(凼)。

b. 涝池。应布设在路旁低于路面、土质较好、降雨时有足够表径流流入的地方，距沟头、沟边10m以上。单池容量1000m^3以上的大型涝池选址应考虑池体容量和足够的径流来源。

c. 水窖。应布设在村旁、路旁以及有足够表径流来源的地方。窖址应有深厚坚实的土层，距沟头、沟边20m以上，距大树根10m以上。石质山区的水窖，应修在不透水的基岩上。在来水量不大的路旁，布设井式水窖。在路旁有土质坚实的崖坎且要求蓄水量较大的地方，布设窑式水窖。

③配置比例。蓄水池(涝池)、水窖配置比例应综合考虑干旱季节作物基本需水以及自然降水和水源条件确定。每修建100亩梯田，一般西北黄土高原区需配置10~20m^3；西南岩溶区、西南紫色土区需配置50~150m^3；北方土石山区、南方红壤区需配置20~50m^3；东北黑土区一般不进行配置。

(4)地埂植物

为充分利用埂坎土地资源，提高埂坎稳定性，应结合实际在梯田地埂上布设一定的植物措施。

①类型选取。应根据当地实际，选取根系发达，固土能力强，耐旱耐瘠薄，生长

旺盛，且有一定经济价值的多年生护埂植物。可选择的植物种类主要有，北方地区的胡桃、板栗、花椒等，南方地区的金银花、茶、桑树等，东北黑土区的刺五加、酸浆等。

②措施布局。土坎修筑拍实后，在其外坡、内坡或顶部进行布设。石坎除六棱砖材质外，一般不进行布设。

③配置比例。各地结合具体项目和当地实际进行措施配置。

(5)耕地水土保持生态耕作及土壤培肥技术方法

参照本书 3.3.3 小节中的“水土保持耕作技术”与“土壤培肥技术”因地制宜实施。实施以种植肥田作物、增施有机肥等为主要内容的土壤改良及地力建设工程，改善土体结构和物理性状、消除毒质。实施以提高肥料利用率、培肥耕地地力和防治耕地面源污染为主要内容的测土配方施肥工程。

①因土种植，合理布局作物，特别是新改地和打乱土层的田地，应增施农家肥和适量化肥，种植抢生耐瘠的作物，并因土选用适宜良种，实现作物品种良种化。

②合理轮作，用地养地结合，耗地作物、自养作物、养地作物搭配，有完整的、适合当地的、必须采用的科学用地与养地轮作制度。

③项目建设当年有 50%以上的耕地需采用秸秆还田或种植绿肥，增施有机肥。

④项目区要应用测土配方施肥技术。

⑤采用规范的高产栽培技术措施，复种指数达 180%以上。

6.3　坡耕地水土流失治理案例

本节将以云南省某小流域坡耕地水土流失治理工程为例，系统介绍坡耕地水土流失治理技术体系配置与设计方法。该小流域坡耕地水土流失治理工程项目区属于水力侵蚀类型区中的西南土石山区。项目区总占地面积为 4.89km^2。属构造剥蚀、侵蚀中山河谷地貌，总体地势为北高南低，东高西低。最高海拔高程为 1810.00m，最低海拔高程为 1485m。流域内耕地面积为 286.67hm^2，按耕地地形坡度分级，耕地组成如下：坡度小于 5°的耕地面积为 36.25hm^2，占耕地总面积的 12.65%；5°～10°的耕地面积为 75.07hm^2，占耕地总面积的 26.19%；10°～15°的耕地面积为 85.52hm^2，占耕地总面积的 29.83%；15°～20°的耕地面积为 70.24hm^2，占耕地总面积的 24.50%；20°～25°的耕地面积为 15.02hm^2，占耕地总面积的 5.24%；大于 25°的耕地面积为 4.57hm^2，占耕地总面积的 1.59%。

6.3.1　总体布置

(1)措施布设原则和指导思想

紧紧围绕“田地治理成型、水系布局合理、道路连接成网、产业规模发展、农民收入提高、社会和谐稳定”的目标，坚持“山、水、林、田、路”综合治理，以梯田建设为基础，以田间道路布设为支撑，以坡面水系配套较为完备，结合农村产业结构调整规划和农户意愿，促进项目区农业现代化建设、保障农民增收和农村经济社会发展。合理布局水土流失综合治理措施，科学设计典型地块工程，建成高标准、高质量、高效益的坡耕地治理示范区。

(2)措施布设

根据项目区特点，本方案所布设措施主要有：坡地改梯坪地等田面措施的布设，交通道路和耕作道路的修建，供水水源工程、田间灌溉管网工程的配套建设等。

①田面措施布置。本工程田面措施主要采取坡改梯措施，对流域内的坡耕地进行治理。根据流域内坡耕地的土地适宜性评价结果，对地面坡度大于5°，小于25°、土层厚度大于50cm、土壤质地及有机质含量满足耕作要求的地块，布置坡改梯措施，共布置坡改梯面积245.85hm^2。

②灌溉措施布置。在已有水源的基础上，结合现有灌溉设施、规划期末的作物种植结构、需水量预测以及地块的远景发展，通过新建输水干管、支管和调蓄水池，将水引至布置在各坡改梯地块的上部位置，利用自流进行灌溉。供水管网主管主要沿山脊布设，在山顶或所需灌溉地块上部设置调蓄水池，并布设支管引水至各地块，灌溉时用软管从蓄水池取水灌溉。工程区排、灌管网结合田间道路边沟进行布设。

③田间道路布置。为方便农产品运输、耕作、施工、提高流域内耕地的机械化程度，结合流域内已有满足要求的道路，根据实际情况在流域内布置田间道路。田间道路在流域内纵、横向布置，辐射到田间地块。田间道路布置的数量以满足、方便耕作为前提，确保辐射整个项目区。机耕道路根据《乡村机耕道通用技术条件》要求，机耕道路设计最大纵坡不得大于9%，合成纵坡不得大于11%。根据地形和建设需要，缓坡区(小于15°)布设从坡脚拉直到坡顶的田间道路；陡坡区(大于15°)布设“S”形的田间道路。道路路面标高设定根据坡改梯后的地块标高而定，保证道路在每个地块范围内均有部分高于地块标高，部分低于地块标高，便于耕作和地块汇水的排泄。

④截排水措施布置。项目区总体地势为北高南低、东高西低，项目区雨水汇流主要通过位于项目区南部的河流向西排入班东河，不需考虑项目区外围截排水措施。本次截排水措施主要考虑流域内的排水，为防止坡面径流进入坡改梯区域，对田面、田坎和蓄水埂造成冲刷，确保坡耕地整治质量及永续利用，设计依托所有机耕道路布设排水沟，将现有排水沟和新建排水管网(沟)有机结合起来，使每个地块的水均能合理排泄。横向道路在道路内侧布设排水沟，纵向道路考虑在道路两侧均布设排水沟。无过流要求的路段采用土质边沟(图6-2)。

(3)布置情况

①坡耕地小班划分。本设计坡耕地图斑根据实测的1∶2000地形图和土地利用现状图，经过现场勾绘、内业整理，结合土地适宜性评价进行现场复核修正等过程进行划分，坡度小于5°、大于25°、土层较薄、零星地块等不适宜坡改梯的图斑边界直接按其范围线进行划分。

②措施布置情况。根据布置原则和指导思想，结合土地利用规划结果，对各项措施布置如下。

a. 田面措施。田面措施主要为坡地改梯坪地工程。

b. 灌溉工程。新建闸阀井23座，新建灌溉管道22.90km，新建蓄水池36座，500m^{3}蓄水池1座，200m^{3}蓄水池1座，50m^{3}蓄水池34座，镇墩763个，光伏提水泵站1座。

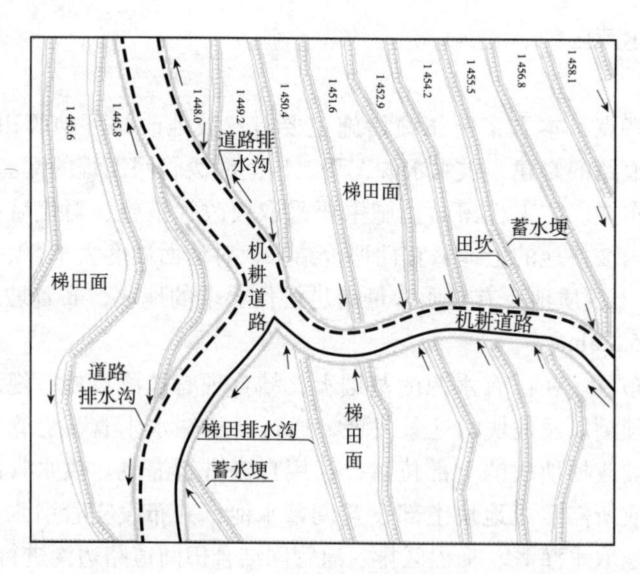

图 6-2 地块排水示意图

c. 田间道路工程。在现有道路基础上共修缮、新建机耕道 16.081km，其中修缮 4m 机耕道路 8.895km，新建 3m 机耕道路 7.186km；依托机耕道路新修道路排水沟 12.06km，预制涵管 177m。

d. 溪沟整治工程。新建 3 个谷坊群，共新建谷坊 8 座。

e. 水利设施喷绘及标志设计。本方案设计在流域出入口处布设标志牌 3 块，标志碑 1 块。

6.3.2 梯田工程

(1)设计原则及标准

设计原则。与农业规划相一致，因地制宜，统一规划，在 5°~25°的坡耕地上进行坡地改梯坪地；投资省、工程(量)少、便于施工；埂坎材料就地取材，设计合理、稳定、占地损失少；灌排结合、水系、道路与田块综合配套布设；先确定田坎高度，由田坎高度控制田面宽度；选取具有代表性的图斑进行梯田工程设计，同一地形坡度按同一坎高设计。

设计标准。防御暴雨标准采用 10 年一遇 6h 最大降水量，减少径流 90%以上，减少泥沙 95%以上；保留活土层在 70%以上。因为活土层是经过多年耕作熟化的土壤，结构好、肥力高，适宜作物生长。坡面平整时，表土复原是改造成功与否的关键；进行适当深翻，改善土壤理化性状，增加土壤团粒结构，促进土壤熟化；田坎牢固，田面平整，讲究施工操作程序和技术质量要求；各种配套设施到位。

(2)梯田布置

以地貌单元作为梯田布置的独立单元，每个单元内田块顺山坡地形，大弯就势，小弯取直，同一个田面高程田面宜宽则宽，宜窄则窄，力求一梯到头，大部分田块长度保证在 100m 以上。田块的布置同时考虑和田间道路、灌溉、排水设施的结合。

(3)田面设计

①断面设计。根据流域内土壤、地质、水文、坡度等因素，流域内梯田设计为土坎梯田，田边设蓄水埂，梯田内侧设排水沟，其中递田田面断面设计及各要素计算方法详见第3章。

②田坎高度。根据项目区的实际情况，综合考虑降雨、土质、地面坡度、地坎稳定性、田面宽度、工程量、方便施工等因素，同时为了保证田坎的稳定性，田坎高度原则上不应大于2.0m。本工程流域内梯田的地坎设计为4种高度：当坡度在6°~9°时，田坎高度设计为1m，田坎坡度80°；当坡度在10°~14°时，田坎高度设计为1.3m，田坎坡度75°；当坡度在15°~19°时，田坎高度设计为1.5m，田坎坡度70°；当坡度在20°~24°时，田坎高度设计为1.8m，田坎坡度70°(表6-5)。

③田面宽度。根据确定的田坎高度，计算出不同坡度的田面设计宽度，本流域内设计的田面毛宽在4.04~9.51m范围内，田面净宽在3.39~9.34m范围内。

表6-5　坡改梯地块分坡度参数设计值表

原地面坡度 θ (°)	田坎高度 H (m)	梯田田坎坡度 α (°)	田面毛宽 B_m (m)	田面净宽 B (m)
6	1.0	80	9.51	9.34
7			8.14	7.97
8			7.12	6.94
9			6.31	6.14
10	1.3	75	7.37	7.02
11			6.69	6.34
12			6.12	5.77
13			5.63	5.28
14			5.21	4.87
15	1.5	70	5.60	5.05
16			5.23	4.69
17			4.91	4.36
18			4.62	4.07
19			4.36	3.81
20	1.8	70	4.95	4.29
21			4.69	4.03
22			4.46	3.80
23			4.24	3.59
24			4.04	3.39

(4)田坎及蓄水埂设计

田坎设计为土质田坎，采用生土夯实修筑；蓄水埂顶宽取20cm，高20cm，内侧坡比1∶0.5，外侧坡比与田坎坡度一致。

(5)梯田内侧排水沟设计

梯田内侧排水沟采用土质排水沟，梯形断面，底宽10cm，高 10cm，外侧坡比1∶0.5，内侧就田坎坡度。为不影响耕作，该排水沟设计为临时排水沟，由农户在每次耕作时自行清理，本设计不计入投资。

(6)工程量计算

①计算方法。

a. 修平田面

$$V_f=\frac{1}{8}B\cdot H\cdot L \tag{6-1}$$

式中：V_f——单位面积梯田田面修平土方量，m^3；

L——单位面积梯田长度，m；

H——田坎高度，m；

B——田面净宽，m。

b. 筑埂

$$L_b=\frac{10000}{B_m} \tag{6-2}$$

式中：L_b——每公顷筑蓄水埂，m^3；

B_m——梯田田面毛宽，m。

c. 保留表土

$$S_P=L\cdot B \tag{6-3}$$

式中：S_P——剥离表土量，m^2；

B——田面净宽，m；

L——梯田长度，m。

d. 覆表土

$$V_c=V_p+V_r \tag{6-4}$$

式中：V_c——覆表土量，m^3；

V_p——剥离表土量，m^3；

V_r——田坎清基量，m^3。

②不同坡度工程量分析计算。根据式(6-1)至式(6-4)，通过对项目区内所有的坡改梯地块分地面坡度进行设计，统计出田面工程分坡度工程量(面积按 $1hm^2$计算)。

③分小班工程量分析计算。根据地块剖面计算分析，得出项目区内坡改梯小班不同坡度田坎清基、筑埂、保留表土、修平田面和覆表土工程量。

6.3.3 配套措施

6.3.3.1 灌溉工程设计

(1)设计原则

①项目区主要包括管道、蓄水池等类型，考虑总体布局以管道、蓄水池、道路排水沟为骨架，合理布设，使其形成完整的灌溉、排水体系。

②根据不同的灌溉区域，因地制宜确定灌溉工程的类型，并按高水高排或高用、

中水中排或中用、低水低排或低用的原则设计。

③灌排工程应尽量避开滑坡体、危岩等地带，同时注意节约用地，使交叉建筑物最少，投资最省。

④梯田区两端的排水沟，一般与坡面等高线正交布设，大致与梯田两端的道路同向，排水沟应分段设置跌水，沟渠纵断面可采取与梯田区大断面一致，以每台田面宽为一水平段，以每台的田坎高为一跌水，在跌水处做好防冲措施。

⑤蓄水池的分布与容量，应根据控制面积、蓄排关系和修建省工、使用方便等原则，因地制宜，具体确定。

⑥蓄水池的位置，应根据地形有利，便于利用，岩性良好(无裂缝暗穴、沙砾层等)、蓄水容量大、工程量小、施工方便等条件具体确定。

(2)供需水量平衡分析

根据《灌溉与排水工程设计规范》(GB 50288—1999)，结合项目区的实际情况，项目区种植面积以旱作物为主，作物的灌水按充分灌溉进行设计，按设计灌溉面积、作物种植结构和作物灌溉制度等进行水量平衡计算，得出流域内坡改梯面积的灌溉需水量。

①灌溉面积。本次设计对灌溉片区耕地面积重新进行了核实，采用实测地形图量算，结合实地查勘调查，考虑扣除村寨、水面、道路、林地、坟地、建设用地等非生产用地，拟定本次设计灌溉面积。

②作物种植结构。根据流域所在当地政府、水利部门和群众意愿调查，并结合项目区实际地形情况，本着改变过去传统种植业，优化产业结构，将项目区的耕地建设成为具有水土保持功能的水平梯田，同时配套相应的机耕路和灌溉等基础设施，为流域内的产业结构调整创造条件。通过参与式调查，开展了农户访谈、调查表登记及实地调查等参与式项目，多数群众对现状种植烤烟、玉米较不满意。由于项目区灌溉配套设施落后，烤烟、玉米等作物产量低。另外项目区种植结构单一，烤烟价格较低时，农户收入较低。如果灌溉及交通条件得到改善，将规划提高核桃、油橄榄的种植比例，减少收益较低的玉米、烤烟种植面积。

项目区坡改梯本次规划对全部耕地灌溉。结合县、乡产业调整规划和参与式调查中的农户种植意愿，项目区规划种植作物主要有常年作物烤烟、核桃、油橄榄等。规划年经济作物组成及种植比例，在稳定耕地面积，调整作物种植比例，改善种植结构，发展高效农业产业。

③作物灌溉制度。项目区主要种植作物有烤烟、玉米、核桃、油橄榄、蔬菜等，由于流域内没有灌溉试验站资料，灌片灌溉制度的拟定主要根据项目区气候因子及其他灌片进行灌溉制度类比，并结合云南省地方标准《用水定额》(DB53/T 68—2006)和《灌溉与排水工程设计规范》(GB 50288—1999)综合分析确定。同时综合考虑节约用水，保证作物获得高产稳产，用最优方式对作物的灌水定额、灌水时间、灌水次数进行优化调整，拟定作物的灌水定额。

④设计灌水率。设计灌水率是进行管道设计的依据，根据《灌溉与排水工程设计规范》(GB 50288—1999)，灌水率应根据项目区各种作物的每次灌水定额，逐一进行计算，各作物每次灌水所要求的灌水率采用下式计算：

$$q_{i,k}=\frac{\alpha_i m_{i,k}}{8.64T_{i,k}} \tag{6-5}$$

式中：$q_{i,k}$——第 i 种作物 k 次灌水的灌水率，$m^3/(s \cdot 万亩)$；

α_i——第 i 种作物的种植比例；

$m_{i,k}$——第 i 种作物 k 次灌水的灌水定额，$m^3/万亩$；

$T_{i,k}$——灌水延续时间，d。

通过上述公式确定各种作物播前灌水及生育期内各次灌水的灌水率，并根据每次灌水延续时间，绘制出各种作物的灌水率过程线，将同期各种作物灌水率相加，并进行修正，修正后的灌水率符合下列要求：与水源供水条件相适应；各次灌水率大小应比较均匀；避免经常停水；提前或推迟灌水日期不超过3d；延长或缩短灌水时间与原时间相差不超过20%；灌水定额调整值不超过原定额10%，同一种作物不连续两次减小灌水定额。

⑤灌区用水过程。项目区灌溉用水过程线可用综合灌水定额确定表示。

综合净灌溉定额：项目区全年的综合净灌溉定额，是该时段内各种作物各次灌水定额的面积加权平均值，即：

$$m_{综,净}=\sum_{i=1}^{n}\alpha_i \cdot m_i \tag{6-6}$$

式中：$m_{综,净}$——项目区综合净用水定额；

m_i——各种作物各次灌水定额；

α_i——时段内各种作物种植比例。

年净灌溉用水量：项目实施后项目区某年净灌溉用水量为综合净用水定额与项目区灌溉面积的乘积。

$$W_{净}=m_{综,净} \cdot A \tag{6-7}$$

式中：A——项目区总灌溉面积，单位为亩。

年毛灌溉用水量：项目实施后项目区某年毛灌溉用水量为年净灌溉用水量除以灌溉水利用系数得到项目区年毛灌溉用水量。

$$W_{毛}=\frac{W_{净}}{\eta} \tag{6-8}$$

$$\eta=\eta_s \cdot \eta_f \tag{6-9}$$

式中：η——灌片综合灌溉水利用系数；

η_s——管道水利用系数，取0.97；

η_f——田间水利用系数，取0.93。

⑥供需水量平衡分析。确定农业灌溉需水量、水源点可供水量，从而进行水量平衡分析。

6.3.3.2　田间道路设计

（1）设计依据

通往田间地块主要用于农业机械化生产作业的道路为田间道路。本项目田间道路路线、路基、排水、路面设计标准根据《农业机械化生产道路 通用技术条件》（DB51/T 379—2017）要求。本项目田间道路设计行车速度不大于20km/h。

(2)布设原则

项目区机耕道布设主要根据当地群众需求及田面工程设计，机耕道主要依托现有道路进行修缮改造，适当新建部分道路满足耕作。机耕道布设原则如下。

①机耕道改造工程配置必须与现有道路相结合，布局合理，统一规划，统一设计。

②尽可能避开大挖大填，减少交叉建筑物，降低工程造价。

③保证道路完整、畅通，有利于生产，方便耕作，便于外界联系。

(3)机耕道线路布置及路基、路面设计

①平面布置。根据现场踏勘，结合小流域实际地形情况，项目建设区田间道路布置主要根据坡改梯地块分布，依托现有道路布局进行田间道路设计，通过修缮和新建来提高机耕道通行能力，满足农业机械化生产需要，平面布置通过横向(平行等高线)和纵向(垂直等高线)布置提高通达程度，方便农民耕作，可有效解决农忙季节运输困难，工作效率低下的问题。机耕道平面布置尽量根据地形，随弯就弯，减少土石方开挖量，回头曲线半径不小于15m，特殊路段不小于10m；弯道过于零碎的，可以根据地形裁弯取直；纵向布置的机耕道根据地块分布，面积大小，高差确定，尽量与横向道路连接。机耕道平面布置如图6-3所示，机耕道与地块相交纵向布置如图6-4所示，机耕道与地块平行纵向布置如图6-5所示。

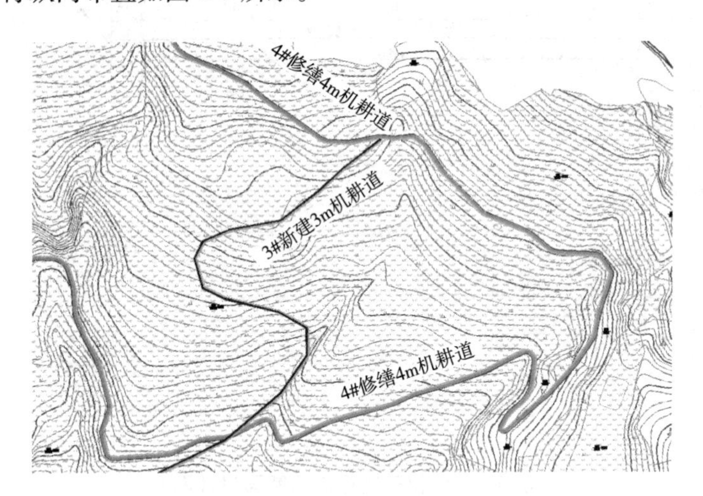

图6-3 机耕道平面布置示意图

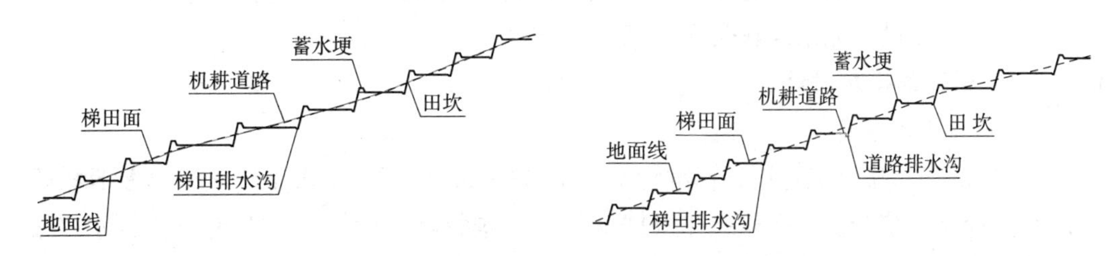

图6-4 机耕道与地块相交纵向布置示意图

图6-5 机耕道与地块相交横向布置示意图

②纵断面布置。根据《农业机械化生产道路 通用技术条件》(DB51/T 379—2017)，机耕道路设计最大纵坡不得大于9%，合成纵坡不得大于11%。根据地形和建设需要，缓坡区(小于15°)布设从坡脚拉直到坡顶的田间道路；陡坡区(大于15°)布设"S"形的

田间道路。道路路面标高设定根据坡改梯后的地块标高而定，保证道路在每个地块范围内均有部分高于地块标高，部分低于地块标高，便于耕作和地块汇水的排泄。机耕道纵坡与坡长要求详见表 6-6。

表 6-6　机耕道路纵坡与坡长设计要求

纵坡坡度(°)	5~6	6~7	7~8	8~9	9~10	10~11
坡长限制(m)	800	500	300	200	150	100

③横断面布置。根据项目建设区现有道路现场踏勘，结合小流域实际地形情况，本设计机耕道为泥结石路面，横断面设计采用两种形式。4m 机耕路为：路基宽 4.5m，路面宽 4.0m；3m 机耕路为：路基宽 3.5m，路面宽 3.0m，两种路宽道路均在路堑侧布设排水沟，路堤侧布设路缘石。另外，每间隔 200~300m 距离设置错车道，错车道处的路基宽度宜大于 5.0m，有效长度不小于 20m，相邻两错车道之间应通视。项目区机耕道标准横断面如图 6-6 所示。

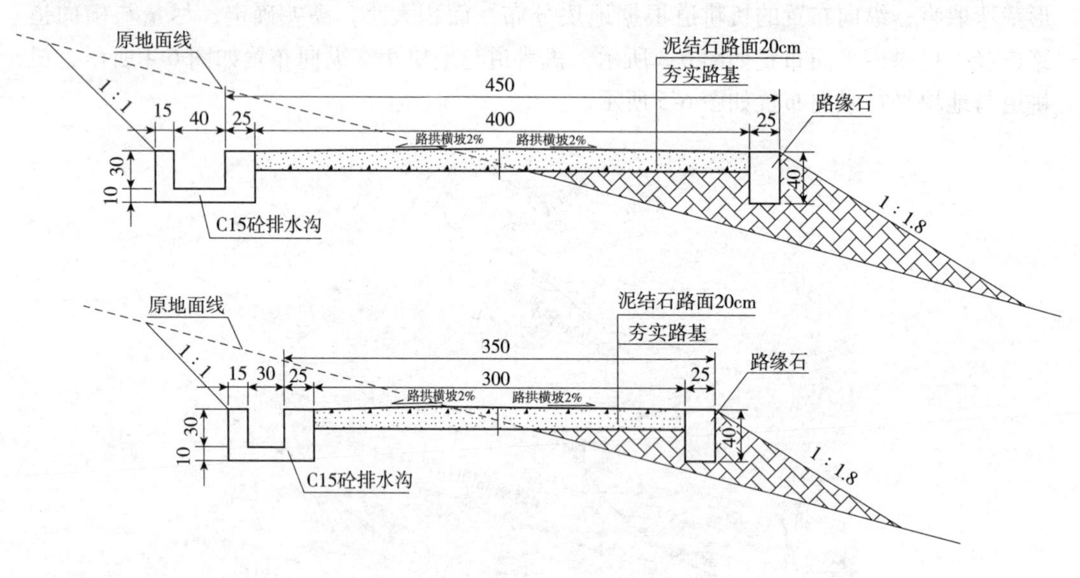

图 6-6　机耕道路标准横断面设计图

④机耕道路基、路面工程量汇总。项目建设区主要建设内容为路基土方开挖、回填，夯实路基后进行泥结碎石路面铺筑。

6.3.3.3　机耕道排水设计

(1)截排水沟设计

根据《灌溉与排水工程设计标准》(GB 50288—2018)，截排水系统主要是及时排除区内暴雨径流，结合汇流面积，并根据地形和土壤特征，设计固定明沟自流排水，按排涝设计流量设计。设计流量根据项目区内排涝模数、田块排水面积计算确定。项目区现有道路基本无排水设施，按照截排水沟措施布设原则和指导思想，项目区排水措施主要依托道路排水沟，遵循灌排结合原则，进行了统一规划和设计，形成完善的截排水系统，防止项目区外围径流进入梯田地块，做到渠、沟连通，将项目区外围径流截排走。道路路堑排水沟和梯田排水沟布置如图 6-7 所示。

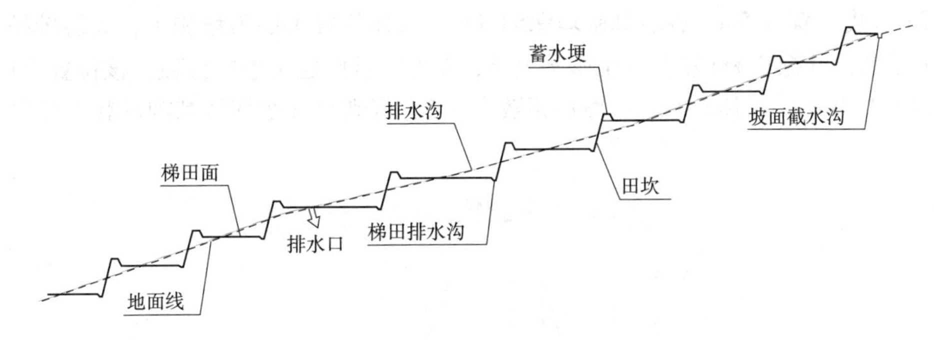

图 6-7 梯田截排水沟相交纵向道路布置示意图

按照排水措施的布设原则和指导思想，结合典型地块设计情况，考虑到汇水情况，本方案分横向和纵向排水沟进行设计。

①洪峰流量计算。洪峰流量计算采用下列公式：

$$Q=0.278KiF \tag{6-10}$$

式中：Q——最大清水洪峰流量，m^3/s；

K——径流系数，综合考虑各种因素后确定取 0.5；

i——按 20 年一遇最大 1h 降雨强度；

F——汇水面积，根据道路坡面上游径流面积，取道路最大径流汇水面积。

②过流能力计算。排水沟过流能力复核采用谢才公式进行，计算公式如下：

$$Q=AC\sqrt{Ri} \tag{6-11}$$

式中：A——过水面积，m^2；

C——谢才系数，用公式 $C=R^{1/6}/n$ 计算，n 为糙率，取 0.018；

R——水力半径，m；

i——底坡。

③过流能力校核(40cm×30cm 排水沟过流能力校核)。修缮 4m 机耕道路堑一侧布设排水沟，设计断面为矩形，断面净空尺寸($b\times h$)40cm×30cm，排水沟采用 C15 砼现浇，靠山侧沟壁厚 15cm，靠近路侧沟壁厚 25cm，底厚 10cm，底板厚 10cm。排水沟尺寸考虑 0.1m 安全超高。经计算，40cm×30cm 排水沟过流能力能够满足过流要求。

(2)排水涵管

本设计考虑在排水渠道和道路交叉处均设置混凝土预制涵管，根据设计排水沟方案，结合流域实际情况，需布设涵管。

(3)梯田内侧排水沟

布设可根据坡改梯后田坎的布置情况，为不影响耕作，该排水沟设计为临时排水沟。

6.3.3.4 溪沟整治工程设计

根据现场调查，项目区存在部分沟道下切严重，两侧山体局部有塌方，水土流失严重，为防止沟道进一步下切，设计在该区域布置 3 条溪沟进行整治。共布置谷坊 8 座。谷坊采用 M7.5 浆砌石断面，顶宽 0.8m，根据地形布置 2m 和 3m 两种高度，坝体下游坡度为 1 ∶ 0.4，上游坝坡竖直，谷坊中间溢流口，溢流口宽根据河床选择 5m、

6m、7m 长度，深 0.5m，谷坊基础埋深>1.0m。坝体位置土层为坡积土，表层较松散，承载力较低，开挖 0.8m 左右可至密实土层，参考附近已建工程的参数，该位置土层承载力约为 150kPa，坝体与基地面摩擦系数为 0.3，可满足谷坊坝体基础承载力要求(图 6-8)。

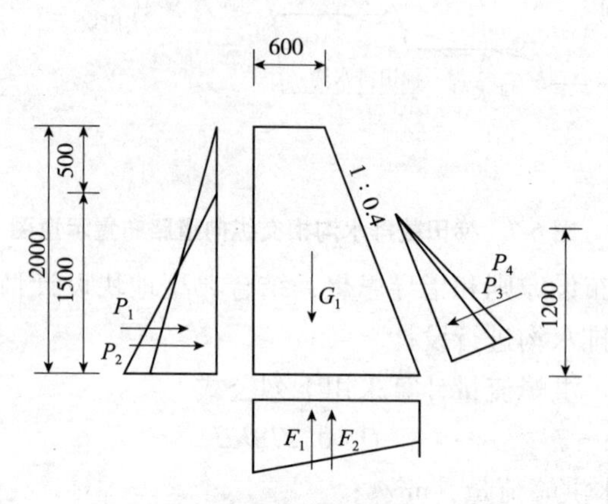

图 6-8　谷坊计算简图

设计复核谷坊群的基础承载力、抗滑稳定。计算工况仅考虑在谷坊正常运行时坝前有水下游无水。计算参数如下：M7.5 浆砌石 $\gamma=22\text{kN/m}^3$；取摩擦系数 $f=0.3$；地基承载力为 150kPa。由于谷坊规模较小，抗滑安全系数参照 3 级拦沙坝建筑物取为 1.15，最大最小应力比为 2.5。

图中：G_1——坝体自重力，kPa；

P_1——坝前静水压力，kPa；

P_2——坝前泥沙压力，kPa；

P_3——坝后土压力，kPa；

P_4——坝后静水压力，kPa；

F_1——坝体基地受扬压力，kPa；

F_2——基础对坝体的承载力，kPa。

坝基截面的垂直应力应按下式计算：

$$\sigma_{\max/\min}=\frac{\sum W}{A}\pm\frac{\sum M\cdot x}{J} \tag{6-12}$$

式中：$\sigma_{\max/\min}$——坝趾/坝踵的应力，kPa；

$\sum W$——作用于单位坝长上的全部荷载，坝基法向应力的总和，kN；

A——单位坝长的基地截面面积，m^2；

$\sum M$——作用于单位坝长上全部荷载对坝基截面形心轴的力矩总和，kN · m；

x——坝基面计算点至形心的距离，m；

J——单位坝长坝基面对形心轴的惯性矩，m^4。

坝体抗滑稳定计算按式(6-13)计算：

$$K=\frac{f\sum W}{\sum P} \tag{6-13}$$

式中：K——抗滑稳定安全系数；

f——坝体浆砌石与坝基接触面的抗剪摩擦系数；

$\sum W$——作用于单位坝长上的全部荷载，坝基法向应力的总和，kN；

$\sum P$——作用于坝体上全部荷载对滑动平面的切向分值，kN。

本章小结

坡耕地是我国耕地资源的重要组成部分，有效治理坡耕地水土流失和提高土壤肥力是坡耕地水土保育的必要手段，同时也是加强农业基础设施建设、改善山丘区群众生产生活条件和巩固退耕还林成果的需要，对保障国家粮食安全、生态安全、防洪安全，促进经济社会可持续发展和实现生态文明战略等都具有重要的意义。本章主要是针对我国坡耕地现状及水土流失问题，提出坡耕地水土流失治理的原则、目标及治理模式，并详细阐述了坡耕地水土流失治理的技术体系和方法，最后以具体案例进行了坡耕地水土流失治理的应用介绍。

思考题

1. 坡耕地水土流失有哪些特点？
2. 当前，我国坡耕地水土流失如何进行分区？针对不同分区如何进行坡耕地治理？
3. 简述坡耕地水土流失治理技术体系。
4. 简述坡耕地水土流失治理措施中坡改梯和局部整地的优缺点。

第7章

河道近自然治理

自然河道主要是指河水流经的路线，包含了水体、河床、生态河堤、生态岸坡等生态系统共同组成、相互联系的生态系统。河道能够实现防洪排涝以及抗旱的功能，同时河道又能够为人们提供休憩和游乐的空间，良好的河道水环境不仅给人们带来优美的生活环境，还能创造一定的经济效益。随着城市化进程的推进，城市建设速度不断加快，给河道水环境带来了严重污染，影响了人们正常的生产与生活，河道治理成为水环境保护的重要部分。目前，河道治理已成为我国改善水环境的重要内容之一，正确认识河道的功能、景观与效益，采取措施治理河道生态问题，是实现生态城市、健康城市，保护河道可持续发展的基础。

7.1 河道自然景观功能及生态问题

河流在陆地表面纵横交错，呈蛛网般分布，是陆地表面水流和泥沙输移的主要通道，也是地球水文循环的主要路径。河流有干流、支流之分，细小的支流汇入大一些的支流或湖泊，或汇入大江大河，最后流入海洋。河流生态系统是流域中最具有生命力和变化的景观形态，是流域中最理想的生境走廊。一个完整的河流生态系统由水体(waters)、河岸带(riparian zone)和河滩(flood land)3部分组成。这种空间结构为鱼类、鸟类、昆虫、小型哺乳动物以及各种植物提供了良好的生存环境，是河流可以自我发展和维持平衡的天然宝库。

河道是河流干流或支流在陆地上水体覆盖的面积，河道是来水、来沙与河道边界相互作用的产物，处于不断变化过程中。水流和河床相互作用，河床影响水流结构，水流促使河床变化。河道一般分为河源、上游、中游、下游和河口五部分，河源一般在深山中，河口是河道的站点。河道特征主要包括生态特征、地貌特征和水体特征四个方面。生态特征主要包括岸坡的结构、缓冲带植被和底栖大型动物等指标；地貌特征主要包括了平面形态、横断面形态、水深和水体宽度等指标；水体特征主要包括流量、流速、水质、水体与河底土壤接触情况等指标。河流水环境是一个线性系统，它从源头延伸到河口，包括河道、河岸带、缓冲带，还包括河岸相关的地下水、洪泛区、湿地、河口以及依靠淡水输入的近海环境。

河流是一个开放系统，与边缘的水生生态系统和其他边缘的陆地生态系统之间产生了强烈的能量、养分和物种交换。河道水环境系统在外界环境的驱动下进行物质循环、能量流动、信息流动以及生物繁衍等。河道的结构特征决定了它的功能，它具有生物群落与生境一致性、结构的整体性、相对的稳定性、绝对的波动性、变异性和对环境的自我调控及自我修复功能。

自然河道是未经人类干预的河水流经的路线，其中包含了水体、河床、生态河堤、生态岸坡等生态系统。河道能够很好地实现防洪排涝以及抗旱的功能，同时河道又能够为人们提供休憩和游乐的空间。依据河流流路在平面上形成的图形，可以将河流类型分为辫流、曲流、分汊、顺直等类型。

近自然河道是在充分遵循原生态河道变化发展发育规律的基础上，通过适度的人工改造形成的，目的是保护河道健康发展。

7.1.1 河道的功能

(1)生态功能

自然河道生态系统的功能主要包括以下两个方面。

一方面，它为鱼类等水生动物提供了栖息、繁衍场所，两岸的绿树草丛为陆上昆虫、鸟类等提供了良好的生存空间。河道自然景观的生态功能具有多面性，如增加生物多样性、恢复河流生态。河道自然景观的美学价值在于保留了自然河道的弯曲性特征，健康的自然河流包含曲流、湿地、三角洲等多种形态，因此，河流呈现一种蜿蜒曲折的形态美。亲水平台的设置为游人观赏游憩和感受文化增加了景观空间；绿地与乡土树种合理分布，河道两边的景观突显了当地文化特色；湿地具有调节局地小气候、涵养水源、削减洪水、减轻污染、美化环境、维护生态平衡等诸多作用。乔灌草等多样化驳岸类型交错纵横排列的河道自然景观，可以降低水流流速，从而降低水流对河岸的冲刷，有利于水生生物停留下来繁衍生息。恢复河道空间活力有利于营造多样化的河道生态系统，同时为河道多样化生物的生存提供自然环境，以食物链的增多来提高河道整体生态系统的稳定性，水生植被与动物种群的构建为河道水环境中多样化生物的繁衍、生存提供更加良好、稳定的环境。

另一方面，一些景观植物具有吸附污染物的特性，利于改善水环境、净化水质、提升水文活力。水体中的生物多了，氧从空气向水中的传入量增加，使水体的自净功能得到加强，最终可以净化水源。河道自然景观形成的水域，可以改善环境质量，为生物提供栖息地，形成区域小气候。河道自然景观涵养水源的作用在河道进入枯水期的表现最为明显，储水反渗入河或蒸发起着补充枯水季水量、调节气候的作用。

(2)行洪排涝功能

河道自然景观是河道的一道屏障，也是河道的缓冲带。它有利于发挥河流的灌溉、防洪、供水、发电、航运、行洪、排涝、引水、抗旱、减少洪涝灾害、涵养水源、补给水源等传统水利功能。由多样化河道自然景观构建的河床与堤防具有高孔隙率，它的透水性好，在丰水期河道水向堤中渗透储存，减少洪灾，间接地补充地下水。河道自然景观水源涵养区通常是城市景观的重点塑造区，又或是港航区，实践生产应用中，河道可以积极发挥河道自然景观调节水源、改变河流流速和方向等关键作用，同时河道自然景观也产生巨大的社会效益。

(3) 景观功能

河道自然景观主要包括水体、河道形态、绿地、道路、文化区与景观区等方面。河道自然景观包括河道中的一草一木、一沙一石及各种成分所组成的一个整体。河道自然景观的美还在于植物的形态与结构，植物的形态变化、季节的色彩变化都会成为吸引人们观赏的元素，河道的“生命化”很大一部分体现在植物群落与错落有致的结构。河道自然景观为人们旅游、休闲和度假提供了休憩游乐的观景平台，具有地域文化特色的河道自然景观可以改善当地整体风貌，作为一个区域的宣传名片。河道两岸绿地形成的景观是以满足大众感受自然、亲近自然、体验自然为初衷形成的绿色开放空间，是城市生态旅游休闲文化生长的沃土。

7.1.2　河道的生态问题

20 世纪 90 年代以来，采用混凝土施工、衬砌河床而忽略自然环境的城市水系治理方法，由于主要考虑河流的防洪功能，而弱化了河流的资源功能和生态功能，破坏了自然河流的生态链，已逐渐被世界各国否定。伴随河道治理理念的变化，我国河道治理实践不同阶段出现了一些生态问题，这些河道工程生态问题总结起来主要包括方面。

(1) 河道治理目标功能单一

在过去很长一段时间的城市河流治理中，侧重于防洪、水运、灌溉功能，多采用渠化、硬化的工程治理方法，如拓宽河道、裁弯取直等，忽视了河流的资源功能和生态景观效应，破坏了自然河流的生态环境。河道截弯取直后，既改变了洪水流向，增大了河槽比降、流速和水动能，又加剧了水流对河岸的冲刷和河槽的下切，使原有堤防和河岸垮塌更为严重。在河道的治理中，一味强调了河道行洪能力，忽视了其生态环境的保护，片面地开发使用河道功能，忽视原有生态系统的重建恢复，部分河道整治工程影响河势演变发展，影响河道自然条件下的水沙运移平衡，在河道主流摆动过程中，对河岸原有植被分布及生长造成较大影响。

(2) 河道护岸硬化、结构单一

采用水泥混凝土进行防护边坡及护岸的设计与修建，忽略且隔离了护岸土壤与水体之间的自然交换。非生命化的河道护坡工程措施完全改变了一个动态的自然景观系统，扼杀了河道两岸动植物的生存环境，岸边的乔木、灌木和水草等被清除，两栖类动物的生境廊道被切断，水生昆虫不能正常羽化，生物多样性大大降低，由此造成了生态价值的破坏，目前河道生态护岸技术有待提高。

(3) 亲水性差

石砌的护岸整齐划一，同时存在河岸垂直陡峭，落差大，加之水流快，带来了新的安全问题，使得人们走在河边有一种畏惧感，不能获得良好的亲水性。

(4) 河道两岸植被简单、景观功能弱

河道两岸绿地分布及植被缺乏系统性、乔灌木种类过于简单、生物多样性减少、河道景观整齐划一，无法正常发挥绿地生态系统的作用。河道治理完成后，缺乏必要的植被恢复工作，一部分河道区域缺乏基本的植被体系，采用的植被类型和总量偏少，景观设计不能充分体现文化、美学内涵，仍需在规划设计理念上加以改进和创新。现代城市河道治理与规划，除了必须考虑河道排水、蓄水功能以外，同时也必须重视对河岸生态景观的塑造，为城市居民提供休闲和娱乐的新去处。

(5)城市河道的水生态系统失调

随着城市化进程的加快，城市人口剧增，房地产超负荷地开发，引发了占用河道的种种商业现象。同时许多工业污水、生活污水未进行有效处理就排入河流中，使得河道的生态环境遭受严重破坏，逐渐丧失其自身的净化能力。河道裁弯取直后一方面破坏了城市河道原有的水文地质地貌，降低河岸的渗透性，使河岸的水量调节功能减弱，“三面光”的河床使水流速度加快，带来水源不足问题；加上城市河道之间不畅通，外来水源与现实用水需要存在很大的矛盾。河道进入干旱期或者污水期时，缺乏外源水源补充和稀释，河道未种植绿化植被，河道水体中又缺乏水生动植物，因此水陆生态系统破坏，生态系统的食物链中断使水生生物无法继续存活下去。水生态平衡失调和自然生态问题严重加剧，使城市水环境的质量也大幅度降低，恢复城市河道生态系统已经迫在眉睫。

7.2 河道近自然治理的发展历程

7.2.1 河道近自然治理概念

河道近自然治理理念源于人们对“近自然荒溪治理”“近自然流域管理”“近自然河溪管理”“近自然河溪治理”等治河思想的认识与升华。高甲荣等(1999)提出了河道近自然治理的定义：能够在完成传统河道治理任务的基础上达到接近自然、经济并保持景观美的一种治理方案。

河道近自然治理(near natural stream control)可以看作是人类活动与自然融合的一种社会现象，是在减轻或避免河道生态系统中自然灾害所造成的损失、保护人类生存空间的基础上，强调河道在自然景观中的和谐性，维护河道生态系统的平衡和稳定，发挥河道生态系统多方面的功能。具体来讲，河道近自然治理就是在对河流生态系统现状健康评价的结果进行分析后，将其划分成不同的自然度等级，然后利用相对应的近自然治理技术措施来恢复河道生态系统各项生态服务功能，并在工程措施实施之后评价其恢复成效，再进行调整以形成完善的河道近自然治理技术工程措施体系。河道近自然治理就是要恢复河道生态系统以下三方面特征：①恢复河道横断面和纵断面的差异性，即要保持天然河道的自然形态，要有浅潭-深潭过渡带；②恢复河底基质的差异性，即要求河床、河底、水体等要素立体呈现，河道生物多样性丰富；③恢复河道的通达性，即要保证河道水流保持自然性，排水与补充水源基本均化，保持河道水的活性。

河道近自然治理的实质是人们合理地、适度地运用人与河道自然和谐的理念，应用于河道规划设计、河道施工和河道竣工效果评价的过程。要求注重保持河流的自然性，注重人水和谐，其中以突出河道作为滨水景观的生态自然元素为主要表现形式，遵循人与河道自然景观和谐共生理念，促进整个城乡风貌的统一性。河道自然景观满足生态性、自然性、景观性、亲水性、结构稳定、安全性等要求。

7.2.2　河道治理理论发展与实践

7.2.2.1　国外河道治理理论发展与实践

(1)河流生态修复理论形成雏形阶段

20 世纪 30~50 年代为河流生态修复理论的雏形阶段，西方国家对河流治理的重点主要放在污水处理和河流水质保护上。从 20 世纪 30 年代起，很多西方国家对传统水利工程导致自然环境被破坏的做法进行了反思，开始有意识着手对遭受破坏的河流自然环境进行修复。1938 年，德国学者 Seifert 首先提出了“近自然河溪治理”概念，指出工程设施首先要具备以传统理念治理河流所要求满足的各种功能，如防洪、供水、水土保持等，同时还应该达到亲近自然的目的。20 世纪 50 年代，德国创立了“近自然河道治理工程学”，提出在工程设计理念中吸收生态学的原理，强调河道的整治要植物化和生命化，随后将其应用于河流治理的生态工程实践，并称为“再自然化”，将河流的自然、健康作为生态恢复的目标。1962 年，美国生态学家 H. T. Odum 等提出将自我设计(self-organizing activities)的生态学概念运用于工程中，首次提出生态工程学概念。1965 年，德国学者 Ernst Bittmann 首次在莱茵河用芦苇和柳树进行了生物护岸实验，被认为是河道近自然治理实践的开始。70 年代中期，德国开始在全国范围内拆除被渠道化的河道，将河流恢复到近自然的状况。瑞士苏黎世州河川保护建设局又将德国的生态护岸法丰富发展为多自然型河道生态修复技术，将已建的混凝土护岸拆除，改修成柳树和自然石护岸，给鱼类等提供生存空间，把直线型河道改修为具有深渊和浅滩呈蛇形弯曲的自然河道，让河流保持自然状态。

(2)河流生态修复实践全面展开阶段

20 世纪 80 年代至今为河流生态修复实践全面展开的阶段。80 年代中期，日本开始认识到“生态体系保护、恢复和创造”以及“环境净化”的重要性，特别在水环境领域，引进了新的河流整治理念，即要保护并创造适宜生物的环境和自然景观，同时，尊重自然所具有的多样性，保障满足自然条件的良好水循环，避免生态体系孤立存在，取得了很大的成效。1983 年，Odum 将生态工程修订为“设计和实施经济与自然的工艺技术”；1989 年，美国学者 Mitsch 和 Jorgensen 探讨了 Odum 提出的生态工程概念并赋予定义，正式诞生了“生态工程学”，并不断论证了生态学原理运用于土木工程中的理论问题，奠定了“多自然型河道生态修复技术”的理论基础。英国在修复河流时也强调“近自然化”，优先考虑河流生态功能的恢复；荷兰则强调河流生态修复与防洪的结合，提出了“给河流以空间”的理念。这一阶段主要还是在治理污染的基础上强调河流生态修复。例如，莱茵河的治理在强调防治热污染理念转为尽力维护、恢复河流的自然特性，大力恢复河流生态，同时逐步拆除因航行、灌溉和防洪在河流上修建的各类工程，如河流两岸的水泥护坡，代之以灌木、草本，对曾被裁弯取直的人工河段，逐步恢复为弯曲原貌。

20 世纪 90 年代以来，日本逐渐修改已建河流的混凝土护岸，在理论、施工及高新技术的各个领域丰富发展了“多自然型河道生态修复技术”，在行政上，建设省河川局将其称为“多自然型河川工法”或“近自然河川工法”，统称为“近自然工法(near nature engineering)”。提倡凡有条件的河段应尽可能利用木桩、竹笼、卵石等天然材料来修建河堤，并将其命名为“生态河堤”。同时，许多国家也大范围开展了河道生态整治工程的实践。德国、美国、日本、法国、瑞士、奥地利、荷兰等国家纷纷大规模拆除了以前人工在河床上铺设的硬质材料，代之以可以生长灌草的土质边坡，逐步恢复河道及河岸的自然状态。德国在全国范围内开始治理被混凝土渠道化了的河道，瑞士在河流保护的法规中明文规定，优先使用生物材料治理河道，法国要求城市河道建设时，地面不透水面积不超过3.3%，美国则将兼顾生物生存的河道生态恢复作为水资源开发管理工作必须考虑的项目。

随着河流生态修复技术方法的日渐成熟，发达国家于20世纪90年代尝试开展流域尺度下的河流生态修复工程。例如，美国已经开始对基西米河、密西西比河、伊利诺伊河、凯斯密河和密苏里河流域进行了整体生态修复，并规划了未来20年长达60×10^4km的河流修复计划。

7.2.2.2 我国河道治理理念的发展与实践

(1)我国古代河道治理理念与实践

我国河道治理理念经历了曲折的发展变化过程。从“鲧障洪水”到“禹疏九河”治水的转变，人们开始意识到“疏”与“导”的治水方法。其中，春秋、战国直到西汉中期，黄河上游河套地区开辟了灌溉系，中游发展了泾、渭引水灌田，下游两岸完成了长堤，引漳灌溉的创修以及黄河为总干的南北水运网的沟通等，这时“以农事为急”的治河思想表现突出，同时也萌发了“水运联通”的思想。从沟通黄河南迄余杭、北达涿郡的水运外，东汉初王景治理汴渠、治理黄河的事迹中，足以说明了人们开始意识到了发展水运(漕运)的重要意义及与治河的关系。在“畏天命、畏大人、畏圣人之言”的思想束缚下，出现了北宋利河御敌，金、元利河南行等治河思想。

在宋、元治河中人们逐渐认识到了水流涨落与泥沙冲积的关系，之后修建了堤防护岸与建立了修守制度，防护工事最多的是埽。埽是以树枝(梢)、草秆(秸)等主要物料，辅之以土、石、以绳索卷、镶而成，由于所用物料和修筑方法的不同，埽的名称也很多，如“岸埽”“水埽”“龙尾埽”“拦头埽”“马头埽”等，这时孕育了生态护岸思想。明、清时期治河的目的就是为了保漕，凡与漕运无关的决口，则非所关心，提出了“坚筑堤防，纳水归于一槽”的方针。

(2)我国近代河道治理理念与实践

以1955年的第一个黄河综合治理开发规划为标志，治黄方略迈入了新的历史阶段。1955年，全国人民代表大会批准通过了治黄历史上第一个《黄河综合利用规划》，提出治黄要兴利除害；1977年进行了修订，进一步对水资源开发和水土保持进行了全流域的规划布局，最终形成了以干流治理和库坝工程为主，防洪、水土保持、水资源开发利用相结合，综合治理开发黄河的格局。这一时期在“人定胜天”思想影响下，我国著名的防洪工程有：密云水库、黄河大堤、荆江大堤、京杭运河。自1978年改革开放以来，“水陆联通”式的海上贸易逐步发展起来，人们这个时期主要注重开发河道的航运功能。

我国对河流生态修复理论及技术的认知始于20世纪90年代，其中比较有代表性的是刘树坤1999年提出的“大水利”理论框架。河道治理观念已经由传统的以满足防洪、排涝的要求转变为在加强河道基本功能的同时，逐步满足生态城市发展要求。河道整治的目标包括：有效控制和抵御常遇洪水、暴雨，从而保障社会稳定和社会经济的可持续发展；建立多功能、高效益水环境保护综合体系，使堤岸、河道整治达到“堤固、通畅、水清、美观、岸绿”的要求。这一时期掀起借鉴和学习日本技术高潮，如刘树坤在其系列访日报告中详细介绍了日本在河流开发与管理方面的理念和对策，对开展河流的防洪、水资源开发与保护、景观与生态修复、水文化等综合整治的技术措施进行了探讨，同时详细阐述了生态修复的思路、步骤、方法和措施等，为之后我国开展河流生态修复研究奠定了基础。

2003 年，董哲仁提出了“生态水工学”的概念，提出在传统水利工程的设计中应结合生态学原理，充分考虑野生动植物的生存需求，保证河流生态系统的健康，建设人水和谐的水利工程。2007 年，董哲仁等著述了《生态水利工程原理与技术》，为我国河流生态修复科研与工程开展提供了重要的理论基础。同时，唐涛等(2002)介绍了河流生态系统健康评价的国内外应用及发展趋势，概述了以水生生物指标为主的河流生态系统健康评价方法；高甲荣等(2002)在分析传统治理概念的基础上，提出了河溪的自然治理原则，并探讨其应用的基本模式；赵彦伟等(2005)研究了河流生态系统健康的概念、评价方法和发展方向，提出河流健康评价应关注其指标体系的构建、评价标准的判别和流域尺度的研究；达良俊等(2005)针对城市人工水景观建设中缺乏整体性，人工硬化模式严重的弊端，首次在我国提出进行近自然型人工水景观建设的理论与概念。

(3)新时代河道治理理念与实践

我国进入中国特色社会主义新时代后，党和国家领导人提出了“绿水青山就是金山银山”的生态观和创新、协调、绿色、开放、共享的五大发展理念。在这一思想的倡导下，正视我国河道治理存在的问题，明确了河道生态治理的目标就是要实现人与河道和谐共生，创新河道治理设计、协调施工过程和以绿色的视觉评价河道治理效果，最终建立长效的河长制。“河长制”是从河流水质改善领导督办制、环保问责制所衍生出来的水污染治理制度，通过河长制，让本来无人愿管、被肆意污染的河流，变成悬在“河长”们头上的达摩克利斯之剑。“河长制”由江苏省无锡市首创，2016 年 12 月 11 日，中共中央办公厅、国务院办公厅印发《关于全面推行河长制的意见》，“河长制”提出了全流域河道治理的总体目标和基本措施，树立了“上下游共同治理”“标本兼治”的科学态度。

回眸我国治水治河的思路，过去人们单纯地追求河道的行洪功能、水利、灌溉、生活用水等方面的价值，导致了全社会关心、重视河道意识不够，在河道治理过程中缺乏环保意识，最终出现了一系列问题。例如，河道治理项目规划无序、规划不足、河道生态治理设计存在误区、技术措施存在缺陷、治理法规不够完备、乡土树种未得到有效规划利用、景观设计缺乏科学性，不能充分体现文化、美学内涵，在传统的规划建设中，人们偏向于防洪安全角度设计施工，以呆板生硬的防护栏代替原本生动美观的河道自然景观，无法让人们接近河流和亲近自然。现在人们开始关注人与自然和谐关系，更加重视河道其他如秀丽风景、徒步、登山、游憩等方面的生态功能，河道近自然治理理念已逐渐根植于河道治理规划设计与管理中。

7.3 河道近自然治理模式

7.3.1 治理原则

要恢复河道的生态功能、达到近自然的目标，应该遵循以下原则。

(1) 系统与区域原则

河溪的形成是一个自然循环和自然地理等多种自然力综合作用的过程，在河道景观设计时，首先应对河道的回水范围，从区域的角度，以系统的观点进行全方位考虑。河流流经不同的区域应满足不同的需求，同时需要考虑控制水土流失、水资源利用、水利工程建设、土地利用等多方面因素。

(2) 多目标兼顾原则

河溪治理不单纯是解决防洪或水资源利用的问题，还应包括改善水域生态环境，改进河道可达性与亲水性，增加娱乐机会，改善河滩地土地利用价值等问题。必须统筹兼顾，整体协调。河道设计应该能够为此提供多样性结构、功能组合，以满足社会的需要。

(3) 坚持生态性原则

模拟自然河道，保护生物多样性，增加景观异质性，强调景观个性，促进自然循环，构建河道生境走廊。

(4) 坚持自然美学原则

运用天然材料，利用植物造景，创造自然生趣，鼓励平易质朴，反对铺张奢华。

(5) 坚持文化保护原则

自然景观整治与文化景观保护利用相结合，维护历史文脉的延续性，恢复和提高景观活力，塑造城市新形象。例如，在治理平原河道时，要求既满足河道体系的防护标准，又利于河道系统恢复生态平衡。进行流域环境建设，将河道人为建设成外观不规则形态，体现河道结构复杂性和顺应自然能力；河道自然景观的设计充分考虑河道形状、水体势能以及河道周围的环境可以实现河道的基本功能和美学价值；对于生态要求、景观要求等进行充分考虑，提高河道空间利用率，实现河流的生态化建设；加强对生态恢复以及经济发展之间存在的关系、提升河道治理意识。生态河堤以“保护、创造生物良好的生存环境和自然景观”为前提，在考虑具有一定强度、安全性和耐久性的同时，充分考虑生态效果，把河堤由过去的混凝土人工建筑改造成为水体和土体、水体和植物或生物相互涵养，适合生物生长的仿自然状态的护坡。总之，现代城市河道治理与规划要坚持人与自然和谐发展，做到既能防洪又能抗旱，除了必须考虑到河道排水、蓄水功能以外，同时必须重视对河岸生态景观的塑造，为城乡居民提供休闲和娱乐的新去处，真正实现水清、流畅、岸绿、景美的河道风貌。

7.3.2 治理模式与方案

7.3.2.1 河道近自然治理模式

我国河道近自然治理模式应用于不同区域河道中的尺度存在差异性，这主要依据河道的自然度状况。河道近自然治理一般通过治导、疏浚、治污水体、生态护岸、景观提升等方式进行一系列的活动。处于不同近自然等级的河段，其退化程度和自然状况不尽相同，因而不同近自然等级的河溪所适用的近自然治理措施也有所不同。自然状态下的河溪应以保护为主，并加强封育保护，避免受到人为破坏；近自然状态的河溪也主要以保护为主，必要时辅以相应的加固和管护措施；退化状态的河溪则应以恢复为主，保证河道的连通性，恢复河岸生物的多样性；人工状态的河溪应以改造为主，着重治理垃圾、污水等污染物，恢复河道的自然形态，以多种生物护岸，同时提升河岸景观。

河道近自然治理主要针对已退化和人工河道的改造。根据我国河道治理研究成果和河道治理实践活动，较大尺度的规划方案多采用分区分段规划设计，分区分段综合治理的思路来源于流域综合治理，旨在实现河道不同主体的功能。如根据河道流经的区域人口密集的程度分为城区河道、农村河道；根据河流的地形地貌特征分为平原型河道、山溪型河道、高原河道。综合我国各地近二十年大小河道治理经验与实践，将河道近自然治理归纳为原生态型、生物工程型、生物修复型和景观生态型 4 种模式。

(1)原生态型治理模式

原生态型治理模式是在不改变河道形态的情况下就地取材，选择卵石笼等当地自然材料进行覆土，并选择根系发达、适应能力强的植物种植等生物措施来加固河岸。该结构空隙率高，透水性和过滤性好，水土涵养较充分，具有很好的热湿和能量交换；该结构施工简单、投资少、造价低及自适应力强。该模式适用于平原地区河岸带较宽、坡度较缓、水流流速较小的低水位河道断面，以及石料丰富、地形和地质条件复杂的区域，或经济欠发达的山区。例如重庆市长寿区桃花溪作为长江河道沿岸的一段典型地段，提出了自然原型护岸治理模式，即采用乔灌草混交模式，种植有毛竹、垂柳、毛叶丁香球、黄花槐、鸢尾、黑麦草等，提高岸坡相对平衡坡度最为明显。

(2)生物工程型治理模式

侧重于依据河道自然形状进行生态护弯、生态护岸和边坡生态防护，力求实现河道行洪、蓄水、航运、发电、水陆通达、人居生活舒适等目标。该治理模式较适合水流流速一般，河堤土壤防冲较弱的河道治理；在地下水位较高，易形成涝、渍的基本农田区域的河道治理中运用也较广泛；也适用于河床地基承载力较好，抗冲刷要求较高的河道治理；同样适用于穿越城区的河道，既满足防洪排涝的水利功能，又有美化城市和环境保护的功能。例如，汉江整治工程措施就是用丁坝群和护岸工程并局部辅以疏浚工程。辽河河道整治措施也是首先在河段柳河口至盘山闸河段布置护堤护岸工程。其次，进行清淤阻水。另外，进行人工裁直，使河道顺直。赣江航道整治工程主要是筑坝、护岸和疏浚工程结合。

(3)生物修复型治理模式

主要采用人工改变河床断面形式、营造生物环境和模仿原生态近自然河道物质和能量交换的环境，以修复达到生态型河道。该模式主要针对穿越人口密集的城郊区域河道或部分河床已经过混凝土等刚性材料硬化，或水污染较严重的河段，结合环境综合治理，达到水清、岸绿、景美的目标。例如，温州市汇昌河、水心河以及德清县余英溪将城镇建设与水环境治理相结合，突出亲水和生态，打造“景观、休闲、安全”的水环境，使河道整治工程与两岸景观融为一体。又如，青岛市李村河流域是比较典型的城市河流，上游发源于农村地区，李村河生态整治中主要从流域内污染控制、水量保障、水质保障和河道生态景观等4个方面入手，治理流域内污染包括：控制上游农业面源污染、防治工业污染和防治流域内城镇生活污染；水量保障从加强水源地涵养与保护、充分利用流域内的雨水资源、上中下游生态补水等方面着手解决；水质保障措施采取了彻底截污、建设人工生态湿地、建设生态护岸、建设人工生态浮岛、建设入海口滨海生态公园；河道生态景观建设措施通过李村河各段新建景区，建设亲水平台、植物堤岸、建设木桥或石桥等，使脏乱差的村镇变成了远近闻名的生态旅游小镇。

(4)景观生态型治理模式

主要针对流经城区的河段，为改善当地生态环境，结合河道周边的旧城改造活动、保护城市中的自然生态湿地，提升旅游文化活动品质，提升城市形象。城市河道景观侧重水景观，以"水"和"绿"为基础，由水位中心轴线向两岸扩展，包括水域景观、过渡景观及岸域景观等。设计过程中，综合考虑河流的功能多样性要求，对河流进行合理的形态规划，确定合理的景观布局，完善运行管理措施，保证景观的可持续性。近几年结合河道景观塑造挖掘当地的文化历史成为河道治理规划方案中的亮点，如山东淄博市马桥镇孝妇河河道景观近自然修复方案中将文化气息与景观相结合，打造渔耕之趣、谷仓茶室、织机雕塑、塔吊秋千、纸卷雕塑等一系列的文化性景观；利用大小不同河流搭配芦苇和"溜子"(当地特有的一种木舟)这种当地最为常见的景观场景，在中心公园的人工湖中用"溜子"代替一般的游船，文化景墙的建造则使用河道改造过程中的废弃砖石材料代替。河道生态建筑景观营造，注重空间的层次性、强化空间的领域感、注重空间细节(色彩、尺度、质感、纹理和形式)的处理、注意景观空间的随意性营造，空间尺度亲切宜人，为人们随时随地都可以出现的流动交往提供合适的空间。

7.3.2.2 治理设计方案

不论采取哪种模式治理河道，具体设计时均需要考虑以下方面。

(1)河道平面形态

河道平面形态设计应该以自然河道平面或长期发展形成的河道形态为依据，保持和设计河溪自然形成的蜿蜒曲折和蓄水湖池以及河溪的网络结构。设计时应考虑浅滩、深潭的自然形成，如图7-1所示。

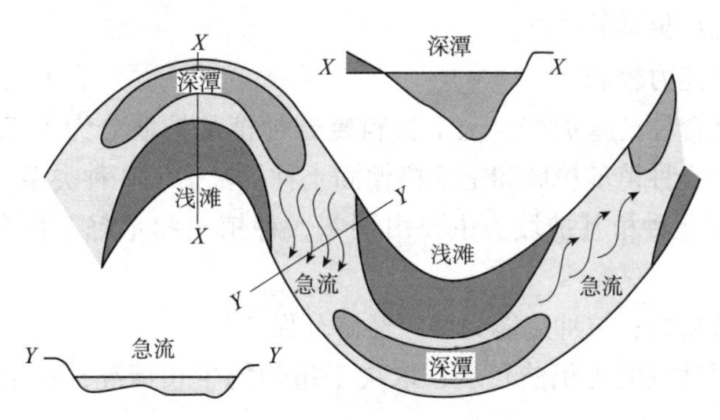

图7-1 自然演化的河流特征

(2) 河道断面

河道具有行洪、排涝、引水、灌溉、航运、旅游等功能，根据不同的功能要求，设计不同的河道断面形式。典型的河道断面主要分为 4 类：复式、梯形、矩形、双层。复式断面是河道治理中最常用的一种断面形式，适用于河滩开阔的山溪型河道，枯水期流量小，水流归槽主河道。洪水期流量大，过水断面大，洪水位低，不需修建高大的防洪堤，一般采用多层台阶式断面结构，使低水位河道可以保证一个连续的蓝带，能够为鱼类等水生生物生存提供基本条件，同时满足一定的防洪要求。当发生大洪水时，允许淹没滩地，而平时这些滩地则是开敞的空间环境，既可作为发展农业或林业用地，促进区域经济发展，又可作为附近居民休闲用地。

(3) 河岸带

河岸地带被看作河水—陆地交界处的狭长地带，常布有河滩植被。河岸带通常只是景观中很小的组成部分，但却是影响物种多样性和生态系统功能的决定因素。河岸植被的主要功能在于遮蔽水体、维持氧平衡以及防止水体的富营养化。在河岸处理方式上，以软式稳定法来代替钢筋混凝土和石砌挡墙的硬工程，仿效自然河岸，这样不仅能够维护河岸的生态功能、美学价值，而且有利于降低工程造价和管理维修费用。对于坡度缓或腹地大的河段，可以考虑保持自然状态，设计栽植部分乔木和灌木，达到稳定河岸的目的；对于较陡的坡岸或冲蚀较严重的地段，在必须使用水泥和石块护岸时，可以通过挖洞加框的方法，种植乔木、灌木或草本植物，打破单调的硬线条，增加河岸生机。在必须建造重力式挡墙护坡时，应尽量采取台阶式分层处理法，且采用植物措施隐藏硬化工程痕迹。

生态护坡是综合工程力学、土壤学、生态学和植物学等学科的基本知识对斜坡或边坡进行支护，形成由植物或工程和植物组成的综合护坡系统的护坡技术。下面介绍七种河岸生态护坡形式：

①植物型护坡。通过在岸坡种植植被，利用植物发达根系的力学效应(深根锚固和浅根加筋)和水文效应(降低孔压、削弱溅蚀和控制径流)进行护坡固土、防止水土流失，在满足生态环境需要的同时进行景观造景。

优点：主要应用于水流条件平缓的中小河流和湖泊港湾处。固土植物一般应选择耐酸碱性、耐高温干旱，同时应具有根系发达、生长快、绿期长、成活率高、价格经济、管理粗放、抗病虫害的特点。

缺点：抗冲刷能力较弱。

②土工材料复合种植基护坡。土工材料复合种植基护坡分为土工网垫固土种植基护坡、土工单元固土种植基护坡和土工格栅固土种植基护坡 3 种类型。

a. 土工网垫固土种植基护坡。主要由网垫、种植土和草籽三部分组成，如图 7-2 所示。

优点：固土效果好；抗冲刷能力强；经济环保。

缺点：抗暴雨冲刷能力仍然较弱，取决于植物的生长情况；在水位线附近及以下不适用该技术。

b. 土工单元固土种植基护坡。土工单元种植基，是利用聚丙烯等片状材料经热熔粘连成蜂窝状的网片，在蜂窝状单元中填土植草，起到固土护坡作用，如图 7-3 所示。

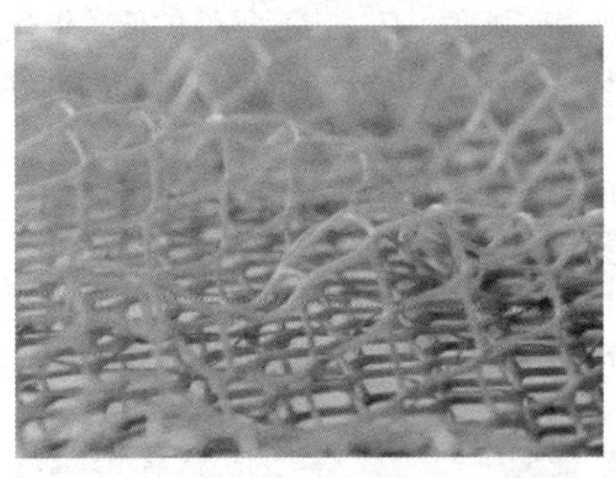

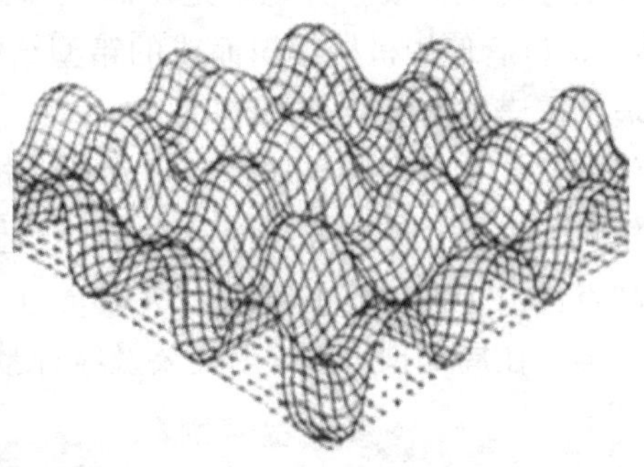

图 7-2 土工网垫固土种植基护坡

图 7-3 土工单元固土种植基护坡

优点：材料轻、耐磨损、抗老化、韧性好、抗冲击力强、运输方便；施工方法方便，并可多次利用。

缺点：适用的河道坡度不能太陡，水流不能太急，水位变动不宜过大。

c. 土工格栅固土种植基护坡。格栅是由聚丙烯、聚氯乙烯等高分子聚合物经热塑或模压而成的二维网格状或具有一定高度的三维立体网格屏栅，在土木工程中被称为土工格栅，如图 7-4 所示。土工格栅分为塑料土工格栅、钢塑土工格栅、玻璃土工格栅和玻纤聚酯土工格栅 4 大类。

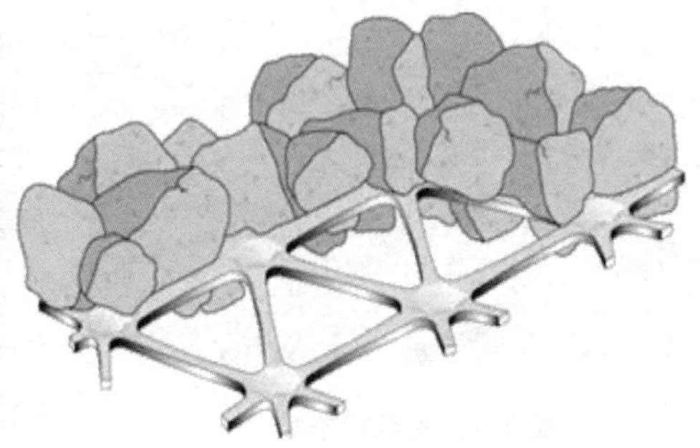

图 7-4 土工格栅固土种植基护坡

优点：具有较强抗冲刷能力，能有效防止河岸垮塌；造价较低，运输方便，施工简单，工期短；土工格栅耐老化，抗高低温。

缺点：当土工格栅裸露时，经太阳暴晒会缩短其使用寿命；部分聚丙烯材料的土工格栅遇火能燃烧。

③生态石笼护坡。石笼网是由高抗腐蚀、高强度、有一定延展性的低碳钢丝包裹上 PVC 材料后使用机械编织而成的箱型结构，如图 7-5 所示。根据材质外形可分为格宾护坡、雷诺护坡、合金网兜等。

优点：具有较强的整体性、透水性、抗冲刷性、生态适宜性；应用面广；有利于自然植物的生长，使岸坡环境得到改善；造价低、经济实惠，运输方便。

缺点：由于该护坡主体以石块填充为主，需要大量的石材，因此在平原地区的适用性不强；在局部护岸破损后需要及时补救，以免内部石材泄露，影响岸坡的稳定性。

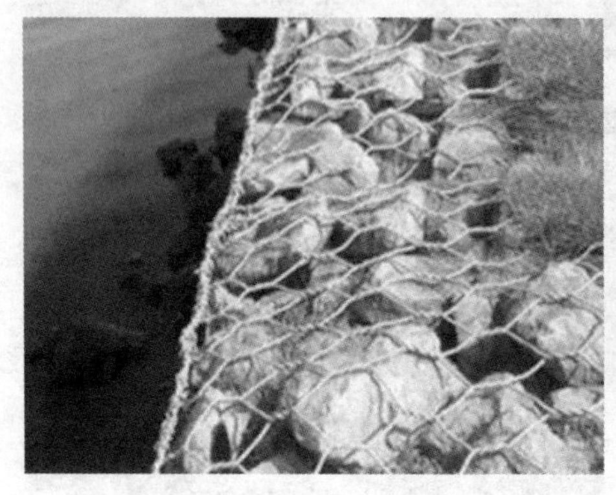

图 7-5 生态石笼护坡

④植被型生态混凝土护坡。生态混凝土是一种性能介于普通混凝土和耕植土之间的新型材料，由多孔混凝土、保水材料、缓释肥料和表层土组成。

优点：可为植物生长提供基质；抗冲刷性能好；护坡孔隙率高，为动物及微生物提供繁殖场所；材料的高透气性在很大程度上保证了被保护土与空气间的湿热交换能力。

缺点：降碱处理问题；强度及耐久性有待验证；可再播种性需进一步验证；护岸价格偏高。

图 7-6 生态袋护坡

⑤生态袋护坡。生态袋是采用专用机械设备，依据特定的生产工艺，把肥料、草种和保水剂按一定密度定植在可自然降解的无纺布或其他材料上，并经机器的滚压和针刺等工序而形成的产品，如图 7-6 所示。

优点：稳定性较强；具有透水不透土的过滤功能；利于生态系统的快速恢复；施工简单快捷。

缺点：易老化，生态袋内植物种子再生问题；生态袋孔隙过大袋状物易在水流冲刷下带出袋体，造成沉降，影响岸坡稳定。

⑥多孔结构护坡。多孔结构护坡是利用多孔砖进行植草的一类护坡，常见的多孔砖有八字砖、六棱护坡网格砖等，如图 7-7 所示。为动植物提供了良好的生存空间和栖息场所，可在水陆之间进行能量交换，是一种具有“呼吸功能”的护岸，能起到透气、透水、保土、固坡的效果。

优点：形式多样，可以根据不同的需求选择不同外形的多孔砖；多孔砖的孔隙既可以用来种草，水下部分还可以作为鱼虾的栖息地；具有较强的水循环能力和抗冲刷能力。

缺点：河堤坡度不能过大，否则多孔砖易滑落至河道；河堤必须坚固，土需压实、压紧，否则经河水不断冲刷易形成凹陷地带；成本较高，施工工作量较大；不适合砂质土层，不适合河岸弯曲较多的河道。

⑦自嵌式挡墙护坡。自嵌式挡墙的核心材料为自嵌块。主要依靠自嵌块块体的自重来抵抗动静荷载，使岸坡稳固；同时该种挡墙无须砂浆砌筑，主要依靠带有后缘的自嵌块的锁定功能和自身重量来防止滑动倾覆；护岸孔隙间可以人工种植一些植物，增加其美感，如图 7-8 所示。

优点：防洪能力强；孔隙为鱼虾等动物提供良好的栖息地；节约材料；造型多变，主要为曲面型、直面型、景观型和植生型，满足不同河岸形态的需求；对地基要求低；抗震性能好；施工简便，施工无噪音，后期拆除方便。

缺点：墙体后面的泥土易被水流带走，造成墙后中空，影响结构的稳定，在水流过急时容易导致墙体垮塌；该类护岸主要适用于平直河道，弯度太大的河道不适用于此护岸；弯道需要石材量大，且容易造成凸角，此处承受的水流冲击较大，使用这类护岸有一定的风险。

图 7-7 多孔结构护坡

图 7-8 自嵌式挡墙护坡

(4)河滩地(含湿地)

河滩地是发生大洪水时的淹没区和调蓄区，也是近自然治理工程设计的一项重要内容。河滩地地处水陆交接处，水分充足，地势相对比较平坦，在远离城市的区域是农林牧业的理想用地，在设计中可以安排种植业或牧业，促进地方经济的发展。同时河滩地也是居民户外活动的场所，在靠近城区居民区河段，通过分区、分层断面设计能够提供大众散步、慢跑、自行车、儿童游戏场、日光浴、野餐等活动场所。

河流季节性明显，常有周期性洪水，河流湿地具有湿地一般特征，同时具有独特性。河道人工湿地是河道湿地的一种特殊形式，河道人工湿地是指对现状河道进行局部整治改造，在河道两侧的局部滩地上构建人工湿地处理系统，利用河道自然水位变化和水流流经人工湿地达到对污水治理的目的。河道人工湿地主要由 4 部分组成：自然土壤基质；适宜在饱和水和厌氧基质中生长的植物，如美人蕉、香蒲等；在基质表面流动的水体；好氧或厌氧微生物种群。

下面介绍水质综合修复与净化技术。该技术包含人工增氧技术、复合生态滤床技术、生物膜净化技术、水生植物修复技术、底泥生物氧化技术、生物多样性调控技术等。

①人工增氧技术。该技术是指通过一定的增氧设备来增加水体溶解氧，加速河道水体和底泥微生物对污染物分解的技术。一般采用固定式充氧设备(如水车增氧机、提升增氧机、微孔曝气等)和移动式充氧设备(如增氧曝气船)，可以充空气，也可以进行纯氧曝气。为好氧微生物及以藻类为食的一些原生动物提供良好的生长条件，有助于好氧生物区系的出现并不断发展，增加河道生物多样性。该技术需要提供动力，对相对封闭的水体难以充分发挥作用。

②复合生态滤床技术。该技术是 20 世纪 70 年代兴起的污水生态治理技术。复合生态滤床是一种特殊人工湿地，由集水管、布水管、动力设备、生物填料、水生植物及复合微生物等组成。复合生态滤床的建设和运行费用低，能耗少，维护方便，具有一定的景观作用，但容易造成堵塞，后期需要人力长期管护。

③生物膜净化技术。该技术是利用一种全新的织物型生物膜载体，使用经培养驯化的高效微生物和微型生物，附着在填料或载体上繁殖。抗污水和化学物的侵蚀，保证微生物的繁殖力并提高其代谢率。吸附、分解氧化有机污染物、藻类、氮磷等营养物，使河道水体得到净化。该技术投资较高、单位处理效率较低。

④水生植物修复技术。该技术是通过种植水生植物，利用其对污染物的吸收、降解作用，达到水质净化的效果。水生植物生长过程中，需要吸收大量的氮、磷等营养元素，以及水中的营养物质，通过富集作用去除水中的营养盐。该技术建设和运行费用低，可结合景观设计打造优美的植物景观，但周期较长、需要配合其他工程技术使用。

⑤底泥生物氧化技术。该技术是将含有氨基酸、微量营养元素和生长因子等组成的底泥生物氧化配方，利用靶向给药技术直接将药物注射到河道底泥表面进行生物氧化，通过硝化和反硝化原理，除去底泥和水体中的氨氮和耗氧有机物，有效提高河道自净能力、节省费用。该技术无法绝对控制药物对水体无害。

⑥生物多样性调控技术。该技术是通过人工调控受损水体中生物群落的结构和数量，来摄取游离细菌、浮游藻类、有机碎屑等，控制藻类的过量生长，提高水体透明度，完善和恢复生态平衡，提高河道自净能力、恢复河道生态多样性。该技术实施周期长，常作为后期深度处理工艺配合河岸带景观提升。

7.3.3 治理效益评估

河道近自然治理模式的应用与探索针对目前我国河道治理出现的一系列问题，如理念问题、生态问题和水污染问题开展了大量工作。河道近自然治理的主要目标是保持河道的天然生态功能、自净功能、行洪排涝功能、景观功能，最终实现水清、流畅、岸绿、景美的河道风貌。国内外城市生态河道建设的成功案例，提出一个共性问题，如何在河流健康评价原则下，对生态修复后的城市河道建立评价体系，进行科学评价，这也是工程、环境管理研究领域的重要问题。

河道近自然治理效益的评估很长一段时间为定性评估。首先，从河流是否一直保持自然形态；传统河溪治理工程侧重河溪输水的经济性，核心是工程的安全性和耐久性，而河溪近自然治理技术措施注重施工的最小干扰性和恢复作用；其次，水流是否自然流动、分叉，水环境质量是否良好；再次，河床、河堤、河道坡面、水体等是否自然联通，河床和河道中是否存在浅潭-深潭自然过渡，同时水生动植物是否有良好的生存环境；最后，河道周边是否有搭配合理的灌木-乔木-草木组成的缓冲带，有无满足人们休闲娱乐的场所，是否有精神层面的享受等。定量评价河道近自然治理效果通常以多自然河道理念为指导，以流域内与被评价河道生态系统结构、功能相似的自然河流为原型，选取被评价河道生态系统的关键特征，以实际观测数据为基础，进行与自然河道贴近度评价。

多自然河道指标体系包含了3类一级指标：生态系统特征指标、生态系统功能指标和水环境效应指标。生态系统特征指标包含植物个体尺度指标、植物生物量指标、植物群落特征指标、动物种类特征指标4个二级指标及植物高度、植物根系长度、单位面积生长量、单位面积重量、多样性指数、优势群落种类、鱼种类增加百分比、昆虫种类增加百分比8个三级指标；生态系统功能指标包含河岸生态化特征指标、面源污染净化功能指标、河道形态和水文评价指标3个二级指标及硬质护坡生态化率、岸坡植被盖度、总氮量、总磷量、坡面侵蚀减少率、形态蜿蜒性、水温稳定性7个三级指标；水环境效应指标包含景观效果指标、社会效应指标2个二级指标及景观美感度、感觉舒适度、四季变化丰富度、亲水活动频繁度、休闲方便性、环境伦理宣传作用6个三级指标。

河岸带恢复一直是河道近自然治理评价的核心内容。较早期的河岸带生态恢复多以河岸带植被作为评价对象，如：植被覆盖率、植物生长量、植被郁闭度等。随着研究的进一步深入，单一的生态指标开始转向综合性指标，评价的对象包括植被、生物、土壤、水文等组成河岸带生态系统的各要素，评价的指标归纳为以下3类。

①生态指标。在生态系统水平及群落层次上设计指标。

②结构稳定性指标。土壤结构和性质、水力侵蚀等影响河岸带结构稳定性的指标。

③安全性指标。评价周围生态系统对河岸带生态系统的干扰和胁迫程度。如夏继红等对河岸带生态系统综合评价指标体系进行研究，在总目标层、子目标层、准则层和指标层4个层次上建立了综合评价指标体系。以河岸带生态系统综合评价为目标层；以河岸带结构稳定性评价、景观适宜性评价、生态健康性评价和生态安全性评价为子目标层；以各子目标层的分类特性和特征为准则层和指标层，为提高综合评价的合理性提供了有益参考。

常见的综合评价方法包括层次分析法、灰色关联分析法、模糊综合评价方法等，这些分析方法均有优缺点。层次分析法将与决策相关的元素分解成目标、准则、指标等层次，并在此基础上进行决策分析，具有系统、灵活、简洁的优点。灰色关联分析法是一种定量化比较分析的方法，根据数列的可比性和相似性，分析系统内部因素间的相关程度，确定相关程度最大的因素，计算量小，计算结果反映了样本间的差异。传统的灰色关联分析利用等权的方式计算比较序列和参考序列的关联度，在一定程度上弱化各个评价指标对评价结果的影响，同时计算关联系数时采用的点到点距离的方式不能满足评价指标在某一范围内取值的特征。

7.4　河道近自然治理案例

7.4.1　滨河景观建设

洛阳伊滨公园是“十二五”期间河南省洛阳市的园林绿化建设重点工程。该工程沿洛阳的母亲河伊河展开，规划方案由北京林业大学北林地景园林规划设计院编制，于2014年4月初建成。伊滨公园全长18.5km，包括龙门古韵段、郊野休闲段、中央商务段、生态湿地段4个主题公园，该园内建有六级橡胶坝，形成水面$800\times10^4m^2$，两岸滨水绿地总规模达到$40km^2$，由于面积超大，项目的工程建设投资和园林管护费用对于地方政府而言是一笔巨大投入，因此通过人工修复河流生态、实现低维护园林景观是本项目的基本目标。

该项目规划定位为集生态观光、旅游、休闲等多种城市郊野休闲功能于一体的生态郊野公园带。规划功能是：“林水涵养，多元体验”。规划结构是：“一河、五段、多园”。通过人工修复手段抚育河流生态系统，遵循自然状态下河流景观的原始风貌特点，生态恢复结合河流生态学的基本原理，进行滨水生态系统的培育。其任务包括水文情势改善、河流地貌修复、生物多样性恢复及水质改善。总的目的是改善滨水区生态系统的结构、功能和过程，使之趋于自然化。

伊滨公园南接龙门、北依新城，所属区域是洛阳新城的生态缓冲带，以龙门为代表的历史文化与伊洛新城所带来的新城文化在这里共生共荣。依托伊河大堤两岸绿地形成的公园是以满足大众感受自然、亲近自然、体验自然为初衷形成的绿色开放空间，是城市生态旅游休闲文化生长的沃土，北京北林地景园林规划设计院确定了以河流生态修复理论为指导，并制定相应的规划设计策略。

(1) 宜林则林，宜湿则湿

利用GIS模型计算出现状地貌常水位时的河流景观形态，确定景观发展方向。河流自然冲击形成的河床、岛屿，比人工建造出来的具有更强的稳定性，也更适于植被成活并形成生态缓坡及生境岛。在地貌上不做过多调整，改造的重点放在采沙坑和人工护坡上，对采沙坑局部打通、拓展，形成若干个河流中的内湖，通过设置引水排水设施达到水流循环，形成兼具雨水积蓄和生物净化功能的内湖。

伊滨公园的堤内绿地宽阔处达到800m，作为城市开放空间，服务于大众，取材于自然，大规模的植物配置重点考虑科学性、功能性并符合生态发展规律。设计选择了耐水湿、喜沙壤的乡土植物，钻天杨、垂柳、水杉、榉树、柿树、雪松等高大乔木进行片植，以确保在滨河区域构建整体而连续的绿色廊道，构成林水相依的景致。片林中，每个单一品种的林地至少达到5亩，林地乔木种植密度在35~45株/亩，同时兼顾针阔叶混交，形成简约而完整的风景林。

针对近人尺度的路侧、场地边侧的林缘区域及水岸边缘则采用多层次亚乔木灌木及旱湿两生地被进行配置，体现富于四季变化的景观，实现生物多样性，打造出伊河两岸连续的滨水绿廊景观。

(2)保护水源，纵向过滤

伊河上游的水源水质良好，能够达到地表水Ⅲ类水以上标准，而水生态安全的威胁主要来自两岸堤路的雨水径流，设计要求在堤、岸的漫坡上做到乔灌木地被3个层次的植被全覆盖，使整个河坡以及河漫滩形成土壤-乔木根系-微生物-湿生植物系统，展示出复合型植被的岸线景观，实现河漫滩植被缓冲带的过滤、吸附、净化功能，以达到长效的水质净化效果，维护水生态平衡。

(3)丰富物种，和谐共生

水岸区域设计在原有地形基础上按照自然河道的演变规律对坡降及流场进行局部改变，以调整河道泥沙冲淤变化格局，形成蜿蜒的形态，使之具有深潭-浅滩的序列特征。在坡岸防护技术方面，设计特别关注到小动物的需求，湾嘴区域结合毛石砌筑驳岸、卵石驳岸、原木驳岸等固土设施，为鱼类创建躲避被捕食或休息的区域，提供繁衍的遮蔽物，增强了水域栖息地功能。刻意建设的适宜鸟类栖息的浅滩已发挥作用，为吸引鸟类及其他小动物的栖息，业主单位还定期增殖放流，大量鱼苗的投入完善了食物链，加速了伊滨公园生态系统的重建。

18.5km长的伊滨公园建成后，已成为穿越洛阳市最长、最宽阔也是最宝贵的生物廊道，水陆生动物栖息、繁衍和迁徙的必经之地。洛阳伊滨公园建成以来，吸引了远近游客慕名前来游玩，赞叹洛阳伊滨公园美成了仙境。

7.4.2 黑臭水体治理

位于浙江省的浦阳江发源于浦江，是钱塘江的重要支流，全长150km，经诸暨、萧山后汇入钱塘江。浦阳江是浦江县城的母亲河，河流穿城而过。本案例位于浦江县域范围内，长度约17km，总面积196hm^2，宽度为20~130m。浦江县是“中国水晶之都”，鼎盛时期全国80%以上的水晶制品均产自浦江，全县曾经有2.2万家水晶加工作坊，至少有20万人直接从事水晶生产。水晶产业一度给浦江人民带来了巨大的物质财富，但隐藏在繁华背后的却是一个极度“危险”的浦江：荡漾碧波被水晶污水吞噬，加之农业面源污染、畜禽养殖污染、生活污水处理水平落后，水质被严重污染。浦江全县出现了462条“牛奶河”、577条“垃圾河”和25条“黑臭河”，环境满意度调查连续6年全省倒数第一。曾经拥有秀美山水的浦阳江变得生态危机重重，人们赖以生存的自然环境变得满目疮痍。

2013年浙江省实施“河长制”，打出了一套以“治水”为突破口的转型升级组合拳的“五水共治”工程。该项目的规划设计任务由北京土人景观规划设计(Turenscape)团队完成，通过水生态修复和景观营造。设计运用生态水净化、雨洪生态管理、与水为友的适应性设计以及最小干预的景观策略，结合硬化河堤的生态修复、改造利用农业水利设施，并融入安全便捷的慢行交通网络，将过去严重污染的河道彻底转变为最受市民喜爱的生态、生活廊道。设计实践了通过最低成本投入达到综合效益最大化的可能，并为河道生态修复以及河流重新回归城市生活的设计理念提供了宝贵的实际经验。规划设计策略如下。

(1)湿地净化系统构建及水生态修复策略

在设计范围内共有17条支流汇聚到浦阳江，规划提出完善的湿地净化系统截留支流水系，将支流受污染的水体通过加强型人工湿地净化后再排入浦阳江。设计后湿地水域面积约为 29.4hm²，以湿地为结构，发挥水体净化功效并提供市民游憩的湿地公园总面积达 166hm²，占生态廊道总面积的 84%。各斑块设置在对应支流与浦阳江的交汇处，将原来直接排水入江的方式改变为引水入湿地，增加了水体在湿地中的净化停留时间。

通过水晶产业的整治和转型，结合有效的生态净化系统构建，浦阳江目前的水质得到提升，从连续的劣Ⅴ类水达到现在的地表Ⅲ类水，并且水质逐步趋于稳定。拓宽的湿地大大加强了河道应对洪水的弹性，精心设计的景观设施将生态基底点石成金，使生态廊道成功融入人们的日常生活当中。

(2)与洪水相适应的海绵弹性系统策略

运用海绵城市设计理念，通过增加一系列不同级别的滞留湿地来缓解洪水的压力。统计实施完成的滞留湿地增加蓄水量约 $290\times10^4m^3$，按照可淹没 50cm 设计计算，可增加蓄洪量约 $150\times10^4m^3$。这些措施一方面大大降低了河道及周边场地的洪涝压力；另一方面这部分蓄存的水体资源也可以在旱季补充地下水，以及作为植被浇灌和景观环境用水。原本硬化的河道堤岸被生态化改造，经过改造的河堤长度超过 3400m。硬化的堤面首先被破碎并种植深根性的乔木和地被，废弃的混凝土块就地做抛石护坡，实现材料的废物再利用。迎水面的平台和栈道均选用耐水冲刷和抗腐蚀性的材料，包括彩色透水混凝土和部分石材。滨水栈道选用架空式构造设计，尽量减少对河道行洪功能的阻碍同时又能满足两栖类生物的栖息和自由迁移。

(3)低投入，低维护的景观最小干预策略

浦阳江两岸枫杨林茂密，设计采用最小投入的低干预景观策略最大限度地保留了这些乡土植被，结合廊道周边用地情况以及未来使用人流的分析采用针灸式的景观介入手法，充分结合场地良好的自然风貌将人工景观巧妙地融入自然当中。设计长度约 25km 的自行车道系统大部分利用了原有堤顶道路，以减少对堤上植被造成破坏；所有步行栈道都由设计师在现场定位完成，力求保留滩地上的每一棵枫杨，并与之呼应形成一种灵动的景观游憩体验。

新设计的植被群落严格选用当地的乡土品种，乔木类包括枫杨、水杉、落羽杉、乌桕、湿地松、全缘叶栾树(又称黄山栾树)、无患子、榉树等；并选用部分当地果树，包括杨梅、柿、樱桃、枇杷、桃、梨和果桑等。地被植物主要选择生命力旺盛并有巩固河堤功效的草本植被，包括西叶芒、九节芒、芦苇、芦竹、狼尾草、蒲苇、麦冬、吉祥草、水葱、再力花、千屈菜、荷花，以及价格低廉、易维护的撒播野花组合。

(4)水利遗迹保护与再利用策略

场地内现存大量水利灌溉设施，包括浦阳江上 7 处堰坝、8 组灌溉泵房以及一组具有鲜明时代特色的引水灌溉渠和跨江渡槽。设计保留并改造了这些水利设施，通过巧妙的设计在保留传统功能的前提下转变为宜人的游憩设施。经过对渡槽的安全评估以及结构优化，设计将其与步行桥梁结合起来，并通过对凿山而建的引水渠的改造形成连续、别具一格的水利遗产体验廊道。该体验廊道建成后长度约 1.3km，是最小干预设计手法运用的成功体现。设计通过在原有渠道基础上架设轻巧的钢结构龙骨并铺设了宜人的防腐木铺装，通透的安全栏杆和外挑的观景平台与场地上高耸的水杉林相得益彰。被保留的堰坝和泵房经过简单修饰成为场地中景观视线的焦点，新设计的栈道与其遥相呼应形成该案例中特有的新乡土景观。

通过运用保护与再利用的设计策略，本案例留住了乡愁记忆，也保留了场地上的时代烙印，让人们在休闲游憩的同时感受艺术与教育的价值意义。2018 年 11 月，浦阳江生态廊道入围 2018 年度世界建筑节(World Architecture Festival)景观类奖项；2019 年 5 月，土人设计的浦阳江生态廊道，再一次获得 2019 年度绿色设计先锋大奖(FuturArc Green Leadership Award)。

本章小结

河道近自然治理理念源于人们对“近自然荒溪治理”“近自然流域管理”“近自然河溪管理”“近自然河溪治理”等治河思想的认识与升华，是借鉴国内外河道治理的理念发展和实践基础上提出来的。河道近自然治理的实质是人们合理地、适度地运用人与河道自然和谐的理念，应用于河道规划设计、河道施工和河道竣工效果评价的过程。河道近自然治理遵从系统与区域原则、多目标兼顾原则，坚持生态学原则、自然美学原则和文化保护原则，根据实际情况采用不同治理模式，设计不同治理方案，达到保持河道的天然生态功能、自净功能、行洪排涝功能、景观功能目标，最终实现水清、流畅、岸绿、景美的河道风貌，保证河道健康、可持续发展。

思考题

1. 自然河道的生态功能有哪些?
2. 如何理解河道近自然治理理念?
3. 河道近自然治理模式有哪些?
4. 如何评价河道治理效益?

第8章 边坡治理

向一个方向倾斜的地段称为斜坡。按人为改造程度，斜坡分为自然斜坡和人工斜坡，人工斜坡一般也称为边坡。本章边坡主要是指人工斜坡，由人工开挖、回填形成的具有一定坡度的地段，如坝坡、公路边坡、矿山边坡等。典型的边坡由坡面、坡顶及其下部一定深度的坡体组成(图 8-1)。边坡由人工改造地形地貌形成，具有一定坡度，坡面为新鲜岩土层，易遭受风化，出现坡面水力侵蚀，还会发生坡体的重力破坏。

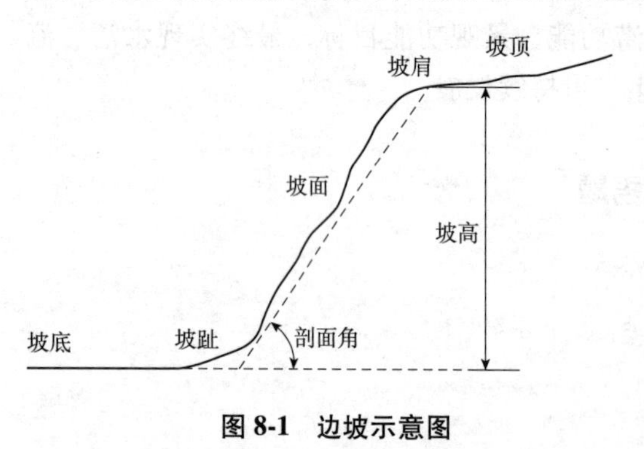

图 8-1　边坡示意图

边坡水力侵蚀是指发生在坡面上的溅蚀、面蚀和沟蚀。沉积一般发生在坡趾以外的区域。边坡水力侵蚀遵循一般水力侵蚀的侵蚀规律，也有其特殊性。对于岩石表面，透水性差，大量的坡面、坡顶汇水对坡趾及以下土地会造成严重侵蚀；表面裂隙形成快速下渗水，容易冲蚀夹层土壤和其他松散物，加速岩体破坏；可溶性岩石更易诱发化学溶蚀作用。土质边坡，坡面新鲜裸露，更易受到强烈的表层侵蚀；坡面越往下部侵蚀越为剧烈，较大的坡度还易产生重力侵蚀。对于挖方和填方，受到土地占用要求的影响，大多数情况下边坡都要求尽量少占地，使得坡度变陡；在挖填改造下新鲜岩土外露，表层强烈风化；在水力侵蚀下，边坡形态塑造或防护不当容易发生重力侵蚀。常见的边坡重力侵蚀有崩塌、滑坡、泻溜、剥落、蠕动、湿陷等。边坡水土流失易引起各种危害，包括破坏水土资源、影响主体工程安全，并造成下游水体污染、生境和景观破坏等。

8.1　边坡类型及其稳定性

8.1.1　边坡类型

边坡按照不同的分类方式可分为若干种类型。按照成因可分为自然边坡和人工边坡；按照行业可分为公路边坡、铁路边坡、矿山边坡、河道边坡、城镇建设边坡等；按照挖填作业方式分为挖方边坡、填方边坡；按照物质组成可分为土质边坡、石质边坡、土石混合边坡；按照稳定性可分为稳定性边坡、不稳定性边坡。也可以按照坡高、坡度、坡面形态、边坡地层岩性、使用年限等进行分类。根据边坡类型及边坡产生危害的程度，可以对边坡进行分级，具体分级参照有关规范。结合公路、铁路、水利水电及建筑有关规范规定，边坡分类见表 8-1。

表 8-1 边坡分类表

分类依据	名 称	简 述
成 因	自然边坡(斜坡)	由自然地质作用形成的具有一定斜度地面的地段，按地质作用可细分为：剥蚀边坡、侵蚀边坡、堆积边坡
	人工边坡	由人工开挖、回填而形成与地面具有一定斜度的地段
岩 性	岩质边坡(岩坡)	由岩石构成，按岩石成因、岩体结构可细分
	土质边坡(土坡)	由土质构成、按土壤类型、结构等可细分
坡 高	超高边坡	岩质边坡坡高大于 30m，土质边坡坡高大于 15m
	高边坡	岩质边坡坡高 15~30m，土质边坡坡高 10~15m
	中高边坡	岩质边坡坡高 8~15m，土质边坡坡高 5~10m
	低边坡	岩质边坡坡高小于 8m，土质边坡坡高小于 5m
坡 长	长边坡	坡长大于 300m
	中长边坡	坡长 100~300m
	短边坡	坡长小于 100m
坡 度	缓 坡	坡度小于 15°
	中等坡	坡度 15°~30°
	陡 坡	坡度 30°~60°
	急 坡	坡度大于 60°至垂直
	倒 坡	坡度大于 90°
稳定性	稳定坡	稳定条件好，不会发生破坏
	不稳定坡	稳定条件差或已发生局部破坏，必须处理才能稳定
	已失稳坡	已发生明显的破坏

8.1.2 边坡稳定性

8.1.2.1 边坡稳定性影响要素

边坡容易发生表层水土流失及各种重力侵蚀，水力侵蚀和重力侵蚀各种影响要素详见有关书籍，本处主要针对边坡稳定性的影响要素进行阐述分析。影响边坡稳定的因素包括自然因素和人为因素，自然因素主要包括岩性、岩体结构、地层关系、软弱面分布及特性、天然地震及构造应力、地下水及外部自然荷载等。人为因素包括边坡形成的几何要素、边坡开挖方式、人工爆破及施工等。

(1)边坡物质组成及结构面特性

不同物质组成岩土的力学性质差异很大，从而在相同的形态结构下，稳定性不同。易风化岩土面，坡面破碎，坡体强度减小，坡体稳定性下降，加剧了边坡的变形与破坏，坡体岩土体风化越强烈，风化越深，斜坡稳定角越小，边坡稳定性越差。水是影响边坡稳定性的关键性要素，岩土体亲水性较强或有易溶矿物成分时，岩土水湿软化、泥化或崩解，导致变形与破坏，如黏土质页岩，含 Na、K 及较多次生矿物的岩土等。新鲜出露的岩土体一般表层均易受到强烈风化作用，形成典型风化层。较为完整的岩土地风化层较薄，受地球内应力所用较强烈地带，岩土破碎风化层较厚。

边坡结构面包括层面、节理、裂隙、软弱夹层、断层破碎带等，这些结构面的存在对岩土的力学性质产生很大影响。结构面本身软弱或破碎、亲水透水强、抗剪强度低、水分含量高时，经常形成不稳定层面，不利边坡稳定。结构面与边坡坡面的倾向、倾角关系也进一步影响边坡稳定。一般情况下，同向倾斜边坡(结构面倾向与边坡坡面倾向一致)，结构面倾角越缓，边坡稳定性越差，主要是沿着结构面的滑动破坏[图 8-2(a)]。如果这些结构面是直立的或基本水平的，发生单纯滑动的概率降低，此时的边坡破坏将可能是包括完整岩土体以及某些与结构面夹角很大的破裂面的失稳[图 8-2(b)]。如果岩层层面与坡面倾向相反，则相对坡体稳定，在有其他与层面相正交的破裂面时，沿破裂面发生失稳[图 8-2(c)]。结构面走向和边坡坡面走向之间的关系，决定了可能失稳的边坡运动自由程度，当倾向不利结构面走向和坡面平行时，整个坡面都具有临空自由滑动的条件，因此对边坡稳定性最为不利，结构面走向和坡面走向夹角愈大，对边坡稳定性愈不利。常见结构面与边坡坡面倾向关系如图 8-2 和图 8-3 所示。

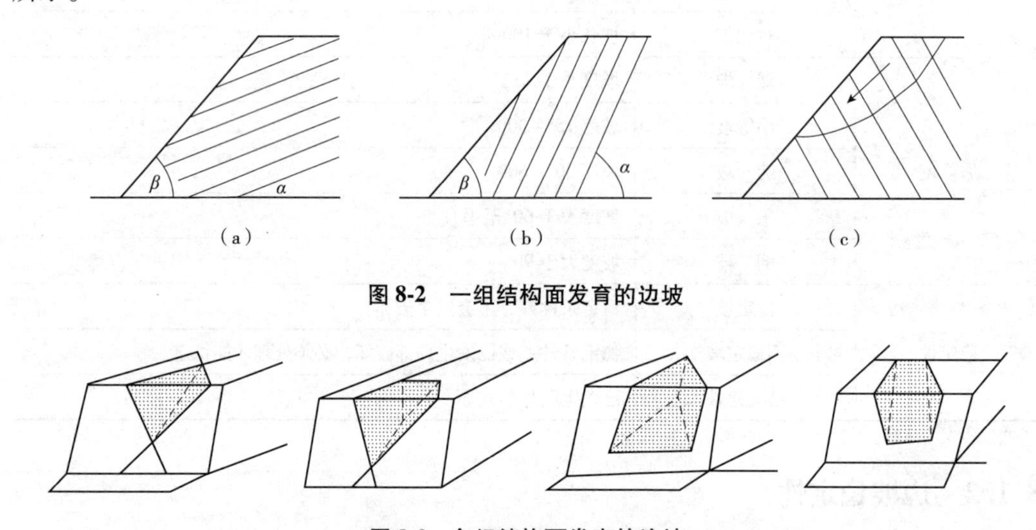

图 8-2　一组结构面发育的边坡

图 8-3　多组结构面发育的边坡

边坡岩体发育有两组或更多的软弱结构面时，它们相交错切割，可形成各种形状的滑移体。图 8-3 所示的两组结构面的交线，即为滑体的滑动方向。但若一组结构面产状陡倾，则只起切割作用，而由较平稳的结构面构成滑动面，形成槽形体、菱形体状的滑动破坏。结构面较多时，为地下水活动提供了较多的通道，地下水的出现，降低了结构面的抗剪强度，对边坡稳定不利。另外，结构面的数量影响被切割岩块的大小和岩体的破碎程度，它不仅影响边坡的稳定性，而且影响边坡变形破坏的形式。

对边坡稳定性有影响的岩体结构还包括：结构面的连续性、粗糙程度及结构面胶结情况、充填无形和厚度等方面。构造条件是形成滑坡、崩塌的基本条件之一。断裂带岩体破碎，并为地下水渗流创造了条件。此外，活动断裂带上易发生构造地震。

(2)边坡外部形态几何要素

边坡外部形态的几何要素包括：坡度、高差、坡面形态、边坡形成方式。

边坡越陡越容易失稳，据研究，30°以下边坡稳定性较好，30°~40°的边坡以滑坡为主，超过40°以崩塌为主。坡高越大，坡体稳定性越差，很多规范标准均要求边坡单级高差不大于8~10m，超过需要进行分台。凹形边坡较凸形边坡稳定，凹形边坡等高线曲率半径越小越有利于边坡稳定。

当边坡主要靠机械开挖时，对岩土体内部破坏较为轻微；而采用穿孔爆破等强烈方式开挖边坡对内部破坏较大，易出现不稳定情况。填方边坡的高度、坡度及物质组成影响边坡稳定。边坡在原地貌基础上形成，尤其是挖方边坡，当施工中坡脚开挖速度快时，出现凸形坡面，甚至倒坡，会导致边坡的不稳定增强。

(3)水分对边坡的影响

岩土体水分含量增加，会增加总体坡体重量，增加滑动分力；水分的入渗及地下水位的抬高，使边坡不透水结构面上受到静水压力作用及水分软化、润滑作用，削弱了该面上所受滑体重量产生的法向应力，从而降低抗滑阻力；坡体内如有动水压力的存在，会增加沿渗流方向的推滑力，尤其是水位由高向低迅速下降时尤为明显。

当岩土体水分结冰时，不仅增加坡体重量，强大的冰楔作用，可以扩大裂隙，减弱岩体强度；在冰体消融时出现更多的岩体裂隙、水分通道等，对边坡稳定极为不利。

(4)荷载及其他影响要素

区域构造应力的变化、地震、爆破、施工荷载及车辆、建筑等其他外部荷载都会对边坡的稳定产生不利影响。

自然斜坡处于一定历史条件下的地应力环境中，特别是新构造运动强烈的地区，往往存在较大的水平构造残余应力。因为这些地区边坡岩体的临空面附近常有应力集中，人工斜坡加剧了应力分布差异。这在坡脚、坡面以及坡顶张力带表现较为明显。水平构造残余应力越大对边坡稳定越不利。与自重应力下相比，边坡变形与破坏的范围越大，影响的程度越大。

地震、爆破等引起坡体振动，坡体承受一种长期或瞬时的附加荷载，使坡地上软弱面(结构面等)咬合松动，抗剪强度降低或完全失去结构强度，坡体失稳。地震力可以通过计算简化为等效静荷载，通过计算地震系数的大小应用于稳定分析公式中。式(8-1)是常用的地震系数计算公式。

$$K_e = \beta \frac{\alpha_{max}}{g} \tag{8-1}$$

式中：β——动力系数；

α_{max}——地震时的最大加速度；

g——重力加速度。

各种荷载直接作用于坡体，使坡体受力增大，当分配的滑动力超过抗滑阻力时对边坡稳定不利。荷载的长期存在能缓慢地改变坡体形态，出现集中应力点，振动性荷载还可能引起岩土液化，在其他应力下发生突发性失稳。

8.1.2.2 边坡破坏的常见类型

边坡失稳可分为边坡变形和边坡破坏。边坡变形包含岩土松动和表层蠕动；边坡破坏包括崩塌、滑坡、剥落、塌陷等。

(1)边坡变形

边坡变形是指坡体表层破碎、松软，坡体尚没有出现贯通性的破坏面，但是坡体局部尤其是表层出现了组织复杂甚至呈网状的裂缝，或表层岩土发生了弯曲变形等，但并未产生大范围的滑动破坏。边坡变形主要包括松动和蠕动。

①松动。松动是岩土层风化的一种结果，尤其是岩体坡面在风化中会出现一系列的张开裂隙，在重力作用下这些裂隙与坡向近于平行，被裂隙切割的岩体由完整变得破碎，开始向临空方向松开、移动，形成破碎岩土块的松动。它是一种斜坡卸载回弹的过程和现象。松动的岩土块及其他碎屑物会造成泻溜、散落等重力侵蚀现象。

②蠕动。蠕动主要是指土层、岩层和它们的风化碎屑物质在重力作用控制下，顺坡向下发生的十分缓慢的移动现象。移动速度小的每年只有若干毫米，大的可达几十厘米。根据蠕动的规模和性质，可以将蠕动划分为两大类型，即疏松碎屑物的蠕动与岩层蠕动。

斜坡上松散岩屑或表层土粒，由于冷热、干湿变化而引起体积胀缩，并在重力作用下常常发生缓慢的顺坡向下移动。暴露于地表的岩层在重力作用下也发生十分缓慢的蠕动。蠕动的结果使岩层上部及其风化碎屑层顺坡向下呈弧形弯曲。岩层虽然发生弯曲，但并不扰乱层序，甚至在蠕动了的碎屑层中，层次都依然可见。

(2)边坡破坏

边坡破坏包含岩土体的深层破坏，深层破坏主要是指破坏面在 2m 以下的滑坡、崩塌等；浅层破坏或表层破坏，主要包括破坏面在 2m 以内的各类剥落、落石、泻溜，小型滑坡与塌陷等。具体内容详见《土壤侵蚀原理》等相关书籍。

8.1.2.3 边坡稳定分析

(1)边坡稳定分析的必要条件

现行的边坡稳定分析方法都是基于一定的边界条件进行的计算判别，为了增强分析结论的准确性，对边坡内在与外在多方面参数或因素需要进行必要的取值或调查，主要包含边坡的基岩面、滑动面、黏聚力和内摩擦角、地下水 4 个方面。

①基岩面。地球陆地表面疏松物质(土壤和底土)底下的坚硬岩层面，称为基岩面。基岩面以下称为滑床或基岩，这一稳定层是现在及今后几乎不会发生失稳的地下层面。该面的意义在于，判断滑动面最底部只能是与它相贴近或相切而不能穿过它的面。

②滑动面。滑坡体移动时，它与不动体(基岩)之间形成一个界面并沿其下滑，这个面称为滑动面，简称滑面。滑动面的形状有直线型、圆弧型、复合型等，滑动面形状直接影响稳定分析公式的选择和滑动体的荷载分配。正确确定滑动面的位置及形状是一项重要的工作，但大多数情况都存在推定因素，尤其是滑面的位置。滑动面的形状主要根据坡体的岩土性质、岩层结构等进行判别。位置主要根据采用的公式对应的方法进行分析，有观察法、地质勘探技术法、理论算法等。前两种适合有明显结构面或地下水位稳定的边坡，理论算法是最主要使用的方法。采用极限分析法、极限平衡法、有限元模拟法搜索最危险滑动面并运用公式进行计算，如遗传算法、单纯形法、

联合搜索法、黄金分割法(又称0.618法)等。

③黏聚力和内摩擦角。稳定分析公式都会应用这两项参数，也是公式内较为难以准确确定的参数。黏聚力(c)又称内聚力，是在同种物质内部相邻各部分之间的相互吸引力，这种相互吸引力是同种物质分子之间分子力的表现。内摩擦角(φ)是表达土体中颗粒间相互移动和胶合作用形成的摩擦特性的，其数值为强度包线与水平线的夹角。这两个参数可以通过土工试验和资料规范获得。

④地下水。有效应力和相应的强度参数代表了土体真正的应力状态和强度条件。在各类参数中，地下水，即孔隙水压力在很多情况下无法精确确定，一般通过基于工程条件的合理假定来计算或估算获得，也可通过现场仪器量测工作获得较为可靠的数值。地下水的存在降低了坡体的稳定性。

(2)边坡稳定分析方法

边坡稳定分析的方法大致分为以下6类：地质分析法、验类比法、结构分析法、极限平衡分析法、数值分析法、概率分析法。近年来，非线性科学理论、非连续介质理论、可靠性分析理论以及计算机技术的发展，为边坡稳定性问题的研究提供了新的途径和方法，多学科、多专业的交叉渗透研究已成为边坡研究的发展方向。

边坡岩土体是性质极其复杂的地质介质，长期的地质作用使其成为自然界最复杂的材料之一。它的力学特性参数、结构面分布规律、工程性质等都是复杂的、多变的，呈时空变化的，具有强烈的不确定性。这些不确定性主要来自3个方面：岩土体本身固有的不均匀性、工程参数量测和取样引入的误差、模型不准确引起的不确定性。

目前，边坡稳定计算分析结果广泛使用稳定安全系数进行表征，该系数是指沿假定滑裂面的抗滑力与滑动力的比值。比值大于1时，坡体稳定；等于1时，坡体处于极限平衡状态；小于1时，边坡即发生破坏。在实际应用中，边坡稳定安全系数需要大于设计(允许)安全系数，否则认为边坡不稳定，设计(允许)安全系数由规范规定，一般在1.05~1.30之间，其中永久边坡的稳定系数需要高于临时边坡，自然条件下稳定系数高于特殊工况下。具体使用可参见各类规范，如《建筑边坡工程技术规范》(GB 50330—2013)、《水利水电工程边坡设计规范》(SL 386—2007)、《公路路基设计规范》(JTG D30—2005)、《地质灾害治理工程设计技术规范》(DB37/T 3657—2019)等。

(3)常用的稳定分析计算

①平面型破坏面稳定分析。对层状结构的岩石边坡，在岩层产状与边坡方向一致时，常发生平面剪切滑动，设边坡面倾角为α，岩层或弱面倾角为β，弱面强度指标为黏结力c与内摩擦角φ，要形成平面剪切形破坏模式，岩石边坡平面剪切破坏的判别准则为：α与β同倾向；$\alpha>\beta$；$\beta>\varphi$；两侧面脱开，即不计滑动面上的黏聚力阻力。当破坏面为一直线型时，按照块体运动进行稳定分析，这里不再细述。

由于收缩和张拉应力的作用，边坡坡顶附近或坡面出现张裂隙，如图8-4所示。

稳定系数计算：

$$F_s=\frac{cA+(W\cos\beta-U-V\sin\beta)\tan\varphi}{W\sin\beta+V\cos\beta} \tag{8-2}$$

$$A=(H-Z)\csc\beta \tag{8-3}$$

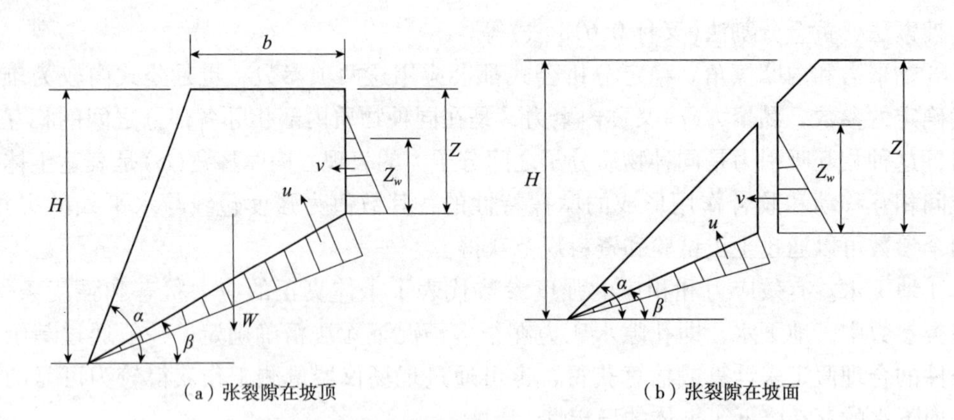

（a）张裂隙在坡顶 （b）张裂隙在坡面

图 8-4 坡体发生平面破坏

$$U=\frac{1}{2}\gamma_w Z_w(H-Z)\csc\beta \tag{8-4}$$

$$V=\frac{1}{2}\gamma_w Z_w^2 \tag{8-5}$$

式中：c——滑面的黏聚力，kPa；

A——单宽滑动面面积，m^2；

W——单宽滑体重量，kN；

β——岩层或弱面倾角，°；

U——滑动面上水压所产生的上举力，kN；

V——张裂隙中水平方向的水压力，kN；

φ——滑面的内摩擦角，°；

H——滑动面坡脚至滑坡体所在坡面坡顶的高差，m；

Z——张裂隙与滑动面交点至滑坡体所在坡面坡顶的高差，m；

γ_w——水的容重，kN/m^3；

Z_w——张裂隙中水的深度，m。

张裂隙位置 b：

$$b=H(\sqrt{\cot\alpha\cot\beta}-\cot\alpha) \tag{8-6}$$

张裂隙深度Z_w：

$$Z_w=H(1-\sqrt{\cot\alpha\cdot\cot\beta}) \tag{8-7}$$

考虑地震力时的稳定系数为：

$$F_s=\frac{cA+[W\cos\beta-U-(V+EW)\sin\beta]\tan\varphi}{W\sin\beta+V\cos\beta+EW\cos\beta} \tag{8-8}$$

式中：E——水平地震系数，为坡体所在地的水平地震加速度与重力加速度之比。

如果张裂缝是在大雨期间形成的或者张裂缝位于先存的地质构造上，如直立的节理上，则裂隙位置与深度公式不能再应用。在这些情况下，若不知张裂缝的位置和深唯一合理办法是假定它与边坡坡顶线一致并充满水。由于张裂缝的出现，使滑动面的弧长缩减，地面水渗入裂缝后，产生静水压力，成为促使边坡滑动的滑动力，降低了边坡稳定性。所以在实际工程的施工过程中，如发现坡顶、坡面出现裂缝，应及时用黏土填塞，并严格控制施工用水，避免地面水的渗入。

②曲面破坏的边坡稳定分析。该项分析主要包括圆弧形破坏和折线形破坏两项内容。

圆弧形滑动破坏是散体结构松散介质中最常见的一种滑坡模式，圆弧形破坏的判别准则包括：A 有下列条件之一者可判定为易发生此类型滑动，存在均匀松散介质、冲积层、大型岩层破碎带；有三组或多组产状各异的软弱结构面存在；强风化、碎裂结构的岩体。B 软弱面的产状各异且均不与边坡面同向。C 两侧面脱开。

圆弧面通常由 3 段组成：垂直张裂隙段、倾斜的直线段和圆弧段，简化的圆弧面只有张裂隙段和圆弧段。

折线形滑动破坏也是一种较常见的层状结构岩石边坡滑动类型，构成这种破坏模式的最主要原因是存在一组与边坡面倾向相反的软弱结构面。折线形滑动是一种块体滑动，如图 8-5 所示，各条块的滑面倾角为 β_1，β_2，…，β_n，各条块侧边上的黏结力和内摩擦角为 c_a、φ_a。底边(滑面)上为 c_b、φ_b。各条块的形状取决于它两侧的软弱结构面的产状。折线形滑动的破坏判别准则有以下几点：各组滑动面倾角 β_1 均与边坡面同向；β_n，β_{n-1}，…，β_1；各条块侧面上的强度指标 c_a、φ_a 是软弱结构面指标，它通常要小于滑动面上的强度指标 c_b、φ_b；两侧面要脱开。

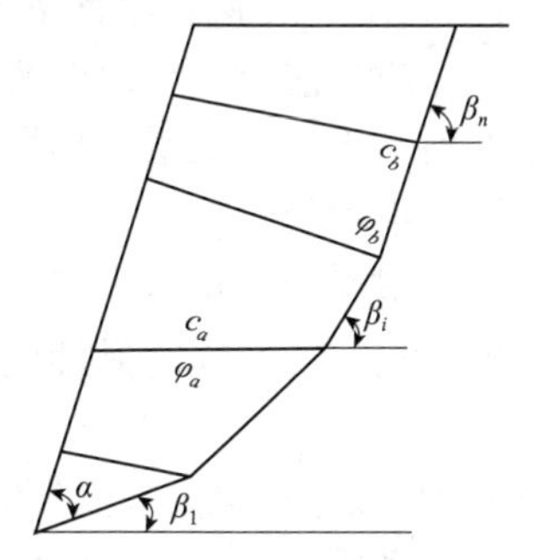

图 8-5 折线形滑坡示意图

瑞典圆弧法是圆弧形破坏边坡稳定分析中的一种基本方法。它假定土坡稳定分析是一个平面应变问题。图 8-6 为圆弧形滑坡的示意图，其中 $ABCD$ 为滑动土体，CD 弧为圆弧形滑面。滑坡发生时，滑动土体 $ABCD$ 同时整体沿 CD 弧向下滑动。对圆心 O 来说，相当于整个滑动土体沿 CD 弧绕圆心 O 转动。在具体计算中将滑动土体 $ABCD$ 分成 n 个土条，土条的宽度一般取 $0.1R$ 或 2~4m。如用 i 表示土条的编号，则作用在第 i 土条上的力如图 8-6(b)所示。

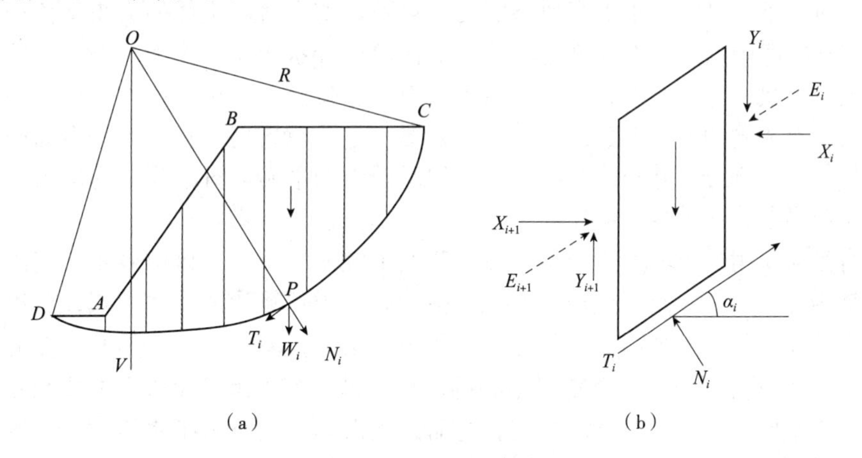

图 8-6 圆弧形滑坡示意图

土条自重 W_i 产生的分力 T_i、N_i。W_i 作用在土条的重垂线上，它与滑面交点 P 上的两个分力为：

$$N_i = W_i\cos\alpha \qquad T_i = W_i\sin\alpha \tag{8-9}$$

式中：α——该 P 点处的重垂线与滑面半径 OP 的夹角或 P 点处圆弧的切线与水平线的夹角；

N_i——W_i在滑面 P 点处的法向分量，它通过滑面的圆心 O，这个力对土坡不起滑动作用，但却是决定滑面摩擦力大小的重要因素；

T_i——W_i在滑面 P 点处的切向分量，它是滑动土体的下滑力，如图 8-6(a)所示。

应当注意，如以图 8-6(a)中通过圆心的垂线 OV 为界，则 OV 线右侧各土条的T_i值对滑动土体起下滑的作用，计算时应取正值，OV 线左侧各土条的T_i值对滑动土体则起到抗滑和稳定作用，计算时应取负值。

滑面上的抗滑力 T_i'：这个力作用于滑面 P 点处并与滑面相切，其方向与滑动的方向相反。参照库仑黏性土的抗剪强度公式，其值为：

$$T_i' = N_i \tan \varphi_i + c_i l_i \tag{8-10}$$

式中：l_i——第 i 个土条的弧长；其他参考含义同式(8-9)。

条间的作用力X_i、Y_i、X_{i+1}和Y_{i+1}：这些力和作用在土条两侧的内切面上，如图 8-6(b)所示，它们两侧的合力为图中虚线表示的力。瑞典圆弧法假定：E_i、E_{i+1}大小相等，方向相反，作用在同一条直线上，因而在土条的稳定分析中不予考虑。

将上述各力对圆心 O 取矩，可得滑动力矩M_s和抗滑力矩M_r：

$$M_s = R \sum_1^n T_i \tag{8-11}$$

$$M_r = R \sum_1^n (c_i l_i + W_i \cos \alpha_i \tan \varphi_i) \tag{8-12}$$

故稳定系数为：

$$F_s = \frac{M_r}{M_s}$$

F_s值应大于 1，不同行业规范的该值不完全一致。

瑞典圆弧法略去了条间力的作用，严格地说，它对每一土条的力的平衡条件是不满足的，对土条本身的力矩平衡也不满足，只满足整个滑动土体的力矩平衡条件。对此，在工程实践中引起了不少争论。毕肖普于 1955 年提出了一个考虑条间力的作用求算稳定安全系数的方法。该方法也适用于滑面为圆弧面的情况。该方法认为每个土条都与土坡具有相同的安全系数，当F_s>1 土坡处于稳定状态时，任一土条滑面的抗剪强度T_{ri}只发挥了一部分，并与此时滑动面上的滑动力相平衡。对于简单的均质土边坡也可以采用简易条分法进行稳定分析。

③有渗流作用的边坡稳定分析。渗流改变了浸润线下岩土体的容重，使渗流岩土体受到渗透力作用，并使岩土浸水降低了强度。由于计算渗透力很烦琐，对边坡稳定的主要影响在工程中多采用简化的方法。在条分法中，渗流作用下具有了渗流线和渗流面，渗流线(面)以下的土条重以饱和容重计，每一个土条渗流边界上两侧渗流线若不在同一水平面上，就具有受压力差，进而土条滑动弧上具有了水压力，一般情况下可假设滑动面水压力之和为零进行近似计算。

8.2 边坡综合治理技术

稳定边坡是指根据边坡生境条件和治理目的进行恢复植被或其他坡面防护。当边坡不稳定或有潜在失稳的可能时，一方面要加强监测，另一方面应根据边坡岩体的工程性质、环境因素、地质条件、植被完整性、地表水汇集等因素进行综合治理，采取防治措施来改善边坡的稳定性，在边坡稳定的基础上再进一步采取恢复植被等综合治理措施。

8.2.1 工程防护技术

边坡设计时应首先考虑稳定需要的坡比、形态、高差等参数，边坡自身无法稳定或天然边坡有失稳现象的，再设计各类边坡防护工程措施或通过削坡等措施实现坡体自身的稳定。

边坡工程防护技术主要基于土力学基础理论、块体运动理论、土壤侵蚀原理、结构力学、地质学等工程理论和技术，隔断或消除边坡稳定不利因素，增强边坡抗滑力，进而稳固边坡。

常见的边坡工程防护技术包括坡面截排水工程、坡体支挡工程、坡面防护工程、落石防护工程。

8.2.1.1 坡面截排水工程

当边坡来水或坡面水分对边坡稳定及治理成果具有危害作用时，需要布设截排水工程。根据边坡水文地质、气象条件、土壤植被及周边汇排边界等因素，确定防排水的任务与布置方案，做到经济安全、蓄用结合。截排水工程包括排除地表水工程和排除地下水工程。

(1)排除地表水工程

①截排水沟。包括截水沟、排水沟。布设目的：一是防治病害斜坡外的水分进入斜坡，二是快速汇排进入病害斜坡内的水分。

截水沟设置在边坡上方、坡顶以外的适当位置，截引外部来水，防止来水进入边坡保护范围，截水沟需要接引至排水沟或排水安全的区域。对于坡面整体性好、稳定性强，以坡面植被恢复为主的区域，可不设置截水沟。

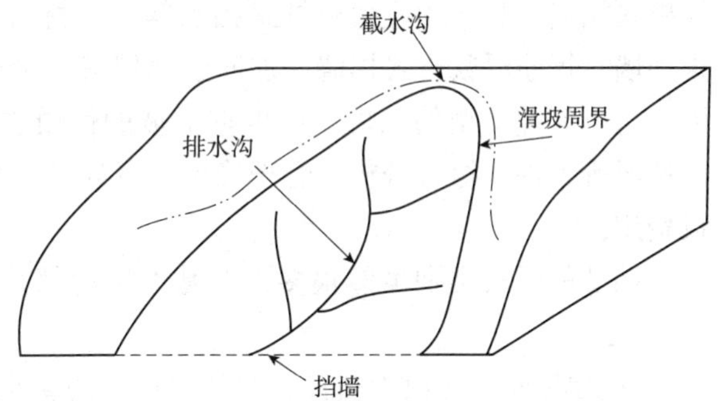

图 8-7 截排水沟布置示意图

排水沟的布设以快速安全的汇集、导引水分为主要目的，将截留水分、坡面承水快速安全地向下游或指定的集蓄设施排放，在坡度陡峻的地方，排水沟用跌水或急流槽进行衔接。长边坡在边坡内部有水分涌出、水分易汇集或易出现侵蚀的位置进行布设，也可根据护坡工程措施设计布设，如图 8-7 所示。排水去向要防止出现集中冲刷引起的侵蚀危害。

在满足不冲不淤和沟渠边坡稳定的前提下，水沟蓄水容积或过流能力大于设计标准下的洪水总量或洪峰流量。一般采用矩形、梯形、复合型断面，根据设计流速、沟渠土质、砌护材料及社会经济条件，选择过流面的砌护，水量小、流速低的沟渠可采用铺草皮、三合土、土质沟渠，反之宜采用石料、砖体、混凝土或预制件等刚性材料进行砌护。

水沟断面设计可参见《水力学》《水土保持工程学》等书籍。

②坡面防渗工程。坡面岩土体裂隙或孔隙水分入渗会加速坡面风化、坡体失稳，此时需要进行坡面防渗。防渗工程包括夯实、填缝、铺防渗膜、清理表层等措施。

土质松散坡面夯实可以增加土体稳定性，防止水分入渗，夯实采用人工或机械进行，夯实体干容重达到1.5t/m^{3}左右，渗透系数一般小于10^{-4}cm/s。对于以恢复植被为主的坡面可网状夯实结合其他措施。对于有风化裂隙的坡面可采用混凝土、水玻璃、黏土等进行填缝(勾缝)处理，勾缝适用于较硬、不易风化、节理缝多而细的岩石路堑边坡。灌缝适用于较坚硬、裂缝较大较深的岩石路堑边坡，灌缝可用体积比1∶4或1∶5的水泥砂浆。灌缝和勾缝前应先用水冲洗，并清除裂缝内的泥土、杂草。勾缝时要求砂浆嵌入缝中，与岩体牢固结合。灌缝时要求插捣密实，灌满缝口并抹平。

防渗膜主要用于河道、大坝等淹水条件下的边坡防渗。粉砂土、膨润土等遇水易变形破坏的土质边坡可铺设防渗膜，控制水分入渗速率和数量，再进行其他边坡治理措施。护面墙等坡面防护措施的封顶可以采用防渗膜代替砂浆封顶。

(2)排除地下水工程

排除3m以内的浅层地下水可使用明暗沟、渗沟等措施；深层地下水采用排水孔、集水井等措施。当边坡上部有较多的地下水进入时，采用截水墙、帷幕灌浆等结合排水孔、排水隧洞等措施。

8.2.1.2 坡体支挡工程

当滑动力大于抗滑力时，可以采用圬工设施增强抗滑力，从而稳定坡体或危岩，常用的有挡墙、抗滑桩、锚杆等。

(1)挡墙

挡墙是目前边坡支护和处置中小型滑坡中应用最为广泛而且较为有效的措施之一。挡墙具有多种不同类型：从结构形式上分，有重力式挡墙、锚杆式挡墙、加筋土挡墙、板桩式挡墙、竖向预应力锚杆式挡墙等；从材料上分，有浆砌条石(块石)挡墙、混凝土挡墙、钢筋混凝土式挡墙、加筋土挡墙等；从作用年限上分，有永久挡墙和临时挡墙。选取何种类型的挡墙，应根据滑坡的性质、类型、自然地质条件、当地的材料供应情况等条件，综合分析，合理确定，以期达到整治滑坡的同时，降低整治工程的建设费用。

挡墙的形式类别虽然很多，但基本构造都是一样的，各部分名称也都相同，如图8-8所示。

ac为墙面，bd面为墙背，有基础挡墙的g点无基础挡墙的c点成为墙址，有基础挡墙的h点无基础挡墙的d点成为墙踵，ag之间的高度为挡墙总高度，ae之间高度为有基础埋深的墙身高，eg之间的高度为基础埋深，ac与a点铅垂线的夹角为墙面角，bd与b点铅垂线的夹角为墙背角。

从坡面防护的角度，在出现下列情况时通常考虑设置挡墙。

①坡面失稳或可能失稳时，经过方案比较，修建挡墙比修建其他构筑物能够减少破坏土地、保护环境、外形美观时；另建造挡墙可以减少土石方量、减少投资时，应对这些地方修建挡墙。

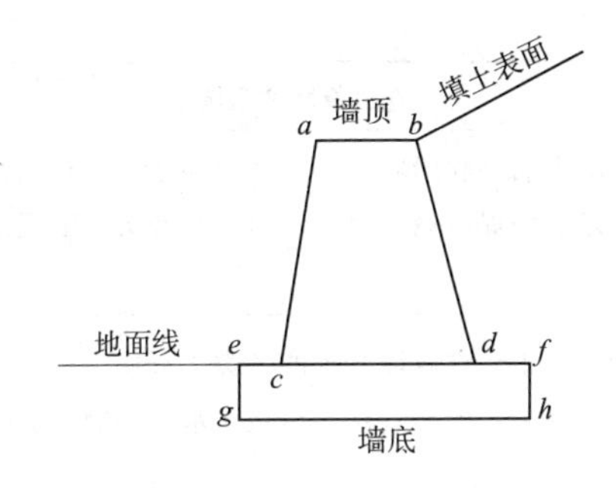

ac为墙面，bd为墙背，有基础挡墙的g点无基础挡墙的c点称为墙址，有基础挡墙的h点无基础挡墙的d点称为墙踵，ag之间的高度为挡墙总高度，ae之间高度为有基础埋深的墙身高，eg之间的高度为基础埋深，ac与a点铅垂线的夹角为墙面角，bd与b点铅垂线的夹角为墙背角。

图 8-8　挡墙各部位示意图

②由于岸坡地形或地面宽度所限，建设工程的边坡开挖不能按照设计要求进行放坡的地方应设置挡墙。

③坡脚有冲刷破坏时，可以设置坡脚挡墙。

④坡面其他治理措施需要进行坡脚支撑、坡底范围有较高的防护要求时，可以设置挡墙。

⑤其他需要修建挡墙的地方应当设置挡墙。

由于挡墙的设置受到墙高、外力、地形、墙后填土类别、地基土类别、水文条件、建筑材料、墙的用途等的制约，为适应这些条件制约，设计挡墙就必须按照具体情况确定合适的挡墙形式，才能做到符合要求、施工方便、经济合理、结构安全。常见挡墙的适用性见表 8-2。在具体选用时还需要结合技术、经济、施工等条件综合考虑，要求做到基础坚实稳固，墙身稳定坚固，材料方便，在满足防护的基础上减少墙体断面尺寸和工程量，便于施工，兼顾美观和保护环境等。

表 8-2　一般挡墙的适用性

挡墙类型	建筑材料	适用条件和范围
重力挡墙	干砌石	用于地形、地质条件较好的，高度不大和不太重要的非地震区域边坡
	浆砌砖	
	浆砌石、混凝土	广泛用于基础条件良好的各类边坡，防护高度 8~12m
半重力式挡墙	混凝土	用于不宜采用重力式挡墙的地下水位较高或较软弱的地基上，墙高通常在 10m 以下
衡重式挡墙	浆砌石、混凝土	当采用重力式挡墙需要较大工程量的情况下，改用衡重式挡墙将会显著减少材料用量，墙高通常在 12m 以下
仰斜式挡墙	浆砌石、混凝土	广泛用于地面比较狭窄，不允许开挖地段的路基、堤防、渠道等工程的边坡支护，防护高度通常在 10~20m
扶壁式挡墙	钢筋混凝土	适用于缺乏石料和地基承载力较低填方路堤、填方渠堤、岸坡防护之处，建筑高度一般在 15m 以下
悬臂式挡墙	钢筋混凝土	适用于缺乏石料和地基承载力较低填方路堤、填方渠堤、岸坡防护之处，建筑高度一般在 8m 以下
孔格式挡墙	钢筋混凝土	多用于浸水环境下需要具有较高稳定性能的水闸和船闸的岸墙、翼墙

（续）

挡墙类型	建筑材料	适用条件和范围
板桩式挡墙	钢筋混凝土	用于浸水环境下船坞和船坞的岸墙及土层或强风化层均质岩石地基上的路肩墙、路堤或钢材墙、地面狭窄处房屋工程的基坑开挖防护
加筋土挡墙	钢筋混凝土及筋材	用于地面狭窄、不允许放坡开挖的各类工程中，尤其适用于承载力低的土类地基处；但不宜用于滑坡、水流冲刷、崩明等不良地质地段
加筋土护坡	筋材	

注：引自《挡土墙设计实用手册》，薛殿基、冯仲林等编，2007。

除了传统的圬工挡墙外，生态挡墙是一种既能起到支挡坡体，又具有一定生态作用、又兼具景观功能的新型挡墙。从设计、结构和施工上，集成了干砌石挡墙、浆砌石挡土墙的优点，具有透水透气、保水保肥等性能或空间，这类挡墙一般适用于小型滑坡或坡面总体稳定性较好，主要是为了防治坡脚冲刷，保护坡脚空间环境，良好的设计和施工有时也用于失稳边坡的防护。常见的生态挡墙包括：①生态袋类，利用柔性袋装土料等物质垒砌而成；②预制构件自锁类，通过预制加工各类自锁砖、带孔砖等，现场拼装，形成拦挡结构；③木桩类，一般利用活木桩在低矮边坡外缘进行插杆形成栅栏结构；④石笼类，利用竹子、铁丝等制成箱笼，内装土石料垒砌而成；⑤生态混凝土挡墙。

(2) 抗滑桩

抗滑桩是穿过滑坡体深入到滑床的桩柱，又称锚固桩，依靠桩与桩周岩(土)体的相互牵制作用把桩后侧土压力或滑坡推力传递到稳定地层中，起到钉牢滑体、支挡滑动力，稳定边坡的作用，适用于浅层和中厚层的滑坡。一般用于加强坡体稳定、提高挡墙稳定性等方面。适用于除流韧性滑坡以外的各种类型滑坡，对正在活动的滑坡进行抗滑桩施工尤其要注意，以免因震动而引起滑动。

抗滑桩按成桩方法分类，有打入桩、静压桩、就地灌注桩。就地灌注桩又分为沉管灌注桩、钻孔灌注桩两大类。在常用的钻孔灌注桩中，又分机械钻孔和人工挖孔桩。按结构型式分类，有单桩、排桩、群桩和有锚桩。排桩常见的型式有椅式桩墙、门式刚架桩墙、排架抗滑桩墙；有锚桩常见的有锚杆和锚索，锚杆有单锚和多锚，锚索抗滑桩多用单锚。按桩身断面形式分类，有圆形桩、方形桩、矩形桩和“工”字形桩等。按材质分类有木桩、钢桩、钢筋混凝土桩和组合桩。一般根据滑体的厚薄、推力大小、防水要求、使用年限及施工条件等进行选用。抗滑桩可以单独适用，也可以配合挡墙、护坡等措施一起使用。

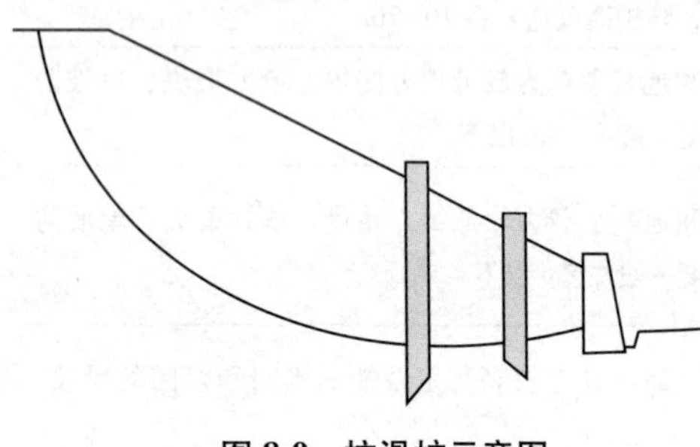

图 8-9　抗滑桩示意图

按一般经验，软质岩层中锚固深度为设计桩长的 1/3；硬质岩中为设计桩长的 1/4；土质滑床中为设计桩长的 1/2。当土层沿基岩面滑动时，锚固深度也可采用桩径的 2~5 倍。桩柱间距一般取桩径的 3~5 倍，以保证滑动土体不在桩间滑出，如图 8-9 所示。抗滑桩需要穿过滑动体钉入滑床一定深度才能发挥作用。

(3)锚杆

在不安全岩石边坡的工程地质中，若岩体的深部岩石较坚固，不受风化的影响，足以支持不稳定的和存在某种危险状况的表层岩石。在这种情况下，采用锚杆或预应力锚索进行岩石锚固，是一种有效的治理方法。

锚杆(锚索)是利用材料的抗拉性能，将杆柱、钢索等打入地表岩体或硐室周围岩体预先钻好的孔中，从而增大抗滑力或固定危岩体。所用材料一般为锚栓或预应力钢筋，在地下深入体的末端打入楔子并浇水泥砂浆固定，地面用螺母固定。在采用预应力钢筋时，将钢筋末端固定后要施加预应力。使用锚杆进行岩石锚固具有成本低、支护效果好、操作简便、使用灵活、占用施工净空少等优点。

8.2.1.3 坡面防护工程

坡体稳定，但坡面有水土流失、有岩土体的风化剥落、碎落以及少量落石掉块等现象时，需要布设各类坡面防护工程措施。坡面防护工程措施包含抹面防护、捶面防护、喷砂浆和喷混凝土防护、勾缝和灌浆、护面墙、砌石防护等。植物也可以起到保护坡面的作用，详见后续章节。

(1)捶面

将坡面土体或铺装材料进行捶实，稳固坡面，抵抗雨水冲刷和其他风化作用力。适用于易受冲刷的土质边坡或易风化剥落的岩质边坡，且坡度不陡于1∶0.5，一般捶实厚度为10~15cm，捶面厚度较抹面厚度要大，相应强度较高，使用期限为8~10a。坡面为松散土料且级配合理时可直接夯实，岩石坡面上利用三合土、四合土等铺于表层，然后人工夯实使其形成保护层。夯实时应注意不同表面物料的最优含水率、级配关系等。捶面后使其与坡面紧贴、厚度均匀、表面平整，在较大面积上抹(捶)面时，应设置伸缩缝。

(2)抹面

岩面完整但易风化、不易脱落的坡面，使用三合土、水泥砂浆、石灰浆等材料均匀涂抹于表面，形成防护层。抹面厚度一般为3~7cm，可使用6~8a。抹面前应清除风化层、浮土、松动石块并填坑补洞，洒水湿润，以利牢固耐久。抹面保护层不能承受侧压力，抹面的边坡应比较干燥、稳定。如局部有地下水出露，必须采取引排水措施予以配合。

(3)喷砂浆和喷混凝土防护

利用喷射设备将砂浆、混凝土、塑胶泥以及其他混合材料等均匀喷射到坡面上，形成保护层。喷射时，高压浆体对岩土裂隙具有很好的充填稳固作用。喷护措施施工简单、重量轻、防止风化效果好，但是费用高、厚度难控制、易偷工减料、对公路自然景观破坏大、封面阻水易引起边坡饱水坍塌滑坡。因此，该措施适用于坡面易风化、节理裂缝发育、坡面为碎裂结构的岩石坡面，不适宜有涌水和冻胀严重的坡面。

对于塑性岩石(软岩、土体)的边坡，由于喷浆外壳呈脆性，其变形特性和被其覆盖的塑性岩石不相协调，常造成喷浆外壳剥落。为提高喷浆外壳的塑性和强度，在喷浆前在边坡上铺设钢丝网，然后喷浆，形成挂网喷浆壳。在施工时，应在坡面上留出排水孔，否则可能堵截地下水而影响坡体的稳定。

(4)勾缝和灌浆

对于较坚硬且不易风化的岩石路堑边坡，节理裂缝多而细者用勾缝，大而深者用灌浆。填缝和灌浆前应先清除草根、泥土并冲洗缝隙，填缝砂浆应嵌入缝中，并与岩石牢固接合，做到紧实稳固，表面平顺，周边封严。

(5) 护面墙

为了覆盖各种软质岩层、较破碎岩石的挖方边坡以及坡面易受侵蚀的土质边坡，免受侵蚀力影响而修建的墙，称为护面墙。护面墙多用于易风化的岩土体、风化严重的软质岩层和较破碎的岩石地段。护面墙可以有效防止边坡冲刷，防止滑动型、流动型及落石型边坡崩坍，是上边坡最常见的一种防护型式。护面墙除自重外，很少担负其他荷载，尤其较少承受墙后土压力，因此护面墙所防护的挖方边坡坡度应符合极限稳定边坡的要求。这种防护方式可有效提高边坡的稳定性，降低边坡开挖高度，减少边坡挖方数量，节省造价，还有利于路容路貌整齐美观。护面墙有实体护面墙、窗孔式护面墙、拱式护面墙等类型。护面墙顶部应用原土夯实或铺砌，以免边坡水流冲刷渗入墙后引起破坏。

(6) 砌石防护

常见的砌石护坡，根据防护强度不同分为干砌石、浆砌石护坡两种。石料以片石为主，其结构主要由脚槽、坡面、封顶三部分组成，其中脚槽主要用于阻止砌石坡面下滑，起到稳定坡面的作用，有矩形、梯形两种形式。浆砌石采用 M7.5 水泥砂浆砌筑，严寒地区可使用 M10 水泥。

干砌片石和混凝土砌坡用于坡面涌水少、坡度小于 1∶1，高度小于 3m 的情况。涌水较少时应设反滤层，涌水很大时最好采用盲沟。干砌护坡能够节省投资，且能适应冻胀严重和边坡的较大变形。

浆砌石和混凝土护坡，利用砂浆等将石料胶结在一起，可用于较陡的边坡，要求坡面稳定硬实、无涌水、坡面平整，必要时做好防水、排渗等。高陡边坡加筋、锚固、修基，耐高流速水流冲刷、波浪打击、漂浮物撞击等。

8.2.1.4 落石防护工程

悬崖和陡坡上的危石会对坡下的交通设施、房屋建筑及人身安全产生很大威胁，可采用防落石措施进行拦截，常用的落石防治工程有：防落石棚、挡墙加拦石栅、囊式栅栏、利用树木的落石网和金属网覆盖等。

修建防落石棚，将铁路和公路遮盖起来是最可靠的办法之一。防落石棚可用混凝土和钢材制成。在挡墙上设置拦石栅也是经常采用的一种方法。囊式栅拦即防止落石坠入线路的金属网。在距落石发生源不远处，如果落石能量不大，可利用树木设置铁丝网，其效果很好，可将 1t 左右石块拦住。在有特殊需要的地方，可在坡面覆盖上金属网或合成纤维网，以防石块崩落。当斜坡上很大的孤石有可能滚下时，应立即清除；如果清除困难，可用混凝土固定或用粗螺栓锚固。当落石块径小，且主要集中于坡脚时，可采取落石槽、落石平台等设施。

8.2.2 植物防护技术

恢复植被是恢复边坡生态最重要的途径，也是解决当前边坡生态破坏最有效的方法。边坡植被恢复需要在边坡稳定的基础上，营造植物生长发育的环境促进植物生长。植被恢复不仅可以恢复生态环境，还可以降低地表径流流量和流速，从而减轻地表侵蚀，保护坡脚；植物蒸腾和降雨截持作用能调节土壤水分，控制土壤水压力；植物的综合改良土壤作用可以有效提高土壤的抗蚀抗冲性，减少水土流失；植物根系可增加岩土体抗剪强度，增加斜坡稳定性。

边坡绿化和生态恢复主要涉及基础生态学、恢复生态学和景观生态学的技术理论，包括生态因子及其限制性作用、空间格局原理、生态演替原理、生物多样性原理、自生原理、斑块-廊道-基底理论等。

当边坡几何形态不满足措施顺利实施时，需要采取清除坡面危石、碎块、削平、台阶化、沟槽化等措施对初始边坡进行简易整治，以更好地促进稳定，为种植植物及植物生长提供良好的条件。

营造满足植物需要的土壤环境是边坡植被恢复的关键：一是对已有土壤进行保持和培肥，二是提供土壤附着条件，然后引入土壤物质。土质缓坡可以直接松土施肥、增施改良剂改善土壤水肥条件，水热条件好的边坡通过种植绿肥植物改善土壤环境，为目标植物提供条件。土壤少的边坡通过边坡平台化、沟槽化，将土壤聚集于平台和沟槽种植植物，形成植物带。无土壤边坡通过客土技术形成土壤层。陡坡区域通过设置格栅框架护坡创造土壤附着条件，在框架内采取客土、土工袋技术等形成植物生长基质。生物毯、喷浆技术都可以形成植物生长基质。

8.2.2.1 植物种选择及配置

(1)立地调查与类型划分

在区域性立地背景的基础上进行坡面微立地类型的划分，是实施坡面绿化和生态防护的植物选择及技术模式选用的首要环节。边坡不同部位的土壤、地貌差异，直接引起水、肥、气、热的不同进而造成植被生长的差异。因此只有做好坡面微立地类型的划分，才能更好地实现因地制宜、适地适树。

一般采用定性与定量分析相结合的方法分析项目区的立地类型。根据边坡气候区域、地形地貌、坡面物质组成特征、坡向、坡度以及植被的变化特征，确定立地类型的主导因子，编制立地类型分类系统。一般情况下，一个项目区属于同一气候类型区，但是其他因子作为立地划分因子，如海拔、土壤质地、坡度、坡向会有所不同，需要选择不同的技术模式和植被类型，所以在边坡绿化和生态防护项目的立地类型划分时一般选择海拔、土壤质地、坡度、坡向等因子作为立地划分因子。但是对于一些跨越气候范围较大的公路、铁路等工程，需要将气候类型也作为立地划分因子加以考虑。

①立地因子的选取。海拔主要通过对光、热、水、气等生态因子的再分配，深刻反映小气候条件，强烈地影响土壤的理化性质及母质堆积方式，从而导致了林木生长和森林植被分布规律的差异。土壤是立地条件的基础，也是林木赖以生存的载体。土层厚度影响土壤养分、水分的总贮量和根系分布空间范围，是决定林木生产力的重要因素。不同的地形下有不同的土壤、水肥条件，对林木生长的影响各不一样。所以，土壤种类、土层厚度是划分立地类型的主导因子。坡度通过影响太阳辐射的接受量、水分再分配及土壤的水热状况，来对植物的生长发育产生明显的影响。其影响的大小又与坡度的大小相关。坡度越大，土壤冲刷越严重，含水量越少。同一坡面上部比下部土壤含水量少，所以将坡度作为划分立地类型的主导因子之一。坡向主要通过光照来直接调节空气和土壤的温湿条件(还间接影响土壤发育)，从而影响林木生长。在低山区或地形起伏大的丘陵地带，阴坡比阳坡温润，因此植被群落差异显著，故将坡向作为主导因子纳入。对于影响立地条件的其他因子，如 pH 值、土壤养分等，由于其变

化不大，并且有些因子的变化也是随主导因子的变化而变化，同时考虑划分立地条件类型要以工作方便为主，不宜过多选主导因子和划分过细等原则，所以不把其他因子列为划分该地区立地条件类型的主导因子。

②立地类型划分的原则。

a. 综合性原则。立地类型是由气候、地貌、土壤、植被等多种因素组成，是一个统一的整体。进行分类时应全面考虑各项因素以及它们之间相互关系，系统分析区域内所有的成分和整体特征，综合对林木生长有普遍重大影响的立地因素，视其相似程度，划分立地单元，并确定界线，正确反映地域分异情况。

b. 多级序原则。多级序是自然科学的普遍现象，根据大同小异的客观事实，立地分类必须遵循从大到小或从小到大一定的地域分异尺度标准进行逐级划分。

c. 主导因子原则。立地分类取决于自然综合特征的差异，必须综合立地的各种构成因素，找出立地的分异特征，才能反映立地的固有性质。因此，通过分析各个自然因子的因果关系，进行综合比较、系统分析，找出影响植被恢复的主导因子，作为划分立地单元的依据基础。

(2)植物种类选择与质量控制

依立地条件、主体工程功能要求、植物特性、设计预期目标及未来演替方向确定植物选择和质量控制。在边坡绿化和生态防护中选择植物首先要符合当地的立地条件，尤其是气候和土壤条件，同时满足主体工程功能实现的需要，并且根据预期目标和植物生态种间关系对植物种类进行科学选择。

植物品种选择需要遵循以下原则：①适地适树原则；②乡土植物优先原则；③边坡稳定原则；④根系发达、抗逆性强的原则；⑤先锋性植物与目标植物相协调原则；⑥生物多样性与景观多样性相结合

在护坡植物选用上，以灌草植物为多，乔木一般适用于缓坡且土质层大于0.5m的区域。草本一般选择禾本科与豆科植物为主。禾本科草一般生长较快，根量大，护坡效果较好，但所需肥料较多。而豆科植物虽然苗期生长较慢，但由于自身可以固氮，故较耐瘠薄，可粗放管理，同时花色较鲜艳，开花期景观效果较好。不同气候和地区适宜种植的灌草种类见表8-3和表8-4(姜鹏飞等，2011)。

表8-3 不同气候类型适宜种植的护坡草种

气候生态带	范 围	适宜的护坡草种
青藏高原带	北纬27°20′~40°，东经73°40′~104°21′，主要包括西藏全部、青海高原和四川西北高原农区	草地早熟禾、紫羊茅、高寒苜蓿、细羊茅、燕麦草、冰草、无芒雀麦及当地野生的小灌木等
寒冷半干旱带间	北纬40°~48.5°，东经115.5°~135.5°，主要包括黑龙江大部、吉林大部、辽宁省大部及山东少部分地区	紫花苜蓿、沙打旺、红豆草、紫羊茅、细羊茅、碱茅、冰草、披碱草、羊草、小冠花、紫穗槐等
寒冷潮湿带	北纬34°~39°，东经100°~125°，主要包括青海东部、甘肃中部、陕西北部、山西大部，以及河南、河北、内蒙古、辽宁、吉林、黑龙江等省份的少部分县市	草地早熟禾、紫羊茅、细羊茅、无芒雀麦、披碱草、羊草、碱茅、白三叶、紫花苜蓿、沙打旺、冰草、鸭茅等

（续）

气候生态带	范 围	适宜的护坡草种
寒冷干旱带	北纬36°~49°，东经74°~127°，主要包括新疆大部、甘肃西北部、内蒙古大部，以及青海、陕西、黑龙江少部分县市	紫花苜蓿、沙打旺、红豆草、紫羊茅、细羊茅、碱茅、冰草、披碱草、羊草、小冠花、紫穗槐等
北过渡带	北纬32.5°~42.5°，东经104°~122°，主要包括山东大部、河北大部、北京、天津、河南大部，以及陕西、山西、安徽、江苏、湖北少部分县市	高羊茅、黑麦草、无芒雀麦、小冠花、紫穗槐、沙打旺、紫花苜蓿、冰草、野牛草、结缕草及当地野生的小灌木等
云贵高原带	北纬23.5°~34°，东经98°~111°，主要包括云南大部、贵州大部、湖南西部、湖北西北部、甘肃南部，以及四川、广西、陕西少部分县市	草地早熟禾、紫羊茅、细羊茅、高羊茅、黑麦草、小冠花、白三叶、红三叶、紫花苜蓿、沙打旺、狼尾草、鸭茅及当地野生的小灌木等
南过渡带	北纬27.5°~32.5°，东经102.5°~108°，主要包括四川和重庆绝大部分，贵州少部分县市；北纬30.5°~34°，东经110.5°~122°，主要包括湖北大部，安徽中部、河南南部、江苏中部等	白三叶、红三叶、高羊茅、木蓝、狗牙根、百喜阳草、弯叶画眉草、黑麦草、马蹄金、鸭茅、米草、结缕草及当地野生的小灌木等
温暖潮湿带	北纬25.5°~32°，东经108.5°~122°，主要包括浙江大部、江西大部、福建北部、上海、安徽南部、江苏少部分地区	自三叶、红三叶、高羊茅、木蓝、狗牙根、百喜草、弯叶画眉草、黑麦草、马蹄金、鸭茅、荆条、大米草、结缕草及当地野生的小灌木等
热带亚热带	北纬21°~25.5°，东经98°~119.5°，主要包括广东全部、台湾地区全部、海南全部、福建南部、云南南部及广西绝大部分地区	狗牙根、百喜草、弯叶画眉草、黑麦草、马蹄金、鸭茅、荆条、大米草、结缕草及当地野生的小灌木等

表8-4 我国各地区主要可供选用的护坡灌木植物

地区	灌木树种
东北区	胡枝子、沙棘、兴安刺玫、黄刺玫、刺五加、毛榛、榛子、拧条锦鸡儿、紫穗槐
三北区	杨柴、拧条锦鸡儿、花棒、踏朗、梭梭、白梭梭、蒙古沙拐枣、毛条、沙柳、紫穗槐
黄河区	绣线菊、虎棒子、黄蔷薇、柄扁桃、沙棘、胡枝子、胡颓子、多花木兰、白刺花、山楂、拧条、锦鸡儿、荆条、黄栌、六道木、金露梅
北方区	黄荆、胡枝子、酸枣、橙柳、杞柳、绣线菊、照山白、荆条、金露梅、杜鹃、高山柳、紫穗槐
长江区	三颗针、狼牙齿、小袋、绢毛蔷薇、爬柳、密枝杜鹃、山胡椒、善藏子、紫穗槐、马桑、乌药
南方区	爬柳、密枝杜鹃、紫穗槐、胡枝子、夹竹桃、孛孛栎、木包树、茅栗、化香、白檀、海棠、野山楂、冬青、红果钓樟、水马桑、蔷薇、黄荆、车桑子
热带区	蛇藤、米碎叶、龙须藤、小果南竹、紫穗槐、桤木、杜鹃

各类种子及草皮质量、苗木规格和质量根据设计和采购标准严格查验。一般要求草种净度不低于95%，发芽率不低于80%，草皮块无杂草、无枯黄、无病虫害，草块完整，破碎量不超过草块数量的2%，草根保存完好，无明显脱水现象。苗木品种准确、植株健康无损坏、树形均匀、顶芽完好、无病虫害、根系保留完整、地径和苗高符合相关标准。

（3）植物配置

边坡植物配置是指植物种类组成、比例及其位置关系、边坡植物配置，不仅要考虑植物自身的生态位宽度以及与立地条件的对应性，而且还需考虑植物种间关系的联结程度。要使植被持续稳定发挥综合生态防护功能，就要运用生态学原理构建一个和谐有序、稳定的植物群落，而其关键又在于植物的配置。

在边坡稳定性强以及水土条件优越的地方可以采用乔灌草的植物配置，否则宜采用灌草或草本混植。在土壤条件差的地方，以灌木或深根性草本作为植被恢复的主要植物。

植物的配置在遵循植物种选择原则基础上还应遵循以下原则。

①以坡面防护效果为主，兼顾生态景观效果。按照坡面绿化与生态防护的功能需要和设计目标，遵循自然规律，选择耐瘠薄、抗干旱、繁衍迅速、覆盖效果好、根系发达的水土保持植物，最大限度体现固土护坡和水土保持生态效应。同时，选择一些彩叶树种、常绿植物以及观花、观型植物结合配置，营造适宜的生态景观。还应注意人工恢复的坡面植被景观要与周边生态环境和社会环境的协调、融合。

②保持物种多样性，构建自然群落结构。植物的自然群落结构是乔灌草三位一体多层次复杂结构，抗外界干扰能力强，即使群落中一种或几种植物受到病虫害的危害而死亡，其他的植物也会填补其留下的空白。为了营建稳定的坡面生态群落体系，必须合理配置乔木、灌木、草本植物，尽量模拟自然群落，建造乔灌草相结合的复合群落结构。同时必须依据立地条件，宜乔则乔、宜灌则灌、宜草则草，因地制宜。

③遵从生态位原理，按照种间关系优化植物配置。植物品种的选配除了要考虑它们的生态习性外，还要考虑生态位宽度，它直接关系该系统生态功能的发挥和景观价值的体现。在选配植物时，应充分考虑植物在群落中的生态位特征，从空间、时间和资源生态位上来合理选配植物种类，使所选植物生态位尽量错开，从而避免种间的直接竞争，保证群落生物多样性的自然、稳定、可持续。坡面植物配置要考虑不同植物的生物学特征和生态学特征，速生与慢生搭配，根系深浅结合；地被植物与小灌木结合，充分发挥藤本植物绿化垂直空间的作用，建立立体的坡面植被群落。还要根据植物对光照、肥料、水分的不同需求，依照物种种间联结程度进行植物品种的合理配置。

④乡土植物与外来物种相结合的原则。边坡绿化与生态防护中，充分利用优良乡土树种，并积极推广、引进取得成效的优良外来树种。乡土物种及其同属的近亲种，在当地有着天然的良好适应性，能提高绿化的成活率和保存率。优选的外来物种在植被恢复初期，可以迅速形成植被覆盖，稳固地表，改善土壤环境，为乡土树种正常生长创造良好的条件；乡土树种在植被恢复后期发挥主要作用，有利于实现稳定的目标群落。这样可以达到近期效果和长期效果兼顾的目的。这里说的外来物种是对当地环境适应能力强，生长稳定，能与周围的自然景物融合为一体，形成稳定的群落，并保持群落自然演替的顺利进行，且客观上在该地区有良好的表现的那些植物。当然对引入的外来物种要加强管理，否则会引起外来物种的泛滥，甚至对当地生态系统产生破坏。

⑤目标植物与先锋植物相结合的原则。由于边坡质地条件比较差且改造土壤的难度很大，因此需要合理设置目标植物与先锋植物的比例。目标植物是指绿化成型后预想的主要植物种类；先锋植物是指在建植植被过程中能快速发芽生长的草本植物即保

护种，它可在短期内形成植被，从而为目标植物的正常发芽生长创造良好的条件。在目标植物群落形成后，这些草本植物就会逐渐退化，这样可以兼顾前期效果和长期效果。先锋物种的选择要兼顾快速覆被和改良土壤的双重作用。

8.2.2.2 边坡绿化技术

(1)边坡直接栽种绿化技术

①播种技术。是把种子直接播种在边坡土壤内的绿化技术，可分为人工播种和设施播种两种方法。多用于边坡高度不大、坡度较缓且适宜植物生长的土质边坡。具有施工简单、造价低兼等特点。但由于易出现播撒不均匀，种子易被雨水冲走，成活率低等情况，往往达不到满意的边坡防护效果，而造成坡面冲沟，表土流失等边坡病害。使用时需要综合分析、详细设计，播种与养护一同考虑。

a. 播种方法。有条播、块播、穴播和撒播几种方法。

条播是指把种子均匀地播成带状长条，行与行之间保持一定距离，能保证通风透光，抚育管理操作亦方便。多用于灌草种子的播种。

块播是指在块状整地的基础上，形成斑块分布的块状绿地小区，斑面积有0.5m×0.5m、1m×1m、1m×2m等多种规格。块播有助于形成植生组，抵抗力和竞争力较强，常用于水土流失或土壤缺乏的边坡。多用于灌草种子的播种。

穴播是指在局部整地的基础上，按照一定的距离开挖播种穴，适用于生长迅速萌蘖旺盛的植物种。在土石质边坡广为采用。

撒播是指把种子均匀撒布与边坡土壤上的一种方法，需要播后覆土。主要由于地广人稀、交通不便、对植被恢复要求低的大面积绿化边坡。此法工效高，成本低，但易受雨水冲刷。

b. 播前处理与播种量。播前整地，需要清除土壤表层(20cm以上)中的碎石等杂物，使土壤层质地疏松、透气、平整、排水良好。播前施肥，在贫瘠的土壤中应加入一定数量的有机肥和缓效复合肥，以提高土壤肥力和保障种子的正常的生长发育。种子前处理包括消毒、浸种、破壳、催芽、拌种和包衣等，处理方法与苗圃种子处理相同，具体处理根据实际需要确定。一般针叶树种种子要做好消毒，春节播种做好浸种、破壳和催芽，鸟兽或土壤虫害严重的地方做好药剂拌种处理，细小的种子需要进行包衣处理。播种量根据树种、种子质量、立地条件、养护水平、播种季节等确定，一般草种通常一亩地用7.5~15kg；发芽率高、耐性强的种子(如狗牙根，剪股颖，百慕大，马尼拉，天堂草等)一亩地用5.0~7.5kg。灌木种子一般一亩地用5.0~7.5kg。

c. 播种季节与抚育管理。根据树种在不同地区的适宜播种季节进行播种。在边坡处置适合播种时及时播种。具体时间根据当地气候特点确定，以保证苗木具有一定时长的生长期为宜，使其能充分生长，并安全越冬。选择春季播种，在干旱地区做好前期水分管理，雨季做好防冲管理，湿润地区尤其需要做好植物覆盖地表前的防冲管理。成苗后及时进行补植播种或间苗除苗。

②植苗技术。植苗造林也称为栽植造林，使用根系完整并具备一定数量的枝叶条件的苗木作为造林材料的造林方法。植苗造林的特点是苗木带有根系，栽后能较快地恢复机能，适应造林地的环境，顺利成活；在相同的条件下，幼林郁闭早，生长快，成林迅速，林相整齐，并可节省种子，适用于绝大多数树种和多种立地条件，尤其是

杂草繁茂或干旱、贫瘠的地方。

a. 栽植技术。包括栽植方法、栽植深度、位置选择以及施工要求。栽植方法有穴植、缝植、沟植。穴植是缓坡绿化常用方法，可单植(即每个穴内仅栽1株苗木)或丛植(即每个穴内密集地栽植多株同一树种的苗木多株)，一般苗木植在植穴的中央，对于针叶等小树苗也可以靠近一侧穴壁(称为靠壁栽植)。缝植是在深厚疏松的土质边坡上，用手工工具开出狭窄缝隙栽入苗木。这种方法工效高，可以预防冻拔害，但根系容易变形。沟植是在已经整好的造林地上，水平开沟后栽植。栽植时在确定好根系埋深后，放入苗木使其根系舒展，分层覆土，把肥沃的土壤填入根际，并分层踏实，及时浇水保持根系周围土壤湿润。苗木栽植深度应高于苗木根茎处原土痕2~3cm，秋季适当深栽，春季浅植，具体深度根据树种、土壤条件及养护条件等灵活设计。埋好土壤应保持穴面呈小凹状，利于水分保持和入渗，必要时铺设一层虚土或采用薄膜覆盖。

b. 苗木保护与处理。苗木开挖时尽量保持一定量的原始土球，裁剪多余的枝叶，减少水分挥发。运输时固定好苗木，防治破损。绿化时暂时不用的苗木可假植在庇荫之处。备栽的裸根苗取出后应浸泡在水中或用湿物包裹，对于根系较少或损坏明显的苗木可用生根粉进行处理。

c. 栽植季节与抚育管理。边坡植苗选择春季或秋季，温暖地区可选择冬季栽植。栽植苗木根系开始活动要求的温度逼萌芽活动低，栽植时间应以根系开始霍东阁和土壤解冻的时间为依据。

绿化后根据需要做好前期的遮阴、浇水、除草、病虫害防治等工作，雨水多和坡面陡的地方做好坡面的防冲处理。后期做好间苗、补苗工作。

③分殖造林。分殖造林是以树木的营养器官作为造林材料直接栽植的造林方法，又称分生造林。该法无须育苗过程，具有省工、成本低和扰动小的特点。但材料会受边坡水肥等条件影响易出现生根快慢、成活低等现象，一般适用于边坡水热条件好或养护强度高、边坡平缓的地方，在框格等综合护坡条件下也可以局部使用，不适合大面积单独使用。分殖造林包括插条造林、插干造林、分根造林、地下茎造林等。

④铺草皮。将人工培育或是自然生长的优良健壮草坪，按照一定规格铲起，运至需进行植被恢复的坡面重新铺植，使坡面迅速形成植被覆盖的坡面绿化和植被恢复技术。在度较陡，冲刷稍严重、需要迅速得到防护或绿化的土质边坡可以直接铺草皮绿化，根据坡面冲刷的情况、边坡坡度、坡面水流速度的具体条件，分别采用平铺、水平叠铺、垂直叠铺、斜交叠铺等形式。

铺草皮具有施工简单、工程造价较低、成坪时间短，可实现"瞬时成坪"，铺草皮施工受季节限制少，除寒冷的冬季外，其他时间均可施工。由于草皮根系与地表接触恢复需要时间，因此前期养护管理难度大，易遭受各种病虫害等。植物品种的选择余地小，难以混入灌木植物种，若管护不好平铺草皮易被冲走，且成活率低，工程质量往往难以保证，近年来，由于草皮来源紧张，使得平铺草皮护坡的作用逐渐受到了限制。

草皮护坡选用生产快，耐旱、耐高温、耐水淹、耐贫瘠、耐酸性、耐碱性，能安全越冬的草种。同时要求护坡草皮根系发达、强劲、密集交叉、覆盖性好。

铺设草皮前对边坡进行平整、压实与刮毛、洒水，施肥，铺设后加强养护，必要时对草皮进行钉锚加固。铺设季节在雨水充足或气温较低的天气进行。

(2)植生设施绿化技术

①植被毯。植被毯形态上与草皮相似，也称为植生带、植生毯(图 8-10)，是以农作物稻、麦秸秆及椰丝等植物纤维或聚酰胺(PA)拉丝网等为基质，将种子植生带复合在一起的组成多层结构具有一定厚度的水土保持产品。将这些植被毯用锚钉或锚卡固定在边坡上，洒水养护，出苗成坪。这种技术将植物种子与肥料均匀混合，数量精确，草种、肥料不易移动，草种出苗率高、出苗整齐、覆绿速度快。采用可自然降解的纸或无纺布等作为底布，与地表吸附作用强，腐烂后可转化为肥料。使用聚酰胺干拉成型制成三维网作为基材，其丰富的三维空间为植物生长提供足够空间，可起到很好的土壤加筋作用，能够抵抗更高强度的水流冲刷，同时土层表面的成熟植被也起到固土的作用，有效防止在重力作用、径流冲刷、河流冲刷等造成的水土流失。植生毯可以在室内工业化生产，便于贮藏、运输，铺植轻便灵活。适用于坡度较缓的土质路堤边坡，土石混合路堤边坡、土石边坡。

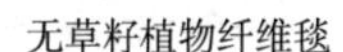

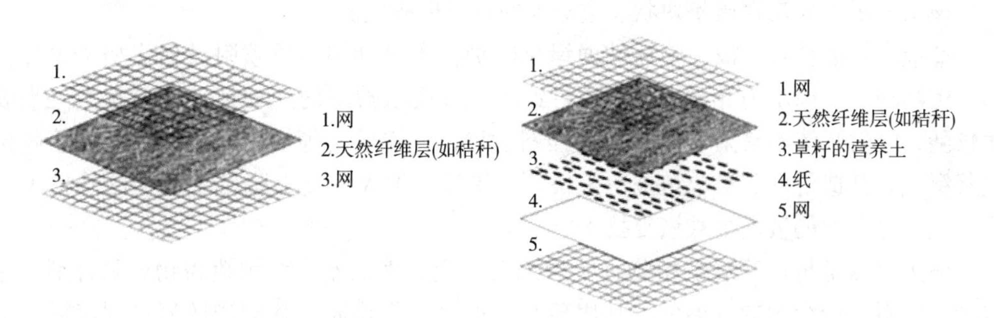

图 8-10　植生毯一般结构示意图

适用于土壤贫瘠的岩质缓坡，使用前需要清除边坡杂物，平整边坡，必要时开沟槽或锚固植被毯，使植被毯紧贴边坡土壤，铺设前 24h 洒水湿润，坡脚或草毯边缘用土镇压以防止被风掀起；铺设后加强浇水，覆土压实等管护工作。

②生态袋(植生袋)。将土壤、种子、保水剂、肥料等混合材料填装与由聚丙烯(PP)或者聚酯纤维(PET)为原材料制成的针刺无纺布或其他材料加工而成的袋子，包扎好以后品字形垒砌成挡墙形式或堆砌在坡面上，生态袋之间互相扎结并可采用钉桩进行加固。一方面通过植被，起到绿化美化环境的作用；另一方面可以起到护坡的作用，可有效进行边坡防护、河堤护坡、矿山修复、高速公路护坡、生态河岸护坡等，是一种新型环保、生态护坡绿化方法。

生态袋适用于土壤贫瘠的岩质陡坡。生态袋的规格和材料性能按照需要的抗压、使用寿命、透水性以及植物土壤厚度等使用。优良的生态袋采用优质环保材料，具有良好的透气性、透水性，易于植物生长，材料不会降解退化、抗老化、抗紫外线、无毒且可回收，使用寿命长达 70 年，袋体柔软，整体性好(图 8-11)。

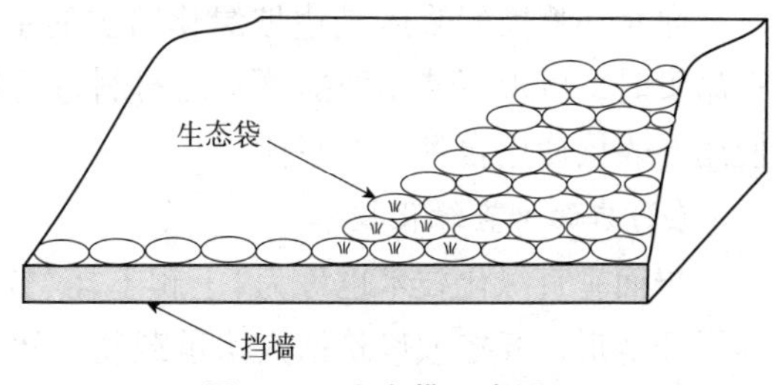

图 8-11　生态袋示意图

生态袋填料量一般为袋容积的 2/3 左

右，垒砌前修整坡面并清理尖锐物，生态袋护坡配合排水设施使用可更好地保护坡面。

(3) 喷播绿化技术

①灌浆坡面绿化。生态灌浆技术主要是针对石质堆渣等地表物质呈块状、空隙大、缺少植物生长土壤的边坡，改善其植被恢复限制性因子的一种技术方式。将有机质、肥料、保水剂、黏合剂、壤土合理配比后，加水按照一定的比例搅拌成浆状，然后对边坡的植物生长层进行灌浆、振动、捣实，使块状空隙充盈、填实，达到防渗并稳定块状废弃物的目的，同时为植物生长提供土壤及肥力条件，使植被恢复成为可能。在表层 2~3cm 的混合材料中加入植被恢复的植物种子或后期播种栽植。

生态灌浆能够避免客土下渗和坡面变形，提高渣体表层的稳定性，浆体成型后抗冲性、保水性好。在配置浆体使用时防止浆体过稀渗漏和流失，必要时在坡脚设置临时拦挡，灌浆厚度与植物生长相适应，前期可采用无纺布或植被毯覆盖，灌浆成型稳定后，在泥浆未干前应进行适度水分补充，保证苗木成活对水分的需求。但应避免浇大水，以免影响坡面稳定。

该法适用于地表物质呈块状、空隙大的石质堆渣坡面。

②液力喷播技术。液力喷播坡面绿化防护技术是利用高压喷附设备将相关添加材料、植物种子，以水为介质，混合喷附到坡面形成植被层的一种植被恢复技术。当坡面较陡，喷附浆体不易附着时，采用挂网喷播，将铁丝网等锚固在边坡上形成筋脉再喷浆绿化。其造价低、形成植被覆盖快、效果好，很大程度上降低了后期的养护工作量，是行之有效的坡面植被恢复技术。

液力喷播是将催芽后的植物种子装入有一定比例的水、纤维覆盖物、黏合剂、保水剂、肥料、增绿剂的容器内，利用离心泵把混合浆料通过软管输送喷播到待播的土壤上，形成均匀覆盖层保护下的草种层，多余的水分渗入土表。此时，纤维、保水剂、黏合剂等，这种保温表层上面又形成胶体薄膜，大大减少水分蒸发，给种子发芽提供水分、养分和遮阴条件，关键的是纤维胶体和土表黏合，使种子在遇风、降雨、浇水等情况下不流失，具有良好的固种保苗作用。

施工前需要清除坡面所有的岩石、碎泥块、植物、垃圾，植物种选择根系发达、深根性、抗性强的植物品种进行合理组合，尤其注意乡土植物种的使用，保证目标群落的实现。喷浆顺序应从上至下，喷浆层形成后可在表层覆盖无纺布、稻草、麦秸、草帘等材料，防止坡面径流冲刷，保持表层湿润，促进植物种子发芽。后期及时检查，调控草种以更好地形成目标群落。

该法适用于坡度缓于 1 : 2.0~1 : 1.5 的稳定坡面，坡度超过 1 : 1.5 时应结合挂网等其他方法使用，当坡长超过 10m，需要进行分级处理。

灌浆和喷播的浆体是边坡绿化防护的主体，当坡面裂隙较大、不易附着、浆体材料昂贵时，可现行使用便捷便宜的材料进行底层灌缝或作为下部保水垫层、过渡热层使用，表层使用含种子的浆体。

(4) 岩面垂直绿化技术

岩面垂直绿化技术也称为“上爬下挂”技术，是利用岩石边坡微凹地形、坡脚、坡顶平缓地形，开挖或修筑槽穴状承载物，然后回填种植土栽植灌草、藤本，实现裸露岩面植被覆盖的坡面绿化技术。

岩面垂直绿化技术是针对坡度较陡、不适合采用其他绿化方式的裸露岩体，通过种植藤蔓、灌草植物，实现岩体、挡墙绿化和生态修复的技术措施。可以解决坡度较陡、坡面稳定但不平整的石质边坡复绿的难题，弥补其他技术模式的缺陷。由于槽穴内种植土可供养分有限，不能栽植大乔木。

施工前应确保坡面稳定，并清除坡面杂物和浮石，坡面种植槽穴点位置的选择需依据坡面的微地形来确定，选在凹处砌筑有利于种植槽穴的稳固和承接坡面汇流，增加水分和养分，利于植物生长，而且绿化效果贴近自然，视觉效果好。

8.2.3 综合防护技术

工程措施加植物绿化措施可以快速稳定边坡，还可以发展生态功能，是目前比较先进的护坡措施类型。前文介绍的窗式护面墙、拱式护面墙、格框护坡等都可以结合绿化形成生态综合护坡。生态袋、生态箱、三维网植被护坡也是基于工程加绿化的理念开发的综合护坡技术。

根据现有的技术可以总结为：①柔性护坡加植被绿化技术，包括三维网、铁丝网等护坡加植被绿化、喷浆绿化等；②土工梁护坡加植被护坡，包括钢筋混凝土框架、预应力锚索框架地梁、工程格栅式框格、混凝土预制件组合框架、浆砌石框架等；③预制件压坡加绿化技术，包括混凝土预制空心砖、连锁块砖、码石杆、土工模袋等技术模式；④排桩稳坡加绿化技术，包括松木桩(排)、仿木桩等。

(1)柔性护坡加植被绿化技术

三维网、铁丝网等铺装在坡面上，以覆盖(主动防护)和拦截(被动防护)两大基本类型来防治各类斜坡坡面崩塌落石、风化剥落等地质灾害和雪崩、岸坡冲刷、爆破飞石、坠物等危害。在柔性网防护基础上采用覆土播种、喷浆播种等各种植被恢复措施，既能增强防护主体的安全性能，也能构建美好的生态环境。

三维网护坡绿化是典型的柔性护坡绿化技术。三维网亦称固土网垫，是以热塑性树脂为原料，经挤出、拉伸等工序形成上下两层网格经纬线交错排布黏结，立体拱形隆起的三维结构，具有很好的适应坡面变化的贴附性能，具体结构如图 8-12 所示，三维网的上部网包层，具有合适的高度和空间，使风、水流等在网表面产生无数小涡流，阻风滞水作用明显。网丝与植草根系相互缠绕，形成网络覆盖层，增强了边坡表层的抗冲蚀能力。还具有良好的保温作用，在夏季可使植物根部的微环境温度比外部环境温度低 3~5℃，在冬季则高 3~5℃。三维网适用于 45°以下的大多数土质、土石混合边坡，使用时需要进行局部锚固。

宾格网(金属丝网箱)是生态绿格网结构的一种，具有经济、施工便捷、可就地取材的特点，通过填放土壤、碎石及天然级配等，迅速构成挡土或挡水结构体。其使用镀锌铁丝等材料制成扁平状的网箱，铺设于坡面，网箱内填土绿化或填石料稳坡。格宾网适用于高流速、冲蚀严重，岸坡渗水多的缓河岸。在需要压覆绿化的各种边坡都适用，陡边坡可以做成石笼挡墙形式。这种网箱与传统石笼、竹笼等有类似之处，但整体性更强，属柔性结构，对于不均匀沉陷自我调整性佳。箱笼具有多孔性，孔缝利于动物栖息，植物生长。

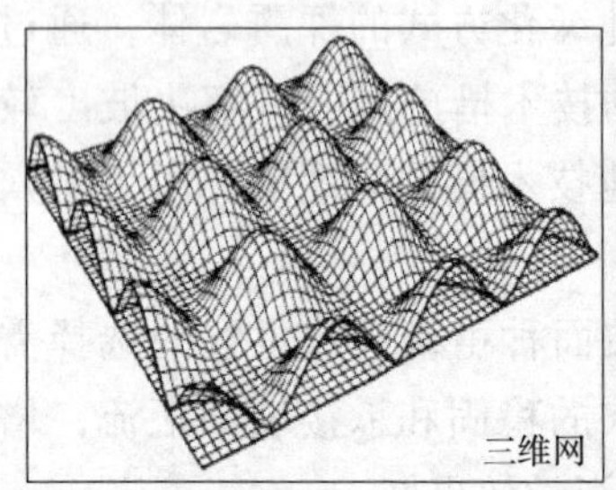

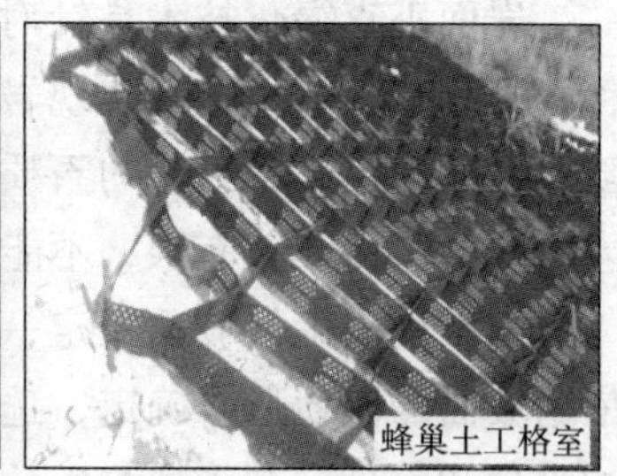

图 8-12 三维网、宾格网、蜂巢土工格室

(2)土工梁与土工格室护坡绿化技术

在坡面修筑护坡格梁或铺设土工格室，稳定表层土壤并将坡面土壤分割成小斑块，在斑块内直接绿化、填料绿化、方孔砖绿化、土袋绿化等。常用于浅层稳定性差的高陡岩坡和贫瘠土坡，适用坡比范围1∶1~1∶0.5。

现场修筑格栅可以采用浆砌石修筑、混凝土浇筑、预制件拼装等形成护坡骨架，护坡骨架与排水、拦挡、抗滑桩等措施形成整体，在骨架框内恢复植被。边坡框架加固具有布置灵活、框架形式多样、截面调整方便、与坡面密贴、可随坡就势等优点，坡度超过1∶1时可用加固锚索和钉桩，以稳定格梁并分担部分坡体推力。框格内视情况可挂网、覆膜、喷射混凝土、码土工袋、铺砖等进行防护护绿化。除了常见的土工材料外，还有塑料类制品、玻璃纤维框架等。格栅形状有菱形、方形、拱形、人字形等。拱形护坡设计示意例如图8-13所示。

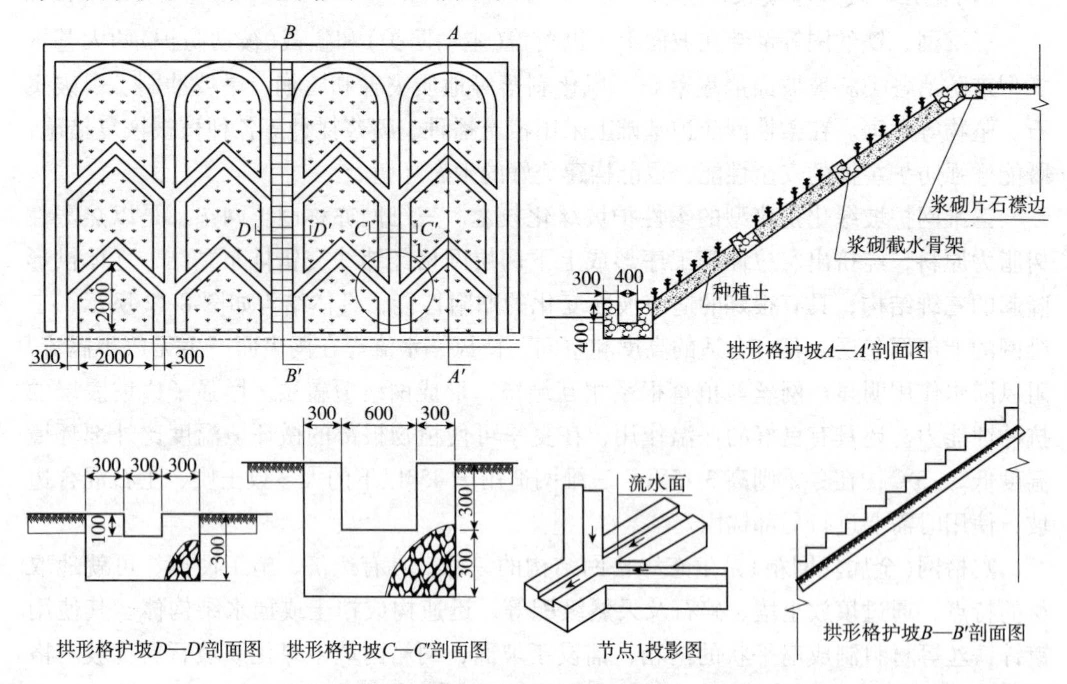

图 8-13 拱形护坡设计图

蜂巢式土工格室技术利用高密度聚乙烯(HDPE)制成外观呈三维立体蜂窝状结构的设施，是护坡、绿化、加固新型方法，具有整体强度高、刚度大、抗腐蚀、耐老化等优良的特性。与其他土工材料构成的结构层相比，回弹模量和变形模量可提高一倍以上。土工格室固定在坡面，格室内填土绿化或其他方式绿化。

(3)预制件压坡绿化技术

包括混凝土预制空心砖、连锁块砖、码石扦插、土工模袋等技术模式，将产品拼装铺压在处理好的坡面上，形成压实稳固层，且具有填土、装袋空间或具有通透孔隙，结合播种、栽植、土工袋等技术形成绿化(图 8-14)。一般适用于坡体自身稳定、坡面平整、绿化要求高的边坡。混凝土等材料预制方孔砖、六角格框、连锁块砖等是常用的小型预制构件，拼铺于坡面，孔内填土绿化，具有较好的抵抗水流冲刷的能力。

使用预制件拼铺时，先清理场地，清除多余的杂草、树根等，空洞和凹陷处填土压实，使边坡表面平整、压实，并符合设计要求，一般在由下往上拼铺并用干砂、碎石或土填满砖块之间的缝隙，在内填充种植土，土层表面略低于砖面。预制件压坡绿化有时也作为格框护坡措施格框内护坡绿化措施配合使用。

图 8-14 预制件压坡

码石扦插，是在坡面上用大石块铺压土壤，在石缝间扦插复绿，适用于一些有泥沙淤积的河道岸坡，坡比小于 1∶1 的土质、土石缓坡(图 8-15)。使用时石块直径一般在 20~40cm，可直接码铺在起伏不平的坡面上，对于土质疏松，雨水多的地区可以码砌两层，小层石块直径一般不小于 10cm，并保证具有一定的扦插孔隙。铺石坡面下部采用粗桩或挡墙拦挡，坡顶做好排水，铺石后一次性浇足水分。

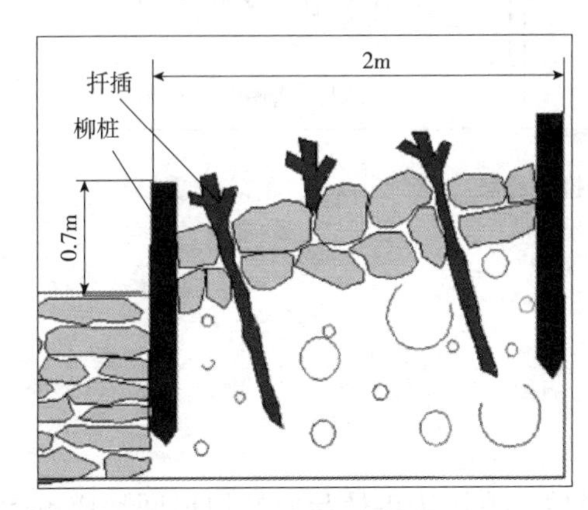

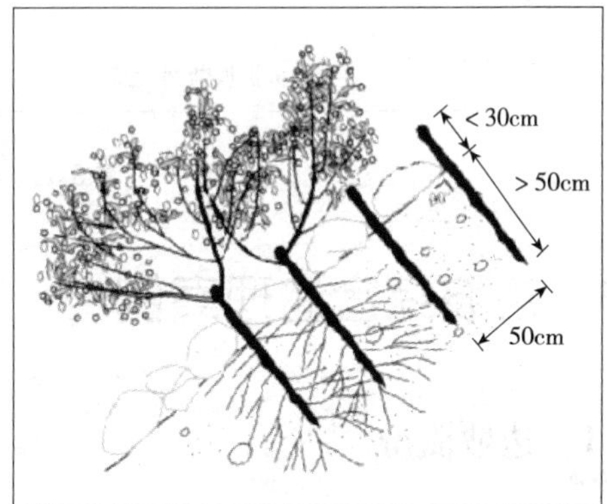

图 8-15 码石扦插护坡(图中参数仅供参考)

土工膜袋是一种加厚并具有了空间结构的复合土工布，复合结构形成网状空间灌注混凝土或伴有种子、保水剂、肥料的土壤，压覆在播种的土质边坡或其他边坡上，作为表面防护材料时，可在大多数坡度上使用(图 8-16)。根据需要可实现压坡、防渗、排水、绿化等作用。铺压时坡面允许有一定起伏，但不能有尖锐石块、树根等杂物，避免坡面不均匀沉陷，裂纹，必要时可在底层铺设粒径小的沙土或黏土作防护层，铺设时土工膜不要拉得太紧，特别是由刚性材料锚固时，应留有一定的伸缩量。

图 8-16　土工膜袋压坡

(4)排桩稳坡绿化技术

利用木桩、竹桩或仿木混凝土桩等，在坡脚、坡面平台沿等高线成排打入桩柱，然后在坡面及桩柱内侧栽种灌草，实现边坡防护和坡面植被恢复的一种生态景观型边坡防护技术(图 8-17)。这种防护适用于坡体稳定性较好、坡面土壤有蠕移变形的情况下，可实现近自然防护。木桩直径不少于 10cm，长度要求深入到稳定坚实的土层，桩柱间距和桩排间距根据护坡及景观要求设计。水分多的河道岸坡用仿木装或活木桩，水分少的可以采用竹桩和干木桩。

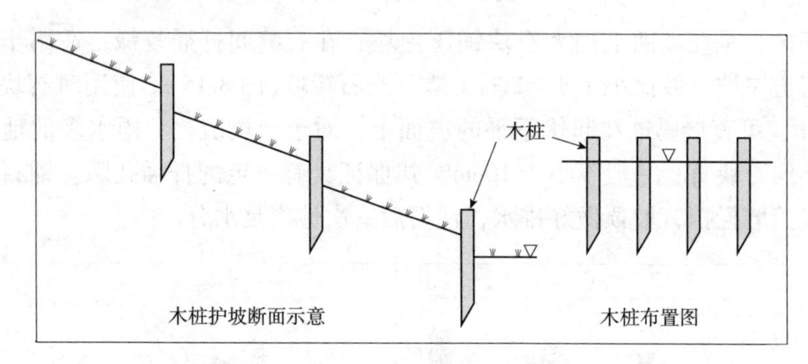

图 8-17　排桩稳坡

8.3　边坡综合治理案例

8.3.1　边坡概况

某工业开发园区内，按照设计标高场平后，地块边界处与原始地形间形成不同类型的边坡形式，边坡段岩土层主要由残坡积粉质黏土、全~强风化页岩、澄江组强风化、中风化砂岩组成，其中残坡积黏性土层厚度大(0.7~10.8m)，强度较低；全~强风化页岩层厚多为薄~中厚层状，产状多为21°∠70°，强风化层砂岩厚度较大，多为厚层状，产状在140°~220°∠7°~16°之间，中风化砂岩多为巨层状砂岩，产状同强风化砂岩；砂岩岩体节理、裂隙较为发育，主要有60°~80°∠70°~86°，23°~50°∠68°~86°，100°~150°∠61°~81°等三组节理。

本区域挖方边坡最大边坡高度约30m，共分4个台阶，最大填方边坡高度约20m，且部分坡脚与相邻道路接壤，边坡高差较大，地质情况复杂，如防护措施不到位极易造成边坡垮塌、水土流失、地基沉降、位移，对周边建筑物、人员造成人身安全及财产损失。

8.3.2 边坡治理设计程序与内容

边坡综合治理良好，不仅可以更有效地发挥主体设施的功效，对恢复生态、保障社会经济秩序都具有积极意义。优良的防护设计是后续边坡综合治理的前提和基础，边坡防护设计的目的是在保证坡体稳定的前提下，能够营建坡面生态系统，最大限度地保护、恢复、改善生态环境，实现工程建设与生态环境的协调发生与发展，实现经济效益、社会效益和生态效益的统一。

(1)设计基础工作

边坡综合治理设计需要依据现行的技术标准、工程与生态学科学原理、主体工程功能需要、社会发展和经济条件下完成下列基础工程，才能进行具体措施设计和布局。

①资料收集与整理。通过收集项目及项目区相关自然、社会等方面的资料，主体项目设计资料等，了解项目区所在地的气候、水文、地质、植被、环境等自然条件的现状，掌握项目主体的功能需要和边坡特征，对资料进行整理分析，可以确定项目治理目标和投入标准，明确需要补充的资料和内容。

②立地条件调查及限制因素分析。立地条件调查是一项极其重要的设计基础工作。根据已有资料情况开展补充调查和立地详细调查，并进行详细的综合分析。

a. 气候气象。项目区气候类型、多年平均气温、极端气温、最大冻土深度，多年平均降水量、降水量年内分配，多年平均风速，主导风向等。

b. 植被调查。项目区的植被类形、乡土物种、主要群落类型、林草植被覆盖率、生长状况等。

c. 水文资料。项目区及周边区域的水系情况，地下水、地表水状况，河流平均含沙量、径流模数、洪水(水位、水量)与建设场地的关系。

d. 地质勘察。主要确认坡体的稳定性，有无不良工程地质情况。

e. 土壤质地。土壤种类、质地、厚度、抗蚀性、机械组成、肥力情况等。

f. 地形地貌。地形、地貌种类、坡度、坡长、海拔、走向等。

掌握了基本资料后，需要进行限制性因子分析，包括工程限制因素和生态限制因素。工程限制因子包括不稳定层位、地基承载力、风化腐蚀条件、施工环境条件等；生态限制因素主要以水分、土壤为主。在进行边坡治理和生态恢复时必须找出该系统的关键因子，找准切入点，才能进行综合治理设计和生态恢复工作。确认了限制性因子后，有针对性地通过工程、土壤、植物、材料、生态等技术措施，加以克服、突破该因子的限制性，实现坡面综合治理。

③相关技术的掌握与应用。熟悉和掌握相关的坡面水土流失防治、固坡措施和绿化生态防护技术，才能更好地把理论运用于实践当中。由于不同的技术模式具有不同的适用具体立地条件，只有在掌握不同坡面绿化和生态防护技术特点和适用范围，才能针对不同立地条件的坡面，因地制宜的选用不同技术模式或是科学进行技术组合，实现科学合理的坡面水土流失综合治理和效益发挥。

(2)设计程序与内容

边坡综合治理不同设计阶段、不同设计深度具有不同的设计内容和设计成果，但总体上围绕着下面的顺序和核心内容展开。

①整理基础工作资料，分析边坡自然地理与社会经济特征，编制设计说明。

②根据边坡自然地理特征和边坡治理目的，划分不同的立地类型。

③根据掌握的技术特点和划分的立地类型，选择对应的技术模式，并进行推荐对比说明。

④根据边坡立地条件和技术模式，确定植物种类和配置，绘制边坡综合治理设计图，必要时绘制效果图。

⑤根据设计措施成果和相关投资标准，进行工程投资估算和治理进度安排。

⑥以措施设计成果和投资估算，进行综合治理效益分析。

⑦提出边坡综合治理的组织与管理制度。

8.3.3 边坡防护设计措施

(1)边坡防护设计原则

①以防为主、防治结合。在边坡出现之前就需要按照地质地貌，工程目的以及后期治理需要等进行边坡方案的优化设计，避免不良边坡，减少对周边生态环境的破坏，创造边坡恢复治理的良好水肥、土壤条件，为建立既稳固又有良好生态效应的坡面综合防护体系创造条件。

②安全稳定。安全稳定是边坡绿化与生态防护设计的首要原则。边坡出现后根据边坡综合勘察和稳定分析结果，对坡体稳定、坡面完整性等进行综合分析，对于稳定性欠缺的坡面，设计采取有效的工程防护措施进行稳定加固，对于坡体自身稳定的，避免由于坡面防护设计、施工等破坏其稳定性。同时也不可过于强调安全，忽视了生态需求。

③生态优先。边坡防护与治理要坚持遵循自然规律、生态优先的原则。为了减轻边坡过程对生态环境产生的破坏，提高项目区的植被覆盖率，在保证坡体稳定的前提下贯彻生态优先，采用生物措施对坡面生态进行修复和重建。按照立地条件、生态效益主次原则、生物多样性原则和植物群落演替原则进行树种选择和物种配置，保护、恢复和改善建设区生态环境，营建和谐融洽的坡面生态系统。

④兼顾景观。在交通道路、居住区等附近的边坡防护，在满足稳定以及生态要求的基础上，通过工程措施的形式设计以及植物种类的搭配，力求美观。合理选择植物主景，将乔、灌、草、花合理配置，并且利用植物措施实现固坡工程结构物隐蔽遮盖，突出植被景观。

⑤经济适用。坡面绿化与生态防护在保证安全稳定和生态治理的情况下，还需做

到经济适用。一是技术上科学可行，二是经济上节约成本。

⑥综合利用。主要是边坡截、汇、渗水分的利用。在边坡治理的同时截留、汇排以及渗出的水分可根据边坡和下游水分需求，将边坡水分收集利用，将截排水措施与集水用水措施相结合，用于农林业和边坡植被恢复中。进行削坡处理工程时，土壤资源要进一步收集并综合利用。

总体上在选择坡面防护和生态治理的技术模式时，要做到防治结合、安全长效、因地制宜，加强技术措施的组合、创新，实现经济效益、社会效益与环境效益的统一。

(2)设计的基本思想

按照《建筑边坡工程技术规范》(GB 50330—2013)规定对稳定性较差且边坡高度较大的边坡采用放坡或分台阶放坡形式治理，边坡支护结构形式应考虑场地地质条件、环境、边坡高度、边坡侧压力的大小和特点对边坡变形控制的难易程度以及边坡工程安全等级等因素。

边坡防护在满足项目用地安全前提下，充分考虑环境保护和景观要求，采用以植物防护为主、工程防护为辅的原则。针对本工程地质特点，设计遵循“缓坡率、宽平台、固坡脚”的原则，根据工程特点解决好边坡排水问题。结合周边的环境、景观，力争功能与景观协调统一。

(3)治理设计方案

①填方边坡。

a. 挡墙护脚+分台边坡现浇拱形护坡，适用于填高大于 8m 边坡，且自然地形较陡，设计坡率 1∶1.5，台阶高 8m，拱形内植草、土工格室、植生带。

b. 护脚+普通植草防护，适用于填高小于 8m，且自然地形较缓边坡，设计坡率 1∶1.5。

②挖方边坡。

a. 现浇拱形护坡+坡脚排水沟，适用于开挖高度小于 20m 边坡，设计坡率 1∶1，每 8m 高分一台阶，拱形内植草、土工格室、植生带。

b. 浆砌拱形护坡(最上两级边坡)+锚杆框格梁(最下两级)+坡脚排水沟，适用于开挖高度大于 20m 边坡，且经边坡稳定性验算，边坡稳定系数不满足要求的。设计坡率 1∶1，每 8m 高分一台阶，拱形、框格内植草、土工格室、植生带。

c. 普通植草防护+坡脚排水沟，适用于高度小于 8m，且放坡空间不受限制，坡率较缓大于 1∶2 的边坡。

③草种选择。初期选择狗牙根、白三叶、高羊茅、黑麦草，后期(2~3a)根据植被恢复情况增植刺槐、紫穗槐、银合欢。

(4)设计典型措施图及边坡防护效果

以某段高挖边坡为例，该边坡最大高 31.75m，天然工况下计算稳定系数为 1.63，安全系数取 1.35；暴雨条件下稳定系数为 1.33，安全系数取 1.15(剩余下滑力 97kN/m)；地震条件下稳定系数为 1.49，安全系数取 1.15(剩余下滑力 86kN/m)。具体措施如图 8-18 至图 8-20 所示。

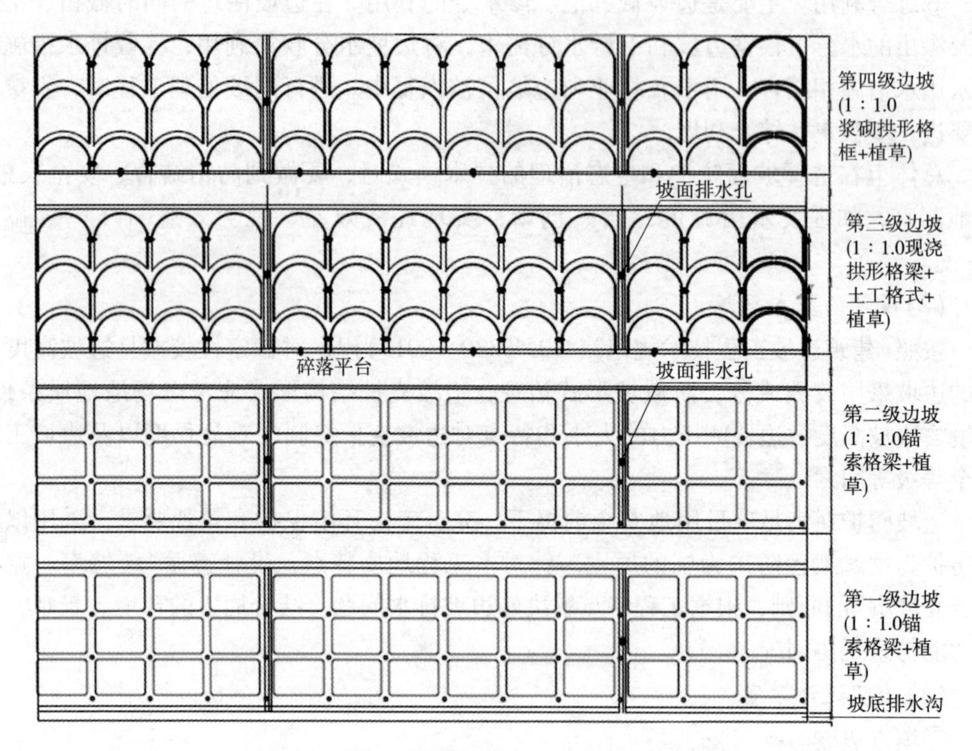

图 8-18　高挖方边坡典型设计平面图(单位：cm)

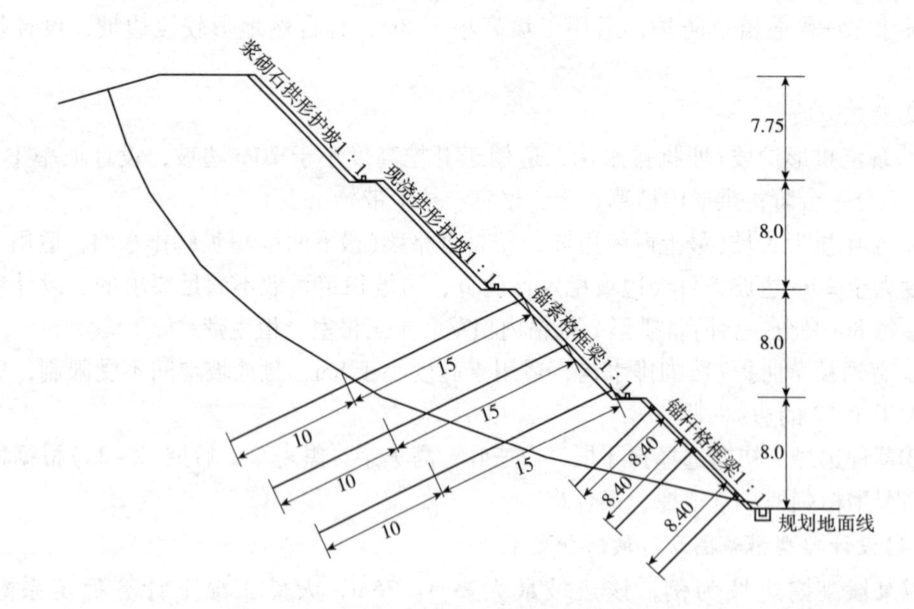

图 8-19　高挖方边坡典型设计剖面图(单位：m)

（a）拱形护坡 （b）方形格框梁护坡

（c）拱形护坡 （d）拱形护坡

图 8-20 护坡施工效果

本章小结

本章主要介绍了边坡类型及边坡稳定的影响要素和稳定计算基本方法，并详细介绍了边坡综合治理措施类型、设计要点。边坡综合治理包括工程措施、植物措施和综合措施三大类。边坡综合治理设计是在边坡综合调查和分析评价的基础上，布置措施类型，设计措施结构的过程。实践中往往不是单一措施的使用，而是多种技术措施的有机结合，其中以边坡稳定为治理前提，生态恢复为治理目标。本章案例为实际设计案例，供大家学习参考。

思考题

1. 边坡主要有哪些类型？各类型边坡常见的破坏形式是什么？
2. 边坡稳定的影响要素有哪些？
3. 各类边坡治理技术在使用中各有什么优势和不足？
4. 植物防护技术的植物品种的选择原则是什么？
5. 边坡防护设计一般程序和内容是什么？

第9章 矿区水土流失治理

广义的矿区泛指国土范围内修筑公路、铁路、水工程和开办矿山、电力、化工、石油等工业企业以及采矿、取石、挖砂等建设和生产活动的场所；狭义矿区一般是指矿产开采企业生产活动的场所。

我国拥有丰富的矿产资源，全国已探明的矿产资源约占世界总量的12%，仅次于美国和苏联，居世界第3位。我国已发现的矿产种类达170余种，其中已探明储量的153种。我国已成为世界上矿产资源总量丰富、矿种比较齐全、配套程度较高的少数国家之一。我国目前有1万多个国有矿区，24万多个集体和其他所有制形式的矿区。矿产开采、开发利用促进了社会生产力的发展和人类文明进步，但同时也留下大量剥离土堆场、高陡边坡、矿坑、塌陷区、尾矿库等矿区废弃地，造成严重水土流失、生态退化和环境污染。长期以来，矿区水土流失治理工作存在边治理边破坏、一方治理多方破坏、治理速度赶不上破坏速度的问题。如何把资源开发与环境保护、水土保持、国土整治有机结合起来，采取科学有效的措施控制水土流失，践行“绿水青山就是金山银山”的生态文明理念，是资源环境领域长期以来努力解决的重大科学问题和工程问题。

9.1 矿区水土流失特点

矿区水土流失是由人为开发建设活动诱发产生的水土流失。其与原地貌条件下的水土流失有着天然联系，但也存在明显区别。矿区的开挖、爆破、剥离、搬运等活动，导致河岸、沟岸、山体、坡体失稳，引发严重重力侵蚀。矿区开采对水资源破坏严重，水损失由表层流入深层，地面水文平衡和整个水循环系统发生改变，不仅影响矿区区域，而且波及周边地区。矿区开采造成的岩土扰动程度大，地面土壤和植被破坏严重，甚至损失殆尽，露天矿排土场排土初期的土壤流失量每年可达几万吨，堆积边坡甚至达到十几万吨。岩土、尾矿、煤矸石等固体废弃物的流失，不仅造成严重水土流失，易形成山洪、泥石流等次生灾害，还会进入水体污染下游水域。

9.1.1 矿区水力侵蚀

矿区是人类生产活动极为剧烈的区域，在当前经济技术条件下，矿山开采往往表现为岩土的大规模机械化剥离、搬运和堆积。降水和径流产生的侵蚀，绝非一般意义上的水力侵蚀，其搬运物不仅是单纯的土壤、土体或母质，而是工矿业生产过程中产生的岩、土、废弃物的混合物，即岩土侵蚀。岩土侵蚀主要发生在剥离、挖损地(如矿坑、采石场、取土场)、废弃物堆置体及其堆置场所(如河道、山坡、沟谷、平川)、人工构筑或开挖形成的坡面、复垦中的土地或已复垦的土地上。由于原地貌的剧烈破坏，废弃物的松散性、复垦土壤与下伏松散体的不整合性、组成物质的复杂性、导致矿区水力侵蚀的表现形式有明显的行业差异性和地域变异性(如露天采矿与地下采矿、南方与北方、丘陵与平原的差异和变异)，形式极为复杂。

9.1.1.1 降雨击溅引起的岩土侵蚀

降雨击溅引起的岩土侵蚀溅蚀在矿区建设和开采过程中主要发生在取土场、排土场、露天矿采场等场所，在固体废弃堆积体(如排土场、矸石山、渣山等)覆盖疏松土层后未进行植被恢复的场地，击溅尤为剧烈，但对于石多土少或纯粹的矸石、尾渣、尾矿、岩石堆积体而言，击溅的作用是很微弱的。矿区的击溅侵蚀增强了坡面径流的紊动强度，能够增加水流的搬运能力，促进了岩土侵蚀的发生。击溅使岩土混合堆置体(如露天排土场)的土粒和细碎岩屑发生位移，并溅入较大的岩石孔隙，加剧了土粒和岩屑的迁移和表面的砂砾化。雨滴击溅和淋洗使固体废弃物中的有害离子(如砂金矿中的 Hg^{+} 等)随径流迁移，进而造成水体和土壤污染。降雨击溅对于生态恢复有利的一面是，加速了固体物质的崩解和风化，特别是泥岩、泥质页岩、页岩、煤矸石等的快速风化，有助于植被的恢复。

9.1.1.2 坡面径流引起的岩土侵蚀

(1)面蚀

面蚀在矿区主要发生在已复垦的土地上，特别是岩石堆置体覆土后，经机械碾压，容重大，表面粗糙度小，易产生坡面薄层水流，从而引起面蚀；若覆土薄且与下伏松散岩石结合不良，则会产生砂砾化面蚀，影响新垦土地的持续利用；在植被恢复不良的废弃地或复垦地上也会发生鳞片状面蚀。尾矿、尾渣、煤矸石等透水性好的堆积体，很难产生薄层均匀流；采矿、取石等形成的裸岩，即使产生薄层均匀流，也很难导致面蚀发生。此外，土质道路边坡和土质坎坡也易发生面蚀。

(2)细沟侵蚀

矿区细沟侵蚀主要发生在固体废弃物堆置体、复垦坡面(未覆盖植被或植被稀少)和土质边坡(如公路、铁路边坡)，一般与等高线方向垂直，大致相互平行地分布在坡面上。颗粒较大的坡面细沟间较难串通，黄土或土状覆盖物覆盖的坡面，细沟纵横交叉呈网状；取土场、采矿矿坑壁的细沟呈管状。细沟侵蚀强度随坡长的增加而增大，在较长的坡面自上而下可形成轻微冲刷带、较强冲刷带和淤积带。

9.1.1.3 地下径流引起的特殊侵蚀

(1)重力水迁移引起的潜移侵蚀

矿区松散固体废弃物堆积体，大孔隙发达，有时呈管状，重力水迁移速度快，且在迁移过程中携带大量的细小颗粒向深层搬运，即潜移侵蚀。此种侵蚀形式导致风化碎屑和人工覆土的损失，它与砂砾化面蚀共同成为影响矿区土地生产力恢复的重要因素。潜移侵蚀包括水、土、岩屑、风化物、养分的损失。

(2) 地下径流引起的管状侵蚀

固体废弃物堆积体内部存在直径可达数厘米甚至更大的大量大孔隙或管状通道，当地表径流沿沉陷裂缝、陷落洞穴或凹形地汇集，并从裂缝洞穴中灌入，与大孔隙或管状通道串通，即形成地下径流(或称管状流)。地下径流与明渠流基本相同，具有流速快、冲刷性强的特性，它在陡坡某一部位出流，与地面径流或沟槽流汇合。管状流使地面剥离物和水流通道周围的细小土砂石砾发生搬运和沉积的过程就是管状侵蚀，其反复发生的结果可能导致形成永久性地下沟槽排水系统，也可能因管壁坍塌堵塞通道而终止排水。若管状通道在距地面较近的亚表层，则可能因陷落、坍塌而成为明渠，最终形成切沟或冲沟。

9.1.1.4 径流和岩土水分引起的化学侵蚀

矿区化学侵蚀包括降雨和地面径流冲刷造成化学离子的迁移，以及岩土中水分运动引起的化学离子的溶移。在矿区，前者实际是面源污染的主要形式，包括工业建设区、采矿区、城市及道路等地面径流造成的化学侵蚀，结果导致地表和地下水的二次污染；后者则是指固体废弃物堆积体或复垦土地中的水分运动(包括水分下渗、蒸发)，伴随着可溶性物质的上下移动，通常称为淋溶侵蚀或溶移，在复垦地上表现为肥力损失，在很多情况下则表现为有毒化学物质的迁移，它也是面源污染的一种形式。当然，水分在岩土运动中有助于干湿和冻融交替，有利于成土。

9.1.1.5 集中股流引起的人工边坡沟蚀

人工边坡沟蚀受边坡本身特征的限制，不同类型边坡沟蚀差别很大，但也有共同特点。以堆垫或构筑为主形成的各种坡面，多呈松散状，易形成沟蚀，但受坡长、汇水面积控制，一般开始发育快，之后很快趋于缓慢，故以浅沟蚀为主，发生频数大。例如，每 100m 露天排土场边坡沟蚀可达 10~50 条，每 100m 矸石山边坡沟蚀可达 10~40 条，沟深一般为 0.2~1.5m，沟宽为 0.2~3.0m。一般土质边坡(如黄土路面、路基、坝坡)较石质边坡侵蚀强度大，若不采取措施沟蚀则相当严重。

9.1.2 矿区重力侵蚀

矿区重力侵蚀发生条件主要是土石松散或松软、易风化瓦解、内聚力小、抗剪强度低，地形高差大、坡度陡，岩土外张力大、处于非稳定态或暂时稳定，坡面一般缺乏植被和其他人工保护措施。在这种条件下，一方面表层或深层的人为扰动岩土层，破坏了原地貌条件下的自然平衡，诱发岩土由暂时稳定态向非稳定态转变，非稳定态则产生重力侵蚀；另一方面矿区生产建设活动堆置或构筑形成的非稳定体也是重力侵蚀潜发生的场所。矿区重力侵蚀产生的原因包括人工挖损、固体废弃物堆置、人工边坡构筑、采空塌陷、地下水超采、爆破及机械振动等，形式比一般自然地貌条件下发生的重力侵蚀更为复杂。由于人类活动特别是城市建设和采矿不仅局限于山丘区，而且也普遍存在于河谷盆地和平原区，因此，矿区重力侵蚀广泛分布于各种地貌类型区。矿区重力侵蚀的发生形式主要有泻溜与土砂流泻、崩塌、滑坡 3 种类型。

9.1.2.1 泻溜与土砂流泻

(1) 泻溜

矿区的泻溜主要发生在岩土构成的挖损地或堆置地上。人为扰动和堆置松散固体物对泻溜的作用表现在破坏岩土表面覆盖的植被，使易风化的岩土坡变成泻溜坡，或者使已固定的泻溜坡复活。取土、取石、采矿、工程建设场地剥离开挖，使埋藏在地下深层的易风化岩土暴露出来，以惊人的风化速度形成泻溜坡面，实际上是岩石圈深层岩土矿物暴露后，由于物理化学条件改变，失去原有平衡，而建立新的平衡的过程，如露天煤矿采矿坑边坡若不及时处理，砂页岩、泥页岩、页岩、板岩、矸石等极易风化而形成泻溜面。固体岩土松散堆积体坡面若由易风化岩土组成，也会形成泻溜坡面，特别是采矿废石废渣堆积体的风化泻溜是植被恢复的主要障碍之一。

(2)土砂流泻

土砂流泻发生在人工堆积的固体松散体坡面上，由于深层岩石上覆有非常厚的岩土层而承受着巨大的静压力，呈固结或超固结状态，一旦爆破、粉碎、剥离并堆置在地表，大小不同的岩土颗粒在新的条件下，则发生新的自然固结，由于固结速度、时间差异导致坡面土砂物质失重，向坡角滚落。它与泻溜外部表现极为相似，但土砂石砾不一定是细小碎片，还包括大小不等的土体、碎石、石块等。此种形式在露天矿排土场排放初期较为常见，公路、铁路建设过程中沿陡坡排放的土砂石料也能够见到。

9.1.2.2 崩塌

矿区采矿活动如扰动岩土层、构筑人工边坡等，破坏了岩土原有的平衡状态，加剧了矿区崩塌的产生。

(1)采矿造成的崩塌

①采矿塌陷引起的崩塌。主要发生在平原或盆地的地下开采矿区。

②采矿、挖损引起的覆岩崩塌。主要发生在高陡斜坡上下，采矿取土、取石、取沙引起覆岩悬垂，失去支撑而崩落，经常危及矿区生命财产安全。例如，1881 年，在瑞士埃尔姆村附近，由于开采山脚下的板岩，造成 700m 的山崖突然倾覆崩塌，约有 $1300\times10^4m^3$ 岩石崩落，碎石流砸毁掩埋了沿途的所有房舍，115 人丧生。又如，1980 年 6 月 3 日，湖北宜昌盐池河磷矿由于矿体上部陡峻，下部粉质岩软弱柔滑，采矿加剧上部山体整体失稳变形，地表岩石开裂，加之大量降雨，使山体沿软岩滑动面整体滑动，发生大规模山体倾覆崩塌，崩落体积约 $100\times10^4m^3$，摧毁该矿全部工业和民用建筑，造成人员伤亡和财产损失。

③露天采场边坡的崩塌。露天采场边坡(矿坑壁)陡立，大量埋藏地下的岩层暴露，易形成软硬互层层组，引发崩塌。现代化大型露天矿采矿速度惊人，采坑深达几十米至数百米，日剥离量可达几十万吨，边坡小规模崩塌频繁，有时甚至出现大规模崩落或滑坡。此种矿区的崩塌与大规模采矿爆破和大型机械振动也有密切关系。

④固体废弃物松散堆积的崩塌。露天矿区排土场、尾矿库、矸石山、渣山等，组成物质之间松散，常呈非固结或半固结态，堆体与基地之间结合不良，在外部因素的诱发下极易产生崩塌。此外堆置在河岸岸坡上的固体松散物，常因洪水冲刷底部而悬空产生崩塌。大型尾矿坝、贮灰场、尾砂场有时也因选择不当，设计考虑不周等原因发生崩塌、坍落。1998 年 4 月 13 日，西安金堆城钼业股份有限公司粟西尾矿库排泄隧道坍塌，就是由于隧道穿越复杂的震旦系硅质灰岩层，在隧洞塌方段节理发育；局部地段(进水口)岩石遇水软化，抗剪强度降低；设计不合理，施工质量差，管理不善引起的。此次坍塌造成直接经济损失 2600 万元，此外，尾矿渣中的氰化物顺河而下，导

致下游水资源、水生生物资源的破坏和损失，更是无法估算。

(2) 道路建设造成的崩塌

人工道路修筑过程中，扰动地层的主要方式是开挖路堑和堆垫路基，其引发的崩塌，以开挖、削坡造成的上覆岩层悬空并沿某一垂直节理(如黄土)或张裂缝隙劈开而形成的崩落为主。

(3) 水工程建设场地的崩塌

水工程建设场地范围内的取土场、取石场、库区、库坝等均可能产生崩塌，其中以岸坡崩塌最为常见，而黄土岸坡崩塌尤为严重。水库岸坡崩塌(即塌岸)是水库蓄水后构成岸坡的松软岩土体在水库水位涨落和波浪冲蚀作用下，失去原有的稳定平衡条件，而发生的岸坡变形、崩塌、岸线后移，并形成水下浅滩的现象。崩塌发生的程度受库岸形态、库岸岩、土体结构、岩性、水库水位涨落幅度、波浪高度、波速、波向等因素的影响。

9.1.2.3 滑坡

矿区滑坡属人为扰动地层诱发的重力侵蚀范畴，因此，受其所处的区域地质背景、主要地质构造和岩土组成物质的控制。我国西南地区、甘肃、宁夏等一些区域构造活动频繁的地区，矿区滑坡相当严重。

(1) 露天开采引起的采矿场边坡滑坡

露天矿采场切入地层中，采场面积大，边坡(工作边帮)呈台阶状分布。边帮角是根据矿区设计要求确定的，如果设计不合理，就会导致滑坡。采场边坡形成滑坡的重要影响因素有以下几方面：有软弱或破碎岩层存在，如煤层、泥岩、页岩等，或者基底岩层垂直节理发育，或大断层，有形成滑动面的可能；地下水和地表水流入滑动面；边坡底部、周围井工开采的冒落、塌陷；边坡底部软弱岩层被切断；采场边坡台阶过高；爆破、机械振动的触发；露天煤矿残煤层自燃等。

(2) 固体废弃物堆置引起的滑坡

大量固体废弃物堆积在山丘斜坡或采矿台阶上，使基底承受荷载增加，在外部因素的触发下，就会产生新的滑坡或使老滑坡复活，主要包括以下 4 种类型。

①废弃物堆积体堆置在老滑坡体和堆体一起沿地层中存在的古老滑坡面滑动。

②废弃物堆积体沿基底面滑动，这是由于废弃物与基底间摩擦作用弱，而基底岩石强度相对较高所致，滑动常因雨水、地表水等浸润基底面与废弃物面诱发的。

③沿基底内岩层接触面或软弱夹层滑动，若基底为均质土，可能产生圆弧滑动。这类滑坡实际上是基底软弱层受剪切而滑动，是基底岩土与废弃物堆积体一起滑动的一种类型。

④固体废弃堆积体内部滑动，滑动面全部位于排弃物料中。此类滑坡存在以下两种情况。一种是发生在为了种植而覆盖黄土的排土场上，因其底部岩土或岩石物质与机械倾卸的黄土没有充分结合，当连续降雨后，表层黄土充分吸水而呈软塑性状态，而沿基底接触面剥落下来，剥离体厚度约 50~100cm(黄土实际覆盖厚度)，是一种浅层滑坡，类似于山剥皮。这种坡面即使种植牧草，也会因为牧草根系分布较浅，不能穿透接触面而连草带土呈整体块状剥落下来。另一种是固体废弃堆积体底部为黏性颗粒含量较高的物质，在高强度排弃条件下，随着排弃高度的迅速增加，下部岩土压密，

孔隙水逃逸，并由高应力带向低应力带流动，在某一部位赋存形成高含水带时易发生内部滑坡。此外，堆积体堆置在河流两岸的岸坡上，当洪水暴发时，冲刷搬运走堆体底部物质，堆体上部失去平衡，并沿岸坡基底向下滑动。

(3)道路建设引起的滑坡

在公路、铁路建设过程中，施工挖堑、切削坡脚，破坏山体支撑部分，在边坡顶上堆填岩土加载，使斜坡应力改变，引起滑坡，特别是在古滑坡体上堆填土极易造成古老滑坡复活。路堑开挖，可能改变地下水运动条件，并增大水力坡度，促使滑坡产生或复活。这种情况在地下水动态变化剧烈的地区尤为常见。据统计，宝成铁路宝鸡至广元段有91处滑坡，有80处(占总数的88%)是由施工期间挖堑、切割斜坡造成的。成昆铁路铁西滑坡，也是因为采石场长期开挖切割坡脚，频繁爆破，引起山坡上方裂隙，地表径流灌入滑体，产生水压力，并软化了滑动面引起的。

(4)水工程建设引起的滑坡

水工程包括水库、引水工程、灌溉工程等的建设过程，开挖、填垫岩土，同样引起滑坡。常见的滑坡有溢洪道边坡滑坡和水库岸坡滑坡。溢洪道边坡滑坡是因开挖坡脚导致的滑坡，形成原因同露天采场边坡、道路边坡滑坡相类似。水库库岸滑坡除工程地质原因外，主要是水位变化引起的，如湖南柘溪水库塘光岩岸坡倾角与下伏基岩一致，且有较多的破碎板岩夹层，潜存产生顺层滑坡的条件。此外，水利设施(包括水库)漏水、工程建设毁坏植被、开凿隧洞、工程废水渗漏等改变地下水文状况的活动，也极易产生新的滑坡或使古老滑坡复活。

9.1.3 矿区泥石流

矿区泥石流发生的首要因素是区域自然地理因素，矿区生产建设活动过程与矿区泥石流的发生也有密切关系。采矿和工程建设剥离、搬运和堆置岩土(包括各类矿物、岩石、土体、尾矿、尾渣、矸石、煤等)为泥石流的爆发提供了各种有利条件，特别是剥离地表和深层物质加速改变地面状况(如地形、表土、植被、坡面物质的松散性等)，使尚处于准平衡状态的山坡向不稳定状态转变。废弃固体物质随意堆置沟谷坡面，为泥石流的形成提供了固体松散物质，剥离和堆置岩土破坏原有的水文平衡，增加暴雨径流量或使雨水迅速沿松散岩土下渗，从而间接改变了泥石流暴发的外部条件。

9.1.3.1 岩土堆置引起的泥石流

岩土堆置是指采矿、选矿、冶炼、取土、取石、挖沙等形成的固体废弃物的堆置。其引起泥石流的方式包括堆置体充水诱发和堆置体崩塌、滑坡诱发两类。

(1)堆置体充水诱发的泥石流

固体废弃物堆置在斜坡或斜坡冲沟上，由于降水或地下水位上升等原因使其充分吸收水分，当达到相当高的含水量时，就会转变为黏稠状流体，在重力的作用下沿原自然坡面或堆积体本身形成的边坡流动，进而产生泥石流，随堆置体表层一定深度整体或局部剥离移动。此种泥石流的产生与堆置体的物质组成，尤其与岩土中黏土、高岭土、滑石、蒙脱石、伊利石、三水铝石、泥页岩风化细屑等黏性颗粒含量有关。由于这些物质易水化，具有分散性和膨胀性，在充分吸收水分后不仅容易形成稠状浆体，而且抗剪强度明显降低，在重力和岩土膨胀力的作用下失去平衡，开始向下蠕动并逐步演变为泥石流。此类泥石流主要发生在大型露天矿新排弃的、含有大量黏性岩土物质的排土场或边坡凸起部分，规模一般较小。

(2)堆置体坍塌、滑坡诱发的泥石流

固体废弃松散堆积体的滑坡、崩塌，在一定条件下可以直接演变为泥石流。一般情况下，该类泥石流的形成可分为两个阶段：首先是滑体沿一个或几个独立的剪切面滑动阶段；其后经历有限变形，又沿无数个剪切面运动，进入泥石流阶段。此类泥石流发生在堆置体天然含水量高、孔隙比大，其下伏坡面陡峻且坡长较长(有时底部为小冲沟)的情况下，一旦出现滑坡，滑坡体滑程长，在滑动过程中，滑坡体释放能量使孔隙水与黏性岩土混合形成浆体，而转变为一种类似黏滞流的岩土碎屑流。

9.1.3.2　剥离倾泻岩土引起的泥石流

矿区生产建设活动过程中，大量剥离岩土倾泻于沟坡、沟道中，为泥石流的形成提供了大量的固体松散物质。激发泥石流的主要因素是暴雨，因此发生的泥石流多为水动力泥石流。泥石流一般分布在汇水面积小于 $1km^2$ 的冲沟中，以暴雨沟谷型泥石流为主。兰州铁路局管辖的铁路沿线，泥石流沟道共 224 条，由于采石、采矿弃渣造成的泥石流沟道 49 条，占 22%。成昆铁路沙湾站是该类泥石流发生的典型案例，由于大渡河钢厂采矿弃渣及铁路采石场碎渣堆积在沟道和斜坡上，造成 1967 年、1977 年、1980 年雨季先后发生 5 次人为泥石流灾害。

9.1.3.3　其他原因引起的泥石流

除了剥离倾泻岩土、堆置岩土诱发泥石流以外，剥离岩土导致森林植被毁坏，加剧坡面侵蚀，使大量固体物质倾泻沟谷，采矿、修路等的爆破破坏岩土体平衡引发崩塌、滑坡等，都可能诱发泥石流。采矿、开凿隧洞等引起地下水大量涌出，爆破震动，剥离岩土毁坏水利设施，导致水库溃决、渠道漏水等，也是造成突发性泥石流的重要原因。

9.1.4　矿区水资源损失

(1)采矿对水循环系统的影响

地下矿藏的开采形式可分为露天开采和地下开采或井采。开采过程中，在采矿区，地下水以渗、滴、淋、突、涌、流、溃多种方式涌入矿坑，为了便于生产，只能将矿坑水排出。由于矿井排水，使矿区及其周围相当范围内的地下水被疏干，这在我国北方干旱地区，尤其是在岩溶发育地区表现得更为突出。由于矿井大量排水，使地表水加速向地下水转化，地下储水结构遭受破坏，地下水体原来以横向运动为主，采矿后逐渐变为以垂向运动为主。一部分地下水本应流向河川沟道作为基流，结果却泄漏于深层或变成矿坑水，导致河流干涸断流。废石、废渣等废弃物及其堆积体，也不同程度地改变了地表水流状况。地下开采破坏浅层水，常常导致泉水干枯、井下水位下降，严重影响周围工农业和居民生活用水。

露天开采“重塑地貌”对矿区产流、汇流条件影响很大，使水循环发生变化。当露天矿区地下水位较高不利于开采，而采取疏干浅层地下水的方式时，常使地下水面降低，进而使正常水循环受到影响。

(2)矿区建设对水循环的影响

矿区工程建设中的矿区附属设施建设，如修筑房屋、道路、停车场、机场及其附属建筑物等，将使硬化不透水地面面积增加，从而增加地表径流，减少水分下渗和地下水补给，使工程建设区及其影响区域的河川基流量减小、洪峰峰值和频率增大、河川枯水期和洪水期流量变幅增大。此外，坡面地形变化、地面硬化、不合理的排水渠系或无设计随意排洪，能够加快坡面汇流，使河槽汇流历时缩短，洪峰出现时间提前，直接威胁工程建设区、矿区及附近居民的生命财产安全。

(3)矿区给排水对水循环系统的影响

矿区各项生产建设活动和居民生活均离不开水，如选矿、洗煤、发电、化工等都需大量用水。为此，人们采取多种手段开发地表和地下水资源以满足需求。我国南方大部分地区以取用地表水为主，北方地区则多取用地下水。近年来，随着我国城市化和工业化的高速发展，北方和南方部分地区水资源日趋紧张，一些厂矿企业因缺水限产，地下水超采情况越来越严重，干扰了正常的水循环，破坏了地下水补给与供给的动态平衡，出现地下水位降落漏斗，特别是深层水位的普遍下降改变了区域水文地质条件，使深、浅层含水组间的水力联结发生根本改变，在没有良好或完整隔水层的边山、洪积扇区，受工矿企业和城市深层水超采的影响，浅层水渗漏排泄，大面积疏干，人畜饮用水和农业灌溉出现困难。矿区大部分生产用水通过一定工艺流程之后变成废水再次排放进入地表，不仅影响河川径流的水质，而且通过深层渗漏影响地下水质，矿区给排水对水循环及水环境造成质和量的双重破坏，其中后者破坏性更为严重。

9.2 矿区水土流失治理技术

矿区水土流失治理是在局地条件下进行的人为水土流失综合预防和治理，其主要任务是控制矿区及周围影响区域内的水损失、水资源破坏和土壤流失，减少入河入库泥沙量。矿区水土流失治理的指导思想是，预防为主，生产建设与治理并重，以生产建设促治理，以治理保生产建设，大力恢复和重建植被，采取必要的工程措施，因地制宜，因害设防，治理由于固体废弃物排放、挖损地表及深层所产生的水土资源破坏和土地生产力退化，达到恢复重建生态环境，提高土地生产力的目的。

9.2.1 矿区水土流失治理原则

矿区水土流失治理一般应遵循以下原则。

①以预防为主，将矿区水土流失治理纳入工程和采矿建设的专题设计中。通过生产建设的施工技术、生产工艺、废弃物综合利用技术和其他环境保护技术，预防和遏制水土流失，把水土流失治理与生产建设紧密结合起来，把生产建设过程的预防措施放在首位。

②将矿区水土流失治理技术和土地复垦、生态重建技术结合起来，做到互相衔接、互相补充、互相吸收，避免经济上和生产过程中的重复浪费。

③矿区水土流失治理应与周围区域的水土保持协调一致。这是整体与局部关系的处理问题，同时，治理技术应满足矿区生产建设综合性和层次性要求。

④以生物措施为主，生物和工程措施相结合。将森林生态系统的恢复与重建置于最重要的位置，这不仅是因为生物措施尤其是森林植物措施是水土流失治理的根本，而且从长远考虑，这符合矿区景观和生态建设及其人类生存和生活环境改善的最高目标。同时，绝不能放弃工程措施，因为工程措施是植物措施得以实现的必要保障，特殊的工程措施(如边坡稳定工程)也是矿区生产建设的安全保障。

⑤矿区水土流失治理要充分考虑当地的自然环境条件和经济条件，以及企业本身的承受能力，必须做到经济与生态效益的兼顾，切合实际，技术可行。

9.2.2 矿区水土流失治理技术体系

矿区水土流失治理技术体系主要包括水资源保护与利用技术体系、植被恢复与重建技术体系和水土保持工程技术体系。

①水资源保护与利用技术体系。主要包括地表水的拦蓄利用与合理排导、地下水的保护与水质净化处理。

②植被恢复与重建技术体系。主要包括废弃地整治中的土壤再塑和改良技术、植物种植技术和促进生长技术。

③水土保持工程技术体系。主要包括土地整治与恢复技术以及与之配套的田间工程、排蓄水工程、人工边坡固定工程、固体废弃物拦挡贮存工程、河道疏浚及泥石流排导工程、护岸及改河工程等。

不同类型矿区的水土流失治理技术体系有一定差异，各项技术措施因地制宜，合理配置，形成最有效的防护体系。

9.2.2.1 矿区水资源保护与利用技术

矿区各项生产建设活动不同程度地破坏了区域的下垫面状况，导致了区域水源短缺、水质污染及水环境恶化，从而严重影响了矿区生产和人民生活。随着经济的发展，矿区生产建设规模还将日益扩大，因此，矿区水资源保护及利用，就成为现在和将来的一项十分紧迫而重要的任务。

(1)地表水资源的保护及利用

①地表水保持及利用。矿区地表水保持及利用，首先是指对地表水分的贮存和拦蓄：一方面是指将降落到地面的水分，尽可能地保持于地表土体中，供给植物利用，提高土地生产力；另一方面是指将地面径流拦蓄于库、坝、塘、窖中，以供给生产和生活用水。前者主要采取的措施包括：恢复和重建森林植被、涵养水源，平田整地、修筑水平梯田及蓄水保土耕作措施，增加土壤水分贮存；后者采取的主要措施包括：修筑水库、塘坝、蓄水池等。其次，矿区水分的保持，要对地表水渗漏和因地下水位下降所致的地表水流失进行控制，应从工程建设和采矿技术本身入手采取必要措施，控制对地层的扰动和破坏，特别是对地下储水结构的破坏。例如，矿区开采可通过注浆堵水、设计水体保护矿柱等技术，尽量避免地表水向地下漏失。

②地表水资源保护及利用。矿区生产建设活动，改变了区域下垫面条件，造成了区域水资源的破坏，而水资源的破坏又反过来影响了矿区的生产和建设。要从根本上改变这种状况，首先必须以预防为主，有机地将“防、治、用”三者结合起来。

一是防止对水源地的直接破坏。工程建设和矿藏开采往往要破坏地表及地下储水结构，经济效益是以对水资源及环境的破坏为代价的。例如，开采一吨煤炭，往往损失一吨至几吨甚至几十吨的水，这是不容忽视的问题。采取的保护措施主要是在开采之前，事先疏水降压，主动地疏离水源，从而避免开采过程中的涌水损失；开采过程中亦可通过注浆、拦挡等措施减少矿坑涌水量；采空后及时回填，尽量恢复其自然结构。

二是减轻污染物对水体的污染程度。通过生产工艺的改进，可大幅减少生产用水，尽量不用或少用易产生污染的原料、设备及生产工艺。例如，采用无水印染，可大大减轻印染废水的排放；采用无氧电镀工艺，可以使废水中不再含氰化物；应用精料（如高品位铁矿等）进行冶炼，可大幅减少炉渣排放；电厂如改用核能或水能，“三废”排放亦可大大降低；应用循环用水系统重复利用废水，不仅能够减少废水排放，而且可节约用水，如冷却用水对水质要求不高，可由轻度污染水代替清洁水。回收利用“三废”中有用成分，减轻污染，经济效益也很可观。例如，煤矸石可再用来发电，某些炉矿渣及粉煤灰可制作水泥，从废石及尾矿中回收有用金属，从造纸厂废水中回收碱，从化工废水中回收酚、苯等有机溶剂及其他原料，烟道废气中的 SO_2 亦可回收制成硫酸等。

三是矿区废水的处理。为了确保水体不受污染，废水在排入水体之前，必须对其进行妥善处理。不同的工矿业废水中所含污染物的性质各不相同。对于含有酸、碱、有毒、有害物质的重金属等污染物的废水或者废水中某种物质含量特别高，应就地进行局部处理，技术上和经济上都是必要和可行的。但对普通工矿业废水，局部单独处理则是不必要的，也是不经济的（一些产生大量废水的大型厂矿除外），可通过排水网汇集起来集中处理后排出。

（2）地下水资源保护及利用

地下水水质好、水量稳定、分布范围广、供水延续时间长，在我国特别是在我国北方，矿区的地下水取用量很大。由于近年来水资源短缺，超量开采地下水，随之出现了水质污染、地下水位大面积下降、地面沉降、海水入侵等一系列问题。因此，保护地下水资源已显得十分迫切。

①地下水污染及治理。与地表水相比，地下水污染过程缓慢，不易觉察，一旦发现地下水污染，往往污染范围已经很大，污染程度已经比较严重了。地下水遭受污染的程度与含水层的特殊性密切相关。如果污染源正好处于地下水补给处，则污染迅速、范围广、程度严重，但治理污染源后的恢复可能也较容易；如果污染源处于地下水汇流盆地中心处，且含水层透水性又弱，则污染物不易向四周扩散，该区污染程度将越来越严重。另外，由于水文地质结构千差万别，此地污染可能在很远处才表现，近处反而不受影响，因而确定地下水污染源比较困难。

地下水污染治理是以地下水水质评价为依据。地下水水质评价是在有关地下水资料收集、相关水文地质调查勘测，以及地下水动态观测和水质监测基础上，经过计算、分析及归纳而作出的。地下水水质评价可通过现状污染资料，在弄清污染规律前提下比较准确地预测未来地下水污染发展的趋势，因此它是治理地下水污染的前期准备工作。

对于地下水污染的控制和治理，必须从水资源管理方面入手。首先，要建立权威的水资源管理机构，实现水资源的统一管理，加强水资源保护的监督和协调作用；其次，制定切实可行的地下水开发利用规划和保护性规划；第三，必须增强法制观念，依法治水，做到有法必依，执法必严，违法必究。

②区域性地下水位下降漏斗的治理。开发利用地下水，必然会引起地下水位下降，形成以集中取水区(点)为中心的降落漏斗。漏斗的面积和中心点的深度可反映该区域地下水开采状况。轻微的小面积(范围)的地下水位下降很容易恢复，而大范围相当深度的地下水降落漏斗会产生多种严重后果。防止区域性地下水位大幅度下降，关键在于地下水的采补平衡，为此必须从开源与节流两方面入手，具体可采取以下措施。

a. 全方位节约用水。提高水工矿业用水的重复利用率，某些生产工艺应该实行循环用水，降低单位产值的耗水量。农业是用水量大，占用水总量的70%~80%，应实行喷灌、微灌等节水灌溉制度，并加强输水渠道的防渗管理，把用水量降至最低限度。矿区用水方面则应从查堵供水管网的跑冒滴漏入手，水表入户，用水交费，强化节水意识。

b. 开发其他水源。地表径流的拦蓄、污水灌溉、部分废水用于某些工艺、跨流域调水等措施，可大大减轻地下水资源的开采压力。

c. 调整开采方式。一方面，采用多水源供水，减少井孔密度，深中浅井联合开采，多个含水层协调利用；另一方面，工矿业不宜太集中，从而可缓和区域性地下水位快速下降趋势。

d. 人工回灌。人工回灌是指采用人工方法补给地下水，是一种被动的地下水保护方式。人工回灌可增加地下水补给量，稳定地下水位，防止或减缓地面沉降，防止海水侵入。国内外都不同程度地采取了此种措施。按所在区域的水文地质条件，人工补给地下水可采取的方法包括地面入渗法、挖渠渗入法、注水井法等。

9.2.2.2 矿区植被恢复技术

(1)矿区植被恢复的对象和作用

矿区植被恢复与重建工程，是指在因采矿及各项工程建设活动再塑的挖损、塌陷、堆垫地段及其他废弃场地上，通过人为措施恢复原来的植物群落，或重新建立新的植物群落，以防止水土流失的水土保持植物措施。由于矿区几乎完全破坏了原有的地貌条件，很难恢复原来的植被群落。实际上，矿区几乎总是人为建造新的植物群落，某种意义上讲，矿区水土保持植物工程就是植被重建。其主要作用包括：①利用不同种类的人工植物群落整体结构，增加植被覆盖率，减缓地表径流，拦截泥沙，调蓄土体水分，防止风蚀及粉尘污染；②利用植物的有机残体和根系的穿透力以及分泌物的物理、化学作用，改变扰动区下垫面的物质和能量循环，促进废石废渣的成土过程，提升生境的多样性；③利用植物群落根系错落交叉的整体网络结构，增加固土防冲能力，保障矿区工程建设的顺利进行以及工程建设结束后退化生态系统的迅速恢复和重建，造就稳定良好的生境。

因矿区植被恢复重建的对象一般是经过人为扰动的，其地形、地表物质的组成与性质大多不利于植物的生长，植被恢复遇到的问题往往是叠加性的，如含有硫铁矿的废石场，既有酸害，又有重金属毒害，还存在有机质和养分贫乏等问题。因此，矿区植被恢复和重建工程除采用常规的水土保持措施外，还必须满足其他特殊的技术要求。

根据采矿和工程建设重塑的各种地貌类型水土流失场地的特点及其植被措施的特殊要求，将其分为松散堆垫地、密实堆垫场地、塌陷地、挖损地、工程建设场地和矿区周围防护区六大类。

进行矿区植被恢复与重建时，应首先获取采矿及工程建设项目说明书，初步实地调查采矿及工程建设待恢复和重建植被场所，分析评价待恢复和重建植被场所的立地条件；然后确定植物生长的限制因子是否存在问题，如果存在问题则通过改善生产过程克服或通过人为改良，若还存在问题，则谋求其他途径；植物生长的限制因子解决后，就可以直接实施植物的筛选引种、配置栽培试验；当试验成功后就进行可行性分析，分析植被工程投入概估算、效益分析；最后形成大规模植被工程的实施与管理，然后进行全面推广。

(2)*矿区土壤改良方法*

①地下采煤矸石山。进行地下采煤的同时，必然排出一定量的煤矸石，常堆置呈丘状，高达百米，即矸石山。煤矸石主要由碳质岩组成，其中常混有硫铁矿石(煤的伴生矿)和少量的煤。国内现存的矸石山，大多数表面没有覆土，因投资短缺，目前也不可能覆土，这类矸石山地表组成物质绝大多数是矸石的风化物，它们属于硅酸盐类的岩石，一般不含有毒物质，但因混有硫铁矿石(主要为 FeS_2)，其氧化作用可产生酸，故矸石风化物常呈酸性。当 pH = 4.0 时，尚不会直接伤害耐酸植物，但会使植物吸收P、Ca 元素受阻。当 pH 值低于 4.0 时，会直接危害植物的根，并可能引起 Al 和 Mg 的毒害，与此同时，黏粒胶体的反絮凝作用可使废弃物变为不渗透状态，使地表(土体)形成不良结构。矸石山中的硫铁矿的氧化(极剧烈时会发生自燃)有时较快，有时也十分缓慢。所以，矸石山形成初期呈中性，但随着时间的推移，会产生一定的酸度。当 pH 值低于 3.5，则有很大可能显出其较高的潜在酸，因此，酸碱度是主要的分析测定项目，如呈较高的酸度就要施石灰。

矸石山地表物质为风化碎屑，一般可加入石灰或掺混施入石灰石粉，但不宜用熟石灰，以免形成碱地。酸度较高时，避免使用含白云石或含镁的石灰石，以防硫酸镁的含量过高。施用石灰石粉必须与土体充分混合，因有些土体渗透性差，深施石灰一方面可以中和酸度；另一方面可增强其渗透性，改善其排水状况。如要在酸性矸石上覆土，应在覆土前施石灰，深翻后覆土，这样效果更好。酸性土石灰粉一次最大施用量为 $10000kg/hm^2$。若矸石山酸度较高，一次施用量可施至 $30000kg/hm^2$。由于硫铁矿形成的酸度会长期存在，故可多施石灰粉以中和新产生的酸。

矸石山土体还含盐，要减小可溶性盐的浓度，可采取暴露页岩使之自然淋洗的办法。有的可改善排水条件，使可溶性盐淋失，一般不在盐斑上种植。但燃过的矸石因晶格破坏释放出大量盐类，达中度至重度盐渍化(含盐量 0.3%~1.0%)，有时甚至达盐土标准(>1.0%)，必须覆土后方可恢复和重建植被。

矸石山土体含磷量极少，一般几乎难以测出，而且多数土体具有固定磷的能力，使大部分施入的磷肥无效。在酸性土中施热制磷肥或三元过磷酸钙，施入量一般为 $250\sim500kg/hm^2$，撒施后中耕或耕地。

氮肥的施用量因土地利用方式的不同而异，农作物要高些，草地、林地可低些，施氮素施入量一般在 $50\sim125kg/hm^2$或再高些。在矸石山土体上最好能使用有机肥，但这常常是难以实现的，现在最可能的是施用城市下水道污泥。

②露天矿排土场。露天开采是将矿层上的岩石、土层全部剥离后的露天采矿，故采矿前将矿层上的岩石、土层作为废弃物堆置在另一场所，形成的废弃岩土堆置的场所即排土场。视矿层上的土层薄厚，确定将来排土场地表是否铺盖土层。我国北方，尤其是北方黄土区，土层较厚，大多数排土场都可覆土，只要土层在 30cm 以上，一般恢复重建植被较易，关键是提高土壤肥力，施肥可按瘠薄地的施肥方法进行。无土覆盖的排土场可参考上述矸石山施肥的方法进行。但需注意，国内外大型露天矿采用的自卸汽车载重量极大，因载重和规格已超过国家公路运输网络标准，称之为“非公路载车”，其排弃岩土使排土场地压实，容重达 $1.5 \sim 1.9g/cm^3$，植物根系穿透阻力达 $30kg/cm^3$ 以上。故土壤培肥、熟化和种植首先应解决排土场容重过重的大问题。

③含金属废弃物的堆置场。含金属废弃物包括来自锌矿、铜矿、铅矿、钨矿等的金属废弃物、矿渣或这类矿的尾矿库。由于金属毒性和营养缺乏，这些堆置物不易生长植物，含有重金属的废弃堆内排出的水还会造成水污染。这些金属均以硫化物的形式存在，经风化，可长期持续不断地释放具有毒性的可溶性金属盐类。虽可雨水淋洗，但持续不断地释放，可谓“去之无多，生之尤来”，故这一过程可能会延续至几百年、上千年。因此，唯一的技术是增加土壤有机质并于底土中施入石灰，有机质的施入可以起到络合金属的作用，泥炭土、下水道污泥、处理后的垃圾均可。一般金属矿的废弃物堆置场覆盖有机质的厚度为 5～10cm，如是堆置的是冶炼厂的废渣，毒性更大，要求覆盖厚度不少于 10～15cm。施后耕翻，使有机质、石灰与废弃物混合。施石灰可减小废弃物的酸度，使有些金属盐呈不溶状，如施石灰结合施有机质效果更佳。也可用土覆盖，覆盖的土不宜与底土混合，种草本植物覆土不少于 20～30cm，如种树需覆土 2m，亦可在种植穴中填土。此类场所大多也缺氮、磷元素，因此还需重视氮、磷的施用。

④火力发电粉煤灰堆场。粉煤灰是火力发电厂在高温燃烧发电后剩余下的残灰。粉煤灰是一种大小不等、形状不规则的粒状体。其中物理性砂粒约占总量的 87%，其化学元变化较大，其主要元素为 Si、Al、Fe、Ca，其中的硅为硼硅酸盐，水解后释放出可溶性硅酸盐对植物会有不良影响，还有可溶性钠盐和钾盐，也有不良影响。粉煤灰 pH 值约在 7.5～10.5 之间，有可高达 12.0 的，同时也缺少氮、磷，没有有机质。粉煤灰因发电厂所用的煤不同，其化学成分和毒性变化很大，但也有些粉煤灰中硅和可溶盐含量低，pH 值接近 7.0，此类粉煤灰就无毒无害。因此，应事先对粉煤灰进行化学分析，分析 pH 值和水溶性硅，如硅含量在 4～10ppm，已具有相当的毒性。火力发电厂粉煤灰堆在贮灰场中，在灰上盖 20～30cm 厚的土壤或泥炭土、城市下水道污泥后就可实现较好种植，如不能覆土或有机质，需用大量的水淋洗，使可溶性盐和硅洗脱后才能种植。有的粉煤灰经过胶结作用，使植物的根不易穿透，故要将这些硬块打碎后才好种植。要重视氮、磷、钾肥的施用，最好多施用有机肥，因粉煤灰常呈碱性，施化肥以施生理酸性肥料为宜。

⑤贫瘠废弃场地。主要来自板岩、砂砾、高岭土类及采石场的废弃物，其物理、化学性状稳定，难以风化，缺乏和根本不能提供植物生长所需的养分。贫瘠废弃场地还包括道路、砖瓦厂等取土后的场地，因大量的表层土壤已取走，余下的土层都是生

土，有的土层已很薄，有的已无土层，这类场地的植被恢复重建可分为两种类型。一类是有土的，措施是提高土壤肥力，即生土熟化措施，同时要重视施肥工作，尤其是N、P肥；二是无土类型可参照煤矸石山绿化培肥工作进行。

⑥采煤塌陷地。塌陷地若采用固体废弃物充填(充填复垦)，因其主要充填物料为煤矸石和坑口电厂的粉煤灰，还有数量较少的生活垃圾或为河泥、湖泥(有条件的地方)，其立地改良可参照排土场矸石土的改良方法。非充填的塌陷地可根据具体情况处理，若恢复为水域的，可考虑在塌陷周边恢复重建植被，形成水陆交合生态系统；若恢复为耕地，可考虑复合农、林、牧业。立地条件改良可采用常规土壤改良方法。

⑦民用、工业建筑场地。此类场地是一个非常特殊的绿化场地。第一，土壤层次紊乱。由于工业与民用建筑场地厚土层被扰动，表土经常被移走或被底土盖住。土层中常掺入建筑房屋、道路时挖出的底层僵土或生土。第二，土体中外来侵入体多，而且分布深。由于人为活动，民用、工业建筑场地经常有黏土、砖陶瓦砾石、炉灰渣、石灰、沥青、混凝土侵入体侵入。若土层中含量过多，甚至成层成片分布，会影响保水保肥，使土温变化剧烈，阻碍植物扎根。第三，地下管道设施多。民用、工业建筑场地，特别是一些工业广场或生活区，土层内铺设各种地下设施，如热力、煤气、排污水等管道或其他地下构筑，这些构筑物隔断了土壤毛细管通道的整体联系，占据了植物根系营养面积，妨碍植物生长。第四，土壤物理性状差。因机械碾压、行人践踏和不合理灌溉等原因，民用、工业建筑场地一般土壤容重高，通气透水性能差。第五，土壤易受污染。

污染源其一是工厂和车间排放的废气随重力作用飘落进入土壤；其二是被污染了的水随地面径流进入土壤，如含过量酚、汞、砷、氰、铬的工业废水未经净化处理排入土中；其三是由汽车尾气、烧煤、燃油等排放的CO_2、氮氧化合物等气体，在空中扩散与空气中的水分结合形成酸雨，进入土壤；其四是用岩盐融化道路上的冰雪，渗入土中会增加土壤盐分。此外，农药、化肥、除草剂等有毒物质进入土壤中，若浓度超过了土壤的自净能力也会污染土壤。

改良民用、工业建筑场地土壤主要包括以下措施。第一，换土。植树时，若穴中渣砾过多，可将大碴石捡出，并掺入一定比例的土壤；对土质过黏，排水透气不良的土层可掺入沙土，并多施厩肥、堆肥等有机肥；若土层含沥青物质太多，则应全部更换。第二，采用设置围栏的措施，避免人踩、车碾。第三，街道两侧人行道的植树带可用种草或其他地被植物来代替沥青、石灰等铺路，利于土壤透气和降水下渗，增加地下水储量。第四，按规范化挖坑。第五，植物残落物归还土壤、熟化土层。

⑧高碱废弃物场地。有害的高碱废石并不多见，主要包括石棉尾矿，炼铝过程中的赤泥以及煅烧石灰的废渣。其改良方法是施用石膏、磷石膏等一些含钙化学物质，以代换交换性钠离子和其他离子。

(3)适宜树草种筛选

矿区植被恢复的树草种选择应遵循以下原则。

①具有较强的适应能力。对干旱、潮湿、瘠薄、盐碱、酸害、毒害、病虫害等不良立地因子有较强的抗性，同时对粉尘污染、烧伤、冻害、风害等不良大气因子也有一定的抗性。

②有固氮能力。根系具有固氮根瘤，可以缓解养分的不足。

③根系发达，有较高的生长速度。根蘖性强，根系发达，能网络固持土壤，地上部分生长迅速，枝叶繁茂，能尽早尽快和尽可能长时间覆盖地面，有效阻止风蚀和水蚀。同时，落叶丰富，易于分解，以便较快形成松软的枯枝落叶层，提高土壤的保水保肥能力；有一定的经济价值。

④播种栽植较容易，成活率高。种源丰富，育苗简易的方法较多，若采用播种则要求种子发芽力强，繁殖量大，苗期抗逆性强、易成活。

实际上，很难找到一种具备上述所有条件的植物。因此，必须根据各矿区植被恢复和重建场所最突出的问题，把某些条件作为选择植物的主要根据。

(4)植物的布置与配置模式

矿区水土保持植物的布局与配置模式，与各类再塑地貌或废弃场地的特点及土地利用方向有关，即使同一类型、同一土地利用方向，亦有不同的配置组合。本书仅以具体例证来说明在某特定条件下的植物布局与配置的轮廓性模式，对于局地植物的布局和配置模式，需根据具体情况分析、试验、设计。

①以林业利用为主的煤矸石山的植物配置模式。我国煤矸石山大部为锥形丘状堆积，近年有些要求压平堆放。煤矸石山一般无土覆盖，因涉及征地占地问题，覆平变缓可能性很小。何况有的矸石山已自燃结束，也不允许大规模整地(因燃后红色矸石一旦暴露，强酸性将使植被恢复重建变得相当困难)。故除少数矸石山有条件变缓覆土，可作为农田外，绝大部分需采取无覆土栽植法恢复植物，即以林业利用为主，主要目的是改善矿区景观和生态环境，宜栽植乔木为主，配以适当的草灌，为了防止风害，可由背风坡开始，或由坡脚、下坡、中坡顺序进行。

②以农林复合生态系统为主的露天矿排土场植物布局与配置模式。露天矿排土场边坡和平台相间分布，平台一般坡度较小($<3°\sim5°$)，宽阔平坦，若有条件覆土，可考虑用于农业生产，种植作物、蔬菜、果树等；边坡陡峭($30°\sim40°$)，只能用于林业。因此，总体上应形成一个保护性林业与自给性农业相结合的植物布局和配置模式。若无取土覆盖条件，则可全部作为林牧业用地，植物布置与配置模式可参照矸石山。

③以种养结合为主的浅塌陷区植物布局与配置模式。我国东部黄淮平原的高潜水矿区，因采煤造成的塌陷区，其大部分区段积水，部分区段旱季泛碱，植物无法生长。故依据水力采煤的水枪和煤水泵为主要部件制造的水力挖塘机组，可高效廉价地将积水浅塌陷地一部分挖深为精养鱼塘，另一部分垫高为藕塘，或为鱼塘种植饲草，或养猪、养牛、养羊等，或为稻田、农作物、林果地用地等，形成塌陷区独特的生态农业系统，其经济效益和社会效益都很高。

④以防护为目的的道路边坡及周围地带植物布局与配置模式。山区道路边坡包括路堑和路基，由于坡度陡，易造成冲刷和滑坡，配置植物能够起到防蚀护坡、美化路容、协调环境，形成特定景观的作用。可植树、种草或铺草皮，配置上可单用乔、灌或草，亦可乔、灌或乔灌草混交。第一，全部种草。适于边坡比为1∶1的坡面上(径流速度<0.6m/s)。若土质硬，最好多草种混播；若不宜播种，可铺5~10cm土层进行种植。第二，铺草皮。适于边坡陡、径流速度快(0.6~1.8m/s)，冲刷严重的坡面。可根据具体条件分别采用平铺(平行于坡面)；水平叠置，垂直坡面或与坡面成一半坡角

的倾斜叠置草皮，还可采用片石铺砌成方格或拱式边框，在方格或框内铺草皮。第三，植树。当道路边坡为堤岸、河岸或滩岸时，可根据条件配置边坡护岸、护滩林；在路堑滑体上可先筑天沟排水，然后在滑体上营造乔、灌树种，局部或全部造林均可。第四，植物工程。当道路边坡需要稳坡固表时，植物配置宜乔灌草结合，并采取相应的工程措施。

⑤矿区周围防护林布置与配置模式。矿区周围的防护林包括厂区和工业广场、生活区及其附属建筑设施绿化，排土场、弃渣场等废弃地与周边区域交替带的防护林。前者的配置应符合矿区总体绿化要求，达到生态绿化、艺术造型上的统一，树种应根据不同类型矿区大气污染、水污染、土壤污染等状况和美化要求选择；后者则主要是防止风沙危害以及对周围地区的噪声、粉尘污染，可选各类抗风沙能力、抗污染能力强的乔灌木，形成一定结构的防护林带。林带宽度可根据周边地形及其要求确定，几米至几十米不等。如露天矿的防护林总体布局中，必须注意环工业广场防护林带、环生活区防护林带与环矿区林带的互相衔接，结构一般以通风结构为宜，主林带尽量与害风方向垂直。生活区和工业广场隔离林带要根据实际情况配置。对于污染严重、噪声比较大的矿区，可设置大型紧密结构的隔噪声林带，即乔灌混交复层林带。一般矿区可适当缩小林带宽度，污染和噪声轻微的矿区可不设置隔离林带。

9.2.2.3 矿区土地整治

(1)土地整治的基本原则

对矿区人为再塑的各种地貌类型进行综合整治的目的在于重新塑造土体，并使之最终形成具有一定肥力特征的土壤，以适用于一种生产或多种生产活动的需要。其整治后的土地用途，由区域经济发展和环境要求共同决定。根据我国现阶段人口剧增、土地锐减、水土流失严重的状况，矿区土地整治应在不造成更大的水土流失的前提下，尽可能地恢复为耕地，不能恢复为耕地或现阶段恢复耕地尚有困难的，应恢复为林地或草地。因此，在技术经济合理的条件下，土地整治必须首先满足水土保持的要求，因为水土流失的发生发展将导致再塑土体或土壤的再次破坏，导致其生产用途不复存在。因而，土地整治应遵循以下基本原则。

①土地整治应以保水保土为中心。根据土地利用的价值等级、地形轮廓，土地整治的形式可选择平地或准平地、缓平地、宽坦坡地、窄陡梯田。根据水土保持的有关规定，25°以下的边坡可根据条件改造成梯田(15°以下最好)，25°以上用于林业或牧业，15°~25°之间也可考虑林牧业，0°~15°之间尽可能恢复为农田。改造过程中应根据经济合理的原则，酌情处理。特别是人工堆垫体的斜坡角设计，应由组成岩土的稳定性及水土保持要求确定，避免陡长斜坡出现，实现边坡阶梯化，按一定等高线拉开分段，修台阶和排灌渠，形成类似梯田状的地形，这对以后的田间工程和其他水土保持措施的实施十分有利。

②土地整治应以环境、生态、水保综合效益的充分发挥为目标。根据矿区自然条件、废弃场地的现实状况、企业的经济承受能力和生态、水土保持、环境的综合要求，确定土地利用的主要方向，以此为依据合理划分农、林、牧用地比例。山区矿区土地整治首先要考虑水土保持要求，然后才能考虑其他，因为水土保持搞不好，其他项目难以达到稳定长久有效。多数情况可将森林的恢复和重建置于首位，至少使林业用地

面积占到总面积的 30%以上为好，最好能达到 40%或更高；平原区矿区也应当保证 20%左右。这不仅符合治理水土流失的根本原则，而且对于保护环境、重建生态也是十分必要的。

③土地整治应充分考虑排水工程，减少地面集中股流的冲刷。这不仅对保土有利，而且对矿区安全具有特殊重要的作用。同时必须注意排水应有利于水循环，有利水资源的平衡，要做到有排有蓄，排水和供水、用水兼顾(如矿坑水疏干问题)。

④土地整治应考虑将来再塑土体的成土过程和水、土污染。要尽可能覆盖有利于成土的表土和易风化的岩土物质，并通过埋、压、填等方式，在整治过程中将易造成水污染和土壤毒化的物质埋压在深层，使之对植物生长不造成危害。

(2) 土地整治的方式

①对挖损地貌的整治主要采用回填(埋填)推平或垫高，适应新地势，对挖损地、坝体、坝址、凹坑要用岩土填补或形成适合坡度，使整体达到平面和立面的要求。

②对堆垫地貌采取整形、放坡以及加固等方法，采用机械实施一次开挖、落堆、搬运和大量推土整平作业，这必须与整个生产工艺流程结合起来。

③对于塌陷地貌或特殊挖损地貌可改造成人工湖、水体、丘陵地、河床、滩涂等。

④根据总平面规划，对地表进行其他定形和整治，如梯田、道路、灌渠网等。

(3) 土地整治的方法

土地整治的实施程序是，挖填方—土地平整—土地整形—覆土。实际上就是再塑土体的过程。下面主要介绍各工序的实施方法。

①挖填方工程。挖方工程主要有单堑沟或多堑沟法(挖方或平土)；单壁堑沟(开帮)法；分层或多层平行法；环形或回旋式挖掘法(条件特殊，如地形限制)。填方工程，一般广泛采用条带式分条填埋，或任意的工作线填埋，具体须由填埋条件和工程要求而定。深坑填埋(如露天大采坑)有一定的工艺要求，施工方法复杂，往往挖填结合(如采排结合，采坑可变为内排土场)，对于终了采坑、大规模深凹塌陷或其较深的挖损地貌，填方过程中极易出现滑坡，造成伤亡事故，必须用特殊方法处理底部，即在填埋的场底加上(保留或掘凿)岩石根底，然后根据填埋工程特点和要求及施工方式进行单向或双向填埋作业，或横向和纵向填埋作业。

②整平工程。挖填方结束后，紧接着就是对堆垫场地进行整平。整平一般不止一次，需要多次，包括初期整平(粗整平或轮廓整平)和后期整平(细整平)。机械充填或堆垫场地(如排土场、采场)粗、细整平的工作量都很大，水力充填场地(如尾矿库)只有细整平，而且工程量不大。

a. 粗整平(轮廓整平)工程。粗整平是按设计标高或整平基准线，确定挖、填运向、运输量和作业方法的，可分为 3 种类型：全面成片整平是对堆体全貌加以整治，多适用于种植大田作物，一般整平坡度$<1°$(个别为$2°\sim3°$)，用于种植经济林木、果树则$<5°$；局部整平则是削平堆脊，整成许多沟垄相间的平台，一般宽度 8～10m(个别 4m)；阶地式整平(地块)，平台面上成倒坡，坡度$1°\sim2°$。整平的具体方法分为以下两种。

Ⅰ. 简易落堆法。即在堆体停止均匀沉降后，将堆体高度降低，并达到设计整平标高。最常用的办法是，先在堆体周边开挖堑沟，并将表土堆置在沟外侧，挖沟工程量略等于落堆量，然后用推土机把设计标高以上岩石推入周边堑沟。如果废岩含毒，应在堑沟底和侧部加防渗层，此法宜于中小堆垫地貌的整平。

Ⅱ. 拉台阶落堆法。对于有运输的开采系统，外排土场构形较平坦，整平工程主要是整坡和拉台阶，即利用放缓坡度，自上而下整成台阶状。台阶高 8~10m，小阶段坡度小于 30°，一般为 15°~20°；对于地下开采的排岩场和其他工矿企业的废弃物堆置场，可采用锥形落堆方式，此方法降落高度应以少增占地面积和避免重复倒运量为宜，一般不应超过顶端平台宽度的 1/2。

b. 细整平工程。粗整平之后，细部仍不符合要求，或因自沉、压陷而变形，必须精细整平，其中包括修坡、作梯地和其他地面工程，尤其是山坡、梯地整平工程量大，且工程要求比粗整平更严格。细致整平过程中不仅要保证土体再塑，而且要稳坡固表，防止水土流失，保障再塑土体安全(考虑防渗、排水等以避免滑坡的产生)。细致整平应根据不同再塑地貌和粗整平后的状况来确定，主要包括以下 3 种类型。

Ⅰ. 采场边帮的修坡及整形工程。它是指对采矿终了边坡进行的修坡和放缓坡度的工程。这些边坡已无表土(取土场除外)，几乎全部为岩石(黄土区除外)，通常是用修坡机械铲去浮石、松动悬岩，根据段高采用上向或下向作业，保留平台宽度(与采运的运输机械有关，大吨位机械平台很宽)，并把平台整平作为梯田利用，台阶坡角根据岩石稳定情况确定，若不稳定可放缓坡度至稳定为度；若稳定可在原坡角(45°~85°)的基础上酌减 1°~3°，这是因为原岩虽然稳定，但深层范围的裂隙、解理、结构破坏等仍然是一些不稳定因素。

Ⅱ. 其他边坡的修坡及整形工程。通过粗整平后，虽然已满足安全稳定条件，但不符合水土保持要求，或者不利于植被恢复和重建，仍需进行局部放坡和修整。

Ⅲ. 梯地台面细整平工程。粗整平形成梯地台面仍然有凸凹不平现象，要进一步细致整平，即田间整形。

c. 整形工程。整形工程属于细整平的一部分，主要包括地块、田畦和梯田等。

Ⅰ. 田畦。根据当地土地利用规划和整治土地的利用方向(如农、林、牧、水旱作、轮作等)，确定地块布置，并考虑田间辅助工程如渠系、道路、林带等。

Ⅱ. 田块方向。与日照、灌溉、机械作业及防风效果等有关。从水土保持角度考虑，坡度大于 3°时须与等高线基本平行，并垂直于径流方向(低洼地、水区要考虑排水为主)；设置田边林带，应考虑田边与主害风方向的关系，以垂直最好。

Ⅲ. 田块规格。决定田块长宽与耕作的机械要求和排水有关，拖拉机作业长度为 1000~1500m，宽度 200~300m 或更宽些；此外，土壤黏性(视当地覆土材料而定)越大，排水沟间距越小，则田块宽度越小。如黏土一般 80~200m(无砂性隔层)，易透水覆盖层或底部有砂层则可宽 200~600m，最高可达 1000m。

Ⅳ. 田块形状。田块面积一定条件下，大田块由于纵向作业，先定长度后定宽度；小田块则先定宽度(涉及机械转弯半径)后定长度。最好为长方形、正方形，其次为平行四边形，尽量防止三角形和多边形。

Ⅴ. 田块设计。应根据地段的形状，以便于耕作为宜。除几何形状外，田块设计还应结合地形、地物、景观综合考虑。

③覆土工程。土地整平和整形工程结束之后，即可选择覆盖物料，依据一定的覆

盖顺序进行铺覆，最好覆盖表土，其次是生土，若取土困难则尽量使用易风化物。

9. 2. 2. 4　矿区工程治理技术

矿区废弃地治理中，工程防护是基础性工作和应急工作，为下一步矿区整体生态环境恢复重建创造基本排水条件、渣土固定堆存条件和边坡稳定条件。

(1)矿区排洪工程

修建在山区、丘陵区、甚至平原的工矿企业，常会遭受洪水的威胁，如果不妥善地将山区洪水排走，将影响工矿企业正常生产和安全。因此，在建厂矿时，就要采取适当排洪方式，以避开和消除洪水的危害矿区排洪渠道，矿区排洪工程的布置主要遵循以下原则。

①排洪渠道渠线布置，宜沿原山洪沟道或河道。若天然沟道不顺直或因工矿企业规划要求，必须改线时，宜选择地形平缓、地质稳定，拆迁少的地带，尽量保持原有沟道的水利条件。

②排洪渠道应尽量设置在矿区一侧，避免穿绕建筑群，这样才能充分利用地形面积，减少护岸工程。

③渠线走向应选在地形较平缓、地质较稳定地带，并要求渠线短，最好将水导至矿区下游，以减少河水顶托，尽量避免穿越铁路和公路，减少弯道。

④当地形坡度较大时，排洪渠宜布置在地势低处，当地形平坦时宜布置在汇水面积的中间，以便扩大汇流范围。

⑤排洪渠道采用何种形式(明渠或暗渠)应结合具体条件确定。一般排洪渠最好采用明渠，但对通过矿区厂内或市区内的排洪渠道，由于建筑密度较大，交通量大，一般应采用暗渠，反之，对通过郊区或新建工业区或厂区外围的排洪渠道，因建筑密度小，交通量也小，可采用明渠，以节省工程费用。

(2)矿区拦渣工程

①拦渣坝。拦渣坝是指修建于渣源下游沟道中，拦蓄工矿业基建与生产过程排弃的土、石、废渣(如采石废渣、煤矸石、冶炼渣)等大粒径推移质的建筑物，可允许部分或整个坝体渗流和坝顶溢流。拦渣坝主要用于拦蓄碎石矿渣，有利于矿区的生产建设发展，避免淤塞河道、水库和埋压农田。如大型露天采矿区、石料场地附近，选择适宜筑坝的沟道和有利坝址条件，修建一座或几座拦渣坝，节节拦蓄固体废弃物，防止形成石洪、泥石流，给下游工农业生产和城乡居民造成危害。

为充分发挥拦渣坝拦蓄矿渣的作用，拦渣坝坝址布置应符合下列条件：坝址应位于渣源下游，其上游来水流域面积不宜过大；坝口地形要口小肚大，沟道平缓，工程量小，库容大；坝址要选择岔沟、弯道下方和跌水的上方，坝端不能有集流洼地或冲沟；坝址附近有良好的筑坝材料，采运容易，施工方便；地质构造稳定，土质坚硬。两岸岸坡不能有疏松的塌积和陷穴、泉眼等隐患。

拦渣坝坝型主要根据拦渣的规模和当地的建筑材料来选择。一般有土坝、干砌石坝、浆砌石坝等形式。选择坝型时，务必贯彻安全、经济的原则，多种方案进行比较。

a. 浆砌石坝。浆砌石坝属于重力坝，其结构简单，施工方便，是群众常用的一种坝型。但施工进度较慢，一般用的水泥较多，造价较高。浆砌石坝的坝轴线应尽可能选择在沟谷比较狭窄、沟床和两岸岩石比较完整或坚硬的地方。坝断面一般设计为梯形，坝下游面也可修成垂直的。浆砌石坝坝体内要设排水管，以排泄坝前积水或矿渣中的渗水。排水管的布置在水平面上，每隔3~5m设一道；在垂直方向上，每隔2~3m设一道。排水管一般采用铸铁管或钢筋混凝土管，直径为15~30cm，排水管向下游倾斜，保持1/200~1/100的比降。在坝的两端，为防止沟壁的崩塌，必须加设边墙。

b. 干砌石坝。干砌石坝宜在沟道较窄，石料丰富的地区修建，也是一种常用的坝型。干砌石坝的断面为梯形，坝高为3~5m时，坝顶宽为1.5~2.0m，上游坡为1∶1，下游坡为1∶2~1∶1。坝体用块石交错堆砌而成，坝面用大平板或条石砌筑。坝体施工时，要求块石上下左右之间相互“咬紧”，不容许有松动、滑脱的现象出现。干砌石坝一般不设放水建筑物，允许坝体渗流和坝顶溢流。

c. 土石混合坝。当坝址附近土料丰富而石料不足时，可采用土石混合坝型。土石混合坝的坝身是用土填筑，坝顶和下游坝面则用浆砌石砌筑。由于土坝渗水后会发生沉陷，因此在坝上游坡需设置黏土隔水斜墙，下游坡脚设置排水管，并在其进口处设置反滤层。在一般情况下，当坝高5~10m时，坝的断面尺寸中上游坡为1∶1.75~1∶1.5，下游坡为1∶2.5~1∶2.0，坝顶宽为2~3m。

d. 铁丝石笼坝。这种坝型适用于狭窄沟道。它的优点是修建简易、施工迅速、造价低。不足之处是使用期短，坝的整体性也较差。铁丝石笼坝坝身由铁丝石笼堆砌而成。铁丝石笼为箱形，尺寸一般0.5m×1.0m×3.0m，棱角也采用直径12~14mm的钢筋焊制而成。编制网孔的铁丝常用10号铁丝。为增强石笼的整体性，往往在石笼之间再用铁丝紧固。

e. 格栅坝。格栅坝是将放水建筑物放水断面设计成栅栏型，置于坝体中部或坝端而构成的拦渣坝。它具有节省建筑材料、坝型简单、施工进度快、使用期长等优点。它的种类很多，有钢筋混凝土格栅坝、金属格栅坝等。

②尾矿库。尾矿库的形式通常分为山谷型、山坡型和平地型三大类型。在选择尾矿库的地址时，需要综合考虑技术、经济、管理及环保等多方面的因素，其一般原则如下：尽量不占或少占耕地，尽可能不拆迁或少拆迁居民住宅；距选矿厂近，尽可能自流输送尾矿；要有足够的储存尾矿的容积；尾矿库的汇水面积要尽可能小，库区内工程地质条件要好，库区内部纵坡坡度要尽量平缓，以减少工程量；库区附近要有足够的土、石筑坝材料；尾矿库与厂区居民点的距离应符合工业卫生、环保等方面的有关规定。

a. 尾矿坝。尾矿坝是尾矿库的主要建筑物，一般是由两部分组成，即在运用之前用当地土石料建造的初期坝和运用过程中用尾矿堆积起来的堆积坝，只有当尾矿颗粒很细不能用于筑坝或采场有大量的废石可用尾矿库作废石堆场的情况下，整个坝体才能全部用当地土、石材料筑成，用以贮存全部尾矿。

b. 排水排洪系统。为了使尾矿库内的澄清水能有计划地排出尾矿库返回选厂使用或排入下游水系，就需要设置排水系统。为了保证雨季进入尾矿库的暴雨洪水能通过尾矿库的调节之后安全地排出尾矿库，也需要设置排洪系统。大多数工程中，排水排洪系统合并成一个系统考虑。排水排洪系统一般是由排水井(或排水斜槽)、排水管(或隧洞)、消力池、溢洪道及截洪沟等一系列水工建筑物组成。排水系统中进水建筑物(排水井、排水斜槽)的布置，应当保证在使用过程中的任何时候均能使尾矿水澄清且达到要求。

③贮灰场。贮灰场的选择应注意不占、少占或缓占耕地、果园和树林，应避免迁移居民；宜靠近发电厂，利用附近的山谷、洼地、荒地、滩地、海涂、塌陷区和废矿井建造贮灰场，并宜避免多级输送；应选择筑坝工程量小，布置防排洪建筑物有利的地形，坝址附近应有足够的筑坝材料，并尽量考虑利用灰渣分期筑坝的可能条件；宜避免设在大型工矿企业和城镇所在处的上游位置，并宜设在工业区和居民集中区常年主导风向的下方；灰场飞灰及排水对周围环境影响的范围和程度，应符合国家环境保护有关规定的要求；远离厂区的灰渣泵房和中间泵房应考虑必要的通信、交通、生活和卫生设施。

a. 排水和泄洪建筑物。贮灰场一般设有排水和泄洪建筑物，两者可采取分开和合并设置。根据地形、地质、运行方式、澄清效果以及灰坝加高等条件确定设置两个及两个以上排水溢流竖井或斜槽。一般第一个排水溢流竖井(斜槽)距初期灰坝轴线不宜小于250m。贮灰场内澄清水排水溢流竖井(斜槽)溢流堰的顶部，应随堆灰高度逐渐加高，并宜保持灰面上有30~50cm水深，以便保证各运行阶段的坝顶安全超高和坝体稳定。自岸边或坝顶至排水和泄洪建筑物应有简易的交通设施。排水管道宜采用现浇或预制钢筋混凝土圆管，并应敷设在良好的地基上。当在软土上敷设管道时，必须通过论证，并进行必要的处理。穿越坝体的排水管应采取设置截水环等，防止渗流破坏坝体的措施。现浇钢筋混凝土排水管每隔15~20m，宜设置变形缝。排水泄洪管或排水隧洞的断面按水力计算确定，其最小敷设坡度不宜小于0.3%。现浇钢筋混凝土排水管的内径不宜小于1.6m，排水隧洞的净高不宜小于1.8m，净宽不宜小于1.5m。山谷灰场的泄洪建筑物一般可采用以下3种方式：经溢流竖井由隧洞或管道排出；经溢流斜槽由隧洞或管道排出；经槽式溢洪道在灰坝的侧面排出。调洪灰场的泄洪量应根据调洪计算确定。

b. 灰水回收设施。贮灰场能将煤灰浆中的水澄清，同时，贮灰场又有一定的汇水面积，年内雨季将有雨水汇入。因此，贮灰场又可成为电厂的水源之一。当需要回收灰水时，回收水系统应根据地形、地质、水量、水质和贮灰场排水建筑物等条件通过技术经济比较确定。一般可布置一条回收灰水管道，宜与灰渣管同时布设，采用直埋式。

(3)矿区边坡固定工程

矿区边坡是在人为作用下形成的各种倾斜面，如料场开挖边坡、排土场堆积边坡、坝坡、路基路堑边坡、露天矿开挖边坡等。矿区边坡形成后，由于种种原因导致块体移动，特别是滑坡、崩塌等，常常给生产安全和人民生命财产构成威胁。为治理边坡岩石土体运动，保证边坡稳定而需要布置各类工程措施。主要包括挡墙、抗滑桩、削坡和反压填土、排水工程、护坡工程、滑动带加固工程、植物护坡工程等。

护坡工程的工程布局、设计、施工作用，以及具体的等参见第8章边坡治理。

9.3 矿区水土流失治理案例

9.3.1 工程概况

案例工程位于浙江瑞安市郊的一个小型采石场，矿山关闭后，遗留下裸露边坡、采空区、场内道路和建筑物拆除迹地等。

(1)自然条件

工程区位于浙江南部，地貌类型为中低山麓河谷，山顶海拔 267m，最大相对高差 260m，山体坡面坡度 25°~35°，局部 45°~60°。工程区属中亚热带海洋性季风气候，区内气候湿润，四季分明，雨量充沛，日照充足，年平均温度 18℃，极端最低温-4.5℃，极端最高温 42.1℃，多年平均降水量 1770mm，历年最大降水量 2174mm，降水多集中在 5~9 月，7~9 月台风频繁，汛期降水量约占全年降水量的 65%~70%。地下水主要有松散类型孔隙潜水和基岩裂隙水两类。

工程区东侧山间冲积平原分布一条流向东北的溪流，常年不枯。本区出露地层为上侏罗统高坞组晶屑凝灰岩，岩性呈灰色，晶屑凝灰结构，块状构造，晶屑成分为长石、石英，边坡岩石坚硬，顺坡向节理和垂直节理裂隙发育，岩石呈微中风化。

原生植被生长茂盛，树种繁多，乔木树种主要有马尾松、杨梅、光亮山矾、杉木、木荷、樟、大叶冬青、枫香树、白花泡桐、青冈等，灌木树种主要有盐肤木、鹅掌柴、胡枝子、桃金娘、茅栗等。草本植物以禾本科植物为主，主要有野青茅、狗牙根、白茅以及葛、对刺藤、金樱子、黄刺玫、忍冬、野蔷薇等。坡下分布较多毛竹林。

(2)矿区开采现状

矿区三面环山，位于丘陵山区东坡。矿山开采历史较长，初期自上而下两个工作面开采，产品主要有基础工程填料、料石、块石、片石等。矿山目前已关闭，开采过程中，形成东西长 240m、南北宽 250m、投影面积 12139m^{2}的需要治理的开采迹地。现状开采区标高范围为 50~70m，坡顶高程 92.88m。开采迹地形成两个台阶，上部台阶高程 45~48m，最大高差 47.88m；下部台阶高程 30~35m，最大高差 15m。形成大面积不规则边坡。边坡下部和两翼残坡坡度在 45°~55°，上部边坡坡度达 75°~90°，局部反倾，陡坡高度 4~22m，一般高度 13~15m。边坡节理裂隙发育不稳定。边坡两侧残坡积层碎石土厚度为 0.5~3.0m，土层薄，土质差。

(3)地质条件

①矿区山体本身存在不稳定性。山体无较大断裂构造破碎带，无滑坡和影响边坡的软弱层面，但倾向 90°，倾角 80°和倾向 180°，倾角 78°的两组节理对边坡的稳定性有一定影响。

②陡倾角节理岩体破坏影响边坡稳定性。由于山体坡度较陡，岩体受爆破施工等影响，在坡顶线外 2~3m 处，存在岩体裂隙，缝宽 2~3cm，长约 6m，坡顶存在岩体崩塌隐患。由于开采造成的高陡岩壁坡度达 75°~90°，局部为临空，一遇暴雨，顶部稳定性较差。边坡存在沿陡倾角结构面滑移、碎裂岩倾剥和崩塌的隐患。

9.3.2 治理技术

9.3.2.1 治理原则

(1)边坡稳定原则

露天开采矿山治理，首先必须保证边坡安全稳定，同时结合后期岩质边坡复绿方法确定边坡坡度。由于复绿方法简单，高陡边坡不采取喷播植生工艺，因此，边坡不采用放缓坡处理，主要通过人工削坡、刷坡，系统清除坡顶强风化岩棱角和边坡中松动岩块，消除地质灾害隐患，使边坡达到稳定，同时将碎石土顺坡堆积，反压坡脚，形成缓坡，为后期复绿创造条件。

(2)经济适用原则

在遵循技术可行、安全可靠和美观适用的原则前提下，尽量减少边坡刷坡工程量，缩短工期。在岩质较陡坡面，在裂隙发育岩面，采用砌筑“燕子窝”式凹穴，移栽野青茅等植物复绿；顺坡堆积的碎石坡和两翼缓坡及凸凹地形变化区域，采用挖坑穴或砌筑“围堰式”鱼鳞坑，栽植小乔木、灌木复绿。

(3)与周边景观协调原则

坚持适地适树、乡土树种为主、树种选择多样性的与周边景观协调原则，选用对当地环境适应性强，在视觉和环境上与周边区域生态景观能融为一体的植物混交配置类型。

9.3.2.2 治理措施

一般而言，小型采石场开采设备简单，施工不规范，闭矿后往往会遗留不规整高陡裸露边坡、不平整采区。因此，小型采石场水土流失治理，首先要系统整理清除坡顶棱角和边坡上的不稳定岩体，消除边坡地质灾害。然后，在坡顶设置截水沟，消除雨水径流对坡面的继续冲刷，并在开采区顺地势设置完整的排水系统，使地表径流合理排导；坡面下部堆积从边坡清理下来的碎石，并设置低矮挡墙，为植被恢复创造条件，并避免水土流失。最后，岩质边坡适当栽植爬藤植物挂绿，缓坡、碎石坡面、其他迹地乔灌草复绿。

(1)削坡清坡

从坡顶线至坡脚线严格自上而下，系统清除坡顶的残坡积层和强风化基岩不稳定的棱角，同时清除边坡面上顺坡向的不稳定危岩、破碎岩、楔形岩、活动岩、消除崩塌隐患，清坡落下的碎石全部顺坡堆积在坡下，一般按自然休止角35°堆积，碎石坡上覆盖0.40~0.50m厚的坡积土，为后期复绿创造条件。严禁自下而上底部掏采施工，尽量减少对围岩的扰动和破坏，充分发挥围岩的自承载能力。坡顶有刷坡放坡条件的，可采用刷坡卸荷来确保边坡的稳定，坡顶坡面清坡一般应保持坡度51°~55°或坡比1：0.8~1：0.7，刷坡土方是后续植被恢复的重要覆土来源。采区已形成的其他不规整残坡碎石，需进行凿碎、适当挖高填低，顺坡堆积整理，配合后期绿化自然坡整平。对高于8m的高陡边坡，要放坡分台，留出马道，阻断崩塌隐患，小型采石场马道宽度一般1~2m，留出排水沟设置和复绿空间。

(2)设置截排水沟

小型采石场一般坡顶汇水面积不大，不专门设永久截(排)水沟，可挖简易土质或岩质排水沟，土沟规格一般上宽0.6m，下宽0.3m，深0.3m，土沟开挖后，沟底沟壁应拍实，沟壁抹M10水泥砂浆，厚度2~3cm，结合地形合理布置。

为确保整个矿区径流排导顺畅，距坡脚线低矮挡墙外侧，设置一条浆砌石排水沟，将矿区内边坡和近坡地面中的汇水统一排出矿区外，设马道的边坡，马道排水应和该排水沟联通。排水沟外接自然沟箐，应根据地形条件，设置消能设施，确保外排顺畅并不造成二次冲刷。排水沟断面尺寸依据汇水面积、该地区时段最大降雨量等参数具体计算确定，断面形式可根据地形条件确定，一般以梯形断面为宜，排水沟里侧沟壁可利用挡墙，具体设计计算方法参考《水土保持工程设计规范》(GB 51018—2014)。

(3)坡下挡墙

边坡坡脚设挡墙，反压坡脚。挡墙一般不宜过高，1~2m 为宜。挡墙一般基础埋深 0.5m 左右，且必须进入密实状坡积层或强风化基岩，满足地基承载力要求。挡墙地面以上 1~1.5m。底宽一般 1.0m，顶宽 0.6m。挡墙内侧回填种植土，种植土厚度应在 1.0m 左右，以利于后期种植乔灌木树种。挡墙应做抗滑和抗倾覆稳定性验算，其安全系数分别大于 1.3 和 1.6。

(4)植被恢复

裸露石质边坡，在削坡确保坡体稳定的条件下，可以保持裸露，坡顶和坡脚土质条件好的可栽植爬藤植物绿化，在微地形凸凹变化处，可修筑类似鱼鳞坑的窝槽或直接填筑带种子的土壤，先草后灌进行绿化。其他碎石坡、缓坡、关闭采区等区域采用穴状整地，栽植乔木和灌草。坡脚挡墙内，回填肥力较好的土壤，栽植乔灌草结合的常绿植物，并注重景观效果。

本章小结

本章在介绍矿区水土流失特征基础上，重点介绍了矿区水土流失综合治理的措施体系及具体技术，还介绍了南方典型采石场的水土流失治理案例。矿区水土流失主要介绍了矿区水力侵蚀、重力侵蚀和泥石流的具体侵蚀形态以及矿区开发对水资源的影响。矿区水土流失治理主要针对人为地貌重塑造成的各种侵蚀形态，重点开展土地整治、工程治理、植被恢复和水资源保护和利用，形成综合措施体系，达到控制水土流失、恢复生态系统、治理矿区环境的目的。

思考题

1. 矿区水土流失的主要特点有哪些?
2. 简述矿区水土流失治理应坚持的基本原则。
3. 概述矿区水土流失治理技术体系。
4. 矿区植被恢复时，树草种选择应坚持哪些原则?
5. 矿区土地整治有哪些方法?

第10章 中国梯田

梯田是一种行之有效的农业增产和水土保持工程措施，在世界各地分布广泛。我国是世界上最早修筑梯田的国家之一，早在西汉时期已经出现了梯田的雏形。中国梯田的形成和发展大致分为雏形期、形成期、梯田建设与治山治水的结合期、梯田工程技术体系的发展完善期。中国梯田按地区主要可分为南北两大区域。黄土高原梯田和云贵高原梯田分别为我国北方和南方梯田的代表。

10.1 中国梯田的形成与发展

梯田是在丘陵山坡地上沿等高线方向修筑的条状阶台式或波浪式断面的田地(王礼先等，2004)，是人类在农业生产实践中创造的一种行之有效的增产和水土保持措施。梯田的出现，是古代农业发展的一个显著进步。梯田修筑历史悠久，而且广泛分布于世界各地，尤其是地少人多的山地和丘陵地区。我国是世界上最早修筑梯田的国家之一，早在西汉时期已经出现了雏形的梯田。中国梯田以数量多、修筑历史悠久而闻名于世，它的形成与发展大致可分为以下4个时期(姚云峰，1991)。

(1)梯田的雏形期(公元前2世纪至公元10世纪前后)

这一时期，以便于耕作和保水、保肥、增加产量的小面积区田形成为标志，并且已经注意到了修筑山地池塘，以收集径流进行灌溉。中国梯田的历史可以追溯至春秋战国时期。《诗经·正月》有“瞻彼阪田，有苑其特”的诗句，可知阪田乃是原始型的梯田，说明我国早在春秋时就已对山坡地进行了改造(毛廷寿，1986；王星光，1990)。另外，从《汉书》《氾胜之书》中也可以得知我国在西汉时已出现了雏形的梯田。从对出土文物的考古方面，也证实了中国梯田出现的历史。四川彭水曾在东汉的古墓中出土一具陶器模型。模型为长方形，一端为水塘，塘中有两条鱼，塘下为田，有两条弯曲的田埂，与现在当地的水梯田类似。陕西汉中和四川宜宾也在东汉古墓中出土了类似的水稻梯田陶器模型(毛廷寿，1986)。

(2)梯田的形成期(公元10世纪至16世纪)

在这一时期已形成了严格意义上的梯田，梯田已经不是零星分布的局部小块，而是沿坡面修筑而成阶阶相连的成片梯田。这一时期，继承和发扬了修建山坡池塘、拦截雨水、灌溉梯田的传统。在我国文献中，“梯田”一词最早的记载是宋代范成大所撰的《骖鸾录》，书中云："出庙，三十里至仰山，缘山腹乔松之磴，甚危，岭阪上皆禾田，层层而上至顶，名梯田。"仰山位于宋代袁州(今江西宜春)，在此后的几十年中，袁州一带梯田建设的速度非常快，到了淳祐六年(1246年)袁州知州张成巳言："江西良田多占山岗，望委守令讲阪塘灌溉之利"，其中提到的高山梯田，标志着我国梯田建设已进入一个新的历史阶段。元代《王祯农书》对梯田的定义、分类、布设与修筑方法进行系统的叙述(王星光，1990)。

(3)梯田建设与治山治水的结合期(公元16世纪至20世纪40年代)

这一时期，梯田推广的范围越来越大。修筑梯田在获取粮食的基础上同治山治水结合了起来，进一步发挥了梯田的作用。在16世纪后期，已形成了引洪漫淤、保水、保土、肥田的技术和理论。在明代，梯田建设已和治山、治水有机结合起来了。如徐光启所著《农政全书·水利篇》述及发展梯田可以"均水田间，水土相等……，若遍地耕垦、沟洫纵横，必减大川之水。"清初，蒲松龄在《农桑经》一书中对梯田的作用讲得也很清楚："一则不致冲决，二则雨水落淤，名为天下粪。"20世纪40年代，我国著名水利专家李仪祉在其著述中主张用梯田"沟洫法"以"清泥沙之来源"。

(4)梯田工程技术体系的发展完善期(20世纪40年代至今)

这一时期，梯田得到了大面积推广。由梯田沟洫工程到培地埂、修坡式梯田到一次修平梯田，由人工修筑发展到大面积机械修筑梯田，特别是注重了配套设施的建设，如坡面水系工程和生产道路等，加强了田埂利用，积极引导和培育特色产业。目前，梯田建设已形成以小流域为单元，坡面与沟道统筹治理，综合考虑小流域水资源利用，在合理利用土地与保持水土原则下，形成了农业耕作梯田工程、果园梯田工程、造林整地梯田工程等类型，注重全流域的综合治理与开发。

10.2 中国梯田的分布与类型

10.2.1 中国梯田的分布

我国有东西南北的分区传统，对梯田来说，中国梯田按地区主要可分为南北两大区域。若细分，则又可分出黄土高原、云贵高原以及江南丘陵等梯田，其中，黄土高原梯田和云贵高原梯田分别为我国北方和南方梯田的代表。

北方梯田主要分布在黄土高原、华北土石山区、东北漫岗区。目前，北方著名的梯田区有甘肃省庄浪县(1998年被水利部命名为"中国梯田化模范县")、定西市安定区、庆阳市西峰区和宁县、陕西省志丹县和宁夏回族自治区隆德县等，这些县(区)被水利部命名为"全国梯田建设模范县"。

南方梯田主要分布在陕南山区、湖北丘陵山区、湖南丘陵山区、皖南山区、皖中丘陵岗地区、四川丘陵山区、粤桂丘陵山区和云贵高原山区。南方梯田目前保存完好、规模较大的古梯田，以湖南紫鹊界梯田、云南哈尼梯田、广西龙脊梯田最为著名。

梯田在我国各地都有分布。根据区域特点，大致可以划分为以下5个类型区，且每个类型区的梯田又有其不同的结构特点和利用差异(祁长雍，2000)。

①西北黄土高原区。这里以土坎旱作梯田为主，大多梯田是有坎无埂，一般只是

保土、涵水但不蓄水，不能水作。

②东北、内蒙古漫岗丘陵区。这里多是修成等宽的水平梯田，田面宽，单块田的面积较大，坎顶多高出田面，一般只拦截径流，保护地坎不被冲刷，但不蓄水。

③华北、东北土石山区。这里多数为石坎梯田，埂坎较齐全，但埂多裂隙，难以蓄水。埂坎上大多栽种经济型的树、草和花，梯田的多种经营效益较好。

④南方亚热带地区。这里的主要农作物是水稻旱作茶、果、桑、麻等经济作物，种植地以岗丘缓坡地带上的土坎梯田(当地群众称作“塝田”和“冲田”)最普遍，石坎梯田较少。这里的梯田多是埂坎齐全，且多数都可水旱(埂端设 1~2 个进出水口)两作。

⑤华南热带地区。这里的山丘坡地上多以发展橡胶、荔枝、龙眼、香蕉、胡椒等经济作物为主，坡地上的梯田也多是埂坎齐全，亦可水旱(埂端设 1~2 个放水口)两作。

10.2.2 中国梯田的类型

由于我国各地的自然地理条件、劳动力状况、土地利用方式与耕作习惯、治理程度不同，因此梯田的修筑形式各异，其分类方法也有很多种，但主要为以下几种。

(1)按断面形式分类

①阶台式梯田。阶台式梯田在坡地上沿等高线修筑呈逐级升高的阶台形的田地。阶台式梯田又可分为水平梯田、坡式梯田、反坡梯田和隔坡梯田 4 种。

a. 水平梯田。田面呈水平，沿等高线在缓坡地上面把田面修成水平的阶梯式农田，是蓄水保土、增产效果较好的一种。适宜于种植水稻、其他大田作物、果树等。

b. 坡式梯田。山丘坡面地埂呈阶梯状而地块内呈斜坡状的一类旱式耕地。为了减少斜坡耕地的水土流失，在适当的位置垒石筑埂，形成初步的梯田，之后便逐步将地埂加高，把地块内坡度逐步减小，从而增加地表水的下渗量，减缓水流对土壤的冲刷，向水平梯田过渡。

c. 反坡梯田。是水平阶整地后坡面外高内低的梯田，反坡角度一般为 1°~3°，能改善立地条件，蓄水保土，并使暴雨产生的过多径流由梯田内侧安全排走，适用于干旱及水土冲刷较为严重而坡面平整的山坡地带及黄土高原。干旱地区造林所修筑的反坡梯田宽度一般仅为 1~2m。

d. 隔坡梯田。是水平梯田和坡式梯田的过渡形态，相邻两水平阶台之间保留一定宽度原状坡面，适宜劳动力不足的山区。梯田水平部分种植大田作物，坡式部分可种植果树或牧草，逐渐改造成完全的水平梯田。

②波浪式梯田。波浪式梯田是在缓坡上修筑的断面呈波浪式的梯田，又称软埝或宽埂梯田。一般是在小于 7°~10°的缓坡上，每隔一定距离沿等高线方向修建的软埝和截水沟，两软埝和截水沟之间保持原来的坡面。软埝有水平和斜坡 2 种：水平软埝能拦蓄全部的径流，适于较干旱的地区；斜坡软埝能将径流由截水沟安全排出，适于较湿润的地区。软埝的边坡平缓，可种植物。两软埝和截水沟之间的距离较宽，面积较大，便于农业机械化耕作。

③复式梯田。复式梯田是根据当地不同的环境和气候条件，因山就势在山丘坡面上开辟的集多种梯田类型于一体的综合梯田模式。

(2)按田坎建筑材料分类

按照田坎建筑材料可将梯田分为土埂梯田、石垒梯田和植物埂梯田。黄土高原地区，土层深厚，年降水量小，主要修筑土埂梯田。土石山区，石多土薄，降水量大，主要修筑石垒梯田。陕北黄土丘陵区，地面广阔平缓，人口稀少，多采用灌木、牧草作为田埂的植物埂梯田。

(3)按土地利用类型分类

按土地利用类型可将梯田分为农田梯田、水稻梯田、果园梯田和林木梯田等。

(4)按灌溉方法分类

按照灌溉方法可将梯田分为旱地梯田和灌溉梯田。其中灌溉梯田又可分为长期淹水梯田和季节性淹水梯田。

(5)按施工方法分类

按施工方法可将梯田分为人工梯田和机修梯田。

10.3 中国梯田实践

10.3.1 黄土高原庄浪梯田

庄浪梯田规模宏大，气势磅礴，一层层梯田从山脚缠绕到山顶，漫山遍梁，绵延数百里，道道山梁，如巨龙腾飞，一年四季，阴晴雨雪，景观各异。其“山顶沙棘戴帽，山间梯田缠腰，埂坝牧草锁边，沟底穿鞋”的生态梯田综合治理模式，将黄土高原精心描绘成一幅景色迷人的风景画，是我国北方梯田的典型代表(董锦耘，2013)。庄浪梯田位于甘肃省平凉市庄浪县。庄浪县地处甘肃东部，六盘山西麓，总面积1553.14km^2。全境群山起伏，沟壑纵横，水土流失严重。区域内由剥蚀堆积和侵蚀堆积所形成的黄土丘陵低山地貌占95%，海拔1405~2857m，落差大，是黄土高原沟壑区的典型特征(贺屹等，2005)。庄浪县地处黄土高原东部，没有任何灌溉条件的纯旱地占耕地面积的92%以上，可以说干旱是庄浪县最主要的气象灾害，是制约庄浪农业农村经济发展的最主要因素，梯田建设是治理水土流失，发展旱作农业的战略选择。

庄浪县梯田建设过程，可以分为以下4个阶段。

①起步阶段(20世纪60年代)。随着庄浪被列为黄河流域水土流失重点治理县，在全面总结历史经验和教训中，由开始以培地埂转到了一次修成水平梯田，共建成水平梯田3410hm^2。

②发展阶段(20世纪70年代)。这一阶段是庄浪梯田建设的第一次高潮，坚持以长年基建队为主、群众会战的形式，共建成水平梯田21530hm^2。

③提高阶段(20世纪80年代)。根据农村实行家庭联产承包责任制的新形势，通过实行劳动积累工制度纳入各级政府目标管理、兑现补助等一系列政策措施，调动群众积极性，走出了统一规划、规模治理的梯田建设新路子，共新修水平梯田22400hm^2。

④攻坚阶段(20世纪90年代)。特别是1993年，水利部将庄浪列为“全国梯田化建设试点县”，使梯田建设形成第二次高潮，坚持走高标准优质化建设的技术路线，共建成水平梯田15660hm^2。1998年，庄浪县实现了梯田化。全县梯田面积达64200hm^2，占

坡耕地面积的93%，占总耕地面积的84%。实践证明，坚持兴修梯田是山区人民改变贫困面貌的正确选择，是实现脱贫致富的唯一出路，具有显著的经济、社会和生态效益。

①全面规划。为了避免出现不规范修建梯田，浪费土地资源等问题，在梯田建设中，严格按照规划设计的标准进行施工、验收，并以小流域为单元，集中连片布设连台水平梯田，田片根据地貌及明显切割地貌地物(如道路、陡坎、沟壑、非耕地等)界定，宜大则大，宜小则小。这样不仅便于机耕、施肥等农事作业，而且形成了一种山、水、田、林、路的景观格局。

②因地制宜。在实际设计和施工中，根据不同的坡度、坡向、土质特点，田块结构依山布形、顺沟列势，采取"等高线，沿山转，宽适当，长不限，大弯就势，小弯取直"的方法修建梯田。田面宽按坡度分级。陡坡区(15°~25°)一般为9~15m，缓坡区(5°~15°)一般为15~30m。为防止田块长径流集中冲刷，沿纵向每隔30~50m修横向软埝，埝顶应低于地埂。地埂采用梯形断面人工筑成，顶宽0.4m，内坡1∶1，埂高以安全拦蓄集水区设计暴雨径流为标准，一般不大于0.6m。

③综合治理。庄浪县将梯田建设与林草种植、道路、渠道、蓄水池、堤坝等建设相配套，把工程措施同生物措施相结合，形成了一种复合农业生态工程。通过在田面上布设汇流坡面，能够有效调控地表径流，使雨水就地入渗；通过修建水窖、小型拦蓄工程、燕翅坑和道路林网等，合理利用降水，拦截泥沙；通过作物间作套种、埂坝的牧草、山头沟底的林带，形成作物-林草复合生态系统，综合治理水土流失。

庄浪梯田的成果对于黄土高原其他地区的生态建设有着巨大的指导意义。庄浪梯田作为黄土高原重要的农田形式，是大面积坡耕地治理的根本措施。由于黄土高原超渗产流的特点，降水强度超过了土壤的入渗速率，土壤表面便会产生积水，积水在重力作用下将沿坡面向下流动，形成坡面流。坡改梯后，改良了梯田的土壤结构，增加了入渗强度，田面上栽培的植物增加了水流阻力，延长了入渗时间，并且田坎可拦截梯田间距内产生的径流和冲刷的泥沙，可以变跑水、跑土、跑肥的"三跑田"为保水、保土、保肥的"三保田"，因而水平梯田具有保收、增收等经济效能，是农业可持续发展的有力保障。坡耕地修成水平梯田之后，改变了原有小地形，从而避免了径流的产生，起到了减蚀的作用(贺屹，2005)。还可以使农田作物、土壤、小气候以至整个生态环境系统都得到改善。

10.3.2 云南哈尼梯田

湖南紫鹊界梯田、云南哈尼梯田、广西龙脊梯田是我国三大"古梯田"。哈尼梯田已经有1300多年历史。哈尼梯田主要分布于云南省红河—哀牢山南段的元阳、绿春、红河、金平等县(州)，规模$7.9\times10^4hm^2$，其核心区是元阳县，境内梯田面积$2.64\times10^4hm^2$，集中连片的达$700hm^2$。

哈尼梯田是以哈尼族为主的人民利用哀牢山区地貌、气候、植被、水土等立体特征，创造出的与自然生态系统相适应的良性农业生态系统。哈尼梯田在云南哀牢山亚热带地理环境中，在哈尼族人民长期的农业实践和社会发展中不断发展和完善，形成了一整套较为科学、严谨的梯田耕作程序，以及相应的富有民族传统文化精神的土地、森林和梯田管理制度。

哈尼梯田生态系统呈现以下特点：每一个村寨的上方，必然矗立着茂密的森林，作为水、用材、薪炭之源，其中以神圣不可侵犯的寨神林为特征；村寨下方是层层相叠的千百级梯田，那里提供了哈尼人生存发展的基本条件——粮食；中间的村寨由座座古意盎然的蘑菇房组合而成，形成人们的居所(图 10-1)。这一结构被文化生态学家盛赞为森林-村寨-梯田-河流“四素同构”的人与自然高度协调的、可持续发展的、良性循环的生态系统(元阳县志，2009)。

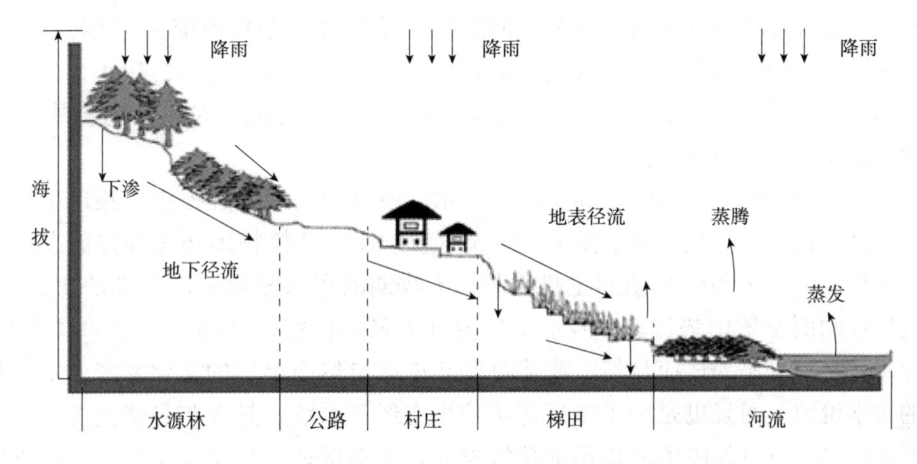

图 10-1 哈尼梯田立体结构图

1995 年，法国人类学家欧也纳博士来元阳县观览老虎嘴梯田，称赞：“哈尼族的梯田是真正的大地艺术，是真正的大地雕塑，而哈尼族人民就是真正的大地艺术家!”2013 年 6 月 22 日，哈尼梯田在第 37 届世界遗产大会上成功列入《世界遗产名录》。

哈尼梯田之“奇”，可归纳为 6 个方面。①层级多：在缓长的坡面上形成的梯田长达 3000 多级；②落差大：梯田的高低垂直落差超过 1500m；③规模大：仅梯田核心区元阳县梯田面积达 $2.64\times10^4\text{hm}^2$；④历史长：有人认为梯田出现于西汉时期或隋唐时期，即使按照最晚的一种说法，哈尼梯田形成于明代中期，距今也有 500 多年的历史；⑤景色秀：与广布的梯田融为一体的云海、日出日落、山寨等景色异常秀美，构成一处处美景；⑥内涵深：梯田作为人文景观与自然景观的结合，被国外艺术家称之为“大地艺术”“大地雕刻”，它所蕴涵的意义还很深邃，有待从不同角度进行挖掘。

哈尼梯田形状或大或小千差万别，层层叠叠，少的地方有几十、几百层，多的地方上千层，最多的地方达到了 3000 多层。梯田面积不一，一般分布面积不大，集中在 1hm^2 左右，尤以小于 1hm^2 的分布最为常见，面积小于 4hm^2 的梯田占总数的 80%以上。从海拔分布来说，25%以上的梯田分布在海拔 826m 以下，75%以上的梯田分布在海拔 1122m 以下。从坡度分布来说，梯田分布的最小坡度为 0.7°，最大坡度为 58.6°，梯田分布的平均坡度为 20.40°，25%以上的梯田分布在 14.6°以下，75%以上的梯田分布在 26°以下。从坡向来说，梯田分布的坡向以北坡、东北坡为主，分布面积较大，分布集中。据相关专家介绍，哈尼梯田现在的规模较以前有所缩减，虽然现在的规模不如过去，但其规模之大在世界上仍是独一无二。

水是维系哈尼梯田景观持续存在的关键因素。哈尼梯田常年保水，主要依靠其独特的传统灌排系统。哈尼人民开挖沟渠，截留山上地表径流，将水流引入村寨和梯田，从而出现森林在上，村寨居中，梯田在下，而水系贯穿其中的景观。与沟渠相配套的设施有水塘、沉沙池、分水木刻等设施，形成一个完整的梯田灌排系统。水塘与沉沙池都有涵养水源、泄洪、沉沙等作用，其功能有时可以相互替换。分水木刻是节约、高效而公正分配利用水资源的调节器。在不同流域，因自然、人文等条件不同，梯田灌排系统的组成、类型、空间网络特征、管理模式等存在显著差异。哈尼梯田遗产核心区的三类典型灌排系统为：垭口河灌区的河渠-分水木刻灌排系统、阿勐控河灌区的河渠-水塘-分水木刻灌排系统、全福庄河灌区的河渠-水塘灌排系统。这些特殊的灌排系统解决了哈尼梯田灌溉所需的大量水源，保障了成千上万亩的梯田用水，并把灌溉剩余用水排入河流，促进了能量流、物质流、养分流、物种流及人在整个景观中运动，保障梯田文化景观的持续存在。

哈尼梯田独特的生态系统使梯田四季流水，不仅为当地百姓提供了赖以生存的稻米和水产品，在调节气候、保水保土、防止滑坡、保持动植物多样性等方面发挥了重要的生态功能。其稻谷生长期的生机勃勃，丰收期的硕果累累和泡田期的碧波荡漾，与晚霞形成的倒影依山势流转，吸引了国内外大量的游客，推动了当地的经济发展。哈尼梯田是哈尼人民为适应自然、改造自然和创造自然而形成的文化遗产，不仅具有极高的美学价值，而且更是一个接近完美的生态经济系统，是人与自然高度适应、和谐发展的产物。只有保障哈尼梯田的持续发展，才能保证这种文化价值、生态价值和社会经济价值的传承和发展。

本章小结

梯田是山区、丘陵区一种常见的基本农田形式。梯田可以改变地形坡度、拦蓄雨水、增加土壤水分、防治水土流失、大幅度提高作物产量，是一种非常有效的水土保持工程措施。梯田在自然生态系统和经济社会中都具有重要作用。我国人民在长期的生产实践中，不断探索、总结，推广梯田，形成了具有不同地域特色的不同类型的梯田。自 20 世纪 50 年代以来，梯田，特别是黄土高原梯田得到了长足发展，在改善农业生产条件、治理水土流失方面发挥了十分重要的作用。随着科技的发展和技术的进步，梯田必将发挥更大的作用。

思考题

1. 简述中国梯田的形成和发展阶段。
2. 简述中国梯田的分布。
3. 试述黄土高原梯田和云南哈尼梯田的特点。

参考文献

白清俊，朱晓霞，1999. 我国城市水土流失现状分析及对策探讨[J]. 榆林高等专科学校学报，9(2)：1-4.

毕小刚，2011. 生态清洁小流域理论与实践[M]. 北京：中国水利水电出版社.

蔡强国，刘纪根，2003. 关于我国土壤侵蚀模型研究进展[J]. 地理科学进展，22(3)：242-250.

柴宗新，1986. 四川梯田的分布规律及其分区[J]. 中国水土保持，4(49)：10-14.

柴宗新，1997. 城镇侵蚀及其防治[J]. 中国水土保持(1)：29-32.

陈敏全，王克勤，2015. 等高反坡阶对坡耕地土壤碳库的影响[J]. 水土保持通报，35(6)：41-46.

陈奇伯，和浩，齐红梅，等，2009. 水电站施工期的水土流失特点及防治措施[J]. 水土保持通报，29(3)：10-13.

陈奇伯，余德恒，王克勤，等，2010. 大型工程建设区退化生态系统植被恢复研究[C]//中国环境科学学会. 中国环境科学会2010学术年会论文集. 北京：中国环境科学出版社.

陈强，2011. 云南岩溶地区石漠化生态治理模式及技术[M]. 昆明：云南科技出版社.

陈伟良，刘晓明，2014. 生态景观施工新技术[M]. 北京：中国建筑工业出版社.

陈兴茹，2011. 国内外河流生态修复相关研究进展[J]. 水生态学杂志，32(5)：122-128.

陈宇，付贵增，凌峰，等，2018. 无人机技术在生产建设项目水土保持监测中的应用[J]. 海河水利(5)：57-68.

陈战是，2012. 谈挖潜增绿和提高绿地使用效率的途径与方法——以美国部分城市绿地建设实践为例子[J]. 中国园林(7)：63-66.

达良俊，颜京松，2005. 城市近自然型水系统恢复与人工水景建设探讨[J]. 现代城市研究(1)：8-15.

邓红兵，王青春，王庆礼，等，2001. 河岸植被缓冲带与河岸带管理[J]. 应用生态学报，12(6)：951-954.

董锦耘，谢丰，刘沛宇，2013. 壮美梯田生态庄浪[J]. 中国水土保持，21(9)：2.

董哲仁，刘蒨，曾向辉，2002. 生态—生物方法水体修复技术[J]. 中国水利(3)：8-10.

杜佩轩，田晖，韩永明，等，2002. 城市灰尘粒径组成及环境效应——以西安市为例[J]. 岩石矿物学杂志，21(1)：93-98.

段红祥，高阳，高甲荣，等，2008. 北京地区退化河溪近自然治理措施研究——以怀九河为例[J]. 中国农村水利水电(10)：22-24，27.

段菁春，毕新慧，谭吉华，等，2006. 广州秋季不同功能区大气颗粒物中PAHs粒径分布[J]. 环境科学，27(4)：624-630.

樊曙先，徐建强，郑有飞，等，2005. 南京市气溶胶PM2.5一次来源解析[J]. 气象科学，25(6)：557-563.

范清成，曹雪芹，2018. 小流域综合治理的难题及对策[J]. 河南水利及南水北调(11)：14-15.

冯沈迎，高春梅，仝青，等，2001. 不同粒径颗粒物中11种多环芳烃的分析测定[J]. 中国环境监测，17(4)：34-37.

凤蔚，师伟，2006. 庄浪县梯田水土保持效益分析[J]. 地下水(6)：126-128，131.

甘枝茂，孙虎，吴成基，1997. 论城市土壤侵蚀与城市水土保持问题[J]. 水土保持通报，17(5)：57-62.

高天雷，武萍，尹学明，2014. 土壤侵蚀模型研究进展[J]. 四川林业科技，35(4)：42-44.

高阳，2009. 京郊河溪近自然生态评价及其治理研究[D]. 北京：北京林业大学.

高永胜，叶碎高，郑加才，2007. 河流修复技术研究[J]. 水利学报(S1)：592-596.

顾岚，高甲荣，王颖，等，2012. 码石扦插联合生态护坡技术研究及其应用[J]. 水土保持研究，19(1)：222-225.

关君蔚，1996. 水土保持原理[M]. 北京：中国林业出版社.

国家发展改革委，2016. 岩溶地区石漠化综合治理工程"十三五"建设规划[EB/OL]. (2018-04-22). https：//www. ndrc. gov. cn/xxgk/zcfb/ghwb/201604/W020190905497812570892. pdf.

国家林业和草原局，2018. 中国·岩溶地区石漠化状况公报[EB/OL]. (2018-12-14). http：//www. forestry. gov. cn/main/138/20181214/161609114737455. html.

N·W 哈德逊，1975. 土壤保持[M]. 北京：科学出版社.

贺屹，高博平，刘燕，等，2005. 庄浪县黄土丘陵沟壑梯田建设成就及经验[J]. 干旱地区农业研究(6)：162-164.

侯瑞蓉，2018. 微地形景观在渭南市中心城市园林绿化中的应用[J]. 现代园艺(4)：114-115.

胡孟春，张永春，唐晓燕，等，2010. 城市河道近自然修复评价体系与方法及其在镇江古运河的应用[J]. 应用基础与工程科学学报，18(2)：187-195.

胡培兴，白建华，但新球，等，2015. 石漠化治理树种选择与模式[M]. 北京：中国林业出版社.

华锦欣，王克勤，张香群，等，2016. 昆明松华坝水源区等高反坡阶对坡耕地土壤磷含量的影响研究[J]. 中南林业科技大学学报，36(3)：76-81.

黄荣珍，张金池，舒洪岚，等，2009. 国内外城市水土保持研究进展[J]. 江西林业科技(4)：30-33，42.

黄炎和，2016. 水土保持学(南方本)[M]. 北京：中国农业出版社.

贾恒义，2003. 中国梯田的探讨[J]. 农业考古(1)：157-162

江胜利，金荷仙，许小连，2011. 杭州市常见道路绿化植物滞尘能力研究[J]. 浙江林业科技，31(6)：45-49.

姜德文，2018. 与时代同进水土保持在改革开放中不断前行[J]. 中国水土保持(12)：20-23，84.

蒋鹏飞，李志勇，舒安平，2011. 公路边坡防护技术[M]. 北京：人民交通出版社.

交通运输部，2015. 公路路基设计规范：JTG D 30—2015[S]. 北京：人民交通出版社.

兰天，吴水平，徐福留，等，2005. 天津地区冬季不同粒径大气颗粒物中 DDTs[J]. 农业环境科学学报，24(6)：1182-1185.

雷海清，柏明娥，2010. 矿区废弃地植被恢复的实践与发展[M]. 北京：中国林业出版社.

雷廷武，李法虎，2012. 水土保持学[M]. 北京：中国农业出版社.

黎建强，陈奇伯，王克勤，等，2007. 水电站建设项目弃渣场岩土侵蚀研究[J]. 水土保持研究，14(6)：41-43.

李春莲，胡春燕，2016. 关于对建筑工地扬尘污染防治的思考[J]. 环境保护与循环经济(11)：73-75.

李海梅，刘霞，2008. 青岛市城阳区主要园林树种叶片表皮形态与滞尘量的关系[J]. 生态学杂志，27(10)：1659-1662.

李少宁，刘斌，鲁笑颖，等，2016. 北京常见绿化树种叶表面形态与 PM2. 5 吸滞能力关系[J]. 环境科学技术，39(10)：62-68.

李文银，王治国，蔡继清，1996. 矿区水土保持[M]. 北京：科学出版社.

李艳梅，2018. 昆明市主要绿化树种净化大气的效应及滞尘机理研究[D]. 昆明：西南林业大学.

李阳兵，罗光杰，白晓永，等，2014. 典型峰丛洼地耕地、聚落及其与喀斯特石漠化的相互关系案例研究[J]. 生态学报，34(09)：2195-2207.

廖珊珊，张玉成，胡海英，2011. 边坡稳定性影响因素的探讨[J]. 广东水利水电(7)：37-40，46.

林成行，2018. 无人机遥感技术在点状生产建设项目水土保持信息提取研究[D]. 咸阳：西北农林科技大学.

刘传正，2016. 深圳红坳弃土场滑坡灾害成因分析[J]. 中国地质灾害与防治学报，27(1)：1-5.

刘大鹏，2010. 基于近自然设计的河流生态修复技术研究[D]. 长春：东北师范大学.

刘璐，管东生，陈永勤，2013. 广州市常见行道树种叶片表面形态与滞尘能力[J]. 生态学报，33(8)：2604-2613.

刘士余，左长清，孟菁玲，2004. 水土保持与国家生态安全[J]. 中国水土保持科学(1)：102-105.

刘艳，粟志峰，王雅芳，2002. 石河子市绿化适生树种的防尘作用研究[J]. 干旱环境监测，16(2)：98-99.

鲁绍伟，柳晓娜，刘斌，等，2017. 北京市2015年森林植被区PM10质量浓度时空变化特征[J]. 环境科学学报，37(2)：469-476.

鲁胜力，王治国，张超，2015. 努力构建我国水土保持生态建设新格局[J]. 中国水土保持(12)：21-23.

罗春明，2016. 云南：石漠化扩展趋势得到有效遏制[Z/OL]. (2016-3-3). http：//news. hexun. com/2016-03-03/182541727. html.

迈迪娜·吐尔逊，玉米提·哈力，祖皮艳木·买买提，等，2016. 阿克苏市城郊林10种果树叶面形态与滞尘量的关系[J]. 西北林学院学报，31(4)：279-283.

缪世贤，黄敬军，武鑫，2015. 关于顺倾岩质边坡稳定性影响因素的探讨[J]. 中国人口·资源与环境，25(S2)：399-402.

祁长雍，王威，2000. 梯田工程技术[M]. 兰州：兰州大学出版社.

祁生林，杨进怀，张洪江，等，2006. 关于我国城市水土保持的刍议[J]. 水土保持研究(6)：115-118.

全国水土保持规划编制工作领导小组办公室，水利部水利水电规划设计总院，2004. 中国水土保持区划[M]. 北京：中国水利水电出版社.

史德明，2002. 加强水土保持是保障国家生态安全的战略措施[J]. 中国水土保持(2)：8-9.

史晓丽，2010. 北京市行道树固碳释氧滞尘效益的初步研究[D]. 北京：北京林业大学.

史永利，2012. 庄浪县梯田土壤水分动态变化规律研究[J]. 农业开发与装备(6)：203-204.

水利部，2013. 生态清洁小流域建设技术导则：SL 534—2013[Z]. 北京：中国水利水电出版社.

水利部，中国科学院，中国工程院，2010. 中国水土流失防治与生态安全(总卷上)[M]. 北京：科学出版社.

水利部，2007. 水电工程边坡设计规范：SL 386—2007[S]. 北京：中国水利水电出版社.

水利部，中国科学院，中国工程院，2010. 中国水土流失防治与生态安全[M]. 北京：科学出版社.

水利部水土保持司，2019. 水土保持70年[J]. 中国水土保持(10)：3-7.

宋同清，2015. 西南喀斯特植物与环境[M]. 北京：科学出版社.

宋维峰，2016. 哈尼梯田——历史现状、生态环境、持续发展[M]. 北京：科学出版社.

孙希华，张代民，闫福江，2010. 土壤侵蚀和水土保持生态安全：以青岛市为例[M]. 南京：河海大学出版社.

孙晓丹，李海梅，孙丽，等，2016. 8 种灌木滞尘能力及叶表面结构研究[J]. 环境化学，35(9)：1815-1822.

谭少华，汪益敏，2004. 高速公路边坡生态防护技术研究进展与思考[J]. 水土保持研究，11(3)：81-84.

唐时嘉，1985. 我国南方丘陵山地的稻作梯田[J]. 中国水土保持(8)：3-6.

唐涛，蔡庆华，刘建康，2002. 河流生态系统健康及其评价[J]. 应用生态学报，13(9)：1191-1194.

万方秋，2003. 珠江三角洲地区城市水土流失类型和强度分级研究[D]. 广州：华南师范大学.

汪俊松，韩雪颖，张玉，等，2018. 透水铺装材料湿物理性质测定[J]. 土木建筑与环境工程，40(4)：20-26.

王会霞，石辉，王彦辉，2015. 典型天气下植物叶面滞尘动态变化[J]. 生态学报，35(6)：1696-1705.

王继增，吴志峰，朱立安，等，2005. 关于城市水土流失研究中若干问题的探讨[J]. 水土保持通报，25(4)：106-110.

王克勤，赵雨森，陈奇伯，2019. 水土保持与荒漠化防治概论[M]. 2 版. 北京：中国林业出版社.

王克勤，赵雨森，陈奇伯，2008. 水土保持与荒漠化防治概论[M]. 北京：中国林业出版社.

王蕾，高尚玉，刘连友，等，2006. 北京市 11 种园林植物滞留大气颗粒物能力研究[J]. 应用生态学报，17(4)：597-601.

王礼先，1999. 流域管理学[M]. 北京：中国林业出版社.

王礼先，2004. 中国水利百科全书·水土保持分册[M]. 北京：中国水利水电出版社.

王礼先，朱金兆，2005. 水土保持学[M]. 北京：中国林业出版社.

王礼先，1999. 流域管理学[M]. 北京：中国林业出版社.

王鹭松，徐敬华，2016. 浅析城市建设中的水土保持问题[J]. 陕西水利(S1)：227-229.

王清华，1999. 梯田文化论——哈尼族生态农业[M]. 昆明：云南大学出版社.

王世杰，李阳兵，李瑞玲，2003. 喀斯特石漠化的形成背景、演化与治理[J]. 第四纪研究(6)：657-666

王帅兵，王克勤，宋娅丽，等，2017. 等高反坡阶对昆明市松华坝水源区坡耕地氮、磷流失的影响[J]. 水土保持学报，31(6)：39-45.

王文君，黄道民，2012. 国内外河流生态修复研究进展[J]. 水生态学杂志，33(4)：142-146.

王星光，1990. 中国古代梯田浅探[J]. 郑州大学学报(哲学社会科学版)(3)：103-107.

王玉君，程晨，胡明，2003. 试论建筑扬尘污染控制对策[J]. 河北环境科学，11(3)：19-23.

王致晶，2010. 庄浪县梯田建造方案及施工管护要求[J]. 甘肃农业科技(7)：57-59.

卫三平，2005. 黄土丘陵沟壑区梯田系统雨水优化利用模式研究[D]. 咸阳：西北农林科技大学.

魏文华，牛国庆，2012. 浅析发展梯田旱作农业是庄浪县梯田产业强县的突破口[J]. 农业科技与信息(2)：26-27.

文俊，李占斌，郭相平，2010. 水土保持学[M]. 北京：中国水利水电出版社.

吴成杰，2015. 庄浪县梯田建设的历史考察与环境效益分析[D]. 西安：陕西师范大学.

吴丹子，2015. 城市河道近自然化研究[D]. 北京：北京林业大学.

吴发启，王健，2017. 土壤侵蚀原理[M]. 3 版. 北京：中国林业出版社.

吴发启，朱首军，2016. 水土保持学概论[M]. 2 版. 北京：中国农业出版社.

吴智洋，韩冰，朱悦，2010. 河流生态修复研究进展[J]. 河北农业科学，14(6)：69-71.

熊康宁，朱大运，彭韬，等，2016. 喀斯特高原石漠化综合治理生态产业技术与示范研究[J].

生态学报，36(22)：7109-7113

徐谦，李令军，赵文慧，等，2015. 北京市建筑施工裸地的空间分布及扬尘效应[J]. 中国环境监测，31(5)：78-85.

颜萍，2016. 喀斯特石漠化治理的水土保持模式与效益监测评价[D]. 贵阳：贵州师范大学.

杨佳，王会霞，谢滨泽，等，2015. 北京9个树种叶片滞尘量及叶面微形态解释[J]. 环境科学研究，28(3)：384-392.

杨隽晔，2018. 老城区城市排水管网现状及改造措施[J]. 工程技术研究(3)：124-125，136.

杨仪方，钱枫，张慧峰，等，2010. 北京市交通干线周围可吸入大气颗粒物的污染特性[J]. 中国环境科学，30(7)：962-966.

姚敏，崔保山，2006. 哈尼梯田湿地生态系统的垂直特征[J]. 生态学报，26(7)：2115-2124.

姚小华，任华东，李生，等，2013. 石漠化植被恢复科学研究[M]. 北京：科学出版社.

姚云峰，王礼先，1991. 我国梯田的形成与发展[J]. 中国水土保持，9(1)：54-56.

叶建军，许文年，鄢朝勇，2009. 边坡工程中土壤水力侵蚀规律及侵蚀控制卷材的应用探讨[J]. 中国水土保持(9)：21-23，68.

余海龙，黄菊莹，2012. 城市绿地滞尘机理及其效应研究进展[J]. 西北林学院学报，27(6)：238-241.

余新晓，2015. 水土保持学前沿[M]. 北京：中国林业出版社.

余新晓，毕华兴，2013. 水土保持学[M]. 3版. 北京：中国林业出版社.

袁博，2014. 近代中国水文化的历史考察[D]. 济南：山东师范大学.

曾祥坤，王仰麟，李贵才，2010. 中国城市水土保持研究综述[J]. 地理科学进展，29(5)：586-592.

张洪江，程金花，2014. 土壤侵蚀原理[M]. 北京：科学出版社.

张华君，吴曙光，2004. 边坡生态防护方法和植物的选择[J]. 公路交通技术(2)：85-87，111.

张景，吴祥云，2011. 阜新城区园林绿化植物叶片滞尘规律[J]. 辽宁工程技术大学学报(自然科学版)，30(6)：905-908.

张启旺，安俊珍，王霞，等，2014. 中国土壤侵蚀相关模型研究进展[J]. 中国水土保持(1)：43-45.

张桐，洪秀玲，孙立炜，等，2017. 6种植物叶片的滞尘能力与其叶面结构的关系[J]. 北京林业大学学报，39(6)：70-77.

张晓芳，2013. 庄浪县黄土高原丘陵沟壑梯田建设成就[J]. 发展(7)：76.

赵成，顾小华，姜宏雷，等，2015. 云南省坡耕地现状及水土流失综合治理探索[J]. 中国水土保持(4)：11-12.

赵丹，李锋，王如松，2010. 城市地表硬化对植物生理生态的影响研究进展[J]. 生态学报，30(14)：3923-3932.

赵方莹，孙保平，2009. 矿山生态植被恢复技术[M]. 北京：中国林业出版社.

赵方莹，赵廷宁，2009. 边坡绿化与生态防护技术[M]. 北京：中国林业出版社.

赵松婷，李新宇，李延明，2016. 北京市常用园林植物滞留PM2.5能力研究[J]. 西北林学院学报，31(2)：280-287.

赵彦伟，杨志峰，2005. 城市河流生态系统健康评价初探[J]. 水科学进展，16(3)：349-355.

郑小路，霍艾迪，朱兴华，等，2019. 黄土高原土壤侵蚀预报模型研究进展[J]. 应用化工，48(4)：902-912.

住房和城乡建设部，2013. 建筑边坡工程技术规范：GB 50330—2013[S]. 北京：中国建筑出版社.

住房和城乡建设部，2015. 生产建设项目水土保持技术标准：GB 50433—2018[S]. 北京：中国计划出版社.

住房和城乡建设部，2015. 水土保持工程设计规范：GB 51018—2014[S]. 北京：中国计划出版社.

Dos S M, Alessandro A, Gielow R, 2008. Above-ground thermal energy storage rates, trunk heat fluxes and surface energy balance in a central Amazonian rainforest[J]. Agricultural and Forest Meteorology, 148(7/8): 917-930.

Fang Y, 2006. Functional studies of the ecological environment of the urban forest green[D]. Nanjing: Nanjing Forestry University.

Fernandez F, Fernandez A J, Ternero M, et al., 2004. Physical speciation of arsenic, mercury, lead, cadmium and nickel in inhalable atmospheric particles[J]. Analytica Chimica Acta, 524(1): 33-40.

Gonzales S, Vapafi S, Holder C, et al., 2007. Evaluation of urban soil compaction by measurement of penetration resistance[J]. Hortseience, 42(4): 1005-1005.

Herb W R, Janke B, Mohseni O, et al., 2008. Ground surface temperature simulation for different land covem[J]. Journal of Hydrology, 356 (3/4): 327-343.

Kasahara M , Choi K C, Tskahashi K, 1990. Source contribution of atmospheric aerosols in Japan by chemical mass balance method [J]. Atmospheric Environment, 24(3): 457-466.

Liu G P, 2008. Effects of the urban soil on the garden plants growth[J]. Garden Building(2): 40-41.

Ottel E M, van Bohemen H D, Fraaij A L A, 2010. Quantifying the deposition of particulate matter onclimber vegetation on living walls[J]. Ecological Engineering, 36(2): 154-162.

Raumann C G, Cablk M E, 2008. Change in the forested and developed landscape of the Lake Tahoe basin California and Nevada, USA, 1940 - 2002 [J]. Forest Ecology and Management, 255 (8/9): 3424-3439.

Sharma V K, Patil R S, 1992. Size distribution of atmospheric aerosols and their source identification using factor analysis in Bombay, India [J]. Atmospheric Environment, 26(1): 135-140.

Zhang G L, 2005. Ecological services of urban soils in relation to urban ecosystem and environmental quality[J]. Eco-health, 23(3): 16-19.

Zheng M, Fang M, Wang F, et al., 2000. Characterization of the solvent extractable organic compounds in PM2. 5 aerosols in Hong Kong[J]. Atmospheric Environment, 34(17): 2691-2702.